注射成型实用技术

ZHUSHE CHENGXING
SHIYONG JISHU

U0344807

张维合 刘志扬 编著

化学工业出版社
·北京·

本书由三部分组成。第一部分介绍了注射成型材料——塑料及其成型工艺，内容包括塑料的基本知识、塑料的鉴别、注射成型工艺条件的选择与控制以及常用塑料的性能和成型工艺条件。第二部分介绍了注射成型设备——注塑机，内容包括注塑机的基本知识、注塑机的选择、注塑机的操作、注塑机的维护保养以及注塑机的维修。第三部分介绍了注射成型工具——注塑模具，内容包括注塑模具的基本知识、注塑模具的安装和拆卸、注塑模具试模、注塑模具的验收、注塑模具的维护保养、注塑模具维修、注塑模具质量控制制度、注射成型常见问题分析与对策以及塑件的后处理。本书主要特点是内容丰富齐全，层次分明，贴合工厂实际，实用性强。

本书适合于大、中专院校模具和材料成型专业学生阅读参考，也可作为工厂从事模具设计与制造和注射成型工作的工程技术人员的培训教材和自学参考书。

图书在版编目（CIP）数据

注射成型实用技术/张维合，刘志扬编著．—北京：化学工业出版社，2012.8（2019.7 重印）
ISBN 978-7-122-14795-0

Ⅰ.①注…　Ⅱ.①张…②刘…　Ⅲ.①注塑-技术　Ⅳ.①TQ320.66

中国版本图书馆 CIP 数据核字（2012）第 152448 号

责任编辑：王苏平　　　　　　　　　文字编辑：王　琪
责任校对：宋　夏　　　　　　　　　装帧设计：王晓宇

出版发行：化学工业出版社（北京市东城区青年湖南街 13 号　邮政编码 100011）
印　　装：北京虎彩文化传播有限公司
787mm×1092mm　1/16　印张 22　字数 581 千字　　2019 年 7 月北京第 1 版第 2 次印刷

购书咨询：010-64518888　　　　　　　售后服务：010-64518899
网　　址：http://www.cip.com.cn
凡购买本书，如有缺损质量问题，本社销售中心负责调换。

定　　价：58.00 元

前言
FOREWORD

注塑模具的设计与制造的终极目标是要得到合格的塑料制品，而要得到合格的塑料制品，必须通过注射成型。注射成型是塑料成型的主要方法，它是一个非常复杂的系统工程，其中包括试模、调机、生产和塑件的后处理等程序，具体工作又包括塑料的配色、干燥和共混改性，注塑机的选择、维修和保养，以及模具的验收、安装、调试、维修和保养等。

注射成型成功与否，取决于以下四大因素：

(1) 注射成型工具——注塑模具的结构设计、制造精度和维修保养；

(2) 注射成型设备——注塑机的规格型号、品质和维修保养；

(3) 注射成型材料——塑料的品种、质量、调色、干燥和共混改性；

(4) 注射成型工艺——注塑工艺参数的选择和控制以及对塑件的后处理。塑件的后处理包括对易变形的塑件用夹具进行定型处理，对易吸湿的塑件（如尼龙件）进行调湿处理，对会产生后变形的塑件进行退火处理，以消除塑件的内应力等。

因此，作为一个注射成型工程技术人员，不但要熟悉注塑模具和注塑机的结构、试模的工作流程、注塑生产的工作流程，掌握各种塑料的性能及其成型工艺条件，还要掌握注塑机选择的依据、操作的方法和维修保养知识，掌握模具的使用、维修和保养知识，同时对塑件的各种注塑缺陷及其解决办法也要了然于胸。

本书由三部分组成。第一部分主要介绍了注射成型材料——塑料及其成型工艺，内容包括塑料的基本知识、塑料的鉴别、注射成型工艺条件的选择与控制以及常用塑料的性能和成型工艺条件。第二部分主要介绍了注射成型设备——注塑机，内容包括注塑机的基本知识、注塑机的选择、注塑机的操作、注塑机的维护保养以及注塑机的维修。第三部分主要介绍了注射成型工具——注塑模具，内容包括注塑模具的基本知识、注塑模具的安装和拆卸、注塑模具试模、注塑模具的验收、注塑模具的维护保养、注塑模具维修、注塑模具质量控制制度、注射成型常见问题分析与对策以及塑件的后处理。

在本书编写过程中，我们曾先后拜访了龙昌国际控股有限公司、东莞事通达机电科技有限公司、广东易事特电源股份有限公司、东莞精基特五金塑胶模具制品厂、东莞市松升电子有限公司和东莞南城金海塑胶模具加工厂等多家企业，和这些企业的管理人员和生产一线的工程技术人员进行了深入交流，他们向我们提供了很多有益的经验和资料，在此谨向他们表示诚挚的谢意！他们是：舒天雄、王祚华、郑刚城、霍晗、余登科、袁世贤、庞琳、陈春娥、许淑娟、李敏、龚静辉、陈彩芹。

另外，东莞职业技术学院刘大勇、广东智通职业培训学院李志宇、东莞优胜模具培训学校陈国华也为此书提供了一些有益的资料，在此一并表示感谢！

本书在编写过程中得到了广东科技学院的大力支持，在此我要特别感谢广东科技学院的王国健院长、梁瑞雄书记、黄弢副院长和周二勇院长助理！

编　者

目录
CONTENTS

第2章　塑料的鉴别

第3章　注射成型工艺条件的选择与控制

第4章　常用塑料的性能和成型工艺条件　Page 070

第二部分　注射成型设备——注塑机　Page 091

第5章　注塑机基本知识　Page 091

第6章　注塑机的选择　　　　　　　　　　　　　　　　　Page 120

第7章　注塑机的操作　　　　　　　　　　　　　　　　　Page 139

第8章 注塑机的维护保养

第9章 注塑机的修理

第三部分 注射成型工具——注塑模具

第10章 注塑模具基本知识

第11章 注塑模具的安装和拆卸   Page 215

第12章 注塑模具试模   Page 226

第13章　注塑模具的验收　　　　　　　　　　　　　　　Page 241

第14章　注塑模具的维护保养　　　　　　　　　　　　　Page 269

第15章　注塑模具的维修　　　　　　　　　　　　　　　Page 284

附录　　　　　　　　　　　　　　　　　　　　　　　　　　　Page 321

参考文献　　　　　　　　　　　　　　　　　　　　　　　　　Page 338

PART ONE

第一部分

注射成型材料——塑料及其成型工艺

第 1 章 CHAPTER 1

塑料基本知识

1.1 什么是塑料

按照国际标准（ISO）和我国国家标准（GB/T 2035—1996），塑料的定义是：以高聚物为主要成分，并在加工为成品时的某个阶段可流动成型的材料，并注明弹性材料也可成型流动，但不认为是塑料。

根据美国材料试验协会的定义，塑料是一种以高分子量有机物质为主要成分的材料，它在加工完成时呈现固态形状，在制造以及加工过程中，可以借流动（flow）来造型。

有些树脂可以直接作为塑料使用，如聚乙烯、聚苯乙烯、尼龙等，但多数树脂必须在其中加入一些添加剂，才能作为塑料使用，如酚醛树脂、氨基树脂、聚氯乙烯等。塑料是指以有机合成树脂为主要成分，加入或不加入其他配合材料（添加剂）而构成的人造材料。它通常在加热、加压条件下可模塑成具有一定形状的产品，在常温下这种形状保持不变。

因此，对于塑料我们可以得到以下几个概念。

① 塑料是高分子（macromolecules）有机化合物。

② 塑料种类繁多，因为具有不同的单体组成所以形成不同的塑料。

③ 不同塑料具有不同的性质。

④ 塑料可以以多种形态存在，例如玻璃态、高弹态、黏流态等。

⑤ 塑料可以模塑成型。

⑥ 塑料的成型方法多样，而且可以进行大批量生产，成本低。

⑦ 塑料用途广泛，产品呈现多样化。

1.2 塑料的组成

塑料的主要成分是各种各样的树脂，而树脂又是一种聚合物，但塑料和聚合物是不同的，单纯的聚合物性能往往不能满足加工成型和实际使用的要求，一般不单独使用，只有在加入添加剂后在工业中才有使用价值，因此，塑料是以合成树脂为主要成分，再加入其他的各种各样的添加剂（也称助剂）制成的。合成树脂决定了塑料制品的基本性能。其作用是将各种助剂黏结成一个整体，添加剂是为改善塑料的成型工艺性能、改善制品的使用性能或降低成本而加入的一些物质。

塑料材料所使用的添加剂品种很多，如填充剂、增塑剂、着色剂、稳定剂、固化剂、抗氧化剂等。在塑料中，树脂虽然起决定性的作用，但添加剂也起着不能忽略的作用。

1.2.1 树脂

树脂是在受热时软化，在外力作用下有流动倾向的聚合物。它是塑料中最重要的成分，在塑料中起黏结作用的成分（也称黏料），决定了塑料的类型和基本性能（如热性能、物理性能、化学性能、力学性能及电性能等）。

1.2.2 添加剂

（1）填充剂　填充剂又称填料，是塑料中重要的但并非每种塑料必不可少的成分。填充剂与塑料中的其他成分机械混合，与树脂牢固胶黏在一起，但它们之间不起化学反应。

在塑料中填充剂不仅可减少树脂用量，降低塑料成本，而且能改善塑料某些性能，扩大塑料的使用范围。例如，在酚醛树脂中加入木粉后，既克服了它的脆性，又降低了成本；聚乙烯、聚氯乙烯等树脂中加入钙质填充剂，便成为价格低廉的、刚性强、耐热性好的钙塑料；用玻璃纤维作为塑料的填充剂，大幅度提高塑料的力学性能；有的填充剂还可以使塑料具有树脂所没有的性能，如导电性、导磁性、导热性等。

填充剂有无机填充剂和有机填充剂。常用的填充剂的形态有粉状、纤维状和片状三种。粉状填充剂有木粉、纸浆、大理石、滑石粉、云母粉、石棉粉、石墨等；纤维状填充剂有棉花、亚麻、玻璃纤维、石棉纤维、碳纤维、硼纤维和金属须等；片状填充剂有纸张、棉布、麻布和玻璃布等。填充剂的用量通常为塑料组成的40%以下。

填充剂形态为球状、正方体状的通常可提高成型加工性能，但机械强度差，而鳞片状的则相反。粒子越细时对塑料制品的刚性、抗冲击性、拉伸强度、稳定性和外观等改进作用越大。

（2）增塑剂　加入能与树脂相容的、低挥发性的高沸点有机化合物，能够增加塑料的可塑性和柔软性，改善其成型性能，降低刚性和脆性的添加剂，其作用是降低聚合物分子间的作用力，使树脂高分子容易产生相对滑移，从而使塑料在较低的温度下具有良好的可塑性和柔软性。例如，聚氯乙烯树脂中加入邻苯二甲酸二丁酯，可变为像橡胶一样的软塑料。

但加入增塑剂在改善塑料成型加工性能的同时，有时也会降低树脂的某些性能，如塑料的稳定性、介电性能和机械强度等。因此，在塑料中应尽可能地减少增塑剂的含量，大多数塑料一般不添加增塑剂。

对增塑剂的要求如下。

① 与树脂有良好的相容性。

② 挥发性小，不易从塑件中析出。

③ 无毒、无色、无臭味。

④ 对光和热比较稳定。

⑤ 不吸湿。

常用的增塑剂有邻苯二甲酸二丁酯、邻苯二甲酸二辛酯、樟脑等。

（3）着色剂　大多数合成树脂的本色是白色半透明或无色透明。为使塑件获得各种所需色彩，在工业生产中常常加入着色剂来改变合成树脂的本色，从而得到颜色鲜艳漂亮的塑件。有些着色剂还能提高塑料的光稳定性、热稳定性。如本色聚甲醛塑料用炭黑着色后能在一定程度上有助于防止光老化。

着色剂主要分为颜料和染料两种。颜料是不能溶于普通溶剂的着色剂，故要获得理想的着色性能，需要用机械方法将颜料均匀分散于塑料中。颜料按化学结构可分为有机颜料和无机颜料。无机颜料的热稳定性、光稳定性优良，价格低，但着色力相对较差，相对密度大，如钠猩红、黄光硫靛红棕、颜料蓝、炭黑等；有机颜料着色力高，色泽鲜艳，色谱齐全，相对密度小，缺点为耐热性、耐候性和遮盖力方面不如无机颜料，如铬黄、绛红镉、氧化铬、铅粉末等。染料是可溶于大多数溶剂的有机化合物，优点为密度小，着色力高，透明度好，但其一般分子结构小，着色时易发生迁移，如士林蓝。

对着色剂的一般要求是：着色力强；与树脂有很好的相容性；不与塑料中其他成分起化学反应；性质稳定，在成型过程中不因温度、压力变化而降解变色，而且在塑件的长期使用过程中能够保持稳定。

（4）稳定剂　树脂在加工和使用过程中产生老化（降解），所谓降解是指聚合物在热、力、氧、水、光、射线等作用下，大分子断链或化学结构发生有害变化的反应。为防止塑料在热、光、氧和霉菌等外界因素的作用下产生降解和交联，在聚合物中添加的能够稳定其化学性质的添加剂称为稳定剂。

根据稳定剂所发挥作用的不同，可分为热稳定剂、光稳定剂和抗氧化剂等。

① 热稳定剂　其主要作用是抑制塑料成型过程中可能发生的热降解反应，保证塑料制件顺利成型并得到良好的质量。如有机锡化合物，它们常用于聚氯乙烯，无毒，但价格高。

② 光稳定剂　为防止塑料在太阳光、灯光和高能射线辐照下出现降解和性能降低而添加的物质称为光稳定剂。其种类有紫外线吸收剂、光屏蔽剂等，如苯甲酸酯类及炭黑等。

③ 抗氧化剂　其是指防止塑料在高温下氧化降解的添加物，如酚类及胺类有机物等。

在大多数塑料中都要添加稳定剂，稳定剂的含量一般为塑料的 $0.3\% \sim 0.5\%$。对稳定剂的要求是：与树脂有很好的相容性；对聚合物的稳定效果好；能耐水、耐油、耐化学药品腐蚀，并在成型过程中不降解、挥发小、无色。

（5）固化剂　固化剂又称硬化剂、交联剂，用于成型热固性塑料。线型高分子结构的合成树脂需发生交联反应转变成体型高分子结构，固化剂添加的目的是促进交联反应。例如在环氧树脂中加入乙二胺、三乙醇胺等。

此外，在塑料中还可加入一些其他添加剂，如发泡剂、阻燃剂、防静电剂、导电剂和导磁剂等。阻燃剂可降低塑料的燃烧性；发泡剂可将树脂制成泡沫塑料；防静电剂可使塑件具有适量的导电性能以消除带静电的现象。在实际工作中，塑料要不要加添加剂，加何种添加剂，应根据塑料的品种和塑件的使用要求来确定。

1.3 成型用塑料及其配制

在塑料制品生产中，只有极少数聚合物可单独使用，一般都必须与其他添加剂混合配料后才能进行成型加工。塑料的供给状态是多种多样的，按照成型加工方法可分为纤维状料、层状料、模塑料和加工料；按塑料的形态可分为粉料、粒料、溶液、分散体、纤维状料和层状料。

工业上用于成型的塑料在生产中常用的是粉料和粒料，溶液和分散体只用于流延法生产薄膜、某些铸塑产品和涂层类制品。

粉料、粒料的组成是相同的，但在混合、塑化和细分的程度上不同。配制主要分为两个阶段，即粉料的配制过程和粉料的塑化过程。粉料的配制过程包括原料的准备和原料的混合两步。原料的准备主要有原料的预处理、称量和输送。原料的混合只是一种简单混合，将称量好的原料依据聚合物、稳定剂、色料、填料、润滑剂等顺序加入混合设备中混合而成，故粉料的制备工艺流程可表示如下：

树脂＋助剂→预处理→称量→输送→初混合→粉料

粒料的制备是利用制备好的粉料，经过进一步塑化和造粒而成，其工艺流程如下：

粉料→塑化（或塑炼）粒化→粒料

塑化或塑炼是借助机械剪切力和摩擦生热使聚合物熔化，剪切混合而驱除挥发物，并破碎其中的凝胶粒子，使混合更均匀。塑炼后再经粉碎或切碎制成粒料以备成型。粒料更有利于成型出性能一致的制品。

溶液的主要组分是树脂与溶剂，以及适量的增塑剂、稳定剂、色料和稀释剂等。在塑料成型中所用溶液，有的是在树脂合成时特意制成，有的则是在使用时，通过配制设备用一定的方法配制而成。由于溶剂在塑件生产过程中已经挥发掉，所以用溶液为原料制成的塑件中并不含溶剂。

分散体是指树脂与非水液体形成的悬浮体，通称为溶胶塑料或"糊"塑料，非水液体也称分散剂，它包括增塑剂（如邻苯二甲酸酯类等）和挥发性溶剂（如甲基异丁基甲酮等）两大类。除了树脂和非水液体之外，溶胶塑料还可根据使用目的的不同而加入各种添加剂，如稀释剂、稳定剂、填充剂、凝胶剂、着色剂等。加入的组分和比例不同，溶胶塑料的性质就会出现差异。将树脂、分散剂和其他添加剂一起加入球磨机或其他混合机械中混合即可制得溶胶塑料。

纤维状料是指在树脂中加入纤维状填料，使之成为具有很高冲击强度的塑料，如石棉纤维酚醛塑料、玻璃纤维酚醛塑料、有机硅石棉压塑料等。

层状料是指将各种片状填料浸渍树脂溶液（如酚醛树脂）制成的塑料，根据填料不同又可分为纸层酚醛塑料、布层酚醛塑料、石棉布层酚醛塑料和玻璃布层酚醛塑料（玻璃钢）等。不同性能和形态的塑料适用于不同的加工方法，表 1-1 为成型塑料的形态和适用的加工方法。

表 1-1　成型塑料的形态和适用的加工方法

序号	塑料的形态	适用的加工方法
1	粉料：如电玉粉、电木粉、聚氯乙烯、聚四氟乙烯等	压缩成型、压注成型、注射成型、挤出成型、吹塑成型、压延成型等
2	粒料：氨基压塑料、氨基注射料、聚苯乙烯、聚甲醛、聚丙烯、尼龙等	压缩成型、压注成型、注射成型、挤出成型、吹塑成型等
3	纤维状料：酚醛玻璃纤维压塑料、氨基玻璃纤维压塑料、有机硅石棉压塑料等	压缩成型、压注成型、注射成型等

序号	塑料的形态	适用的加工方法
4	层状料：浸渍纸、浸渍棉布、浸渍石棉布、浸渍玻璃布等	压缩成型、层压成型、卷绕成型等
5	分散体(溶胶塑料)：PVC等	压延成型(生产人造革、壁纸等)、搪塑、滚塑(生产玩具等)、喷涂(金属表面的塑料层)等
6	树脂溶液：环氧树脂、有机硅树脂、酚醛树脂、有机玻璃、不饱和聚酯等	浇注成型、流延成型(生产薄膜)、低压成型等

1.4 塑料的分类

塑料的品种很多，目前世界上已制造出上万种可加工的塑料原料（包括改性塑料），常用的有 300 多种。塑料分类的方式也很多，常用的分类方法有以下几种。

1.4.1 根据塑料中树脂的分子结构和受热后表现的性能分类

根据塑料中树脂的分子结构和受热后表现的性能，可分成两大类：热塑性塑料和热固性塑料。

（1）热塑性塑料　这种热塑性塑料中树脂的分子结构呈线型或支链型结构，常称为线型聚合物。它在加热时可塑制成一定形状的塑件，冷却后保持已定型的形状。如再次加热，又可软化熔融，可再次制成一定形状的塑件，可反复多次进行，具有可逆性。在上述成型过程中一般无化学变化，只有物理变化。由于热塑性塑料具有上述可逆的特性，因此在塑料加工中产生的边角料及废品可以回收粉碎成颗粒后掺入原料中利用。

热塑性塑料又可分为结晶型塑料和无定形塑料两种。结晶型塑料分子链排列整齐、稳定、紧密，而无定形塑料分子链排列则杂乱无章。因而结晶型塑料一般都较耐热、不透明和具有较高的机械强度，而无定形塑料则与此相反。常用的聚乙烯、聚丙烯和聚酰胺（尼龙）等属于结晶型塑料；常用的聚苯乙烯、聚氯乙烯和 ABS 等属于无定形塑料。

从表观特征来看，一般结晶型塑料是不透明或半透明的，无定形塑料是透明的。但也有例外，如聚 4-甲基-1-戊烯为结晶型塑料，却有高透明性；而 ABS 为无定形塑料，却是不透明的。

（2）热固性塑料　热固性塑料在受热之初也具有链状或树枝状结构，同样具有可塑性和可熔性，可塑制成一定形状的塑件。当继续加热时，这些链状或树枝状分子主链间形成化学键结合，逐渐变成网状结构（称为交联反应）。当温度升高到达一定值后，交联反应进一步进行，分子最终变为体型结构，成为既不熔化又不溶解的物质（称为固化）。当再次加热时，由于分子的链与链之间产生了化学反应，塑件形状固定下来不再变化。塑料不再具有可塑性，直到在很高的温度下被烧焦炭化，其具有不可逆性。在成型过程中，既有物理变化，又有化学变化。由于热固性塑料具有上述特性，故加工中的边角料和废品不可回收再生利用。

显然，热固性塑料的耐热性比热塑性塑料好。常用的酚醛树脂、三聚氰胺-甲醛树脂、不饱和聚酯等均属于热固性塑料。

热塑性塑料常采用注射、挤出或吹塑等方法成型。热固性塑料常采用压缩成型，也可以采用注射成型。

由于塑料的主要成分是高分子聚合物，塑料常常用聚合物的名称来命名，因此，塑料的名称大都烦琐，说与写均不方便，所以常用国际通用的英文缩写字母来表示。热固性塑料和热塑性塑料的缩写和名称见附录 1。

1.4.2　根据塑料性能及用途分类

根据塑料性能及用途分类，可分为通用塑料、工程塑料和特种塑料等。

（1）通用塑料　通用塑料指的是产量大、用途广、价格低、性能普通的一类塑料，通常用作非结构材料。世界上公认的六大类通用塑料有聚乙烯、聚丙烯、聚氯乙烯、聚苯乙烯、酚醛塑料和氨基塑料，其产量约占世界塑料总产量的75％以上，构成了塑料工业的主体。

（2）工程塑料　工程塑料泛指一些具有能制造机械零件或工程结构材料等工业品质的塑料。除具有较高的机械强度外，这类塑料的耐磨性、耐腐蚀性、耐热性、自润滑性及尺寸稳定性等均比通用塑料优良，它们具有某些金属特性，因而在机械制造、轻工、电子、日用、宇航、导弹、原子能等工程技术部门得到广泛应用，越来越多地代替金属用于某些机械零件。

目前工程上使用较多的塑料包括聚酰胺、聚甲醛、聚碳酸酯、ABS、聚砜、聚苯醚、聚四氟乙烯等，其中前四种发展最快，为国际上公认的四大工程塑料。

（3）特种塑料（功能塑料）　特种塑料是指那些具有特殊功能、适合某种特殊场合用途的塑料，主要有医用塑料、光敏塑料、导磁塑料、超导电塑料、耐辐射塑料、耐高温塑料等。其主要成分是树脂，有的是专门合成的树脂，也有一些是采用上述通用塑料和工程塑料，用树脂经特殊处理或改性后获得特殊性能。这类塑料产量小，性能优异，价格昂贵。

随着塑料的应用范围越来越广，工程塑料和通用塑料之间的界限已难以划分，例如通用塑料聚氯乙烯作为耐腐蚀材料已大量应用于化工机械中。

1.4.3　按塑料的结晶形态分类

按塑料的结晶形态不同一般分为结晶型塑料和非结晶型塑料（无定形塑料）。

结晶型塑料是指在适当的条件下，分子能产生某种几何结构的塑料（如 PE、PP、PA、POM、PET、PBT 等），大多数属于部分结晶态。非结晶型塑料是指分子形状和分子相互排列不呈晶体结构而呈无序状态的塑料（如 ABS、PC、PVC、PS、PMMA、EVA、AS 等）。非结晶型塑料又称无定形塑料，非结晶型塑料在各个方向上表现的力学特性是相同的（即各向同性）。

结晶型塑料对注塑机和注塑模的要求如下。

① 结晶型塑料熔化时需要较多的能量来摧毁晶格，所以由固体转化为熔融的熔体时需要输入较多的热量，所以注塑机的塑化能力要大，最大注射量也要相应提高。

② 结晶型塑料熔点范围窄，为防止喷嘴温度降低时胶料结晶堵塞喷嘴，喷嘴孔径应适当加大，并加装能单独控制喷嘴温度的发热圈。

③ 由于模具温度对结晶度有重要影响，所以模具水路应尽可能多，保证成型时模具温度均匀。

④ 结晶型塑料在结晶过程中发生较大的体积收缩，引起较大的成型收缩率，因此在模具设计中要认真考虑其成型收缩率。

⑤ 结晶型塑料由于各向异性显著，内应力大，在模具设计中要注意浇口的位置和大小，以及加强筋的位置与大小，否则容易发生翘曲、变形，而后要靠成型工艺去改善是相当困难的。

⑥ 结晶度与塑件壁厚有关，壁厚冷却慢，结晶度高，收缩大，易发生缩孔、气孔，因此在模具设计中要注意对塑件壁厚的控制。

结晶型塑料的成型工艺特点如下。

① 冷却时释放出的热量大，要充分冷却，高模温成型时注意对冷却时间的控制。

② 熔态与固态时的密度差大，成型收缩大，易发生缩孔、气孔，要注意保压压力的设定。

③ 模温低时，冷却快，结晶度低，收缩小，透明度高。所以结晶型塑料应按要求控制模温。

④ 塑件脱模后因未结晶的分子有继续结晶化的倾向，处于能量不平衡状态，易发生变形、翘曲，应适当提高料温和模具温度，采用中等的注射压力和注射速度。

1.4.4　按塑料的透光性分类

按塑料的透光性不同一般分为透明塑料、半透明塑料和不透明塑料。

(1) 透明塑料　透光率在88%以上的塑料称为透明塑料，如PMMA、PS、PC、Z-聚酯等。

(2) 半透明塑料　常用的半透明塑料有PP、PVC、PE、AS、PET、MBS、PSF等。

(3) 不透明塑料　不透明的塑料主要有POM、PA、ABS、HIPS、PPO等。

1.4.5　按塑料的硬度分类

按塑料的硬度不同一般分为硬质塑料、半硬质塑料和软质塑料。

(1) 硬质塑料　有ABS、POM、PS、PMMA、PC、PET、PBT、PPO等。

(2) 半硬质塑料　有PP、PE、PA、PVC等。

(3) 软质塑料　有软PVC、K胶（BS）、TPE、TPR、EVA、TPU等。

1.4.6　按塑料的化学结构分类

按塑料的化学结构不同可分为聚烯烃类、聚苯乙烯类、聚酰胺类、聚醚类、聚酯类和聚丙烯酸酯类。

(1) 聚烯烃类　如LDPE、MDPE、HDPE、LLDPE、UHMWPE、PP等。

(2) 聚苯乙烯类　如PS、AS、BS、ABS、MBS、HIPS等。

(3) 聚酰胺类　如PA6、PA66、PA610、PA1010等。

(4) 聚醚类　如PC、POM、PSF、PPO等。

(5) 聚酯类　如PBT、PET等。

(6) 丙烯酸酯类　如PMMA。

1.5　塑料的优点和缺点

1.5.1　塑料的优点

(1) 易于加工、易于成型　即使塑件的几何形状相当复杂，只要能从模具中脱模，都比较容易制作。因而其效率远胜于金属加工，特别是注射成型塑件，经过一道工序，即可制造出很复杂的成品。

(2) 可根据需要随意着色或制成透明塑料　利用塑料可任意着色的特性，可制作五光十色、透明美丽的塑件，可提高其商品价值，并给人一种明快的感觉。

(3) 可制作轻质、高强度的塑件　与金属、陶瓷制件相比，质量轻，力学性能好，比强度（强度与密度的比值）高，故可制作轻质、高强度塑件。特别是填充玻璃纤维后，更可提高其强度。

另外，由于塑料质量轻，可节约能源，故其塑件亦日趋轻量化。

（4）不生锈、不易腐蚀　塑料一般耐各种化学药品的腐蚀，不会像金属那样易生锈或受到腐蚀。使用时不必担心酸、碱、盐、油类、药品、潮湿及霉菌等的侵蚀。

（5）不易传热、保温性能好　由于塑料比热容大，热导率小，不易传热，故其保温及隔热效果良好。

（6）既能制作导电部件，又能制作绝缘产品　塑料本身是很好的绝缘物质，目前可以说没有哪一种电气塑件不使用塑料的。但如果在塑料中填充金属粉末或碎屑加以成型，也可制成导电良好的产品。

（7）减震、消声性能优良，透光性好　塑料具有优良的减震、消声性能；透明塑料（如PMMA、PS、PC等）可制作透明的塑件（如镜片、标牌、罩板等）。

（8）产品制造成本低　塑料原料本身虽然不那么便宜，但如（1）项所述，由于塑料易于加工，可以进行大批量生产，设备费用比较低廉，所以产品成本较低。

1.5.2　塑料的缺点

（1）耐热性差、易于燃烧　这是塑料最大的缺点，与金属和玻璃相比，其耐热性低劣，温度稍高就会变形，而且易于燃烧。燃烧时多数塑料能产生大量的热、烟和有毒气体；即使是热固性树脂，超过200℃也会冒烟，并产生剥落。

（2）随着温度的变化，性质也会大大改变　高温自不待言，即使遇到低温，各种性质也会大大改变。

（3）机械强度较低　与同样体积的金属相比，机械强度低得多，特别是薄壁塑件，这种差别尤为明显。

（4）易受特殊溶剂及药品的腐蚀　一般来说，塑料比较不容易受化学药品的腐蚀，但有些塑料（如PC、ABS、PS等）这方面的性质特别差；在一般情况下，热固性树脂耐腐蚀性相当强。

（5）耐久性差、易老化　无论是强度、表面光泽还是透明度，塑料都不耐久，且受负荷有蠕变现象。另外，所有的塑料均怕紫外线及太阳光照射，在光、氧、热、水及大气环境作用下会老化。

（6）易受损伤，也容易沾染灰尘及污物　塑料的表面硬度都比较低，容易受损伤；另外，由于是绝缘体，故带有静电，因此容易沾染灰尘。

（7）尺寸稳定性差　与金属相比，塑料收缩率很高，故难以保证尺寸精度。在使用期间受潮、吸湿或温度发生变化时，尺寸易随时间发生变化。

1.6　塑料的性能

塑料的性能包括塑料的使用性能和塑料的工艺性能，使用性能体现了塑料的使用价值，工艺性能体现了塑料的成型特性。

1.6.1　塑料的使用性能

塑料的使用性能即塑料制品在实际使用中需要的性能，主要有物理性能、化学性能、力学性能、热性能、电性能等。这些性能都可以用一定的指标衡量，并可以用一定的实验方法测得。

（1）塑料的物理性能　塑料的物理性能主要有密度、表观密度、透湿性、吸水性、透明性、透光性等。

密度是指单位体积中塑料的质量，而表观密度是指单位体积的试验材料（包括空隙在内）的质量。

透湿性是指塑料透过蒸汽的性质，它可用透湿系数表示。透湿系数是指在一定温度下，试样两侧在单位压力差情况下，单位时间内在单位面积上通过的蒸汽量与试样厚度的乘积。

吸水性是指塑料吸收水分的性质，它可用吸水率表示。吸水率是指在一定温度下，把塑料放在水中浸泡一定时间后质量增加的百分率。

透明性是指塑料透过可见光的性质，它可用透光率来表示。透光率是指透过塑料的光通量与其入射光通量的百分率。

（2）塑料的化学性能　塑料的化学性能有耐化学品性、耐老化性、耐候性、光稳定性、抗霉性等。

耐化学品性是指塑料耐酸、碱、盐、溶剂和其他化学物质的能力。

耐老化性是指塑料暴露于自然环境中或人工条件下，随着时间推移而不产生化学结构变化，从而保持其性能的能力。

耐候性是指塑料暴露在日光、冷热、风雨等气候条件下，保持其性能的能力。

光稳定性是指塑料在日光或紫外线照射下，抵抗褪色、变黑或降解等的能力。

抗霉性是指塑料对霉菌的抵抗能力。

（3）塑料的力学性能　塑料的力学性能主要有拉伸强度、压缩强度、弯曲强度、断裂伸长率、冲击韧度、疲劳强度、蠕变权限、摩擦系数及磨耗、硬度等。

与金属相比，塑料的强度和刚度绝对值都比较小。未增强的塑料，通用塑料的拉伸强度一般为20～50MPa，工程塑料一般为50～80MPa，很少有超过100MPa的品种。经玻璃纤维增强后，许多工程塑料的拉伸强度可以达到或超过150MPa，但仍明显低于金属材料，如碳钢的抗拉强度高限可达1300MPa，高强度钢可达1860MPa，而铝合金的抗拉强度也在165～620MPa之间。但由于塑料密度小，塑料的比强度和比刚度高于金属。

塑料是高分子材料，长时间受载与短时间受载时有明显区别，主要表现为蠕变和应力松弛。蠕变是指当塑料受到一个恒定载荷时，随着时间的增长，应变会缓慢地持续增大。所有的塑料都会不同程度地产生蠕变。耐蠕变性是指材料在长期载荷作用下，抵抗应变随时间而变化的能力。它是衡量塑件尺寸稳定性的一个重要因素。分子链间作用力大的塑料，特别是分子链间具有交联的塑料，耐蠕变性就好。

应力松弛是指在恒定的应变条件下，塑料的应力随时间延长而逐渐减小。例如，塑件作为螺纹紧固件，往往由于应力松弛使紧固力变小甚至松脱，带螺纹的塑料密封件也会因应力松弛失去密封性。针对这类情况，应选用应力松弛较小的塑料或采用相应的防范措施。

磨耗量是指两个彼此接触的团体（实验时用塑料与砂纸），因为摩擦作用而使材料（塑料）表面造成的损耗。它可以用摩擦损失的体积表示。

（4）塑料的热性能　塑料的热性能主要是线膨胀系数、热导率、玻璃化温度、耐热性、热变形温度、热稳定性、热降解温度、耐燃性、比热容等。

耐热性是指塑料在外力作用下，受热而不变形的性质，它可用热变形温度或马丁耐热温度来量度。方法是将试样浸在一种等速升温的适宜传热介质中，在一定的弯矩负荷作用下，测出试样弯曲变形达到规定值的温度。马丁耐热温度和热变形温度测定的装置和测定方法不同，应用场合也不同。前者适用于量度耐热性低于60℃的塑料的耐热性；后者适用于量度常温下是硬质的模塑材料和板材的耐热性。

热稳定性是指高分子化合物在加工或使用过程中受热而不降解变质的性质。它可用一定量的聚合物以一定压力压成一定尺寸的试片，然后将其置于专用的实验装置中，在一定温度下恒温加热一定时间，测其重量损失，并以损失的重量和原来重量的百分率表示热稳定性的大小。

热降解温度是指高分子化合物在受热时发生降解的温度。它是反映聚合物热稳定性的一个量值。它可以用压力法或试纸鉴别法测试。压力法是根据聚合物降解时产生气体，从而产生压力差的原理进行测试；试纸鉴别法是根据聚合物发生降解放出的气体，使试纸变色的原理进行测试。

耐燃性是指塑料接触火焰时抵制燃烧或离开火焰时阻碍继续燃烧的能力。

（5）塑料的电性能　塑料的电性能主要有介电常数、介电强度、耐电弧性等。

介电常数是指以绝缘材料（塑料）为介质与以真空为介质制成的同尺寸电容器的电容量之比。介电强度是指塑料抵抗电击穿能力的量度，其值为塑料击穿电压值与试样厚度之比，单位为 kV/mm。

耐电弧性是塑料抵抗由于高压电弧作用引起变质的能力，通常用电弧焰在塑料表面引起炭化至表面导电所需的时间表示。

1.6.2　塑料的工艺性能

塑料与成型工艺、成型质量有关的各种性能，统称为塑料的工艺性能，了解和掌握塑料的工艺性能，直接关系到塑料能否顺利成型和保证塑件质量，同时也影响模具的设计要求，下面分别介绍热塑性塑料和热固性塑料成型的主要工艺性能和要求。

1.6.2.1　热塑性塑料的工艺性能

热塑性塑料的工艺性能除了热力学性能、结晶性、取向性外，还有收缩性、流动性、热敏性、水敏性、吸湿性、相容性等。

（1）收缩性　塑料通常是在高温熔融状态下充满模具型腔而成型，当塑件从塑模中取出冷却到室温后，其尺寸会比原来在塑模中的尺寸小，这种特性称为收缩性。它可用单位长度塑件收缩量的百分数来表示，即收缩率（S）。

由于这种收缩不仅是塑件本身的热胀冷缩造成的，而且还与各种成型工艺条件及模具因素有关，因此成型后塑件的收缩称为成型收缩。可以通过调整工艺参数或修改模具结构，以缩小或改变塑件尺寸的变化情况。

成型收缩分为尺寸收缩和后收缩两种形式，而且同时都具有方向性。

① 塑件的尺寸收缩　由于塑件的热胀冷缩以及塑件内部的物理化学变化等原因，导致塑件脱模冷却到室温后发生尺寸缩小的现象，为此在设计模具的成型零部件时必须考虑通过设计对它进行补偿，避免塑件尺寸出现超差。

② 塑件的后收缩　塑件成型时，因其内部物理、化学及力学变化等因素产生一系列应力，塑件成型固化后存在残余应力，塑件脱模后，因各种残余应力的作用将会使塑件尺寸产生再次缩小的现象。通常，一般塑件脱模后 10h 内的后收缩较大，24h 后基本定型，但要达到最终定型，则需要很长时间，一般热塑性塑料的后收缩大于热固性塑料。注射成型和压注成型的塑件后收缩大于压缩成型塑件。

为稳定塑件成型后的尺寸，有时根据塑料的性能及工艺要求，塑件在成型后需进行热处理，热处理后也会导致塑件的尺寸发生收缩，称为后处理收缩。在对高精度塑件的模具设计时应补偿后收缩和后处理收缩产生的误差。

③ 塑件收缩的方向性　塑料在成型过程中高分子沿流动方向的取向效应会导致塑件的各向异性，塑件的收缩必然会因方向的不同而不同。通常沿料流的方向收缩大、强度高，而与料流垂直的方向收缩小、强度低。同时，由于塑件各个部位添加剂分布不均匀，密度不均匀，故收缩也不均匀，从而使塑件收缩产生收缩差，容易造成塑件产生翘曲、变形以致开裂。

塑件成型收缩率分为实际收缩率与计算收缩率，实际收缩率表示模具或塑件在成型温度的尺寸与塑件在常温时的尺寸之间的差别，计算收缩率则表示模具在常温时的尺寸与塑件在常温时的尺寸之间的差别。计算公式如下：

$$S' = \frac{L_C - L_S}{L_S} \times 100\%$$ (1-1)

$$S = \frac{L_m - L_S}{L_S} \times 100\%$$ (1-2)

式中　S'——实际收缩率；
　　　S——计算收缩率；
　　　L_C——塑件或模具在成型温度时的尺寸；
　　　L_S——塑件在常温时的尺寸；
　　　L_m——模具在常温时的尺寸。

因实际收缩率与计算收缩率数值相差很小，所以在普通中、小型模具设计时常采用计算收缩率来计算型腔及型芯等的尺寸。而对大型、精密模具设计时一般采用实际收缩率来计算型腔及型芯等的尺寸。

在实际成型时，不仅塑料品种不同其收缩率不同，而且同一品种塑料的不同批号，或同一塑件的不同部位的收缩率也常不同。影响收缩率变化的主要因素有以下四个方面。

① 塑料的品种　各种塑料都有其各自的收缩率范围，但即使是同一种塑料，由于分子量、填料及配比等不同，则其收缩率及各向异性也各不相同。无定形塑料的收缩率小于1%，结晶型塑料的收缩率均超过1%，结晶型塑料注塑的塑件，具有后收缩现象，需在冷却24h后测量其尺寸，精确度可达0.02mm。常用塑料收缩率见表1-2。

② 塑件结构　塑件的形状、尺寸、壁厚、有无嵌件、嵌件数量及布局等对收缩率有很大影响，一般塑件壁厚越大，收缩率越大，形状复杂的塑件的收缩率小于形状简单的塑件的收缩率，有嵌件的塑件因嵌件阻碍和激冷收缩率减小。

表1-2　常用塑料收缩率

类别	塑料名称	成型收缩率/%	
		非增强	玻璃纤维增强
非结晶型塑料	聚苯乙烯	0.3～0.6	—
	苯乙烯-丁二烯共聚物(SB)	0.4～0.7	—
	苯乙烯-丙烯腈共聚物(SAN)	0.4～0.7	0.1～0.3
	ABS	0.4～0.7	0.2～0.4
	有机玻璃(PMMA)	0.3～0.7	—
	聚碳酸酯	0.6～0.8	0.2～0.5
	硬聚氯乙烯	0.4～0.7	—
	改性聚苯乙烯	0.5～0.9	0.2～0.4
	聚砜	0.6～0.8	0.2～0.5
	纤维素塑料	0.4～0.7	—
结晶型塑料	聚乙烯	1.2～3.8	—
	聚丙烯	1.2～2.5	0.5～1.2
	聚甲醛	1.8～3.0	0.2～0.8
	聚酰胺6(尼龙-6)	0.5～2.2	0.7～1.2
	聚酰胺66(尼龙-66)	0.5～2.5	—
	聚酰胺610(尼龙-610)	0.5～2.5	—
	聚酰胺11(尼龙-11)	1.8～2.5	—
	PET树脂	1.2～2.0	0.3～0.6
	PBT树脂	1.4～2.7	0.4～1.3

③ 模具结构　塑模的分型面、加压方向及浇注系统的结构形式、布局及尺寸等直接影响料流方向、密度分布、保压补缩作用及成型时间，对收缩率及方向性影响很大，尤其是挤出成型和注射成型更为突出。

④ 成型工艺条件　模具的温度、注射压力、保压时间等成型条件对塑件收缩率均有较大影响。模具温度高，则熔料冷却慢、密度高、收缩率大。尤其对结晶型塑料，因其体积变化大，其收缩率更大，模具温度分布均匀性也直接影响塑件各部分收缩率的大小和方向性。注射压力高，则熔料黏度差小，脱模后弹性恢复大，收缩率减小。保压时间长，则收缩率小，但方向性明显。

由于收缩率不是一个固定值，而是在一定范围内波动，收缩率的变化将引起塑件尺寸变化，因此，在模具设计时应根据塑料的收缩率范围、塑件壁厚、形状、进料口形式、尺寸、位置成型因素等综合考虑确定塑件各部位的收缩率。对精度高的塑件应选取收缩率波动范围小的塑料，并留有修模余地，试模后逐步修正模具，以达到塑件尺寸、精度要求。

（2）流动性　在成型过程中，塑料熔体在一定的温度、压力下填充模具型腔的能力称为塑料的流动性。塑料流动性的好坏，在很大程度上直接影响成型工艺的参数，如成型温度、成型压力、成型周期、模具浇注系统的尺寸及其他结构参数。在决定塑件大小和壁厚时，也要考虑流动性的影响。

流动性的大小与塑料的分子结构有关，具有线型分子而没有或很少有交联结构的树脂流动性大。在塑料中加入填料，会降低树脂的流动性，而加入增塑剂或润滑剂，则可增加塑料的流动性。塑件合理的结构设计也可以改善流动性，例如，在流道和塑件的拐角处采用圆角结构时改善了熔体的流动性。

塑料的流动性对塑件质量、模具设计以及成型工艺影响很大，流动性差的塑料，不容易充满型腔，易产生缺料或熔接痕等缺陷，因此，需要较大的成型压力才能成型。相反，流动性好的塑料，可以用较小的成型压力充满型腔。但流动性太好，会在成型时产生严重的溢料飞边。因此，在塑件成型过程中，选用塑件材料时，应根据塑件的结构、尺寸及成型方法选择适当流动性的塑料，以获得满意的塑件。此外，模具设计时应根据塑料流动性来考虑分型面和浇注系统及进料方向；选择成型温度也应考虑塑料的流动性。

塑料流动性的测定采用统一的方法，对热塑性塑料通常有熔体指数测定法和螺旋线长度试验法。熔体指数测定法是将被测塑料装入如图 1-1 所示的标准装置内，在一定温度和负荷下，测定其熔体在 10min 内通过标准毛细管（直径为 2.09mm 的出料孔）的质量，该值称为熔体指数。它是反映塑料在熔融状态下流动性的一个量值，熔体指数越大，流动性越好。熔体指数的单位以 g/10min 表示，通常以 MI 表示。图 1-1 为熔体流动速率测试仪。

按照模具设计要求，热塑性塑料的流动性可分为三类。

① 流动性好的塑料，如聚酰胺、聚乙烯、聚苯乙烯、聚丙烯、醋酸纤维素和聚甲基戊烯等。

② 流动性中等的塑料，如改性聚苯乙烯、ABS、AS、聚甲基丙烯酸甲酯、聚甲醛和氯化聚醚等。

③ 流动性差的塑料，如聚碳酸酯、硬聚氯乙烯、聚苯醚、聚砜、聚芳砜和氟塑料等。

塑料流动性的影响因素主要有以下三个。

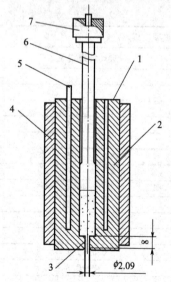

图 1-1　熔体流动速率测试仪

1—热电偶测温管；2—料筒；

3—出料孔；4—保温层；

5—加热棒；6—柱塞；

7—重锤（重锤加柱塞共重 2160g）

① 温度　料温高，则塑料流动性增大，但料温对不同塑料的流动性影响各有差异。聚苯乙烯、聚丙烯、聚酰胺、聚甲基丙烯酸甲酯、ABS、AS、聚碳酸酯、醋酸纤维素等塑料流动性受温度变化的影响较大；而聚乙烯、聚甲醛的流动性受温度变化的影响较小。

② 压力　注射压力增大，则熔料受剪切作用增大，流动性也增大，尤其是聚乙烯、聚甲醛十分敏感。但过高的压力会使塑件产生应力，并且会降低熔体黏度，形成飞边。

③ 模具结构　浇注系统的形式、尺寸、布置、型腔表面粗糙度、浇道截面厚度、型腔形式、排气系统、冷却系统设计、熔料流动阻力等因素都直接影响熔料的流动性。

凡是遇到促使熔料温度降低、流动阻力增大的因素（如塑件壁厚太薄，转角处采用尖角等），流动性就会降低。表 1-3 列出了常用塑料改进流动性能的方式。

表 1-3　常用塑料改进流动性能的方式

序号	塑料代号	名称	改进方式
1	PE	聚乙烯	提高螺杆速度
2	PP	聚丙烯	提高螺杆速度
3	PA	尼龙（聚酰胺）	提高温度
4	POM	聚甲醛	提高螺杆速度
5	PC	聚碳酸酯	提高温度
6	PS	聚苯乙烯	两者都行
7	ABS	丙烯腈-丁二烯-苯乙烯共聚物	提高温度
8	PVC	聚氯乙烯	提高温度
9	PMMA	聚甲基丙烯酸甲酯	提高温度

（3）热敏性　各种塑料的化学结构在热量作用下均有可能发生变化，某些热稳定性差的塑料，在料温高和受热时间长的情况下就会产生分解、降解、变色的特性，这种对热量的敏感程度称为塑料的热敏性。热敏性很强的塑料（即热稳定性很差的塑料）通常简称为热敏性塑料。如硬聚氯乙烯、聚三氟氯乙烯、聚甲醛等。这种塑料在成型过程中很容易在不太高的温度下发生热分解、热降解或在受热时间较长的情况下发生过热降解，从而影响塑件的性能和表面质量。

热敏性塑料熔体在发生热分解或热降解时，会产生各种降解产物，有的降解产物会对人体、模具和设备产生刺激、腐蚀或带有一定毒性；有的降解产物还会是加速该塑料降解的催化剂，如聚氯乙烯降解产生氯化氢，能起到进一步加剧高分子降解作用。

为了避免热敏性塑料在加工成型过程中发生热降解现象，在模具设计、选择注塑机及成型时，可在塑料中加入热稳定剂；也可采用合适的设备（螺杆式注塑机），严格控制成型温度、模温、加热时间、螺杆转速及背压等，及时清除降解产物，设备和模具应采取防腐蚀等措施。

（4）水敏性　塑料的水敏性是指它在高温、高压下对水降解的敏感性。如聚碳酸酯即是典型的水敏性塑料。即使含有少量水分，在高温、高压下也会发生降解，因此，水敏性塑料成型前必须严格控制水分含量，进行干燥处理。

（5）吸湿性　吸湿性是指塑料对水分的亲疏程度。以此性质塑料大致可分为两类：一类是具有吸水或黏附水分性能的塑料，如聚酰胺、聚碳酸酯、聚砜、ABS 等；另一类是既不吸水也不易黏附水分的塑料，如聚乙烯、聚丙烯、聚甲醛等。

凡是具有吸水性倾向的塑料，如果在成型前水分没有去除，含量超过一定限度，那么在成型加工时，水分将会变为气体并促使塑料发生降解，导致塑料起泡和流动性降低，造成成型困难，而且使塑件的表面质量和力学性能降低。因此，为保证成型的顺利进行和塑件的质量，对吸水性和黏附水分倾向大的塑料，在成型前必须除去水分，进行干燥处理，必要时还应在注塑机的料斗内设置红外线加热。常用塑料的含水量与干燥温度见表1-4。

表1-4 常用塑料的含水量与干燥温度

塑料名称	允许含水量/%	干燥温度/℃	塑料名称	允许含水量/%	干燥温度/℃
ABS	0.3	80～90	聚碳酸酯	最高0.02	100～120
聚苯乙烯	0.05～0.10	60～75	聚丙烯	0.10	65～75
纤维素塑料	最高0.40	65～87	酯类纤维塑料	0.10	76～87
聚氯乙烯	0.08	60～93	尼龙	0.04～0.08	80～90

引起塑料中水分和挥发物多的原因主要有以下三个方面。

① 塑料（或树脂）的平均分子量低。

② 塑料（或树脂）在生产时没有得到充分的干燥。

③ 吸水性大的塑料因存放不当而使其吸收了周围空气中的水分，不同塑料有不同的干燥温度和干燥时间的规定。

（6）相容性 相容性是指两种或两种以上不同品种的塑料，在熔融状态下不产生相分离现象的能力。如果两种塑料不相容，则混熔时制件会出现分层、脱皮等表面缺陷。不同塑料的相容性与其分子结构有一定关系，分子结构相似者较易相容，例如高压聚乙烯、低压聚乙烯、聚丙烯彼此之间的混熔等；分子结构不同时较难相容，例如聚乙烯和聚苯乙烯之间的混熔。塑料的相容性俗称共混性。通过塑料的这一性质，可以得到类似共聚物的综合性能，是改进塑料性能的重要途径之一。

（7）塑料的加工温度 塑料的加工温度就是达到黏流态的温度，加工温度不是一个点，而是一个范围（从熔点到降解温度之间）。在对塑料进行热成型时应根据塑件的大小、复杂程度、厚薄、嵌件情况、所用着色剂对温度的耐受性、注塑机性能等因素选择适当的加工温度。

常用塑料的加工温度范围见表1-5。

表1-5 常用塑料的加工温度范围 单位：℃

塑料名称	玻璃化温度	熔点	加工温度范围	降解温度(空气中)
聚苯乙烯	85～110	165	180～260	260
ABS	90～120	160	180～250	250
高压聚乙烯	−123～85	110	160～240	280
低压聚乙烯	−123～85	130	200～280	280
聚丙烯	−123～85	164	200～300	300
尼龙-66	50	250～260	260～290	300
尼龙-6	50	215～225	260～290	300
有机玻璃	90～105	180	180～250	260
聚碳酸酯	140～150	250	280～310	330

为何在注塑生产中温度计所反映的温度常可改变，而且同一塑件（同一模具）放到不同注塑机上生产时所设定的温度可能不相同？实际上塑料的热成型温度是相对固定的，只是由

于采用的测温方法、测温点布局及温度感应器的性能差别才造成上述差异。温度指示控制仪上显示的温度不是料筒内熔料的实际温度，而是间接的、局部性的温度。

1.6.2.2 热固性塑料的工艺性能

热固性塑料注塑利用螺杆或柱塞把聚合物经加热过的料筒（120～260℉[1]）以降低黏度，随后注入加热过的模具中（300～450℉）。一旦塑料充满模具，即对其保压。此时产生化学交联，使聚合物变硬。硬的（即固化的）塑件趁热即可自模具中顶出，它不能再成型或再熔融。

注射成型设备有带一个用以闭合模具的液压驱动合模装置和一个能输送物料的注射装置。多数热固性塑料都是在颗粒态或片状下使用的，可由重力料斗送入螺杆注射装置。当加工聚酯整体模塑料（BMC）时，它有如"面包团"，采用一个供料活塞将物料压入螺纹槽中。

采用这种工艺方法加工的聚合物是（依据其用量大小排列）：酚醛塑料、聚酯整体模塑料、三聚氰胺、环氧树脂、脲醛塑料、乙烯基酯聚合物和邻苯二甲酸二烯丙酯（DAP）。

多数热固性塑料都含有大量的填充剂（含量达70%），以降低成本或提高其低收缩性能，增加强度或特殊性能。常用的填充剂包括玻璃纤维、矿物纤维、陶土、木纤维和炭黑。这些填充物可能十分具有磨损性，并产生高黏度，它们必须为加工设备所克服。

热塑性塑料和热固性塑料在加热时都会降低黏度。但和热塑性塑料不同的是，热固性塑料的黏度会随时间和温度增加而增加，这是因为发生了化学交联反应。这些作用的综合结果是黏度随时间和温度而呈 U 形曲线变化。在最低黏度区域完成填充模具的操作，这是热固性注射模塑的目的，因为此时物料成型为模具形状所需的压力是最低的。这也有助于使聚合物中的纤维损害达到最低。

热固性塑料和热塑性塑料相比，塑件具有尺寸稳定性好、耐热性好和刚性大等特点，更广泛地应用于工程塑料。热固性塑料的工艺性能明显不同于热塑性塑料，其主要性能指标有收缩率、流动性、水分及挥发物含量与固化速度等。

（1）收缩率 同热塑性塑料一样，热固性塑料经成型冷却也会发生尺寸收缩，其收缩率的计算方法与热塑性塑料相同。产生收缩的主要原因有以下几个。

① 热收缩 热收缩是由于热胀冷缩而使塑件成型冷却后所产生的收缩。由于塑料主要成分是树脂，线膨胀系数比钢材大几倍至几十倍，塑件从成型加工温度冷却到室温时，会产生远远大于模具尺寸收缩量的收缩，收缩量可以由塑料线膨胀系数来判断。热收缩与模具的温度成正比，是成型收缩中主要的收缩因素之一。

② 结构变化引起的收缩 热固性塑料在成型过程中由于进行了交联反应，分子由线型结构变为网状结构，由于分子链间距的缩小，结构变得紧密，故产生了体积变化。这种由结构变化而产生的收缩，在进行到一定程度时就不会继续产生。

③ 弹性恢复 塑件从模具中取出后，作用在塑件上的压力消失，由于塑件固化后并非刚性体，脱模时产生弹性恢复，会造成塑件体积的负收缩（膨胀）。在以玻璃纤维和布质为填料的热固性塑料成型时，这种情况尤为明显。

④ 塑性变形 塑件脱模时，成型压力迅速降低，但模壁紧压在塑件的周围，使其产生塑性变形。发生变形部分的收缩率比没有变形部分的大，因此塑件往往在平行加压方向收缩较小，在垂直加压方向收缩较大。为防止两个方向的收缩率相差过大，可采用迅速脱模的方法补救。

---

[1] $t/℃ = \dfrac{5}{9}(t/℉ - 32)$。

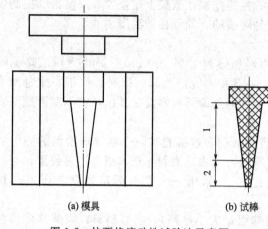

(a) 模具　　　　　　　　　　(b) 试棒

图 1-2　拉西格流动性试验法示意图
1—光滑部分；2—粗糙部分

影响收缩率的因素与热塑性塑料也相同，有原材料、模具结构、成型方法及成型工艺条件等。塑料中树脂和填料的种类及含量，也将直接影响收缩率的大小。当所用树脂在固化反应中放出的低分子挥发物较多时，收缩率较大；放出的低分子挥发物较少时，收缩率较小。塑料中填料含量较多或填料中无机填料增多时，收缩率较小。

凡是有利于提高成型压力、增大塑料充模流动性、使塑件密实的模具结构，均能减小塑件的收缩率。例如用压缩成型或压注成型的塑件比注射成型的塑件收缩率小。凡是能使塑件密实、成型前使低分子挥发物逸出的工艺因素，都能使塑件收缩率减小。例如成型前对酚醛塑料的预热、加压等。

（2）流动性　　流动性的意义与热塑性塑料流动性类同，但热固性塑料通常以拉西格流动性来表示。

将一定质量的欲测塑料预压成圆锭，将圆锭放入压模中，在一定温度和压力下，测定它从模孔中挤出的长度（粗糙部分不计在内），此即拉西格流动性，拉西格流动性单位为 mm。其数值越大，则流动性越好；反之，则流动性差。拉西格流动性试验法示意图如图 1-2 所示。

每一品种塑料的流动性可分为三个不同等级。

第一级的拉西格流动值为 100～130mm，用于压制无嵌件、形状简单、厚度一般的塑件。

第二级的拉西格流动值为 131～150mm，用于压制中等复杂程度的塑件。

第三级的拉西格流动值为 151～180mm，用于压制结构复杂、型腔很深、嵌件较多的薄壁塑件或用于压注成型。

塑料的流动性除了与塑料性质有关外，还与模具结构、表面粗糙度、预热及成型工艺条件有关。

（3）比容（比体积）与压缩率　　比容是单位质量的松散塑料所占的体积，单位为 cm^3/g；压缩率为塑料与塑件两者体积的比值，其值恒大于 1。比容与压缩率均表示粉状或短纤维塑料的松散程度，均可用来确定压缩模加料腔容积的大小。

比容和压缩率较大时，则要求加料腔体积大，同时也说明塑料内充气多，排气困难，成型周期长，生产率低；比容和压缩率较小时，有利于压锭和压缩、压注。但比容太小，则以容积法装料则会造成加料量不准确。各种塑料的比容和压缩率是不同的，同一种塑料，其比容和压缩率又因塑料形状、颗粒度及其均匀性不同而异。

（4）水分和挥发物的含量　　塑料中的水分和挥发物来自两个方面：一是生产过程中遗留下来及成型之前在运输、保管期间吸收的；二是成型过程中化学反应产生的副产物。如果塑料中的水分和挥发物含量大，会促使流动性增大，易产生溢料，成型周期增长，收缩率增大，塑件易产生气泡、组织疏松、变形翘曲、波纹等缺陷。塑料中的水分和挥发物含量过小，也会造成流动性降低，成型困难，同时也不利于压锭。

对来源属于第一种的水分和挥发物，可在成型前进行预热干燥；而对第二种来源的水分和挥发物（包括预热干燥时未除去的水分和挥发物），应在模具设计时采取相应措施（如开排气槽或压制操作时设排气工步等）。

水分和挥发物的测定，采用（12±0.12）g 实验用料在 103～105℃烘箱中干燥 30min 后，测其前后质量差求得，其计算公式为：

$$X=\frac{\Delta m}{M}\times100\%$$ (1-3)

式中 X——挥发物含量的百分比，%；

Δm——塑料干燥的质量损失，g；

M——塑料干燥前的质量，g。

（5）固化特性 固化特性是热固性塑料特有的性能，是指热固性塑料成型时完成交联反应的过程。固化速度通常用塑料试样固化 1mm 厚度所需要的时间来表示，单位为 s/mm，数值越小，固化速度就越快。合理的固化速度不仅与塑料品种有关，而且与塑件形状、壁厚、模具温度和成型工艺条件有关，如采用预压的锭料、预热、提高成型温度、增加加压时间都能显著加快固化速度。此外，固化速度还应适应成型方法的要求。例如压注成型或注射成型时，应要求在塑化、填充时交联反应慢，以保持长时间的流动状态。但当充满型腔后，在高温、高压下应快速固化。固化速度慢的塑料，会使成型周期变长，生产率降低；固化速度快的塑料，则不易成型大型复杂的塑件。

1.7 热塑性塑料的成型特性

1.7.1 塑料的热力学三态

在自然界中，我们把物质在常温中的聚集状态分成三种，即气态、液态和固态。

以非晶态线型高聚物为代表的高分子聚合物，由于分子结构的连续性，以及其巨大的分子量，所以它们的聚集状态不同于一般低分子化合物，而是在不同的热力条件下，以其独特的三种形态存在，即玻璃态、高弹态和黏流态。

高分子聚合物是不存在气态的，在受热而可能气化之前，分子结构已受到彻底的破坏，成为低分子的气化物质或炭化物。

高分子聚合物的玻璃态实际上是固态的一种表现形式，特点是在一定的温度范围内，呈现出固态物质普遍具有的性质，在某些力学特性上类似于普通的玻璃。

高分子聚合物的黏流态是一种独特的"液态"，在某个温度范围内，具有既可以流动又有别于普通低分子液体的力学性质。

高分子聚合物的高弹态是介于玻璃态和黏流态温度范围的特有形态。

高分子聚合物和其他物质一样，在特定的温度、压力条件下都有一个相对稳定的形态。比如，在普通使用条件下，可以将有机玻璃视为玻璃态的代表，而将液体树脂视为黏流态的代表。

当外界温度、压力发生变化并达到某种水平时，高分子聚合物将改变原有的状态而转变成另外的状态。注塑加工厂的任务就是提供这些变化的条件，在加工过程中，塑料原料（以高分子聚合物为基体）受温度、压力、剪切作用时，其黏度、物理结构、形态等都会出现变化，其中以温度影响最大，这是塑料热成型的理论依据。

非晶态线型高聚物在一定的压力、不同温度条件下，上述三种聚集态及其转变条件如图 1-3 所示，这是以相对形变率来表达的三态区间的划分。图中所示的温度为聚苯乙烯试样的温度。

高分子聚合物，包括有结晶倾向的高聚物，不管是热塑性的还是热固性的，都有这样类似的区间划分，只是曲线的形状各不相同。例如聚乙烯、聚丙烯等有结晶倾向的高聚物，其形变曲线如图1-4所示，这类高聚物在进入熔点后即出现黏流态，黏度迅速下降，不可逆形变在整体中发生。在图1-3、图1-4中形变曲线上有一个脆化温度 T_x，低于这个温度，分子链段的自我振动被"冻结"下来，不可拉伸、扭转，也无法吸收和分散外力。在外力作用下，链段很快断裂，塑件将显得像普通玻璃那样易于击碎。

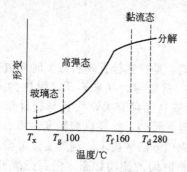

图1-3 聚苯乙烯树脂的三态变化
T_x—脆化温度；T_g—玻璃化温度；
T_f—黏流温度；T_d—分解温度

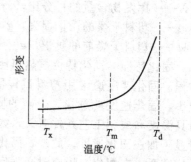

图1-4 聚乙烯结晶型树脂的三态变化
T_x—脆化温度；T_m—熔点；T_d—分解温度

1.7.2 塑料三态的微观结构和工艺特性

（1）玻璃态 处于玻璃态下的塑料分子，链段运动基本上处于停止的状态，分子在自身的位置上振动，分子链缠绕成团状或卷曲状，相互交错，紊乱无序。在玻璃态时分子的聚集状态如图1-5所示。

(a) 非结晶型塑料的形态

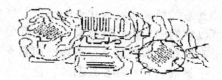

(b) 结晶型塑料的形态

(c) 非结晶型塑料随温度变化的形态

(d) 结晶型塑料随温度变化的形态

图1-5 在玻璃态时分子的聚集状态

当受到外力作用时，分子链段将作瞬间微小伸缩和键角改变。整个塑料形体具有一定的刚性和强度（拉伸强度、弯曲强度等）。在这种形态下，塑件可以被使用或进行机械加工（如切削、钻孔、铣刨等）。

一般非结晶型塑料（如聚苯乙烯、有机玻璃、聚碳酸酯等），其玻璃化温度高于室温，我们可以将原料颗粒、定型了的塑件视为玻璃态。至于聚乙烯、聚丙烯等"软"性塑料，事实上也存在"硬"性的玻璃态。这类塑料中的非结晶部分，玻璃化温度比室温低很多（-123～85℃），在玻璃化温度以上处于高弹态，表现为柔性，而结晶部分熔点又比室温高（137℃），因晶格能的束缚，链段不能自由活动，表现为刚性，所以也能作为具有固定形状的塑料使用。

（2）高弹态　处于高弹态下的塑料分子，动能增加，链段展开成网状，但分子的运动仍维持在小链段的旋转，链与链之间不发生位置移动。受外力作用时可产生缓慢变形，当外力除去后，又慢慢恢复原状。在这种状态下，塑料具有一种类似橡胶的弹性，所以又称橡胶态。通常称为弹性体或橡胶体的高聚物，便是在室温下处于高弹态的高聚物。

高弹态有以下两个特点。

① 在较小作用力下可产生较大变形，外力解除后能恢复原状。

② 高弹变形并非瞬间发生，而是随时间逐渐发展。与普通的弹性变形不同，在同样外力作用下，变形要延迟一段时间才能完成，而且变形量大，松弛性也较明显。

塑料的高弹态其实只有在热加工过程中才出现。

塑料的使用温度、加工温度和弹性模量的关系如图1-6所示。

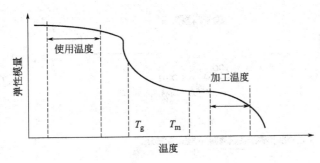

图1-6　塑料的使用温度、加工温度和弹性模量的关系

（3）黏流态　处于黏流态下的塑料分子，网状结构已经解体，大分子链与链之间、链段与链段之间都能够自由移动。可以说，这是塑料的"液体"存在的形式，只是黏性大，物理构成不同，力学性质不同。当给予外力时，分子间很容易相互滑动，造成塑性体的变形，除去外力便不再恢复原状。

塑料热成型过程可以这样描述：通过热和力的作用，让塑料从室温的玻璃态，经历高弹态转变为黏流态，注射入具有一定形状的封闭模腔，然后在模腔内逐渐冷却，从黏流态转回玻璃态，最后形成与模腔形状一致的塑件。

塑料只能在黏流态下才能注射填充成型，即是说，塑料的加工温度范围只能是从黏流温度（或结晶型塑料的熔点）到降解温度之间。如果这个范围宽，加工将比较容易；如果这个范围窄，可选择的加工温度限制大，加工就较为困难。前者以聚乙烯为代表，后者以聚氯乙烯为代表。经常应用的聚苯乙烯、ABS等亦属于范围宽的一类，所以在设定注塑机料筒温度时，能够比较随意；如果不需考虑色粉对高温的敏感性，温度调高些或调低些，对生产影响不大。

塑料在加热料筒中经历的热力学变化如图1-7所示。

图1-7　塑料在加热料筒中的三态变化

从图1-7中可以看出，在热的作用下，塑料是从玻璃态经历高弹态转化为黏流态。正常的加工温度应保证这种转化顺利进行，从进料段向前到射嘴段，温度逐渐递增，如若破坏了这种递增，将使操作不稳定。即使有时在实际生产中，设定的射嘴温度比其前段料筒温度略低，但前段料筒位置内的料事实上已完全进入黏流态，稍低温度的射嘴起着保温及出料均匀的作用。

塑料的黏流态温度范围有一定极限，超过了这种极限，即超过了降解温度，塑料产生降解，会破坏原来的化学结构，成为低分子化合物，甚至炭化。有时喷嘴对空注射发生爆鸣声，就是由于气态低分子生成物从料筒内的高压突然转变为低压进入大气，瞬间膨胀造成的。这种现象的出现，说明料筒内部分塑料不堪高温或长时间受热而发生了降解。

正常生产过程中的塑料，一般不会超过降解温度，但如果料筒内壁或螺杆损伤后有死角，造成长时间停滞或受到剧烈的挤压剪切，就有可能发生降解，注塑出来的塑件，往往带有焰火状黄斑。

1.7.3　塑料分子的取向

在塑料成型加工过程中，有一个取向现象值得注意。我们先看一下塑料熔体是如何流入成型模具型腔的，这将有助于了解塑件表面和芯部方向性产生的原因，如图1-8所示。

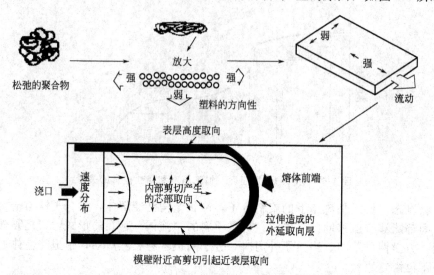

图1-8　成型模具型腔内熔体流动的模型

非晶态高聚物的玻璃态、高弹态和黏流态以及结晶型高聚物的非晶态部分，在一定条件下会存在分子取向。当液体状态的塑料在注塑机中受力的作用下，高速通过喷嘴及模具的流道时，长线形的高分子会顺着流动方向做相互平行的排列，一旦这些排列在塑料冷却固化之前来不及消除而留在了固态塑件中，分子的取向及因此而形成的取向效应便保持下来。

一般来说，取向作用会使塑件的整体性遭受削弱，表现为塑件内部各处的物理机械性能不均衡。

由于分子排列的结果，与分子链相垂直方向的强度将差于平行方向。显然，当这种取向强烈时，塑件很可能出现翘曲变形或开裂。

表1-6列举了几种常用塑料分子取向后其纵、横两个方向上的拉伸强度及伸长率的比较。

表1-6　常用塑料分子取向后其纵横两个方向上的拉伸强度及伸长率的比较

塑　料	拉伸强度/MPa		伸长率/%	
	横向	纵向	横向	纵向
聚苯乙烯	25.5	44.1	0.9	1.6
高抗冲聚苯乙烯	20.6	22.5	3.0	17.0
ABS	33.8	70.6	1.0	2.2
低压聚乙烯	28.4	29.4	30.0	72.0
聚碳酸酯	63.7	64.2	—	—

塑料的取向作用在有些塑件上是比较容易注意到的。如图1-9中的透明聚苯乙烯圆形面盖塑件，粗的直浇口设在中央，由于注塑时起始射压不高，后来的塑料在较大的压力梯度下缓慢进入模腔，造成分子辐射状的取向排列，加上冷却过程太快，定向作用便被保留下来。结果，经过一段不长时间的使用或静置，机械强度的差异便以应力破坏的方式暴露出来，从中央开始沿辐射方向出现众多裂纹。

图1-10是黑色的改性聚苯乙烯及聚苯乙烯共混料塑件，在料流方向上出现一个弯曲位A，由于通道突然收缩变窄，塑料充盈时压力梯度大，分子取向作用大，当注射接近结束发生轻微胀模时，热熔料挤开基本冷固了的排列有序的分子链，于是出现了A位置应力发白的缺陷。

图1-9　塑件辐射方向的裂纹

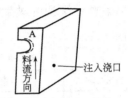

图1-10　塑件出现应力发白现象

克服取向作用的一个途径是采用较充分的注射条件（如加快注射速度、提高料温和模温），必要时让塑件在接近塑料软化温度下进行退火，但效果并不太理想。

注：退火是在低于 T_m 而高于 T_g 的温度下（一般是在热变形温度以下 $20\sim30℃$）进行的热处理方法。

1.7.4　塑料的熔体黏度

熔体黏度是反映塑料熔体流动的难易程度的特性，是熔体流动阻力的度量，黏度越高，流动阻力越大，流动越困难。聚乙烯的分子形状及其分子量分布不同，其熔体黏度将有不同的表现。当熔融温度或施加的压力所引起速率变化时，将对加聚物或缩聚物的熔体黏度产生影响。图1-11和图1-12分别为各种树脂的熔体黏度与温度、压力的关系。

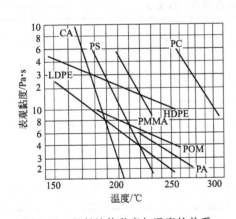

图1-11　塑料熔体黏度与温度的关系

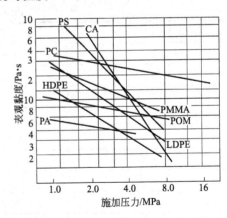

图1-12　塑料熔体黏度与压力的关系

从图1-11可以看出，醋酸纤维素（CA）、聚苯乙烯（PS）、聚甲基丙烯酸甲酯（PM-MA）、尼龙（PA）及聚碳酸酯（PC）等树脂，它们都是随着温度的增加而黏度急剧下降的，因此曲线的斜度较大，而聚乙烯及聚甲醛树脂则对温度不敏感，见表1-7。

图1-12和表1-8表示测定时因加压引起速率（称之为剪切速率）变化时，各树脂熔体黏度的变化情况。从图1-12可知，聚苯乙烯及各种聚乙烯树脂的熔体黏度随速率的增加表

表 1-7 一些塑料黏度受温度的影响

序号	塑料名称	对温度的敏感度	序号	塑料名称	对温度的敏感度
1	CA	最高	5	PA	稍低
2	PS	较高	6	PE	一般
3	PMMA	较高	7	POM	差
4	PC	较高			

现出急剧下降的倾向，而尼龙、聚甲醛、聚甲基丙烯酸甲酯及聚碳酸酯的熔体黏度则对速率不敏感。如果把热塑性聚酯和聚丙烯做比较，在 100cm/s 以内的低速率区域，当剪切速率改变时热塑性聚酯的黏度几乎不变，而聚丙烯树脂的黏度则随剪切速率的增加而急剧下降。

表 1-8 压力对塑料熔体黏度的影响（示例）

序号	塑料名称	熔点温度/℃	压力变化范围/MPa	黏度增大倍数
1	PS	131~165	0~126.6	134
2	ABS	130~160	14~175.8	100
3	PE	105~136	0~126.6	14
4	HDPE	105~137	14~175.8	4.1
5	LDPE	105~125	14~175.8	5.6
6	MDPE	110~120	14~175.8	6.8
7	PP	160~176	14~175.8	7.3

热塑性树脂存在这样一种倾向，如果其熔体黏度对温度敏感的话对剪切速率就表现得不敏感；相反，对剪切速率敏感的话对温度就不敏感。唯一例外的树脂是聚苯乙烯，它的熔体黏度不仅对温度敏感，而且对剪切速率也敏感，见表 1-9。

表 1-9 塑料熔体黏度对剪切速率的敏感度

序　号	塑　料　名　称	敏感度
1	ABS(最敏感)	
2	PC	
3	PMMA	
4	PVC	
5	PA	对剪切速率的敏感度依次降低
6	PP	
7	PS	
8	LDPE(最不敏感)	

聚苯乙烯（PS）之所以是最容易成型加工的树脂，就是因为它能简单地通过提高熔融温度，或通过提高熔融树脂注入模具时的速度（注射速度）的方法来降低其树脂黏度。像尼龙这样含有官能团的树脂，其最佳成型温度（实际的注射温度）都在熔融温度附近，而且其温度可调范围较小；由于活泼原子团组成的加聚物，其最佳成型温度高得多，温度可调范围大，通过提高注射速度的方法等都可降低其熔体黏度，加聚物树脂的特性通过多级注射速度的注塑机会得到更好的发挥。

1.7.5　塑料的结晶度

热塑性树脂固体中的分子聚集状态有疏有密，可以把致密的部分称为结晶部分，而把过疏的部分称为非结晶部分，大多数的聚合物都会有某种程度的结晶部分，因此，我们把结晶部分的含有率称为结晶度。但一般来说，像尼龙、热塑性聚酯那样具有官能团的聚合物，或像聚丙烯、聚乙烯等分子排列较规整的聚合物，它们的结晶度较高，而共聚物或混合的聚合物等其结晶度较低。一般聚合物的实际结晶度比其固有的结晶度要低，因此，其结晶度可以通过热处理或提高模温的方法得到提高。

结晶度高的聚合物其强度增加、伸长率下降、体积减小。塑料的结晶度越高，其密度就越大，熔融温度（熔点）也越高，而且强度大，透明性低，伸长率小。可见结晶度和物性有着紧密的关系，各种树脂在拉伸特性上的变化和该树脂在成型加工过程中产生的结晶化的差异有关。而且结晶化的差异越大，聚合物拉伸特性的变化幅度也越大。热塑性树脂的结晶部分和非结晶部分的模型如图 1-13 所示。

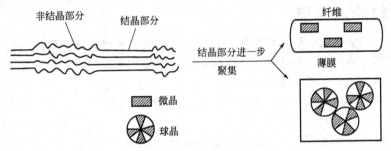

图 1-13　热塑性树脂的结晶部分和非结晶部分的模型

结晶性较好的聚合物会因其结晶化的进行而产生体积收缩，进而影响其塑件的尺寸稳定性。因此，必须设法在加工时尽可能使其结晶度提高到固有的结晶度，以防止后收缩引起塑件的尺寸稳定性下降。事实上，为了改善塑件的尺寸稳定性，常在树脂中添加一些能起结晶化的成核剂。

1.7.6　塑料的玻璃化温度

热塑性树脂会出现一个玻璃化温度（玻璃化转变点）的现象，即聚合物在温度增高的过程中，在其熔融前会在某一温度范围内处于既非固体又非黏性液体的橡胶态，我们把出现橡胶态的开始温度称为玻璃化温度（T_g）。在这个温度范围里聚合物的热膨胀会突然变大，而且所发生的形变和橡胶不同，是不可逆的形变。

玻璃化温度特性对使用聚合物塑件时是非常重要的，例如，把塑件放置在玻璃化温度以上的温度条件下时，会招致意想不到的变形。反之，如果想对塑件进行改变形状加工处理等，则可以在玻璃化温度以上进行实施。此外，希望提高塑件的结晶度时，也可以在这个温度范围中进行处理。

1.7.7　塑料的蠕变及应力松弛

如果把一个由热塑性树脂制成的细长板的一端挂上重物，在放置了一段较长的时间后，就会发现板的长度在随着时间一点一点地增大，而且即使把重物取下来，板的长度也不会再恢复，我们把这种现象称为蠕变。

如果在板的两端加上拉应力或者压应力并使之保持在一定的长度，同样在放置了一段较长的时间后，就会发现所加的应力在逐渐变小甚至变为零，我们把这种现象称为应力松弛。

当然，这种现象在作用力施加较短的瞬间是见不到的，只有在长时间受力的情况下才能发生。这种现象在钢铁、陶瓷或热固性树脂中是见不到的，热塑性树脂之所以发生这种现象，与线状巨大分子随时间顺其应力方向滑移有关。

因此，为了防止这种现象的发生，就应该增加大分子和大分子之间的横向束缚力。这其中的一个方法就是提高其结晶度，如尼龙、聚酯及聚丙烯等树脂，本来其结晶度就较高，但为了更好地防止以上现象的发生，必须在进行纤维加工时，用热处理或拉伸来最大限度地提高它们的结晶性。另一个方法就是使用某些化学药品，使之形成三维网状结构，如热固性树脂就属于此类，因其三维网状结构的束缚可以有效地防止大分子间的滑移。

塑料的蠕变现象或应力松弛现象常引发一些意外的事故。如把一个是凹形、另一个是凸形的两个塑件，强制压在一起组合成"子母扣配合"的形式时，由于是强制压入，在接合部两塑件必然要分别受到压应力和拉应力的作用，时间一长，接合部就会松动而影响装配品的继续使用。此外，在塑件的储存或搬运过程中，必须注意不要使之受到很大的应力，否则会引起塑件的变形、破损等问题。

1.7.8　塑料的热膨胀

热塑性树脂的缺点之一是其热膨胀和热收缩比较大，有时会因此影响其使用。例如，在其他种类的树脂表面上用热塑性树脂涂覆时，或把金属和热塑性树脂组合在一起使用时，由于各自膨胀系数的不同，有时会造成弯曲、龟裂、松弛等问题。而且，把其塑件作为机械零部件使用时，也会因发生热膨胀等引起尺寸变化，造成配合不良等问题。

一般各种材料都有随温度升高其热膨胀系数增大的倾向。树脂的热膨胀系数和质量体积（比容）与温度的关系如图1-14所示。

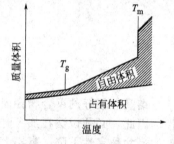

图1-14　树脂热膨胀系数和质量体积与温度的关系

从图1-14中可知，树脂在一定的温度范围内其热膨胀系数是以一定的速率变化的，而一旦到了玻璃化温度就会有急剧的增大，最后导致熔融。根据对树脂内部的观察，在低温下保持不变的自由体积（分子间的自由间隙），一旦到了玻璃化温度后就会随温度升高而急剧增大。塑件变形加工必须在 T_g 以上进行，正是因为自由体积增大后分子易于运动，所以有利于改变其形状的加工。热塑性树脂的热膨胀系数一般比其他材料要大5～10倍。

1.8　塑料的着色

着色对塑料工业来说非常重要，而塑料被工业界广泛利用的其中一个主要原因，就是由于塑料可以加上各种鲜艳夺目的颜色。

（1）化合色料　由于非结晶型的热塑性塑料是透明的，故着色范围比半结晶型塑料更广。早期所有塑料产品都是采用有色的胶粒注塑而成，但现在塑料着色只要将色粉拌入塑料之内即可，过程十分简单。故目前色种（colour concentrate）和色母料（masterbatch）在注塑业的应用越来越普遍，并且与其他未着色的天然物料联合使用。

到目前为止，化合色料着色法仍是最精确的着色技术，可生产出颜色准确、重复性高而深浅适度的塑件。虽然这种着色法的缺点是不同注塑机的着色并非完全一致，但此法的使用却越来越广泛，尤其是采用色母粒料。

（2）色母料着色　色母料分为粒料和液料两种，均可调配成各式各样的颜色。其中以粒料使用最为普遍，它是以蜡状或树脂为基料的通用介体或基体聚合物（特定聚合物色种）作为母料，其中后者的价格较低廉。采用某种通用色母料之前，最重要的是先查明这种色料是否适用于该种塑料。有些色母料是通用的，但采用前仍要小心检查。有时，即使色母料深度保持固定，但用于不同塑料时，也会产生出不同的色调；而在另一些情况下，即使塑料和色母料的配比一样，但如使用不同的注塑机生产，也会产生出有差异的色调。注意：由于色母料的颜料浓度非常高（例如 50％），故大部分色母料的密度都很高，并远超需要着色的物料本身的密度。密度上的差异会引起离析问题，尤其是采用分批混合法的时候。

至于液料的用途，却不如人们想象中的普遍，最成功的应用例子是采用单色长期生产，因为在此操作情况下，可确定并维持精确的用量，以达到均一的颜色，不过也存在一个缺点，就是如果液料溅泻，或分量不正确便难以清理。

（3）干色粉　最廉价的着色法是采用干色粉，但有一个缺点，就是使用时易使人吸尘及肮脏。市场上现有标准分量供应，例如有 25kg 或较大分量包装。采用这些标准包装可提高生产过程中的颜色均匀度及准确性。使用干色粉着色时，塑料的表面必须分布一层均匀的着色剂，以便颜色能均匀，配混的方法（如单轴或双轴转动）及时间必须有标准，才可确保着色均匀。着色步骤确定后，就必须持之以恒。此外，也要避免干色粉在储存期间吸收水分，否则容易凝结，使注塑品出现斑纹。有些干色粉（如镉基色粉）因为有毒，故处理必须十分小心，因此干色粉的使用日趋减少。总之无论采用哪种类型的着色剂，必须谨记：颜料或染料的类型对注塑品的性能和尺寸有重大影响。

1.9　塑料的回收利用

热塑性塑料注射成型的好处，是它的浇注系统凝料及有缺陷的塑件可以打碎后再回收利用。实验证明，浇注系统凝料的添加比例在 25％以内，对其塑料的物理性能（如强度）影响不明显。不过，回收工序却颇费时间和人力，而且注塑机的操作成本高，因此，能够一次注塑成功就最为理想。

回收塑件次品及浇注系统凝料时需小心处理，不可采用遭污染或降解变色的塑件，因为如果回收料受到污染或变质，便会影响新料性能，带来更多次品和废料。若不仔细检查，问题就难以得到控制。因此，如果怀疑任何塑件或浇注系统凝料受到污染时，便应立刻弃之不用，只可回收优质的塑料。所有可供回收的塑料均须遮盖保护。碎料机及储存器应保持绝对清洁。必须定期检查碎料机刀片是否折断、钝化或磨损，一经发现便须替换。回收料经过机器处理清除尘埃、粒子、水分及金属碎屑后，便可当成新料处理，储存于密封的容器中，并放置于清洁干爽的储物室内。浇注系统凝料和次品的回收利用次数及比例，对塑件的颜色、强度等均有不同程度的影响，生产时要严格控制添加的回收料量。一般来说，透明塑件再生料回用率必须控制在 20％以内，而对于精密注射成型，则不能使用再生料。

至于浇注系统凝料，则可直接在注塑机上用碎粒机装备将其再次打碎。碎粒机的入口部分设于注塑机滑槽侧，浇注系统凝料由模具顶出后跌落在碎料机的入口处。塑料经磨碎后会自动以要求的比例与新料混合，然后直接输入注塑机料斗内。相比独立式系统，这种方法有两个显著的优点：一是可降低被污染的危险；二是节省了需要将吸湿性塑料再次干燥的时间。这个系统的缺点是占据了注塑机四周很大的空间。

1.10　注射成型前需了解的塑料性能

每个注塑工作者在设定注塑工艺条件时，都需要彻底了解所用塑料的相关性能，才能科学地设定成型工艺条件和分析注塑生产过程中出现的问题。

① 塑料的种类、牌号　了解塑料的成分、性能（如流动性、收缩率、水敏性和热敏性等）时必须考虑的因素。

② 塑料的密度　设定多段注射的位置时必须考虑的因素。

③ 塑料的吸湿性和允许含水量　设定干燥条件时考虑的因素。

④ 塑料的玻璃化温度、熔点、降解温度　设定料筒温度时必须考虑的因素。

⑤ 塑料的熔体指数　设定注射压力、背压时必须考虑的因素。

⑥ 塑料的结晶性　设定模温、料温时必须考虑的因素。

⑦ 塑料容许的注射压力范围　设定注射压力时考虑的因素。

⑧ 塑料在料筒内容许的停留时间　设定残料量及停机时考虑的因素。

⑨ 塑料的成型收缩率　设定模温、料温、压力时必须考虑的因素。

⑩ 塑料成型时的模具温度范围　设定模温时考虑的因素。

⑪ 其他需了解的性能　包括耐化学品性、热变形温度等，以及在塑件后加工时考虑的因素。

1.11　塑料的成型方法

塑料的成型方式很多，根据塑料品种以及塑件的不同而有极大的差异，主要包括注射成型、吹塑成型、挤出成型、压缩成型、压注成型和滚塑成型。本书主要介绍注射成型。

1.11.1　注射成型

注射成型（又称注塑成型）是使热塑性塑料或热固性塑料先在加热料筒中均匀塑化，而后由柱塞或移动螺杆推挤到闭合模具型腔中成型得到塑件的一种方法。

1.11.1.1　注射成型原理

注射成型的基本原理是：利用塑料的可挤压性和可模塑性，将松散的粒料或粉状成型塑料从注塑机的料斗送入高温的料筒内加热熔融塑化，使之成为黏流态熔体，在柱塞或螺杆的高压推动下，以很大的流速通过料筒前端的喷嘴注射进入温度较低的闭合模具型腔中，经过一段保压冷却定型时间后开启模具，便可从模腔中取出具有一定形状和尺寸的塑件。其原理如图 1-15 所示。

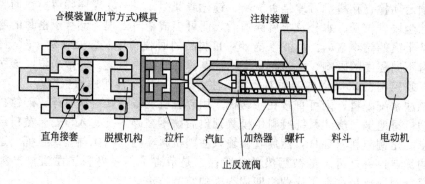

图 1-15　注射成型原理简图

注射成型几乎适用于所有的热塑性塑料。近年来，注射成型也成功地用于成型某些热固性塑料。注射成型的成型周期短（几秒到几分钟），成型塑件质量可由 0.1g 到几十千克，能一次成型外形复杂、尺寸精确、带有金属或非金属嵌件的模塑品。注射成型还可以实现全自动化、大批量生产，因此，该方法适应性强，生产效率高，是目前塑料主要的成型方法，也是本书主要研究的成型方法。

1.11.1.2　注射成型分类

注射成型用的注塑机分为柱塞式注塑机和螺杆式注塑机两大类，由注射系统、锁模系统和塑模三大部分组成，其成型方法可分为以下几种。

（1）排气式注射成型　排气式注射成型应用的排气式注塑机，在料筒中部设有排气口，与真空系统相连接，当塑料塑化时，真空泵可将塑料中含有的水汽、单体、挥发性物质及空气经排气口抽走；原料不必预干燥，从而提高劳动生产效率，提高塑件质量。特别适用于聚碳酸酯、尼龙、有机玻璃、纤维素等易吸湿的材料成型。

（2）流动注射成型　流动注射成型可用普通移动螺杆式注塑机。即塑料经不断塑化并挤入有一定形状和温度的模具型腔内，塑料充满型腔后，螺杆停止转动，借螺杆的推力使模内塑料在压力下保持适当时间，然后冷却定型。流动注射成型克服了生产大型塑件的设备限制，塑件质量可超过注塑机的最大注射量。其特点是塑化的物料不是储存在料筒内，而是不断挤入模具中，因此它是挤出和注射相结合的一种方法。

（3）共注射成型　共注射成型是采用具有两个或两个以上注射单元的注塑机，将不同品种或不同色泽的塑料，同时或先后注入模具内的方法。用这种方法能生产多种色彩和（或）多种塑料的复合塑件，有代表性的共注射成型是双色注射和多色注射。

（4）热流道注射成型　热流道注射成型是模具中不设置分流道，而由注塑机的延伸式喷嘴直接将熔料分注到各个模腔中的成型方法。在注射过程中，流道内的塑料保持熔融流动状态，在脱模时不与塑件一同脱出，因此塑件没有流道残留物。这种成型方法不仅节省原料，降低成本，而且减少工序，可以达到全自动化生产。

（5）反应注射成型　反应注射成型的原理是：将反应原材料经计量装置计量后泵入混合头，在混合头中碰撞混合，然后高速注射到密闭的模具中，快速固化，脱模，最后取出塑件。它适于加工聚氨酯、环氧树脂、不饱和聚酯树脂、有机硅树脂、醇酸树脂等一些热固性塑料和弹性体。目前主要用于聚氨酯的加工。

（6）气辅注射成型和水辅注射成型　气辅注射成型技术（GAM）是20世纪80年代发展起来的一种新型塑料注射成型技术，具有注射压力低、制品变形小、表面质量好、节省用料、易于实现壁厚差异较大制品的一体成型等优点。其过程是先向模具型腔中注入一定量的塑料熔体（一般是欠料注射），再注入压缩气体（常用氮气）；压缩气体在塑料熔体中沿阻力最小的方向扩散前进，对塑料熔体进行穿透和排空，作为动力推动塑料熔体充满模具型腔并对塑料熔体进行保压，待制品冷却凝固后卸气并开模顶出。GAM可用于生产管状和棒状制品、板状制品以及厚薄不均匀的复杂制品；其设备主要包括注塑机、气体辅助装置、注气喷嘴和模具。GAM的主要工艺参数包括熔体温度、熔体注射量、延迟时间、气体压力和气体保压时间，一般来说，提高熔体温度、减少熔体注射量、减少延迟时间、提高气体压力均有利于增强气体穿透能力。近年来，在传统GAM基础上，又发展出了外部气辅注射成型、振动气辅注射成型、冷却气体气辅注射成型、多腔控制气辅注射成型和气辅共注射成型等新技术。外部气辅注射成型的特点是将气体注入与塑料相邻的模腔局部密封部位中，而不是注入塑料熔体内部；振动气辅注射成型则在注入的气体中引入了一定振幅和振频的振动波；冷却气体气辅注射成型将注入的气体预先用液氮进行冷却，以加速制件的冷却；也有采用两套气体注入装置的，一套用于成型，另一套用于冷却；多腔控制气辅注射成型利用气体形成的模压和专用的切断阀来准确控制每个模腔内的材料更换；气辅共注射成型则是将气辅注射成型和共注射成型结合起来。

水辅注射成型（WAM）是在GAM基础上发展起来的一种辅助注塑技术，其原理和过程与 GAM 类似。WAM 用水代替 GAM 的氮气作为排空、穿透熔体和传递压力的介质。与 GAM 相比，WAM 具有不少优势，如水的热导率和热容量比氮气大得多，故制品冷却时间短，可缩短成型周期；水比氮气更便宜，且可循环使用；水具有不可压缩性，不容易出现手指效应，制品壁厚也较均匀；气体易渗入或溶入熔体而使制品内壁变粗糙，甚至在内壁产生气泡，而水不易渗入或溶入熔体，故可制得内壁光滑的制品。但 WAM 也有一些弱点，如注射水道比 GAM 的气道要大；易在制品上留下缺陷；不适于高温注塑；只能用于部分塑料。目前 WAM 主要有欠注法、反推法、溢流法和流动法四种工艺方法。

(7) 精密注射成型　近年来，计算机、手机、光盘和其他微电子产品对注塑制品内在质量均匀性、外部尺寸精度和表面质量的要求越来越高，精密注塑技术便应运而生。精密注塑是指能成型内在质量、尺寸精度和表面质量均要求很高的产品的一类注塑技术，它的实现离不开精密注塑机和精密注塑模具。精密注塑机能对物料温度、注射量、注射压力、注射速度、保压压力、背压、螺杆转速和锁模力等工艺参数进行精确控制，如有些精密注塑机料筒和喷嘴处的温控精度可达到 ±5℃，而普通注塑机此处的温度偏差往往高达 20～30℃。而且精密注塑机注射压力、锁模力大，注射速度快，锁模系统的刚性大，复位精度和施压均衡度高，普通注射压力一般为 40～200MPa，而精密注射压力一般为 220～250MPa。超高压精密注射压力已超过 400MPa，超高压注塑制品的收缩率几乎为零，可以不进行保压补料，从而消除了补料带来的不良影响。有些精密注塑机采用了注射压缩法（注压法），所谓注压法是指闭模时分型面处留有缝隙或注射时分型面留有被胀开的间隙，注射至某一定量时，分型面再全部闭紧。注压法用压缩取代了普通注射成型过程中的保压补料阶段，提高了料流分布的均匀性，有利于制取质地均匀致密、各向同性的制品。精密注塑模具对模腔精度、分型面精度、动定模对合精度和活动零部件运动准确度均要求很高，模腔表面硬度和模具结构刚度均应足够大，精密注塑模具的冷却温度要能精确控制，内部冷却管道的布局要合理，既要能快速冷却，也要做到均匀冷却，避免因冷却不均匀导致制品收缩不均衡。

(8) 微注射成型　微注射成型技术因其成型工艺简单、塑件质量稳定、生产效率高、制造成本低、易于实现批量化与自动化生产等优点，在微成型技术领域中发展十分迅速。以微注射成型方法生产的微小塑件在微型泵、阀、微光学器件、微生物医疗器械及微电子产品等领域的应用日益普及。微注射成型因其塑件尺寸很小，工艺参数的微小波动对产品尺寸精度的影响十分显著，因此对计量、温度、压力等工艺参数的控制精度要求很高。计量精度要精确到毫克，料筒和喷嘴温度控制精度要达到 ±0.1℃，模温控制精度要达到 ±2℃。另外，微注射成型熔体在模具中的流动通道截面尺寸十分微小，表体比大，极易冷凝堵塞通道，造成充模不满，因此要求有很高的注射压力、注射速度和较高的模温。随着微注射成型技术的发展，微注射成型机的发展也很快。目前有多种类型的商品化的微型注塑机问世，为便于精确控制，许多微型注塑机注塑系统采用了双阶或三阶结构。

(9) 微孔注射成型　微孔塑料是指泡孔直径 $0.1～100\mu m$、泡孔密度 $10^9～10^{15}$ 个/cm^3 的泡沫塑料。微孔塑料泡孔尺寸小于材料内部原有的缺陷，可以钝化原有的裂缝尖端，因此泡孔的存在不仅不会降低材料强度，反而会改善其机械强度。微孔发泡通常用 N_2 或 CO_2 作发泡剂，其过程包括气体溶解、均匀成核、微泡长大和泡孔定型四个阶段。微孔注塑是一种重要的微孔塑料成型技术，适宜于生产结构复杂的制品。微孔注塑机比普通注塑机多一个注气系统，发泡剂通过注气系统注入塑料熔体中，并在高压下与熔体形成均相溶液。发泡剂可以从料筒注入，也可以从喷嘴注入。溶有气体的聚合物熔体注射进模具后，由于压力骤降，气体迅速从熔体中逸出，形成气泡核，并长大形成微孔，定型后便得到微孔塑料。为了保证发泡剂能与熔体形成均相溶液，并且不从料筒中逸出，在设备上要求螺杆具有较强的混炼能力，并且带有止逆环，喷嘴采用闭锁式的，在工艺上要保证螺杆始终有一个较高的背压。较高的注射压力和注射速度有利于熔体注入模腔后迅速而均匀地发泡，泡孔直径也可以通过控制熔体温度和预填充来调节。

(10) 振动注射成型　振动注射成型是通过在熔体注塑过程中叠加振动场，控制聚合物凝聚态结构，从而改善制品力学性能的一种注塑技术。研究表明，在注塑过程中引入振动力场后，制品的冲击强度、拉伸强度增加，成型收缩率下降。华南理工大学瞿金平教授等发明的电磁动态注塑技术通过直接换能和机电磁一体化将振动场引入塑化、注塑和保压全过程，具有产量高、能耗低、噪声小、对物料的适应性广等优点，已投入实际的工业生产。电磁动态注塑机的螺杆在电磁绕组的作用下能轴向脉动，从而使料筒和模腔中的熔体压力发生周期性变化，这种压力脉动能均化熔体温度和结构，降低熔体黏度及弹性。

(11) 模内装饰注射成型　模内装饰注射成型（MD）是近年来才发展起来的一种技术，它先将一块已经被印刷、涂漆或染色过的塑料薄片经冲切成坯料后，热成型为最终产品的形状。修正后，把它放入模腔内并紧贴模腔壁，再注射入一种与其相容的基体材料，定型后得到成品。成品的表面可以是纯色的，也可具有金属外观或木纹效果，还可印有图形符号。成品表面不仅色泽鲜艳、精致美观，而且耐腐蚀、耐摩擦、耐划伤。MD可代替传统的、制品脱模后采用的涂漆、印刷、镀铬等工艺，可用于生产汽车内外饰零部件、电子电气产品的面板和显示屏等。MD生产中注塑温度和模温不宜过高，否则油墨或涂料易被熔体冲刷掉；当然模温也不能过低，以免影响注塑树脂与装饰薄膜之间的结合强度。有些油墨、涂料与注塑原料之间的黏合力差，此时需在印刷面或涂覆面再印刷一层黏合剂，以增加两者间的黏合力。

(12) 热固性塑料的注射成型　粒状或团状热固性塑料，在严格控制温度的料筒内，通过螺杆的作用塑化成黏塑状态，在较高的注射压力下，塑料进入一定温度范围的模具内交联固化。热固性塑料注射成型除有物理状态变化外，还有化学变化。因此与热塑性塑射注射成型相比，在成型设备及加工工艺上存在很大的差别。

热固性塑料与热塑性塑料注射成型条件的比较见表1-10。

表1-10　热固性塑料与热塑性塑料注射成型条件比较

工艺条件	热固性塑料	热塑性塑料
料筒温度	塑化温度低,料筒温度在95℃以下,温度控制要求严格	塑化温度高,料筒温度在150℃以上,温度控制不严格
在料筒中的时间	短	较长
料筒加热方式	液体介质(水、油)加热	电加热
模具温度	150~200℃	100℃以下
注射压力	100~200MPa	35~140MPa
注射量	注射量较小,料筒前部余料很少	注射量较大,料筒前部余料较多

热固性塑料的注射成型应用最多的是酚醛塑料。

1.11.2　挤出成型

挤出成型又称挤塑、挤压、挤出模塑，挤出模又称挤出机头。挤出成型是利用挤出机料筒内的螺杆旋转加压的方式，连续地将塑化好的呈熔融状态的物料从料筒中挤出，通过特定截面形状的机头（口模）成型，并借助牵引装置将挤出的塑件均匀拉出，同时冷却定型而获得截面形状一致的连续型材。

挤出成型原理是：塑料自料斗进入料筒，在螺杆旋转作用下，通过料筒内壁和螺杆表面摩擦剪切作用向前输送到加料段，在此松散固体向前输送同时被压实；在压缩段，螺槽深度变浅，进一步压实，同时在料筒外加热和螺杆与料筒内壁摩擦剪切作用下，料温升高开始熔融，压缩段结束；均化段使物料均匀，定温、定量、定压挤出熔体，到机头后成型，经定型、切割得到塑件。图1-16是管材挤出成型原理简图。

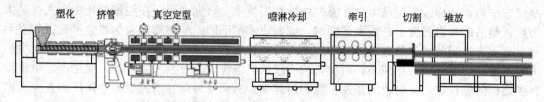

图1-16　管材挤出成型原理简图

挤出成型主要应用于塑料薄膜、网材、带包覆层的产品、截面一定、长度连续的管材、板材、片材、棒材、打包带、单丝和异型材等，还可用于粉末造粒、染色、树脂掺和等。

挤出成型的特点如下。

① 连续化，效率高，质量稳定。

② 应用范围广。

③ 设备简单，投资少，见效快。

④ 生产环境卫生，劳动强度低。

⑤ 适于大批量生产。

挤出方法按塑化方式可分为干法挤出与湿法挤出；按加压方式可分为连续挤出与间歇挤出。

适用于挤出成型的树脂材料为绝大部分热塑性塑料和部分热固性塑料，如PVC、PS、ABS、PC、PE、PP、PA、丙烯酸树脂、环氧树脂、酚醛树脂和蜜胺树脂等。

1.11.3　压缩成型

压缩成型又称压缩模塑，是一种压制成型的方法，它依靠外力的压缩作用实现成型物料的造型，也是研究塑料性能最常采用的一种工艺方法。其原理简图如图1-17所示。

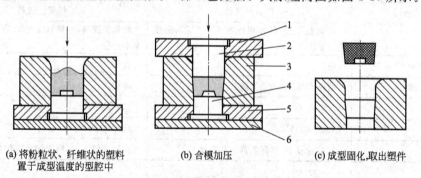

(a) 将粉粒状、纤维状的塑料　　(b) 合模加压　　　(c) 成型固化，取出塑件
　　置于成型温度的型腔中

图1-17　压缩成型原理简图
1—上模固定板；2—上模板；3—下模板；4—下模型芯；5—型芯固定板；6—下模固定板

（1）成型过程（热固性塑料）　在已加热到成型温度的模腔中加入物料，然后闭模加热加压、定型固化，最后脱模取出塑件。

从工艺角度看，上述过程可分为三个阶段：流动阶段→胶凝阶段→硬化阶段。

（2）适用对象

① 几乎所有热固性塑料。常见的有酚醛塑料、脲醛塑料、环氧树脂、不饱和聚酯树脂、氨基塑料、聚酰亚胺、有机硅树脂等，也可用于热塑性的聚四氟乙烯和PVC唱片生产。

② 适于形状复杂或带有复杂嵌件的塑件，如电器零件、电话机件、收音机外壳等。

③ 无翘曲变形的薄壁平面热塑性塑件。

（3）压缩成型优点

① 设备投资少，工艺简单，易操作。

② 压力损失小，多用以成型大型平面塑件及多型腔塑件。

③ 材料取向小。

④ 无流道及浇口，材料浪费少。

⑤ 适用的材料广泛（可成型带碎屑状、片状及纤维状填料塑件）。

（4）压缩成型缺点

① 固化时间长，生产效率低。

② 精度不高。

③ 合模面处易产生飞边。

④ 对形状复杂或带嵌件的塑件不易成型。

⑤ 自动化程度低。

1.11.4 压注成型

压注成型也称传递成型，是在克服了压缩成型的缺点，又吸收了注射成型的优点的基础上发展起来的一种加工方法，主要用于热固性塑料的加工成型。压注成型要求塑料在未达到硬化温度以前应具有较大的流动性，而达到硬化温度以后又要具有较快的硬化速度。符合这种要求的塑料包括酚醛塑料、三聚氰胺和环氧树脂等。而不饱和聚酯和脲醛塑料，因为在低温下具有较大的硬化速度，所以不能压注成型较大的塑件。

（1）压注成型原理 压注成型原理简图如图 1-18 所示。压注模具设有单独的加料室，模具闭合后，将固态的热固性塑料（最好是预压成锭或经过预热）放入模具的加料室中；使塑料受热成为熔融状态，在压力机柱塞压力作用下，塑料熔体经过浇注系统进入并充满闭合型腔；塑料在型腔内继续受热受压产生化学交联反应而固化定型，最后打开模具取出塑件。

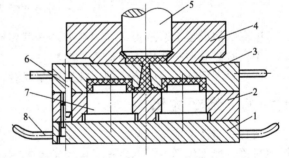

图 1-18 压注成型原理简图
1—下模板；2—凸模固定板；3—凹模；4—加料室；
5—压柱；6—导柱；7—型芯；8—手把

（2）压注成型的特点

① 压注成型前模具已经闭合，塑料在加料室中加热和熔融，能很快均匀地热透和硬化，所以塑件性能均匀密实，强度高。

② 由于成型物料在进入型腔前已经塑化，所以能够生产外形复杂、薄壁或壁厚变化很大、带有精细嵌件的塑件。

③ 压注成型的溢料比压缩成型的要少，而且飞边厚度薄，容易去除，所以塑件的尺寸精度高，表面粗糙度也较低。

④ 塑料在模具内的保压硬化时间较短，缩短了成型周期，生产效率高，模具磨损也较小。

⑤ 压注成型所用模具结构复杂，模具制造成本高。

⑥ 由于浇注系统的存在，压注成型的塑料浪费较大；因为塑件有浇口痕迹，所以修整工作量大。

⑦ 压注成型的工艺条件比压缩成型要求更严格，操作难度大。

（3）压注成型工艺过程　压注成型的工艺过程与压缩成型基本相似，它们的主要区别在于，压缩成型是先加料后合模，而压注成型是先合模后加料。

1.11.5　中空吹塑成型

中空吹塑成型方法是先将热塑性塑料由挤出机的模头挤出，使其成为薄管，此称为型坯，再闭合模具，吹气后成型为产品，如图 1-19 所示。该方法的应用已越来越广泛，如汽车工业等，所用的材料也由传统的 PE、PP、PVC、PET 等，扩展到高性能的工程塑料。其优点是能够制造大型塑料产品，模具只有凹模（阴模），模具结构及成型过程简单，通常一次成型。设备造价较低，适应性较强，可成型性能好（如低应力）、具有复杂起伏曲线（形状）的制品。其缺点是塑件各部分的壁厚不易控制，不能成型复杂结构的产品。

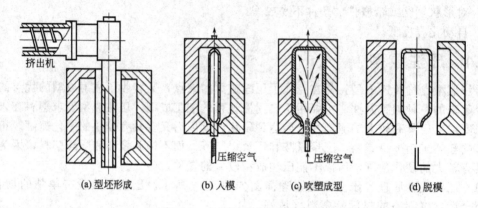

(a) 型坯形成　　(b) 入模　　(c) 吹塑成型　　(d) 脱模

图 1-19　中空吹塑成型原理简图

中空吹塑成型工艺过程是：制造型坯→型坯定位→吹塑→冷却。

中空吹塑成型主要用于制造各种塑料容器。

吹塑成型包括挤出吹塑成型、注射吹塑成型、拉伸吹塑成型和多层吹塑成型。

1.11.6　滚塑成型

滚塑成型又称旋塑、旋转成型、旋转模塑、旋转铸塑、回转成型等。滚塑成型工艺是先将塑料原料加入模具中，然后模具沿两垂直轴不断旋转并使之加热，使模内的塑料原料在重力和热能的作用下，逐渐均匀地涂布、熔融黏附于模腔的整个表面上，成型为所需要的形状，再经冷却定型、脱模，最后获得制品。

塑料及其复合材料的加工成型工艺有很多种，除了人们常见的注射、挤出、吹塑成型等工艺外，滚塑也是塑料制品的一种加工方法。国外滚塑工业发展很快，而国内由于各种因素，如较长的加工周期及所用材料的限制，滚塑工业发展速度低于其他塑料成型加工行业。

传统上，滚塑主要应用于热塑性材料，可交联聚乙烯等热固性材料的滚塑成型也发展得很快。由于滚塑并不需要较高的注射压力、较高的剪切速率或精确的聚合物计量器，因此，模具和机器价格都比较低廉，而且使用寿命也较长。

滚塑工艺的主要优点如下。

① 滚塑模具成本低。滚塑模具结构简单，如图 1-20 所示。同等规格大小的产品，滚塑模具的成本是吹塑、注塑模具成本的 1/4～1/3，适合成型大型塑料制品。

② 滚塑产品边缘强度好。滚塑可以实现产品边缘的厚度超过 5mm，彻底解决中空产品

边缘较薄的问题。

③ 滚塑可以安置各种镶嵌件。

④ 滚塑产品的形状可以非常复杂，且厚度可超过 5mm 以上。

⑤ 滚塑可以生产全封闭产品。

⑥ 滚塑产品可以填充发泡材料，实现保温。

⑦ 无须调整模具，滚塑产品的壁厚可以自由调整（2mm 以上）。

滚塑工艺的主要缺点如下。

① 因材料须经过研磨粉碎，成本提高。

② 加工周期较长，因而不适于大批量生产。

③ 可用的塑料品种较少。

④ 开合模具属于较繁重的体力劳动。

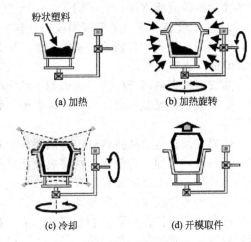

(a) 加热　　(b) 加热旋转

(c) 冷却　　(d) 开模取件

图 1-20　滚塑成型原理简图

1.11.7　塑料的其他成型方法

1.11.7.1　发泡成型

发泡成型是使塑料产生微孔结构的过程。几乎所有的热固性塑料和热塑性塑料都能制成泡沫塑料，常用的树脂有聚苯乙烯、聚氨酯、聚氯乙烯、聚乙烯、脲醛树脂、酚醛树脂等。

按照泡孔结构可将泡沫塑料分为两类：若绝大多数气孔是互相连通的，则称为开孔泡沫塑料；如果绝大多数气孔是互相分隔的，则称为闭孔泡沫塑料。开孔或闭孔的泡沫结构是由制造方法所决定的。

（1）化学发泡　由特意加入的化学发泡剂受热降解或原料组分间发生化学反应而产生的气体，使塑料熔体充满泡孔。化学发泡剂在加热时释放出的气体有二氧化碳、氮气、氨气等。化学发泡常用于聚氨酯泡沫塑料的生产。

（2）物理发泡　物理发泡是在塑料中溶入气体或液体，而后使其膨胀或气化发泡的方法。物理发泡适用的塑料品种较多。

（3）机械发泡　借机械搅拌方法使气体混入液体混合料中，然后经定型过程形成泡孔。此法常用于脲醛树脂，其他如聚乙烯醇缩甲醛、聚乙酸乙烯、聚氯乙烯溶胶等也适用。

1.11.7.2　层压成型

层压成型是用或不用黏结剂，借加热、加压把相同或不相同材料的两层或多层结合为整体的方法。

层压成型常用层压机操作，这种压机的动压板和定压板之间装有多层可浮动热压板。

层压成型常用的增强材料有棉布、玻璃布、纸张、石棉布等，树脂有酚醛树脂、环氧树脂、不饱和聚酯以及某些热塑性树脂。

1.11.7.3　二次成型

二次成型是塑料成型加工的方法之一。是以塑料型材或型坯为原料，使其通过加热和外力作用成为所需形状的塑件的一种方法。

（1）热成型　热成型是将热塑性塑料片材加热至软化，在气体压力、液体压力或机械压力下，采用适当的模具或夹具而使其成为塑件的一种成型方法。塑料热成型的方法很多，一般可分为以下两种。

① 模压成型　采用单模（阳模或阴模）或对模，利用外加机械压力或自重，将片材制

成各种塑件的成型方法，它不同于一次加工的模压成型。此法适用于所有热塑性塑料。

② 差压成型　采用单模（阳模或阴模）或对模，也可以不用模具，在气体差压的作用下，使加热至软化的塑料片材紧贴模面，冷却后制成各种塑件的成型方法。差压成型又可分为真空成型和气压成型。

热成型特别适用于壁薄、表面积大的塑件的制造。常用的塑料品种有各种类型的聚苯乙烯、有机玻璃、聚氯乙烯、ABS、聚乙烯、聚丙烯、聚酰胺、聚碳酸酯和聚对苯二甲酸乙二醇酯等。

热成型设备包括夹持系统、加热系统、真空和压缩空气系统及成型模具等。

（2）双轴拉伸　为使热塑性薄膜或板材等的分子重新定向，在玻璃化温度以上所做的双向拉伸过程。拉伸定向要在聚合物的玻璃化温度和熔点之间进行，经过定向拉伸并迅速冷却到室温后的薄膜或单丝，在拉伸方向上的力学性能有很大提高。

适合于定向拉伸的聚合物有聚氯乙烯、聚对苯二甲酸乙二醇酯、聚偏二氯乙烯、聚甲基丙烯酸甲酯、聚乙烯、聚丙烯、聚苯乙烯以及某些苯乙烯共聚物。

（3）固相成型　固相成型是热塑性塑料型材或坯料在压力下用模具使其成型为塑件的方法。成型过程在塑料的熔融（或软化）温度以下（至少低于熔点 $10 \sim 20^{\circ}C$），均属固相成型。其中对非结晶类的塑料在玻璃化温度以上、熔点以下的高弹区域加工的常称为热成型，而在玻璃化温度以下加工的则称为冷成型或室温成型，也常称为塑料的冷加工方法或常温塑性加工。该法有如下优点：生产周期短，提高塑件的韧性和强度，设备简单，可生产大型及超大型塑件，成本降低。其缺点是：难以生产形状复杂、精密的塑件，生产工艺难以控制，塑件易变形、开裂。

固相成型包括片材辊轧、深度拉伸或片材冲压、液压成型、挤出、冷冲压、辊筒成型等。

1.11.7.4　冷压成型

冷压成型和普通压缩成型的不同点是，在常温下使塑料加压成型。脱模后的塑件可再行加热或借助化学作用使其固化。该法多用于聚四氟乙烯的成型，也用于某些耐高温塑料（如聚酰亚胺等）。一般工艺过程为制坯→烧结→冷却三个步骤。

1.11.7.5　低压成型

低压成型是成型压力等于或低于 1.4MPa 的模压或层压方法。

低压成型方法用于制造增强塑件。增强材料如玻璃纤维、纺织物、石棉、纸、碳纤维等。常用的树脂绝大多数是热固性的，如酚醛、环氧、氨基、不饱和聚酯、有机硅等树脂。

低压成型方法包括袋压法和喷射法。

（1）袋压成型　是指借助弹性袋（或其他弹性隔膜）接受流体压力而使介于刚性模和弹性袋之间的增强塑料均匀受压而成为塑件的一种方法。其按造成流体压力的方法不同，一般可分为加压袋成型、真空袋压成型和热压釜成型等。

（2）喷射成型　是指成型增强塑件时，用喷枪将短切纤维和树脂等同时喷在模具上层积并固化为塑件的方法。

1.11.7.6　浇铸

浇铸是在不加压或稍加压的情况下，将液态单体、树脂或其混合物注入模内并使其成为固态塑件的方法。浇铸法分为静态浇铸、嵌铸、离心浇铸、搪塑、旋转铸塑、滚塑和流延铸塑等。

（1）静态浇铸　静态浇铸是浇铸成型中较为简便和使用较为广泛的一种方法。这种方法常用液状单体、部分聚合或缩聚的浆状物、聚合物与单体的溶液，配入助剂（如引发剂、固化剂、促进剂等），或热塑性树脂熔体注入模腔而成型。

（2）嵌铸　嵌铸又称封入成型，是将各种样品、零件等包封到塑料中间的一种成型技术。即将被嵌物件置于模具中，注入单体、预聚物或聚合物等液体，然后使其聚合或固化（或硬化），再脱模。这种技术已广泛用于电子工业。用于这类成型工艺的塑料品种有脲醛树脂、不饱和聚酯、有机玻璃和环氧树脂等。

（3）离心浇铸　离心浇铸是利用离心力成型管状或空心筒状塑件的方法。通过挤出机或专用漏斗将定量的液态树脂或树脂分散体注入旋转并加热的容器（即模具）中，使其绕单轴高速旋转（每分钟几十转到 2000r/min），此时放入的塑料即被离心力迫使分布在模具的近壁部位。在旋转的同时，放入的塑料发生固化，随后视需要经过冷却或后处理即能取得塑件。在成型增强塑件时还可同时加入增强性的填料。

离心浇铸通常用的都是熔体黏度较小、热稳定性较好的热塑性塑料，如聚酰胺、聚乙烯等。

（4）搪塑　搪塑是成型中空塑件的一种方法。成型时将塑料糊倒入开口的中空模具内，直至达到规定的容量。模具在装料前或装料后应进行加热，以便使塑料在模具内壁变成凝胶。当凝胶达到预定厚度时，倒出过量的液体塑料，并再行加热使之熔融，冷却后即可自模具内剥出塑件。搪塑用的塑料主要是聚氯乙烯。

（5）旋转铸塑　该法是将液态塑料装入密闭的模具中，而使它以较低速度（每分钟几转到每分钟几十转）绕单轴或多轴旋转，这样，塑料即能借重力而分布在模具的内壁上，再通过加热或冷却达到固化或硬化后，即可从模具中取得塑件。绕单轴旋转的用于生产圆筒形塑件，绕双轴或靠振动运动的则用于生产密闭塑件。

（6）流延铸塑　流延铸塑是制取薄膜的一种方法。制造时，先将液态树脂或树脂分散体流布在运行的载体（一般为金属带）上，随后用适当方法将其固化（或硬化），最后即可从载体上剥取薄膜。用于生产流延薄膜的塑料有三醋酸纤维素、聚乙烯醇、氯乙烯-乙酸乙烯共聚物等，此外，某些工程塑料如聚碳酸酯等也可用来生产流延薄膜。

1.11.7.7　压延

压延是将热塑性塑料通过一系列加热的压辊，而使其在挤压和延展作用下连接成为薄膜或片材的一种成型方法。压延产品有薄膜、片材、人造革和其他涂层塑件等。压延成型所采用的原材料主要是聚氯乙烯、纤维素、改性聚苯乙烯等。压延设备包括压延机和其他辅机。压延机通常以辊筒数目及其排列方式分类。根据辊筒数目不同，压延机有双辊、三辊、四辊、五辊，甚至六辊，以三辊或四辊压延机用得最多。

1.11.7.8　手糊成型

手糊成型又称手工裱糊成型、接触成型，是制造增强塑件的方法之一。该法是在涂好脱模剂的模具上，用手工一边铺设增强材料一边涂刷树脂直到所需厚度为止，然后通过固化和脱模而取得塑件。手糊成型中采用的合成树脂主要是环氧树脂和不饱和聚酯树脂。增强材料有玻璃布、无捻粗纱方格布、玻璃毡等。

1.11.7.9　纤维缠绕成型

在控制张力和预定线形的条件下，以浸有树脂胶液的连续丝缠绕到芯模或模具上来成型增强塑件。这种方法只适于制造圆柱形和球形等回转体。常用的树脂有酚醛树脂、环氧树脂、不饱和聚酯树脂等。玻璃纤维是缠绕成型常用的增强材料，它有两种，即有捻纤维和无捻纤维。

1.11.7.10　涂覆

涂覆是为了防腐、绝缘、装饰等目的，以液体或粉末形式在织物、纸张、金属箔或板等物体表面上涂盖塑料薄层（如 0.3mm 以下）的方法。涂覆法最常用的塑料一般是热塑性塑料，如聚乙烯、聚氯乙烯、聚酰胺、聚乙烯醇、聚三氟氯乙烯等。

涂覆工艺有热熔敷、流化喷涂、火焰喷涂、静电喷涂和等离子喷涂。

（1）热熔敷　用压缩空气将塑料粉末经过喷枪，喷射到预热过的工件表面，塑料熔化，冷却形成覆盖层。

（2）流化喷涂　预热的工件浸入悬浮有树脂粉末的容器中，树脂粉末熔化而黏附在表面上。

（3）火焰喷涂　将流态化树脂通过喷枪口的锥形火焰区使之熔化而实现喷涂的一种方法。

（4）静电喷涂　利用高压静电造成静电场，即工件接地成正极，塑料粉末喷出时带有负电荷，则塑料静电喷涂到工件上。

（5）等离子喷涂　用等离子喷枪使流经等离子发生区的惰性气体（如氩气、氮气、氢气的混合气体）成为 5500～6300℃ 的高速高能等离子流，卷引粉状树脂以高速喷射至工件表面熔结成涂层。

第**2**章 CHAPTER 2

塑料的鉴别

在采用各种塑料再生方法对废旧塑料进行再利用前，大多需要将塑料分拣。由于塑料消费渠道多而复杂，有些消费后的塑料又难以通过外观简单地将其区分，因此，最好能在塑料制品上标明材料品种。我国参照美国塑料协会（SPE）提出并实施的材料品种标记制定了《塑料包装制品回收标志》（GB/T 16288—1996），虽可利用上述标记的方法进行分拣，但由于我国尚有许多无标记的塑料制品，给分拣带来困难。为鉴别不同品种的塑料，以便分类回收，必须要掌握鉴别不同塑料的基本知识，下面就介绍几种简易的塑料鉴别法。

2.1 塑料外观鉴别法

通过观察塑料的外观，可初步鉴别出塑料制品所属大类：热塑性塑料、热固性塑料或弹性体。

一般热塑性塑料有结晶型和非结晶型两类。非结晶型塑料包括 ABS、PS、PC、PMMA、PES、PSU、PPSU、PEI、PAI、PBI 等。结晶型塑料包括 PE、PP、PA、POM、PBT、PET、PVDF、PTFE、LCP、PPS、PEEK 等。结晶型塑料外观呈半透明、乳浊状或不透明，只有在薄膜状态才呈透明状，硬度从柔软到角质。非结晶型塑料一般为无色，在不加添加剂时为全透明（但 ABS 除外），硬度硬于角质橡胶状（此时常加有增塑剂等添加剂）。热固性塑料通常含有填料且不透明，如不含填料时为透明。弹性体具橡胶状手感，有一定的拉伸率。

PE、PP、PA 等有不同的可弯性，手触有硬蜡样滑腻感，敲击时有软性角质类声音；与此相比，PS、ABS、PC、PMMA 等塑料则无延展性，手触有刚性感，敲击时声音清脆。

PE 与 PP 特性相似，但硬度比 PP 稍低，鉴定 PP 时应与 PE 仔细地加以区分开来。

PS 与 HIPS 和 ABS 的区别是：前者性脆，后两者为韧性；弯折时前者易脆裂，后两者难断裂。多次弯折发出的气味也不同。

PP 料粒是乳白色、半透明、蜡状物。纯 PS 是一种硬而脆的无色透明塑料。高压 PE（LDPE）未加色粉呈乳白色半透明状，质软，韧性好；低压 PE（HDPE）未加色粉呈乳白色，但不透明，质硬，不延伸。SAN（AS）是 PS 改性后的一种微蓝色透明料粒。在染色前 PS 是透明的，改性 PS 是乳白色的。ABS 是一种通用的工程塑料，料粒呈牙黄色（象牙白），为不透明塑料。POM 是一种白色不透明料粒。PC 是一种综合性能优良的工程塑料。PC 料粒呈微黄色、透明状。PA 是一种浅黄色、半透明料粒，外观比较粗糙（不光滑）。PVC 是一种热稳定性较差的塑料，种类较多，分为软质、半硬质、硬质三种。PVC 大多为白色粉末料或片料、粒料等。纯 PVC 为无色透明料粒。有机玻璃料粒大多为无色透明（有的为微蓝色），制品透明性最好，与 PS 相比韧而不易脆裂；但与 PC 相比其韧性、强度都较低，表面硬度低，易被硬物划伤。

2.2 塑料的加热鉴别法

上述三类塑料的加热特征也是各不相同的，通过加热的方法可以鉴别。热塑性塑料加热时软化，易熔融，且熔融时变得透明，常能从熔体拉出丝来，通常易于热合。热固性塑料加热至材料化学分解前，保持其原有硬度不软化，尺寸较稳定，至分解温度后炭化。弹性体加热时，直到化学分解温度前，不发生流动，至分解温度后材料分解炭化。

常用热塑性塑料的软化或熔融温度范围见表 2-1。

表 2-1　常用热塑性塑料的软化或熔融温度范围

塑料品种	软化或熔融范围/℃	塑料品种	软化或熔融范围/℃
聚乙酸乙烯	35～85	聚氧化甲烯	165～185
聚苯乙烯	70～115	聚丙烯	160～170
聚氯乙烯	75～90	尼龙-12	170～180
聚 1-丁烯	125～135	尼龙-11	180～190
聚偏二氯乙烯	115～140(软化)	尼龙-610	210～220
有机玻璃	126～160	尼龙-6	215～225
醋酸纤维素	125～175	尼龙-66	250～260
聚丙烯腈	130～150(软化)	聚三氟氯乙烯	200～220
聚碳酸酯	220～230	聚 4-甲基-1-戊烯	240
聚对苯二甲酸乙二醇酯	250～260		

2.3 塑料的燃烧特性鉴别法

燃烧试验鉴别法是利用小火燃烧塑料试样，观察塑料在火中和火外时的燃烧性，同时注意熄火后，熔融塑料的滴落形式及气味来鉴别塑料种类的方法。

热塑性塑料和热固性塑料的判别方法是：所有热固性塑料，受热或燃烧时都无发软熔融过程，只会变脆和焦化；所有热塑性塑料，受热或燃烧，都先经历发软熔融过程，但不同塑料燃烧现象不同。常用塑料的燃烧试验鉴别法见表 2-2。

表 2-2　常用塑料的燃烧试验鉴别法

名称	英文	燃烧情况	燃烧火焰状态	离火后情况	气味
聚丙烯	PP	容易	熔融滴落，上黄下蓝	烟少，继续燃烧	石蜡味
丙烯腈-丁二烯-苯乙烯共聚物	ABS	缓慢,软化燃烧,无滴落	黄色,黑烟	继续燃烧	特殊气味
聚乙烯	PE	容易	熔融滴落，上黄下蓝	继续燃烧	石蜡燃烧气味
聚氯乙烯	PVC	难,软化	上黄下绿,有黑烟	离火熄灭	刺激性焦煳味
聚甲醛	POM	容易熔融滴落	纯蓝色,无烟	继续燃烧	强烈刺激甲醛味

名称	英文	燃烧情况	燃烧火焰状态	离火后情况	气味
聚苯乙烯	PS	容易	软化起泡,橙黄色,浓黑烟,炭末	继续燃烧,表面油性光亮	幽幽花香味
尼龙	PA	慢	上黄下蓝,熔融滴落	起泡,慢慢熄灭	特殊羊毛、指甲气味
聚甲基丙烯酸甲酯	PMMA	容易	熔化起泡,浅蓝色,质白,无烟	继续燃烧	强烈花果腐臭味,腐烂蔬菜味
聚碳酸酯	PC	容易,软化起泡	有小量黑烟	离火慢慢熄灭	轻微的花果腐臭味
聚四氟乙烯	PTFE	不燃烧			在烈火中分解出刺鼻的氟化氢气味
聚对苯二甲酸乙二醇酯	PET	容易,软化起泡	橙色,有小量黑烟	离火慢慢熄灭	酸味

注意事项如下。

① 以上是单一塑料的判别,若塑料之间混合使用则较难识别。

② 长期与金属(如铜等)接触的塑料,其性能和自熄灭性可能发生改变,和正常状态下不一样。

③ 嗅气体时要小心,氟树脂和氟橡胶燃烧时发出的气体有毒。

④ 含氟的塑料和氟橡胶鉴别方法如下:将铜丝在火焰中加热至火焰稳定,然后将要鉴别的塑料与热铜丝接触,并将其放回火焰中,如出现鲜绿色则含有氟。

2.4 塑料的热解试验鉴别法

热解试验鉴别法是在热解管中加热塑料至热解温度,然后利用石蕊试纸或 pH 试纸测试逸出气体的 pH 值来鉴别的方法,见表 2-3。

表 2-3 塑料的热解试验鉴别法

塑料名称	含卤素聚合物、聚乙烯酯、纤维素酯、聚对苯二甲酸乙二醇酯、酚醛树脂、聚氨酯弹性体、不饱和聚酯树脂、含氟聚合物、硬纤维板、聚硫醚	聚烯烃、聚乙烯醇、聚乙烯醇缩甲醛、聚乙烯醚、苯乙烯聚合物(包括苯乙烯-丙烯腈共聚物)、聚甲基丙烯酸酯、聚氯化甲烯、聚碳酸酯、线型聚氨酯、酚醛树脂、环氧树脂、交联聚氨酯	聚酰胺、ABS 聚合物、聚丙烯腈、酚和甲酚树脂、氨基树脂(苯胺-三聚氰胺和脲醛树脂)
石蕊试纸	红	基本上无变色	蓝
pH 试纸	0.5~4.0	5.0~5.5	8.0~9.5

注:1. 缓慢地加热热解管。

2. 有些样品表现出微弱的碱性。

2.5 塑料密度鉴别法

塑料的品种不同,其密度也不同,可利用测定密度的方法来鉴别塑料,但此时应将发泡制品分拣出来,因为泡沫塑料的密度不是材料的真正密度。在工业上,也有利用塑料的密度不同来分选塑料的。常用塑料的密度见表 2-4。

表 2-4　常用塑料的密度

材料	密度/(g/cm³)	材料	密度/(g/cm³)
硅橡胶(可用二氧化硅填充到 1.25)	0.80	增塑聚氯乙烯(约含有 40%增塑剂)	1.19～1.35
聚甲基戊烯	0.83	聚碳酸酯(双酚 A 型)	1.20～1.22
聚砜(PSF)	1.24	聚碳酸酯(增强)	1.4～1.42
聚丙烯	0.89～0.91	交联聚氨酯	1.20～1.26
低密度聚乙烯(LDPE)	0.89～0.93	苯酚甲醛树脂(未填充)	1.26～1.28
高密度聚乙烯(HDPE)	0.94～0.97	聚乙烯醇	1.26～1.31
聚异丁烯	0.9～0.93	醋酸纤维素	1.25～1.35
天然橡胶	0.92～1.00	苯酚甲醛树脂(填充有机材料:纸,织物)	1.30～1.41
聚 1-丁烯	0.91～0.92	聚氯乙烯	1.30～1.40
尼龙-12	1.01～1.02	聚甲醛	1.42
尼龙-11	1.03～1.05	聚对苯二甲酸乙二醇酯	1.38～1.41
尼龙-1010(未增强)	1.04～1.06	丙烯腈-丁二烯-苯乙烯共聚物(ABS)	1.04～1.08
尼龙-1010(玻璃纤维增强)	1.23	硬质 PVC	1.35～1.45
聚苯乙烯	1.04～1.08	软质 PVC	1.16～1.35
聚苯醚	1.05～1.07	聚氧化甲烯(聚甲醛)	1.41～1.43
苯乙烯-丙烯腈共聚物	1.06～1.10	氯化聚氯乙烯	1.47～1.55
尼龙-610	1.06～1.08	酚醛塑料和氨基塑料(加有无机填料)	1.50～2.00
尼龙-6	1.12～1.14	聚偏二氟乙烯	1.70～1.80
尼龙-66	1.13～1.15	聚酯和环氧树脂(加有玻璃纤维)	1.80～2.30
环氧树脂,不饱和聚酯树脂	1.10～1.40	聚偏二氯乙烯	1.86～1.88
聚丙烯腈	1.14～1.17	聚三氟氯乙烯	2.10～2.20
乙酸丁酸纤维素	1.15～1.25	聚四氟乙烯	2.10～2.30
聚甲基丙烯酸甲酯	1.16～1.20	脲-三聚氰胺树脂(加有有机填料)	1.47～1.52
聚乙酸乙烯酯	1.17～1.20	丙酸纤维素	1.18～1.24
赛璐珞	1.34～1.40		

密度鉴别方法常用的液体有水、饱和食盐溶液、工业乙醇和氯化钙水溶液等,其配制方法见表 2-5。

表 2-5　配制方法

溶液的种类	密度/(g/cm³)	配制方法	塑料(制品)种类	
			浮于溶液	沉入溶液
水	1		聚乙烯,聚丙烯	聚氯乙烯,聚苯乙烯
饱和食盐溶液	1.19	74mL 水和 26g 食盐	聚苯乙烯,ABS	聚氯乙烯
58.4%的乙醇溶液	0.91	100mL 水和 140mL 95%的乙醇	聚丙烯	聚乙烯
55.4%的乙醇溶液	0.925	100mL 水和 124mL 95%的乙醇	高压聚乙烯	低压聚乙烯
氯化钙水溶液	1.27	100g 氯化钙(工业用)和 150mL 水	聚苯乙烯,有机玻璃,ABS,聚乙烯	聚氯乙烯,酚醛塑料

2.6 塑料的溶剂处理鉴别法

热塑性塑料在溶剂中会发生溶胀，但一般不溶于冷溶剂，在热溶剂中，有些热塑性塑料会发生溶解，如聚乙烯溶于二甲苯中。热固性塑料在溶剂中不溶，一般也不发生溶胀或仅轻微溶胀。弹性体不溶于溶剂，但通常会发生溶胀，见表2-6。

表 2-6　常用塑料的溶剂处理鉴别法

聚合物	溶剂	非溶剂
聚乙烯	对二甲苯,三氯苯	丙酮,乙醚
聚 1-丁烯	癸烷,十氢化萘	低级醇
无规聚丙烯	烃类,乙酸异戊酯	乙酸乙酯,丙醇
聚异丁烯	己烷,苯,四氯化碳,四氢呋喃	丙酮,甲醇,乙酸甲酯
聚丁二烯	脂肪族和芳香族烃类	
聚苯乙烯	苯,甲苯,三氯甲烷,环己酮,乙酸丁酯,二硫化碳	低级醇,乙醚(溶胀)
聚氯乙烯	四氢呋喃,环己酮,甲酮,二甲基甲酰胺	甲醇,丙酮,庚烷
聚氟乙烯	环己酮,二甲氨基甲酰胺	脂肪族烃类,甲醇
聚四氟乙烯	不可溶	
聚乙酸乙烯酯	苯,三氯甲烷,甲醇,丙酮,乙酸丁酯	乙醚,石油醚,丁醇
聚乙烯异丁醚	异丙醇,甲基乙烯酮,三氯甲烷,芳香族烃类	甲醇,丙酮
聚丙烯酸酯和聚甲基丙烯酸酯	三氯甲烷,丙酮,乙酸乙酯,四氢呋喃,甲苯	甲醇,乙醚,石油醚
聚丙烯腈	二甲氨基甲酰胺,二甲亚砜,浓硫酸	醇类,乙醚,水,烃类
聚丙烯酰胺	水	甲醇,丙酮
聚丙烯酸	水,稀碱类,甲醇,二噁烷,二甲氨基甲酰胺	烃类,甲醇,丙酮,乙醚
聚乙烯醇	水,二甲基甲酰胺,二甲亚砜	烃类,甲醇,丙酮,乙醚
纤维素	含水氢氧化铜铵,含水氯化锌,含水硫氰酸钙	甲醇,丙酮
三醋酸纤维素	丙酮,三氯甲烷,二噁烷	甲醇,乙醚
甲基纤维素(三甲基)	三氯甲烷,苯	乙醇,乙醚,石油醚
羧甲基纤维素	水	甲醇
脂肪族聚酯类	三氯甲烷,甲酸,苯	甲醇,乙醚,脂肪族烃类
聚对苯二甲酸乙二醇酯	间甲酚,邻氯酚,硝基苯,三氯乙酸	甲醇,丙酮,脂肪族烃类
聚酰胺	甲酸,浓硫酸,二甲氨基甲酰胺,间甲酚	甲醇,乙醚,烃类
聚氨基甲酸酯类(不交联)	甲酸,γ-丁内酯,二甲氨基甲酰胺,间甲酚	甲醇,乙醚,烃类
聚氧化甲烯	γ-丁内酯,二甲基甲酰胺,苯甲醇	甲醇,乙醚,脂肪族烃类
聚氧化乙烯	水,苯,二甲基甲酰胺	脂肪族烃类,乙醚
聚二甲基硅氧烷	三氯甲烷,庚烷,苯,乙醚	甲醇,乙醇

2.7 塑料的显色反应鉴别法

通过不同的指示剂可鉴别某些塑料，在 2mL 热乙酸酐中溶解或悬浮几毫克试样，冷却后加入 3 滴 50% 的硫酸（由等体积的水和浓硫酸制成），立即观察显色反应，在试样放置 10min 后再观察试样颜色，再在水浴中将试样加热至 100℃，观察试样颜色。用此法可鉴别表 2-7 中的塑料。此显色反应称为 Liebermann-Storch-Morawski 显色反应。

表 2-7　几种塑料的 Liebermann-Storch-Morawski 显色反应

材料	立即显色	10min 后颜色	加热到 100℃后颜色
酚醛树脂	浅红紫—粉红色	棕色	棕色—红色
聚乙烯醇	无色—淡黄色	无色—浅黄色	棕色—黑色
聚乙酸乙烯酯	无色—浅黄色	蓝灰色	棕色—黑色
氯化橡胶	黄棕色	黄棕色	浅红色—黄棕色
环氧树脂	无色—黄色	无色—黄色	无色—黄色
聚氨酯	柠檬黄	柠檬黄	棕色—绿荧光

含氯塑料有聚氯乙烯、氯化聚氯乙烯、氯化橡胶、聚氯丁二烯、聚偏二氯乙烯、聚氯乙烯混配料等，它们可通过吡啶显色反应来鉴别，见表 2-8。注意，试验前，试料必须经乙醚萃取，以除去增塑剂。试验方法：将经乙醚萃取过的试样溶于四氢呋喃，滤去不溶成分，加入甲醇使之沉淀，萃取后在 75℃以下干燥。将干燥过的少量试样用 1mL 吡啶与之反应，过几分钟后，加入 2～3 滴 5% 氢氧化钠的甲醇溶液（1g 氢氧化钠溶解于 20mL 甲醇中），立即观察一下颜色，5min 和 1h 后再分别观察一次。根据颜色即可鉴别不同的含氯塑料。

尼龙也可通过对二甲基氨基苯甲醛显色反应来鉴别，此鉴别方法如下：在试管中加热 0.1～0.2g 试样，将热分解物置于小棉花塞上，在棉花上滴上浓度为 14% 的对二甲基氨基苯的甲醇溶液，再滴一滴浓盐酸，如为尼龙则显示枣红色。

表 2-8　含氯塑料的吡啶显色反应

材料	与吡啶和试剂溶液一起煮沸		与吡啶煮沸，冷却后加入试剂溶液		在试样中加入试剂溶液和吡啶，不加热	
	即刻	5min 后	即刻	5min 后	即刻	5min 后
聚氯乙烯	红—棕	血红，棕—红	血红，棕—红	红—棕，黑沉淀	红—棕	黑—棕
氯化聚氯乙烯	血红，棕—红	棕—红	棕—红	红—棕，黑沉淀	红—棕	红—棕
氯化橡胶	深红—棕	深红—棕	黑—棕	黑—棕沉淀	茶青—棕	茶青—棕
聚氯丁二烯	白色—浑浊	白色—浑浊	无色	无色	白色—浑浊	白色—浑浊
聚偏二氯乙烯	棕—黑	棕—黑沉淀	棕—黑沉淀	黑—棕沉淀	棕—黑	棕—黑
聚氯乙烯混配料	黄	棕—黑沉淀	白色—浑浊	白沉淀	无色	无色

对二甲基氨基苯甲醛显色反应也可用来鉴别聚碳酸酯。当显示的颜色为深蓝色时，即可知材料为聚碳酸酯。

弹性体或橡胶可用 Burchfield 显色反应来鉴别其种类，方法如下：在试管中加热 0.5g 试样，将产生的热解气化物通入 1.5mL 试剂（在 100mL 甲醇中加入 1g 对二甲基氨基苯甲醛和 0.01g 对苯二酚，缓慢加热溶解后，加入 5mL 浓盐酸和 10mL 乙二醇）中，观察其颜色，然后加入 5mL 甲醇稀释溶液，并使之沸腾 3min，再观察其颜色。不同种类弹性体或橡胶的 Burchfield 显色反应结果见表 2-9。

含不饱和双键的聚合物可用 Wijs 溶液鉴别。溶液制备：将 6～7mL 纯一氯化碘溶解于 1L 乙酸中制得。检验时，先将材料溶解在四氯化碳或熔化的对二氯苯（熔点 50℃）中，滴加 Wijs 溶液，如材料带有双键，则使溶液褪色。

表 2-9　不同种类弹性体或橡胶的 Burchfield 显色反应结果

弹性体	热解蒸气与试剂接触处	在持续沸腾和加甲醇后
空白试验	淡黄色	淡黄色
天然橡胶(聚异戊二烯)	黄棕色	绿色—紫色—蓝色
聚丁二烯	淡绿色	蓝绿色
丁基橡胶	黄色	黄棕色—淡紫色
苯乙烯-丁二烯共聚物	黄绿色	绿色
丁二烯-丙烯腈共聚物	橙红色	红色—红棕色
聚氯丁二烯	黄绿色	淡黄绿色
硅橡胶	黄色	黄色
聚氨酯弹性体	黄色	黄色

2.8　塑料的其他鉴别法

塑料的分子结构中有的含有除碳、氢以外的杂原子，通过杂原子的试验也可鉴别不同的塑料。按塑料中所含的杂原子不同，塑料的分类见表 2-10。

表 2-10　按塑料中所含的杂原子不同的塑料分类

项目	其他			O,卤素	N,O	S,O	Si	N,S	N,S,P
	不可皂化	可皂化							
		皂化值 SN<200	皂化值 SN>200						
聚烯烃类	聚乙烯醇	天然树脂	聚乙酸乙烯及其共聚物	聚氯乙烯	聚酰胺	聚亚烃化硫		硫脲缩聚物	酪素树脂
聚苯乙烯	聚乙烯醚	改性酚醛树脂	聚丙烯酸酯和聚甲基丙烯酸酯	聚偏二氯乙烯	聚氨酯、聚脲	硫化橡胶	聚硅氧烷	硫酰胺缩聚物	
聚异戊二烯	聚乙烯醇缩醛		聚酯	聚氟烃	氨基塑料、聚丙烯腈及其共聚物				
丁基橡胶	聚乙二醇、聚缩醛、酚醛树脂、二甲苯树脂、纤维素醚、纤维素	醇酸树脂、纤维素酯、氢氯化橡胶	氯化橡胶、聚乙烯咔唑、聚乙烯吡咯酮	氯化橡胶、聚乙烯咔唑、聚乙烯吡咯酮					

2.9　常用塑料鉴别的具体方法

2.9.1　ABS 与 PS 的鉴别法

（1）新方法　用乙酸乙酯擦，ABS 不起丝，HIPS 会起丝，但只是指纯的。

（2）常用方法　ABS、PS 的识别方法有很多种，对 ABS 而言，其表面亮度好，韧性优于 PS，火烧后表面会有密密麻麻的小孔，味道有淡淡的甜味；PS 又分 GPPS、HIPS、EPS三种，较脆，透明的产品较多，HIPS 的亮度一般，韧性比 ABS 要逊色一点，火烧后表面光亮，有苯乙烯的味道。HIPS 的截断面发白，但 GPPS 没有，EPS 主要用于泡沫。

就电视机壳塑料而言，有 ABS 和 HIPS 两种，一般要根据表面特征、物理特征来区分，表面亮度好的一般是 ABS，用钳子掰时 ABS 要优于 HIPS，其硬度较高，需要力度大一些，然后根据火焰与味道来区分。

2.9.2　HDPE 与 LDPE 废旧塑料鉴别法

HDPE 一般是不透明的，用牙咬后，在裂口处会有白色茬痕出现，料比较脆，较硬，用于包装类产品的比较多；而 LDPE 比较软，韧性较好，透明度好，手感比较滑，用手撕发出的声音较小。

根据用途来区分，LDPE 一般用于膜类产品，如工业膜、地膜、农业膜；HDPE 可以用于拉丝级、注塑级、中空级与吹膜级产品，如渔网、桶、饮水瓶与包装袋。

2.9.3　氨基塑料鉴别法

氨基塑料是甲醛与脲、硫脲、三聚氰胺或苯胺的缩合产物。它们常常用细木粉、石粉或石棉等作填料，通常主要用于模压部件或层压制品。全部氨基塑料都会有氮和结合甲醛，后者可以用铬变酸来鉴定。

脲或硫脲树脂的鉴定方法是：取数毫克试样，加入 1 滴热浓硫酸（约 110℃），加热至干。冷却后，加入 1 滴苯胺，在 195℃ 的油浴中加热 5min。冷却，加入 3 滴稀氨水（按 1：1 配制）及 5 滴 10% 的硫酸镍溶液，同氯仿一起摇荡，溶液变为红色到紫色，表明有脲或硫脲存在。

进行硫的鉴定试验之后，可以将脲和硫脲区分开。

三聚氰胺树脂可以用热裂解方法来鉴定，鉴定方法如下：将少量试样与几滴浓盐酸置于热裂解管中，放在 190～200℃ 的油浴中加热。用刚果红试纸覆盖管口，加热，直至试纸不再变蓝色为止。冷却，然后加入几粒硫代硫酸钠的晶体到冷却的残液中。热裂解管口用 3% 的过氧化氢溶液润湿的刚果红试纸盖好，并在 160℃ 的油浴中加热。存在三聚氰胺时，试纸就变为蓝色（脲醛树脂不反应）。

苯胺树脂也可以用热裂解方法鉴定，将热裂解出来的气体通入次氯酸钠或次氯酸钙溶液中，产生红紫色或紫色即为苯胺树脂。

2.9.4　丙烯腈聚合物鉴别法

聚丙烯腈最常见的是纤维形式，丙烯腈也可以存在于丙烯腈与苯乙烯、丁二烯或甲基丙烯酸甲酯的共聚物中，所有这些聚合物都含有氮。

丙烯腈聚合物的鉴定方法是：将试样、少量锌粉及几滴 25% 的硫酸加入瓷坩埚中，加热该混合物，并用滤纸盖住。如果有丙烯腈存在，滤纸就会出现淡蓝色的斑点。

滤纸先用下述试剂溶液润湿：首先溶解 2.86g 乙酸铜在 1.0L 水中；其次溶解 14g 联苯胺到 100mL 乙酸中，取 67.5mL 该溶液加入 52.5mL 水中；把分别盛有乙酸铜和联苯胺溶液的容器放在暗处保存备用，在使用前将这两种溶液等体积混合。

在共聚物中含有丙烯腈，也可以用如下方法证明：在试管中加热干试样，然后用试纸对生成的 HCN 进行检验。

试纸的制法如下：溶解 0.3g 乙酸铜于 100mL 水中，将滤纸条用该溶液润湿，然后在空气中干燥。在使用前，将滤纸浸于含有 0.05g 联苯胺的 100mL 的乙酸溶液中。如果 HCN

遇到湿滤纸,滤纸就变为蓝色。

2.9.5 酚树脂鉴别法

酚树脂是由酚或酚的衍生物和甲醛制成的。在许多情况下,它们还含有无机填料或有机填料。固化以后,树脂不溶于一般的溶剂中,但它们溶于苯胺中,并随即分解。酚树脂可以用 Gibss 靛酚试验方法进行鉴定。结合的甲醛可用铬变酸进行鉴定。

2.9.6 环氧树脂鉴别法

对于已经转化的环氧基或已固化环氧树脂中的交联单元,都没有简单的专属性试验方法进行鉴定。环氧树脂对酚的 Gibbs 靛酚试验是正反应(由于存在双酚 A)。与酚树脂相反,其对甲醛的铬变酸试验是负反应。

当低于 260℃进行热裂解时,全部环氧树脂都会产生乙醛。步骤为:在热裂解管中放入试样,管口用新配制的 5%硝基氰化钠及吗啉的水溶液润湿的滤纸覆盖,在油浴中加热至240℃。热裂解放出的气体通过滤纸时,滤纸变蓝色表明是环氧树脂。

用下述方法也可以鉴别环氧树脂:在室温下,取约 100mg 环氧树脂于约 10mL 浓硫酸中,然后加入约 1mL 浓硝酸。5min 以后,小心地加入 5%的氢氧化钠水溶液到溶液的顶部,如果存在双酚 A 型环氧树脂,两层溶液的界面就会出现樱桃红色。

2.9.7 聚氨酯鉴别法

聚氨酯在热解时,在某种程度上会重新生成用来合成它们的异氰酸酯。鉴定方法为:在试管中加热干燥试样,使产生的气体通过盖在试管口上的滤纸,然后以 1%的 4-硝基苯并氟硼酸重氮盐润湿滤纸。随着异氰酸酯类型的不同,滤纸会变为黄色、淡红色、棕色或紫色。

2.9.8 聚苯乙烯鉴别法

聚苯乙烯及多数含苯乙烯共聚物的鉴定方法如下:放少量试样于小试管中,加入 4 滴发烟硝酸,就会放出酸蒸气而不破坏聚合物。残余物在火焰上加热约 1min,固定试管,使开口端稍倾向下方,管口用滤纸片盖上。

滤纸的处理方法:用 2,4-二溴醌亚胺的乙醚溶液浸后在空气中干燥。如果加一滴氨水在滤纸上,滤纸变为蓝色表明是苯乙烯。

如果试样中仍含有一些游离的硝酸,试验就会受到影响,滤纸变为棕色而掩蔽了蓝色。

对苯乙烯-丁二烯共聚物及 ABS(丙烯腈-丁二烯-苯乙烯共聚物),这个鉴定反应也是有用的。丙烯腈是否存在可以用检定氨来验证。

2.9.9 聚乙酸乙烯酯鉴别法

含乙酸乙烯酯的聚合物在热分解时会产生乙酸,根据这一现象就可以进行鉴定。醋酸纤维素的鉴别方法也相类似。

试验方法:热裂解少量试样,用含水的棉花收集蒸气,然后用水洗棉花,将液体收集在试管中,加入 3~4 滴 5%的硝酸铜水溶液,一滴 0.1mol/L 碘溶液及 1~2 滴浓氨水,聚乙酸乙烯酯就变为深蓝色或者几乎是黑色。

进一步试验:聚乙酸乙烯酯用 0.01mol/L 碘-碘酸钾溶液(0.1mol/L 碘溶液稀释到原来体积的 10 倍)浸润滤纸,滤纸呈现紫至棕色,用水洗涤时颜色变深。

2.9.10 聚甲基丙烯酸甲酯鉴别法

不管是作为注射模型材料还是作为"玻璃材料",聚甲基丙烯酸甲酯在丙烯酸酯塑料中都起着重要作用。

鉴定时,用0.5g试样在试管中与约0.6g的干沙子共热,解聚后得到甲基丙烯酸甲酯单体,可以在试管口用一团玻璃纤维收集单体。甲基丙烯酸甲酯单体可以从一个试管蒸馏到另一个试管中,两试管用弯的玻璃管连接起来,弯管装橡胶塞的一端塞在装试样的试管口上。将此单体与少量稀硝酸(密度1.4g/mL)加热,直至得到清晰的黄色溶液为止。冷却后用约为它的体积一半的水稀释,然后逐渐加入5%~10%的硝酸钠溶液。如溶液呈现蓝绿色,就表明单体是甲基丙烯酸甲酯,它可由氯仿抽提出来。

聚丙烯酸酯类热裂解时,除了单体酯外,还产生几种有强烈气味的裂解产物,它们或者是黄色的或者是棕色的,而且呈酸性。

2.9.11 聚甲醛鉴别法

聚甲醛又称聚氧亚甲基,其加热可释放出甲醛。甲醛对铬变酸试验为正结果。

将少量塑料试样与2mL浓硫酸及少许铬变酸晶体一起在60~70℃加热约10min。出现深紫色表明有甲醛存在。

2.9.12 聚碳酸酯鉴别法

聚碳酸酯(PC),俗称聚碳。不易燃,外火强加燃烧时,冒黑烟,燃处有小颗粒析出,花果腐臭味。此料的好坏要看其韧度,很多板材料都是聚碳酸酯,但要注意涂层(用刀刮表面,如刮出来的是细小的粉末则是有涂层的)。一般产品的PC料都是中分子或偏高或偏低分子,视产品需要而定,这类聚碳最常见,如灯罩(有涂层)、游戏机内透明件、光学镜片和电器外壳等,低分子PC一般见于唱片料(VCD、CD等)。

几乎所有用作塑料的聚碳酸酯都含有双酚。鉴定时它们与对甲氨基苯甲醛的颜色反应或Gibss靛酚试验都得到正结果。

聚碳酸酯在10%的氢氧化钾乙醇溶液中加热几分钟就会完全皂化。反应时有碳酸钾沉淀析出,过滤并用稀硫酸酸化沉淀,则放出二氧化碳气体。当加入氢氧化钡溶液时产生碳酸钡沉淀。

2.9.13 聚烯烃鉴别法

聚乙烯和聚丙烯都是最常用的烯烃塑料。聚1-丁烯和聚4-甲基-1-戊烯也有使用。乙烯的一些共聚物及用作垫圈的聚异丁烯也是重要的聚烯烃塑料。鉴定这些塑料最简单的方法是用红外光谱。但是从熔融温度范围也可以得到一些信息,见表2-11。

表 2-11 聚烯烃的熔融温度

序号	聚烯烃类型	熔融温度/℃	序号	聚烯烃类型	熔融温度/℃
1	聚乙烯(与密度有关)	105~130	3	聚丁烯	120~135
2	聚丙烯	160~170	4	聚4-甲基-1-戊烯	高于240

这些塑料的热解气体与氧化汞的反应互相之间存有差别。因此先将滤纸用含0.5g黄色氧化汞的硫酸溶液(1.5mL浓硫酸加到8mL水中)浸透,然后在裂解管中放入适量干燥试样,管口用上述滤纸盖住,加热。如果产生的蒸气使滤纸出现金黄色的斑点,则表明这些塑料可能含聚异丁烯、丁基橡胶和聚丙烯(少量者要在几分钟之后才能显色)。聚乙烯不反应,

天然橡胶、丁腈橡胶和聚丁二烯会产生棕色斑点。聚乙烯和聚丙烯热解时产生蜡状产物。聚乙烯的气味像石蜡，而聚丙烯有轻微的芳香味。

2.9.14 聚酰胺鉴别法

工业上最重要的聚酰胺有尼龙-6、尼龙-66、尼龙-610、尼龙-11及尼龙-12。还有许多不同的聚酰胺共聚物，它们都可以像聚酰胺一样用简单的方法进行鉴定。

有时，测定熔点可以将不同的聚酰胺区分开来，见表2-12。

表 2-12 聚酰胺的熔点

序号	聚酰胺类型	熔点/℃	序号	聚酰胺类型	熔点/℃
1	尼龙-6	215~225	4	尼龙-11	180~190
2	尼龙-66	250~260	5	尼龙-12	170~180
3	尼龙-610	210~220			

聚酰胺也可以通过与对二甲氨基苯甲醛的显色反应来鉴定。

可以利用各种聚酰胺酸解后生成的酸来区分不同的聚酰胺。把5g试样与50mL浓盐酸在带回流冷凝的烧瓶中进行加热，回流直至大部分试样溶解，然后加入活性炭，将溶液加热至沸腾，直至颜色消失。趁热进行过滤，冷却后，酸会沉淀出来，过滤，并在少量水中使它重结晶。如果没有酸沉淀出来，则用乙醚抽提滤液，将抽提液中的乙醚蒸发掉，把残留物在水中进行重结晶。这些酸的熔点见表2-13。

表 2-13 酸的熔点

序号	酸的类型	熔点/℃	序号	酸的类型	熔点/℃
1	己二酸(尼龙-66)	152	4	11-氨基十一羧酸(尼龙-11)	145
2	癸二酸(尼龙-610)	188	5	12-氨基十二羧酸(尼龙-12)	168
3	8-氨基己酸的盐酸盐(尼龙-6)	128			

2.9.15 聚乙烯醇鉴别法

聚乙酸乙烯酯皂化就可得到聚乙烯醇，作为塑料原料，聚乙烯醇并不重要。聚乙酸乙烯酯的皂化度不同，鉴定反应的结果也不一样，高皂化度的聚乙烯醇不溶于一般有机溶剂中，但溶于水和甲酰胺中。

聚乙烯醇与碘反应的试验如下。

将5mL聚乙烯醇的水溶液与2滴0.1mol/L的碘-碘化钾溶液反应。用水稀释至颜色刚好能判别为止。用5mL该溶液与刮刀尖那么多的硼砂反应，摇动，并用5mL浓盐酸酸化，产生深绿色，特别是在未溶解的硼砂颗粒上产生的深绿色更为明显，这就表明是聚乙烯醇。

淀粉和糊精会干扰这一试验。

对尼龙（尼龙-6、尼龙-66纯料）再生料的鉴别如下。

① 先看光泽，料差则光泽相应较差。

② 再看切面，切面不统一，则料较差。

③ 看成型，表面成型不好，凹凸不平，则加有纤维，是差料。

④ 用火烧，烧不燃的，则加有阻燃剂，或所含玻璃纤维超过30%，是差料。

⑤ 燃烧火焰熄灭后，闻味道。尼龙-6、尼龙-66相差不大。如果和新料比，相差太远，则料质也相差很远。

⑥ 拉丝。能拉但是丝不收缩的是尼龙-6，收缩的是尼龙-66，拉不了丝的是差料。

⑦ 发泡料再次改性时，会产生影响，要注意这种料不好。

⑧ 有的料中有复合料，可以从气味上辨别。

⑨ 有的料中含有高温料，高温料与普通料的熔点不同，在生产时可能会堵机，是差料。

对于浇注系统凝料的鉴别，应闻味道，看光泽，其拉丝效果参照上述。

2.9.16　再生料的等级和品质鉴别法

① 表面光洁度是衡量各类再生料颗粒品质等级的重要指标，优质再生料的表面光洁润滑。

② 透明度是衡量中高档再生料颗粒品质等级的重要指标，有透明度的料，品质都不错。

③ 颜色的均匀和一致是衡量有色再生料颗粒品质等级的重要指标（白、乳白、黄、蓝、黑色等颜色）。

④ 颗粒密实度是检验再生工艺水平的重要方面，塑化不良，则颗粒疏松。

⑤ 看再生颗粒是否浮沉于水，可以用于检验 PP、PE 颗粒的填充料含量。对再生料而言，不同的再生料具有不同的用途，目前没有也很难制定统一的标准，通常以充分满足用户的工艺要求为准。

2.9.17　鉴别废旧塑料步骤

一般鉴别废旧塑料有以下几个步骤。

① 看颜色。

② 看光亮度（透明料此步可去掉）。

③ 手感（感重量、感光滑度）。

④ 点燃（观察火焰颜色，是否冒烟，是否熔融滴落，以及离火后的情况）。

⑤ 闻气味（各种塑料气味都不相同，包括阻燃剂等）。

第 **3** 章

CHAPTER 3

注射成型工艺条件的选择与控制

3.1 注射成型工艺过程

注射成型工艺过程分为塑化计量、注射充模和冷却定型三个阶段，成型原理如下。

3.1.1 塑化计量

（1）塑化的概念　成型塑料在注射成型机料筒内经过加热、压实以及混合等作用以后，由松散的粉状或粒状固体转变成连续的均化熔体的过程称为塑化。

塑化包含四个方面的内容：熔体内组分均匀、密度均匀、黏度均匀和温度分布均匀。

塑料塑化好，才能保证塑料熔体在下一阶段的注射充模过程中具有良好的流动性（包括可挤压性和可模塑性），才有可能最终获得高质量的塑件。

（2）计量　计量是指能够保证注塑机通过柱塞或螺杆，将塑化好的熔体定温、定压、定量地输出（即注射出）料筒所进行的准备动作，这些动作均需注塑机控制柱塞或螺杆在塑化过程中完成。

影响计量准确性的因素如下。

① 注塑机控制系统的精度。

② 料筒（即塑化室）和螺杆的几何要素及其加工质量影响。

计量精度越高，获得高精度塑件的可能性越大，计量在注射成型生产中十分重要。

（3）塑化效果和塑化能力　塑化效果是指塑料转变成熔体之后的均化程度。塑化能力是指注塑机在单位时间内能够塑化的塑料质量或体积。

① 塑化效果与塑料受热方式和注塑机结构有关。

对于柱塞式注塑机，塑料在料筒内只能接受柱塞的推挤力，几乎不受剪切作用，塑化所用的热量主要从外部装有加热装置的高温料筒上获得。

对于螺杆式注塑机，螺杆在料筒内的旋转会对塑料起到强烈的搅拌和剪切作用，导致塑料之间进行剧烈摩擦，并因此产生很大热量，塑料塑化时的热量可来源于以下两个方面。

a. 高温料筒和自身产生出的摩擦热，称为普通螺杆塑化。

b. 只凭摩擦热单独供给，称为动力熔融。

显然，在动力熔融条件下，强烈的搅拌与剪切作用不仅有利于熔体中各组分混合均化，而且避免了波动的料筒温度对熔体温度的影响，有利于熔体的黏度均化和温度分布均化，能够得到良好的塑化效果。而柱塞式注塑机塑化物料时，既不能产生搅拌和剪切的混合作用，又受料筒温度波动的影响，故熔体的组分、黏度和温度分布的均化程度都比较低，其塑化效果既不如动力熔融，也不如介于中间状态的部分依靠料筒热量的普通螺杆塑化。

图 3-1 为柱塞式和普通螺杆式注塑机塑化相同塑料时，料筒中塑料和熔体的温度分布曲线。从图中可以看出，用螺杆式注塑机塑化塑料时，喷嘴附近熔体的径向温度分布要比柱塞式注塑机均匀。

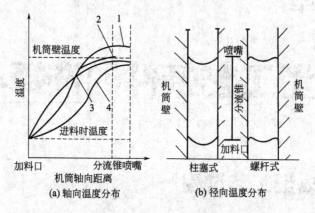

图 3-1　塑料在料筒内塑化时温度分布曲线

1—螺杆式注塑机（剪切作用强烈）；2—螺杆式注塑机（剪切作用平缓）；3—柱塞式注塑机
（靠近机筒壁）；4—柱塞式注塑机（机筒中心部位）

② 不同结构的注塑机，塑化能力不相同。

a. 柱塞式注塑机的理论塑化能力为：

$$m_{pp} = \frac{3.6\alpha A_p^2 \rho}{4K_t(5-\xi)V} \tag{3-1}$$

式中　m_{pp}——柱塞式注塑机的塑化能力，kg/h；

α——热扩散率，m^2/h；

A_p——塑化物料接受的传热面积，与料筒内径和分流锥直径有关，m^2；

ρ——塑料密度，kg/m^3；

K_t——热流动系数，与加热系数 E 有关，如图 3-2 所示；

ξ——常数，无分流锥时 $\xi=1$，有分流锥时 $\xi=2$；

V——受热塑料的总体积，m^3。

$$E = \frac{\theta_R - \theta_0}{\theta_b - \theta_0}$$

式中　θ_R——熔体平均温度，℃；

θ_0——塑料初始温度，℃；

θ_b——料筒内壁温度，℃。

b. 螺杆式注塑机的理论塑化能力，用螺杆计量段对熔体的输送能力表示，即有：

$$m_{ps} = \frac{\pi^2 D^2 N h_m \sin\varphi\cos\varphi}{2} - \frac{\pi D h_m^3 \sin^2\varphi}{12\eta_m L_m}p_b \tag{3-2}$$

式中　m_{ps}——螺杆式注塑机的塑化能力，cm^3/s；

L_m——计量段长度，cm；

φ——螺杆的螺旋升角，(°)；

N——螺杆转速，r/s；

D——螺杆的基本直径，cm；

h_{m}——计量段螺槽深度，cm；

η_{m}——熔体在计量段螺槽中的黏度，Pa·s；

p_{b}——塑化时熔体对螺杆产生的反向压力，通常称为背压，Pa。

分析式(3-1)和式(3-2)可得出：柱塞式注塑机的塑化能力与料筒结构和塑料体积有关，要提高塑化能力，需增大传热面积 A_{p} 或减小塑料的总体积 V，而增大 A_{p} 时常会使 V 跟着增大，V 的增大将导致熔体不易均化；螺杆式注塑机的塑化能力与塑料体积无关，塑化能力一般都比柱塞式注塑机大，这也是普通柱塞式注塑机为什么只能成型小型塑件的主要原因之一。

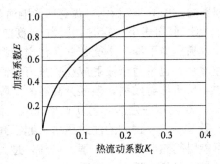

图 3-2　热流动系数与加热系数的关系

由此可见，影响塑化效果和塑化能力的主要因素除了成型塑料本身的特性之外，还与料筒结构、料筒的加热温度、螺杆转速、螺杆行程（或计量段长度）、螺杆几何参数以及熔体对螺杆产生的背压等因素有关。

3.1.2　注射充模

柱塞或螺杆从料筒内的计量位置开始，通过注射油缸和活塞施加高压，将塑化好的塑料熔体经过料筒前端的喷嘴和模具中的浇注系统快速进入封闭模腔的过程称为注射充模。注射充模分为三个阶段：流动充模、保压补料、倒流。

（1）流动充模　流动充模是指注塑机将塑化好的熔体注射进入模腔的过程。

在熔体注射过程中会遇到料筒、喷嘴、模具浇注系统、模腔表壁对熔体的外摩擦，及熔体内部产生的黏性内摩擦。为了克服这些流动阻力，注塑机须通过螺杆或柱塞向熔体施加很大的注射压力。要掌握熔体的流动充模规律，须了解注射压力在此过程中的变化特点以及与它相关的熔体温度、流速和充模特性问题。

（2）注射压力的变化　注射压力的变化可用注射成型的压力-时间曲线描述，如图 3-3 所示。

t_0 表示柱塞或螺杆开始注射熔体的时刻；t_1 表示熔体开始流入模腔的时刻；t_2 表示熔体充满模腔的时刻。时间 $t_0 \sim t_2$ 代表整个充模阶段，其中 $t_0 \sim t_1$ 称为流动期；$t_1 \sim t_2$ 称为充模期。

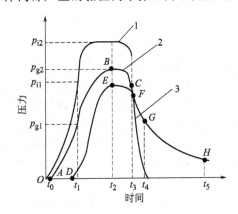

图 3-3　注射成型的压力-时间曲线

1—注射压力曲线；

2—喷嘴（出料口）处的压力曲线；

3—模腔（浇口末端）压力曲线

① 流动期内，注射压力和喷嘴处的压力急剧上升，而模腔（浇口末端）的压力却近似等于零，注射压力主要用来克服熔体在模腔以外的阻力。如 t_1 时刻的压力差 $\Delta p_1 = p_{i1} - p_{g1}$ 代表熔体从料筒到喷嘴时所消耗的注射压力，而喷嘴压力 p_{g1} 则代表熔体从喷嘴至模腔之间消耗的注射压力。

② 充模期内，熔体流入模腔，模腔压力急剧上升；注射压力和喷嘴压力也会随之增加到最大值（或最大值附近），然后停止变化或平缓下降，这时注射压力对熔体起两个方面的作用，一是克服熔体在模腔内的流动阻力，二是对熔体进行一定程度的压实。

流动充模阶段，注射压力随时间呈非线性变化，注射压力对熔体的作用必须充分，否则，熔体流动会因阻力过大而中断，导致生产出现废品。

（3）注射压力与熔体温度、熔体流速的关系　注射压力在流动充模阶段受熔体的温度和流速影响，如图 3-4 所示。流速的影响通过与它有关的剪切速率表征（流速梯度等于剪切速率）。

① 剪切速率一定时，压力-温度曲线分为三段，左边一段熔体热分解区，注射压力随温度升高迅速下降，不能在此区注射成型；右边一段高弹变形流动区，注射压力随温度降低迅速增大，也不适于注射成型；只有中间一段温度区，曲线相对平缓，温度和注射压力都较适中，易于注射成型，温度升高有利于降低熔体黏度，注射压力可随之减小一定幅度。

② 温度一定时，剪切速率增大，注射压力也要增大，完全符合流体力学压力与流速的关系。反之，过大的注射压力引起很高的剪切速率时，熔体内的剪切摩擦热也随之增大，很可能引起热分解或热降解。另外，过大的剪切速率又很容易使熔体发生过度的剪切稀化，从而导致成型过程出现溢料飞边。

注射压力对流动充模时喷嘴处的熔体温度也有影响。

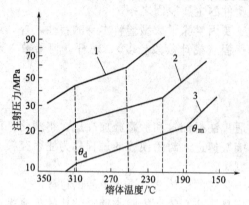

图 3-4　注射压力、熔体温度和剪切速率之间的关系
（MI=5g/10min 的低密度聚乙烯）
$1—\dot{\gamma}=2.4×10^5 s^{-1}$；$2—\dot{\gamma}=3.5×10^4 s^{-1}$；
$3—\dot{\gamma}=1.2×10^4 s^{-1}$

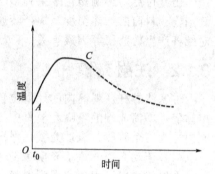

图 3-5　流动充模时喷嘴处的熔体温度

在注射压力上升阶段，喷嘴处的熔体温度也随着升高，如图 3-5 所示。AC 段和图 3-3 喷嘴压力曲线上的 AC 段对应。喷嘴直径对流经喷嘴的熔体温升影响不大，引起温升的主要原因是注射压力增大。在生产中应尽量避免采用过大的注射压力，否则会导致熔体热降解。

（4）注射压力与熔体充模特性　熔体充模流动形式与充模速度有关，充模速度受注射工艺条件和模具结构的影响。注射成型时不希望充模期发生高速喷射流动，而希望获得中速或低速的扩展流动，为此，需通过分析充模期的流动取向，了解注射压力对于熔体充模特性的影响。

在生产中，扩展流动时，料头前沿低温熔膜对熔体的阻滞作用较大，先进入模腔的熔体温度下降得很快，黏度也随之增大，这加剧了后面熔体进模时的流动阻力。如此时的注射压力不大，很容易使充模流动中止，导致注射成型出现废品。为此，往往需提高注射压力。而注射压力提高后，熔体内的剪切作用加强，流动取向效应将增大，最终可能导致塑件出现比较明显的各向异性，并引起热稳定性变差。在这种情况下，生产出的塑件若在温度变化大的环境中工作，很有可能产生与取向一致的裂纹。

注意：在一定的模具结构条件下，要保证充模时不发生高速喷射流动，充模速度尽量快一些，这样不仅可避免使用较大的注射压力导致塑件使用性能不良，而且对提高生产率也有好处。

（5）保压补缩　保压补缩阶段是指从熔体充满模腔至柱塞或螺杆在料筒中开始后撤为止，如图 3-3 中的 $t_2 \sim t_3$ 段。

保压是指注射压力对模腔内的熔体继续进行压实的过程；补缩是指保压过程中，注塑机对模腔内逐渐开始冷却的熔体因成型收缩而出现的空隙进行补料动作。

在保压补缩阶段，如柱塞或螺杆停止在原位保持不动，模腔压力曲线会略有下降（图3-3的 EF 段）；反之，若要使模腔压力保持不变，则需要柱塞或螺杆在保压过程中继续向前少许移动，这时压力曲线将与时间坐标轴平行。

保压压力和保压时间对模腔压力的影响如图3-6和图3-7所示。如保压压力不足，补缩流动受浇口摩擦阻力限制不易进行，模腔压力因补料不足迅速下降（图3-6）；如保压时间不充分，模腔内熔体倒流，也会造成模腔压力迅速下降（图3-7）。保压时间足够长，可使浇口或模腔内的熔体完全固化，倒流不易发生，模腔压力将随着图3-7中虚线缓慢下降。

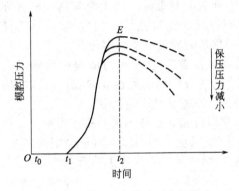

图3-6 保压压力对模腔压力的影响

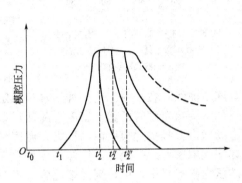

图3-7 保压时间对模腔压力的影响

经过以上分析，可得到以下结论。

① 保压压力、保压时间与模腔压力的关系，对冷却定型时的塑件密度、收缩及表面缺陷等问题产生重要影响。

② 保压补缩阶段熔体仍有流动，且其温度也在不断下降，此阶段是大分子取向以及熔体结晶的主要时期，保压时间的长短和冷却速度的快慢均对取向和结晶程度有影响。

（6）倒流　倒流是指柱塞或螺杆在料筒中向后倒退时（即撤除保压压力以后），模腔内熔体朝着浇口和流道进行的反向流动。整个倒流过程将从注射压力撤出开始，至浇口处熔体冻结（简称浇口冻结）时为止，如图3-3中 $t_3 \sim t_4$ 段。

引起倒流的原因主要是注射压力撤除后，模腔压力大于流道压力，且熔体与大气相通所造成的。

如撤除压力时，浇口已经冻结或喷嘴带有止逆阀，倒流现象不存在。保压时间较长，保压压力对模腔的熔体作用时间也长，倒流较小，塑件的收缩情况有所减轻；而保压时间短，情况刚好相反。

倒流对于注射成型不利，可使塑件内部产生真空泡或表面出现凹陷等成型缺陷，并对塑件内的大分子取向也有一定影响。原因是倒流本身也是一种熔体流动行为，从原理上讲，也能提高大分子的取向能力，但实际上倒流产生的取向结构在塑件内并不太多（因倒流波及的区域不太大），且倒流期内，熔体温度还比较高，取向结构很可能被分子热运动解除。

3.1.3　冷却定型

冷却定型是从浇口冻结时间开始，到塑件脱模为止的过程。如图3-3中 $t_4 \sim t_5$ 段，它是注射成型工艺过程的最后阶段。

（1）冷却定型时的模腔压力　模腔压力与保压时间有很大关系，如图3-8所示。图中曲线1代表模腔压力很低的情况，曲线2为正常工艺条件下的情况。F 和 F' 是保压压力撤除的位置；G、G' 分别是与 F、F' 对应的浇口冻结位置；H、H' 分别与 G、G' 对应，为模腔压

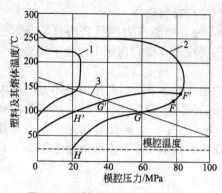

图 3-8 注射成型时温度-压力曲线
1—模腔压力很低；2—正常工艺条件；
3—浇口冻结曲线

力相同时的脱模位置。从 F 处撤除保压压力时，保压时间要长一些；从 F' 处撤除保压压力时，保压时间就会短一些。

经过以上分析，可得到以下结论。

① 如果保压时间短，则保压作用终止时模内熔体温度较高，浇口冻结温度也高；开始冷却定型时的模腔压力低，情况相反。

② 保压时间不同时，若在模腔压力相同的条件下脱模，则保压时间短时，脱模温度高，塑件在模内冷却时间短（从浇口冻结算起），容易因刚度不足而变形；保压时间长，情况则相反。

③ 若将熔体温度-模腔压力曲线中因保压时间不同而产生的浇口冻结位置连成曲线，则该曲线为浇口冻结曲线，在注射工艺条件正常和稳定的条件下，冻结曲线呈直线状。

（2）冷却定型时的塑件密度　冷却定型阶段，浇口冻结，熔体不再向模腔内补充，可用聚合物状态方程描述模腔内的压力、温度和比体积（或密度）的关系。对于确定的聚合物，比体积（或密度）一定时，熔体温度和模腔压力呈直线关系。将这种关系反映在熔体温度-模腔压力坐标系中，可得到许多比体积不等的直线，图 3-9 中的 1、1′、2、2′ 四条直线，它们统称为等比体积线。其中，1 和 1′ 分别经过浇口冻结位置 G 和 G'，2 和 2′ 分别经过脱模位置 H 和 H'。很明显，四条直线的斜率均与比体积（或密度）有关，斜率越大，比体积越大，而密度越小。

经过以上分析，可得到以下结论。

① 保压时间长时，浇口冻结温度低，冷却定型开始时模腔压力比较高，冷却定型时的塑件密度比较大。

② 保压时间一定时，若采用较高的脱模温度，冷却定型时模腔压力比较大，脱模后塑件会进行较大的收缩，脱模塑件密度较低，尚待在模外继续收缩，塑件会因这种模外收缩在其内部产生较大的残余应力，发生翘曲变形。

（3）熔体在模腔内的冷却情况　冷却定型时熔体在模腔中的冷却情况如图 3-10 所示。

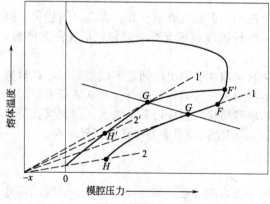

图 3-9　冷却定型时的压力、温度和比体积

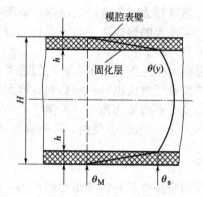

图 3-10　模腔冷却温度分布
[H 为模腔厚度；h 为固化层厚度；θ_M 为模腔表壁温度；θ_s 为固化层与熔体之间的界面温度；y 为模腔厚度坐标；$\theta(y)$ 为模腔内温度分布]

从图中可看出，冷却过程中 h 不断加大。假设熔体密实，h 增长很慢，固化层内温度呈直线变化，热传导限定在固化层范围内，则温度分布曲线用下式表达：

$$\theta = \theta_M + \frac{\theta_s - \theta_M}{h} y \qquad (3\text{-}3)$$

若再设熔体在固化过程中的面密度变化速度为 v_c，则有平衡方程：

$$v_c q_m = \lambda_s \left(\frac{\partial \theta}{\partial y}\right) = \frac{\lambda_s}{h}(\theta_s - \theta_M) \qquad (3\text{-}4)$$

式中 q_m——熔融潜热，J/g；

     λ_s——固化层的热导率，W/(m·K)。

     其中

$$v_c = \rho_s \frac{dh}{dt_c} \qquad (3\text{-}5)$$

式中 ρ_s——固化层密度，g/cm³；

     t_c——冷却时间，s。

将式(3-5)代入式(3-4)得：

$$h \frac{dh}{dt_c} = \frac{\lambda_s}{\rho_s q_m}(\theta_s - \theta_M) \qquad (3\text{-}6)$$

利用初始条件 $t_c = 0$ 时，$h = 0$，将式(3-6)积分后可得固化层厚度与冷却时间的关系为：

$$h^2 = \frac{2\lambda_s t_c}{\rho_s q_m}(\theta_s - \theta_M) \qquad (3\text{-}7)$$

式(3-7)实际上隐含熔体在模腔内的冷却速度，利用它可以计算冷却时间。例如，在 $\rho_s = 0.91\text{g/cm}^3$、$q_m = 100\text{J/g}$、$\theta_s = 100℃$、$\lambda_s = 0.23\text{W/(m·K)}$、$H = 3\text{mm}$、$\theta_M = 30℃$ 的条件下利用式(3-7)可求出 $h = H/2 = 1.5\text{mm}$ 时的冷却时间 $t_c = 6.09\text{s}$。

(4) 脱模条件   聚合物状态方程表明，冷却定型阶段有压力、比体积和温度三个可变参数，但外部无熔体向模腔补给，比体积只与温度变化引起的体积收缩有关，独立参数只有模腔压力和温度，它们均与脱模条件有关。

脱模温度不宜太高，否则塑件脱模后会产生较大的收缩，容易在脱模后发生热变形。受模温限制，脱模温度也不能太低。适当的脱模温度应在塑料的允许的最高脱模温度 θ_H 和模具温度 θ_M 之间，低于热变形温度，如图 3-11 所示。

模腔压力和外界压力的差值不要太大，应在图3-11中脱模压力的范围内（其值可由经验或试验确定）。否则塑件脱模后内部产生较大的残余应力，导致使用过程中发生形状和尺寸变化或产生其他缺陷。

① 保压时间较长，模腔压力下降慢，脱模时的残余应力偏向一边，当残余应力超过一定值后则开启模具时可能产生爆鸣现象，塑件脱模时容易被刮伤或破裂。

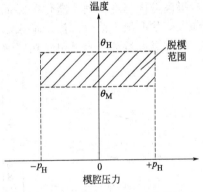

图 3-11   脱模时温度和压力范围
（θ_H 为允许的最高脱模温度；θ_M 为模具温度；$\pm p_H$ 为允许的最大与最小脱模压力）

② 未进行保压或保压时间较短，模腔压力下降快，倒流严重，模腔压力甚至可能下降到比外界压力还要低，这时残余应力偏向一边，塑件将会因此产生凹陷或真空泡。所以生产中应尽量调整好保压时间，使脱模时的残余应力接近或等于零，以保证塑件具有良好质量。

3.2 注射成型工艺条件

一件合格塑料制品的取得必须具备四个条件：质量合格的塑料和模具，与模具及塑料匹配的注塑机，以及选择合理的注射成型工艺条件。注射成型工艺条件包括三个参数：温度、压力和成型周期（即时间）。

3.2.1 注射温度

注射成型时的温度包括熔体温度和模具温度，熔体温度是指料筒温度和喷嘴温度，料筒温度又包括前段温度、中段温度和后段温度。熔体温度影响塑料的塑化和填充，模具温度则影响熔体的填充和冷却固化。

选取熔体温度时应注意如下几点。

① 不同塑料的熔体温度都不尽相同。一般来说，结晶度越高的塑料要求熔体温度越高（如 PP 料），流动性越差的塑料要求熔体温度越高（如 PC 料）。详见第 4 章常用塑料的性能和成型工艺条件。

② 熔体温度应合理。熔体温度太低不利于塑化，熔体的流动与成型困难，成型后塑料制品易出现熔接痕、填充不满及表面光泽差等缺陷。熔体温度太高，易导致塑料制品产生飞边，严重时将导致塑料发生降解，使制品的物理和力学性能变差。

③ 喷嘴的温度通常低于料筒的前段温度，以避免"流延"现象。

3.2.1.1 熔体温度

熔体温度主要影响塑化和注射充模。熔体温度是指塑化物料的温度和从喷嘴注射出的熔体温度，前者称为塑化温度，而后者称为注射温度。

熔体温度主要取决于料筒和喷嘴两部分的温度。

熔体温度太低不利于塑化，物料熔融后黏度也较大，故会造成成型困难，成型后的塑件容易出现熔接痕、表面无光泽和缺料等缺陷。

提高熔体温度有利于塑化并降低熔体黏度、流动阻力或注射压力损失，熔体在模内的流动和充模状况随之改变（流速增大、充模时间缩短），对塑件的一些性能带来许多好的影响。

熔体温度过高很容易引起热降解，最终反而导致塑件的物理和力学性能变差。

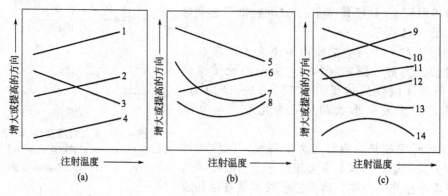

图 3-12 注射温度对注射成型的影响

1—低压缩比螺杆塑化量；2—高压缩比螺杆塑化量；3—充模压力；4—料流长度（等效流动性能）；5—料流方向的冲击韧度；6—与料流垂直方向的冲击韧度；7—料流方向的收缩率；8—与料流方向垂直的收缩率；9—结晶型塑料密度；10—通过浇口的压力损失；11—热变形温度；12—熔接痕强度；13—料流方向的弯曲强度和拉伸强度；14—取向程度

表 3-1 列出了常用塑料可以使用的注射温度与模具温度范围，图 3-12 中的曲线表示出了注射温度对塑化能力、充模压力、流动性能和塑件性能的影响。

① 型腔所需注射量大于注塑机额定注射量的 75% 或成型物料不预热时，料筒后段温度应比中段、前段低 5~10℃。对于含水量偏高的物料，也可使料筒后段温度偏高一些；对于螺杆式料筒，为了防止热降解，可使料筒前段温度略低于中段。

② 料筒温度应保持在塑料的黏流温度 θ_f（θ_M）以上和热分解温度 θ_d 以下某一个适当的范围。对于热敏性塑料或分子量较低、分子量分布又较宽的塑料，料筒温度应选较低值，即只要稍高于 θ_f（θ_M）即可，以免发生热降解。

表 3-1 常用塑料注射温度与模具温度

塑料	注射温度（熔体温度）/℃	模腔表壁温度/℃	塑料	注射温度（熔体温度）/℃	模腔表壁温度/℃
ABS	200~270	50~90	GRPA66	280~310	70~120
AS(SAN)	220~280	40~80	矿物纤维 PA66	280~305	90~120
ASA	230~260	40~90	PA11,PA12	210~250	40~80
GPPS	180~280	10~70	PA610	230~290	30~60
HIPS	170~260	5~75	POM	180~220	60~120
LDPE	190~240	20~60	PPO	220~300	80~110
HDPE	210~270	30~70	GRPPO	250~345	80~110
PP	250~270	20~60	PC	280~320	80~100
GRPP	260~280	50~80	GRPC	300~330	100~120
TPX	280~320	20~60	PSF	340~400	95~160
CA	170~250	40~70	GRPBT	245~270	65~110
PMMA	170~270	20~90	GRPET	260~310	95~140
聚芳酯	300~360	80~130	PBT	330~360	约 200
软 PVC	170~190	15~50	PET	340~425	65~175
硬 PVC	190~215	20~60	PES	330~370	110~150
PA6	230~260	40~60	PEEK	360~400	160~180
GRPA6	270~290	70~120	PPS	300~360	35~80、120~150
PA66	260~290	40~80			

常用塑料适用的料筒温度和喷嘴温度选择或控制原则可参考表 3-2。

表 3-2 常用塑料的料筒温度和喷嘴温度

塑料	料筒温度/℃			喷嘴温度/℃	塑料	料筒温度/℃			喷嘴温度/℃
	后段	中段	前段			后段	中段	前段	
PE	160~170	180~190	200~220	220~240	PA66	220	240	250	240
HDPE	200~220	220~240	240~280	240~280	PUR	175~200	180~210	205~240	205~240
PP	150~210	170~230	190~250	240~250	CAB	130~140	150~175	160~190	165~200
ABS	150~180	180~230	210~240	220~240	CA	130~140	150~160	165~175	165~180
SPVC	125~150	140~170	160~180	150~180	CP	160~190	180~210	190~220	190~220
RPVC	140~160	160~180	180~200	180~200	PPO	260~280	300~310	320~340	320~340
PCTFE	250~280	270~300	290~330	340~370	PSU	250~270	270~290	290~320	300~340
PMMA	150~180	170~200	190~220	200~220	IO	90~170	130~215	140~215	140~220
POM	150~180	180~205	195~215	190~215	TPX	240~270	250~280	250~290	250~300
PC	220~230	240~250	260~270	260~270	线型聚酯	70~100	70~100	70~100	70~100
PA6	210	220	230	230	醇酸树脂	70	70	70	70

③ 料筒温度与注塑机类型及塑件和模具的结构特点有关。例如，注射同一塑料时，螺杆式料筒温度可比柱塞式低 10~20℃。又如，薄壁塑件或形状复杂以及带有嵌件的制品，

因流动较困难或容易冷却，应选用较高的料筒温度；反之，对于厚壁塑件、简单塑件及无嵌件塑件，均可选用较低的料筒温度。

④ 为了避免成型物料在料筒中过热降解，除应严格控制料筒最高温度之外，还必须控制物料或熔体在料筒内的停留时间，这对热敏性塑料尤为重要。通常，料筒温度提高以后，都要适当缩短物料或熔体在料筒中的停留时间。

⑤ 为了避免流延现象，喷嘴温度可略低于料筒最高温度，但不能太低，否则会使熔体发生早凝，其结果不是堵塞喷嘴孔，便是将冷料带入模腔，最终导致成型缺陷。

⑥ 判断熔体温度是否合适，可采用对空注射法观察，或直接观察塑件质量好坏。对空注射时，如果料流均匀、光滑、无气泡、色泽均匀，则说明熔体温度合适；如料流毛糙、有银丝或变色现象，则说明熔体温度不合适。

3.2.1.2 模具温度

模温主要影响充模和冷却定型。模具温度是指和塑件接触的模腔表壁温度。

模温直接影响熔体的充模流动行为、塑件的冷却速度和成型后的塑件性能等。图 3-13 定性描述了模具温度对保压时间、充模压力和塑件部分性能质量的影响。

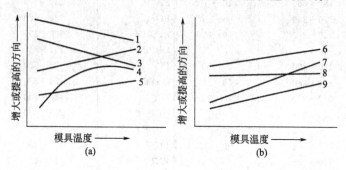

图 3-13　模具温度对注射成型的影响

1—制品的取向程度；2—结晶型塑料密度；3—料流方向的冲击韧度；
4—制品表面光洁程度；5—与料流方向垂直的冲击韧度；6—料流方向的收缩率；
7—需用的保压时间；8—充模压力；9—与料流方向垂直的收缩率

模温选择与被注射的塑料品种有关。

① 模温选择得合理、分布均匀，可有效改善熔体的充模流动性能、塑件的外观质量及一些主要的物理和力学性能。

② 模温波动幅度较小，会促使塑件收缩趋于均匀，防止脱模后发生较大的翘曲变形。

提高模温可改善熔体在模内的流动性、增强塑件的密度和结晶度及减小充模压力和塑件中的压力；但塑件的冷却时间、收缩率和脱模后的翘曲变形将延长或增大，且生产效率也会因冷却时间延长而下降。适当提高模温，塑件的表面粗糙度值也会随之减小。

降低模温能缩短冷却时间和提高生产效率，但温度过低，熔体在模内的流动性能会变差，塑件将产生较大的应力或明显的熔接痕等缺陷。

模温可依靠通入其内部的冷却或加热介质控制（要求不严时，可采用空气冷却而不用通入任何介质），其具体数值是决定制品冷却速度的关键。

冷却速度分为缓冷（$\theta_M \approx \theta_{cmax}$）、中速冷却（$\theta_M \approx \theta_g$）和急冷（$\theta_M < \theta_g$）三种方式。采用何种方式与塑料品种和塑件的形状、尺寸及使用要求有关，需要在生产中灵活掌握。对于结晶型塑料采取缓冷或中速冷却有利于结晶，可提高塑件的密度和结晶度，塑件的强度和刚度较大，耐磨性也会比较好，但韧度和伸长率却会下降，收缩率也会增大，而急冷时的情况则与此相反；对于非结晶型塑料，如果流动性较好且容易充模，通常可采用急冷方式，这样

做可缩短冷却时间，提高生产效率。

各种塑料适用的模温选择或控制原则可参考表 3-3。

① 为了保证塑件具有较高的形状和尺寸精度，避免塑件脱模时被顶穿或脱模后发生较大的翘曲变形，模温必须低于塑料的热变形温度（表 3-3）。

表 3-3 常用热塑性塑料的热变形温度

塑　　　料	热变形温度/℃	
	1.82MPa	0.45MPa
聚酰胺 66(PA66)	82~121	149~176
30%玻璃纤维增强 PA66	245~262	292~265
聚酰胺 610(PA610)	57~100	149~185
40%玻璃纤维增强 PA610	200~229	215~226
聚碳酸酯(PC)	130~135	132~141
20%~30%长玻璃纤维增强 PC	143~149	146~157
20%~30%短玻璃纤维增强 PC	140~145	146~149
聚苯乙烯 PS(一般型)	65~96	
聚苯乙烯 PS(抗冲型)	64~92.5	
20%~30%玻璃纤维增强 PS	82~112	
丙烯腈-氯化聚乙烯-苯乙烯共聚物(ACS)	85~100	
丙烯腈-丁二烯-苯乙烯共聚物(ABS)	83~103	90~108
高密度聚乙烯(HDPE)	48	60~82
聚甲醛(POM)	10~15	138~174
氯化聚醚	100	141
聚酰胺 6(PA6)	80~120	140~176
30%玻璃纤维增强 PA6	204~259	216~264
聚酰胺 1010(PA1010)	55	148
PMMA 和 PS 共聚物	85~99	
聚甲基丙烯酸甲酯(PMMA)	68~99	74~109
聚苯醚(PPO)	175~193	180~204
聚氯乙烯(HPVC)	54	67~82
聚丙烯(PP)	56~67	102~115
聚砜(PSU)	174	182
30%玻璃纤维增强 PSU	185	191
聚四氟乙烯(PTFE)填充 PSU	100	160~165
丙烯腈-丙烯酸酯-苯乙烯(AAS)	80~102	106~108
乙基纤维素(EC)	46~88	
醋酸纤维(CA)	44~88	49~76
聚对苯二甲酸丁二醇酯(PBTP)	70~200	150

② 为了改变聚碳酸酯、聚砜和聚苯醚等高黏度塑料的流动和充模性能，并力求使它们获得致密的组织结构，需要采用较高的模具温度；反之，对于黏度较小的聚乙烯、聚丙烯、聚氯乙烯、聚苯乙烯和聚酰胺等塑料，可采用较低的模温，这样可缩短冷却时间，提高生产效率。

③ 对于厚壁塑件，因充模和冷却时间较长，若模温过低，易使塑件内部产生真空泡和较大的应力，不宜采用较低的模具温度。

④ 为了缩短成型周期，确定模具温度时可采用以下两种方法。

a. 把模温取得尽可能低，以加快冷却速度、缩短冷却时间。

b. 使模温保持在比热变形温度稍低的状态下，以求在较高的温度下将制品脱模，而后由其自然冷却，这样做也可以缩短制品在模内的冷却时间。具体采用何种方法，需要根据塑料品种和塑件的复杂程度确定。

3.2.2 注射压力

压力包括注射压力、塑化压力（即背压）、保压压力。

注射压力是指螺杆（或柱塞）轴向移动时，其头部对塑料熔体施加的压力。注射压力过低，则熔体难以充满型腔，造成熔接痕、填充不满等缺陷；注射压力过大，又可能造成飞边、粘模、顶白等缺陷。当注射压力过大而浇口较小时，熔体在型腔内将会产生喷射现象，造成气泡和银丝等缺陷。

对注射压力的选取，应注意如下几点。

① 塑料制品的尺寸越大，形状越复杂，壁厚越薄，要求注射压力越大。

② 流动性好的塑料及形状简单的塑料制品，注射压力较小，玻璃化温度及黏度都较高的塑料，应用较高的注射压力。

③ 模具或熔体温度较低时，宜用较大的注射压力。

④ 对于同一副模具，注射压力越大，注射速度也越快。

注塑机的塑化压力（即背压）是指螺杆在塑化成型时，其前端汇集的熔体对它所产生的反压力，背压对注射成型原料的塑化效果及塑化能力有重要的影响，它的大小和螺杆的转速有关。

保压压力和保压时间有关，它是在熔体充满型腔后，熔体在冷却收缩阶段，注塑机持续作用于熔体的力。它主要影响模腔的压力及塑料制品最终的成型质量。塑料制品越大或壁厚越厚，要求保压压力越大和保压时间越长。保压压力和保压时间不够时，易造成制品表面产生收缩凹陷、内部组织不良、力学性能变差等缺陷。

注射压力，与注射速度相辅相成，对塑料熔体的流动和充模具有决定性作用；保压压力，和保压时间密切相关，主要影响模腔压力以及最终的成型质量；背压力，与螺杆转速有关，影响物料的塑化过程、塑化效果和塑化能力。

3.2.2.1 注射压力与注射速度

（1）注射压力 注射压力是指螺杆（或柱塞）轴向移动时，其头部对塑料熔体施加的压力。

注射压力在注射成型过程中主要用来克服熔体在整个注射成型系统中的流动阻力，对熔体起一定程度的压实作用。

注射压力损失包括动压损失和静压损失。

动压损失消耗在喷嘴、流道、浇口和模腔对熔体的流动阻力以及塑料熔体自身内部的黏性摩擦方面，与熔体温度及体积流量成正比，受各段料流通道的长度、截面尺寸及熔体的流变学性质影响。

静压损失消耗在注射和保压补缩流动方面，与熔体温度、模具温度和喷嘴压力有关。

注射压力选择得过低，注射成型过程中因其压力损失过大而导致模腔压力不足，熔体将很难充满模腔；注射压力选择得过大，虽可使压力损失相对减小，但却可能出现胀模、溢料等不良现象，引起较大的压力波动，生产操作难以稳定控制，还容易使机器出现过载现象。

注射压力对熔体的流动、充模及塑件质量都有很大影响。注射压力不太高且浇口尺寸又较大时，熔体充模流动比较平稳，这时因模温比熔体温度低，对熔体有冷却作用，容易使熔体在浇口附近的模腔处形成堆积，料流长度会因此而缩短，导致模腔难以充满。注射压力很大且浇口又较小时，熔体在模腔内会产生喷射流动，料流先冲击模腔表壁而后才扩散，很容易在塑件中形成气泡和银丝，严重时还会因摩擦热过大烧伤塑件。因此，注射压力选择要适中，在可能的情况下尽量把注射压力选择得大一些，这样有助于提高充模速度及料流长度，还可能使塑件的熔接痕强度提高、收缩率减小。注意，注射压力增大之后，塑件中的应力也可能随之增大，这将影响塑件脱模后的形状与尺寸的稳定性。

图 3-14 为注射压力对注射成型的一些影响，可供选择或控制注射压力时参考。

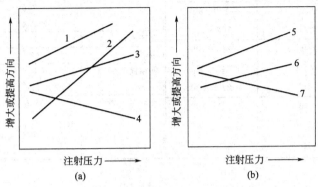

图 3-14　注射压力对注射成型的影响

1—制品的取向程度；2—料流长度（等效流动性能）；3—制品的体积质量；4—料流方向的收缩率；
5—需用的冷却时间；6—熔接痕强度；7—热变形温度

选择注射压力大小时考虑的因素有塑料品种、塑件的复杂程度、塑件的壁厚、喷嘴的结构形式、模具浇口的尺寸以及注塑机类型等，常取 40～200MPa。

选择、控制注射压力的原则（部分塑料的注射压力参见表 3-4、表 3-5）如下。

表 3-4　常用塑料的注射压力

塑料	注射压力/MPa		
	易流动的厚壁制品	中等流动程度的一般制品	难流动的薄壁窄浇口制品
聚乙烯	70～100	100～120	120～150
聚氯乙烯	100～120	120～150	＞150
聚苯乙烯	80～100	100～120	120～150
ABS	80～110	100～130	130～150
聚甲醛	85～100	100～120	120～150
聚酰胺	90～101	101～140	＞140
聚碳酸酯	100～120	120～150	＞150
聚甲基丙烯酸甲酯	100～120	210～150	＞150

① 对于玻璃化温度和熔体黏度较高的塑料，宜用较大的注射压力。

② 对于尺寸较大、形状复杂的制品或薄壁塑件，因模具中的流动阻力较大，也需用较大的注射压力。

③ 熔体温度较低时，注射压力应适当增大一些。

④ 对于流动性好的塑料及形状简单的厚壁塑件，注射压力可小于 70MPa。对于黏度不高的塑料（如聚苯乙烯等）且其制品形状不太复杂以及精度要求一般时，注射压力可取 70～100MPa。对于高、中黏度的塑料（如改性聚苯乙烯、聚碳酸酯等）且对其塑件精度有一定要求，但制品形状不太复杂时，注射压力可取 100～140MPa。对于高黏度塑料（如聚甲基丙烯酸甲酯、聚苯醚、聚砜等）且其塑件壁厚小、流程长、形状复杂以及精度要求较高时，注射压力可取 140～180MPa。对于优质、精密、微型塑件，注射压力可取 180～250MPa，甚至更高。

⑤ 注射压力还与塑件的流动比有关。流动比是指熔体自喷嘴出口处开始能够在模具中流至最远的距离与塑件厚度的比值。不同的塑料具有不同的流动比范围，并受注射压力大小的影响，见表 3-5。如实际设计的模具流动比大于表中数值，而注射压力又小于表中数值，制品难以成型。

表 3-5　常用塑料的注射压力与流动比

塑　料	注射压力/MPa	流 动 比	塑　料	注射压力/MPa	流 动 比
聚酰胺 6	88.2	320~200	聚碳酸酯	88.2	130~90
聚酰胺 66	88.2	130~90		117.6	150~120
	127.4	160~130		127.4	160~120
聚乙烯	49	140~100	聚苯乙烯	88.2	300~260
	68.6	240~200	聚甲醛	98	210~110
	147	280~250	软聚氯乙烯	88.2	280~200
聚丙烯	49	140~100		68.6	240~160
	68.6	240~200	硬聚氯乙烯	68.6	110~70
	117.6	280~240		88.2	140~100
				117.6	160~120
				127.4	170~130

（2）注射速度

① 注射速度的表示方法　注射时塑料熔体的体积流量为 q_v；注射螺杆（或柱塞）的轴向位移速度为 v_i，其数值可通过注塑机的控制系统进行调整，表达式如下：

$$q_v = \frac{2n}{2n+1}\left(\frac{p_i - p_m}{KL}\right)^{\frac{1}{n}}\left(WH^{\frac{2n+1}{n}}\right) \tag{3-8}$$

式中　q_v——体积流量，cm^3/s；

$\quad\quad p_i$——注射压力，Pa；

$\quad\quad p_m$——模腔压力，Pa；

$\quad\quad W$——流道截面的最大尺寸（宽度），cm；

$\quad\quad H$——流道截面的最小尺寸（高度），cm；

$\quad\quad L$——流道长度，cm；

$\quad\quad K$——熔体在工作温度和许用剪切速率下的稠度系数，Pa·s；

$\quad\quad n$——熔体的非牛顿指数。

$$v_i = \frac{4q_v}{\pi D^2} \approx \frac{q_v}{0.785D^2} \tag{3-9}$$

式中　D——螺杆的基本直径，cm。

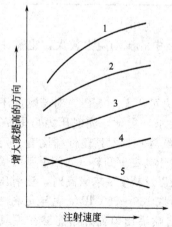

图 3-15　注射速度对注射成型的影响
1—料流长度（等效流动性能）；
2—充模压力；3—熔接痕强度；
4—制品应力；5—制品表面质量

② 注射速度的选择　由式（3-8）和式（3-9）可知，注射速度与注射压力密切相关。其他工艺条件和塑料品种一定时，注射压力越大，注射速度也就越快。

注射速度较高的优点是：熔体流速较快，其温度维持在较高的水平，剪切速率具有较大值，熔体黏度较小，流动阻力相对降低，料流长度和模腔压力会因此增大，塑件将比较密实和均匀，熔接痕强度有所提高，用多腔模生产出的塑件尺寸误差也比较小。

注射速度过大的缺点是：与注射压力过大一样，在模腔内引起喷射流动，导致塑件质量变差。另外，高速注射时如排气不良，模腔内的空气将受到严重的压缩，不仅使高速流动的熔体流速减慢，还因压缩气体放热灼伤塑件或产生热降解。

图 3-15 为注射速度对注射成型的部分影响。

综上所述，注射速度选择不宜过高，也不宜过低

（过低时塑件表层冷却快，对继续充模不利，容易造成制品缺料、分层和明显的熔接痕等缺陷）。v_i 常用 15～20cm/s。对于厚度和尺寸都很大的塑件，v_i 可用 8～12cm/s。

在生产中的实际做法是先采用慢速低压注射，然后根据注射出的塑件调整注射速度，使之达到合理的数值。如生产批量较大，需要缩短成型周期，在调整过程中可将注射速度尽量朝数值较高的方向调整，但须保证塑件质量不能因注射速度过快而变差。

应尽量采用高速注射的有：熔体黏度高、热敏性强的塑料；成型冷却速度快的塑料；大型薄壁、精密塑件；流程长的塑件；纤维增强塑料。其余不要采用过快的注射速度。

选择或控制注射速度时还应注意以下几点。

a. 对于大、中型注塑机，可对注射速度采用分段控制，其控制规律可参考图 3-16。

b. 螺杆式注塑机比柱塞式注塑机可提供较大的注射速度，在需要采用高速高压成型的情况下（如流道长、浇口小、塑件形状复杂和薄壁制品等），应尽量采用螺杆式注塑机，否则难以保证成型质量。

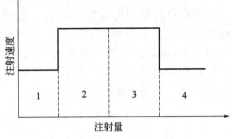

图 3-16　注射速度的分段控制

3.2.2.2　保压压力和保压时间

保压压力是在注射成型的保压补缩阶段，为了对模腔内的塑料熔体进行压实以及为了维持向模腔内进行补料流动所需要的注射压力。

保压时间是保压压力持续的时间长短。

（1）保压压力和保压时间对模腔压力的影响　如图 3-17 所示，各曲线分别表示采用不同的保压压力时，保压时间与模腔压力之间的关系。曲线 1 表示采用的保压压力和保压时间合理，模腔压力变化正常，能够取得良好的充模质量。曲线 2 表示注射压力和保压压力切换时，注塑机动作响应过慢，熔体过量填充模腔，分型面被胀开溢料，导致模腔压力产生不正常的快速下降，反而造成塑件密度减小、缺料、凹陷及力学性能变差等不良现象。曲线 3 与曲线 2 的情况相反，即注射时间过短，熔体不能充满模腔，保压时模腔压力曲线的水平部分较低。曲线 4 表示保压时间不足、保压压力撤除过早、浇口尚未冻结，于是熔体将会产生倒流，模腔压力就猛然下降，无法实现正常补缩功能，塑件内部可能出现真空泡和凹陷等不良现象。曲线 5 表示保压时间足够，但采用的保压压力太低，因此保压压力不能充分传递给模腔中的熔体，故模腔压力也会出现不正常的迅速下降现象，使得保压流动不能有效地补缩，从而造成一些不正常的成型缺陷。

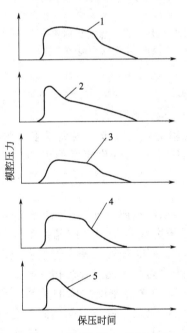

图 3-17　保压压力、保压时间
对模腔压力的影响

1—保压压力、保压时间合理；2—熔体
过量填充模腔；3—模腔填充不足（缺料）；
4—保压时间太短；5—保压压力太低

（2）保压压力、保压时间对塑件密度和收缩的影响　保压压力、保压时间对注射成型的影响是多方面的，如取向程度、补料流动长度及冷却时间等。这些影响的性质与注射压力的影响相似，但由于保压压力、保压时间分别是补缩的动力和补缩的持续过程，所以它们对塑件密度的影响特别重要，并且这些影响还往往与温度有关。

图 3-18 是非结晶型聚合物聚苯乙烯的比体积、温度和保压压力之间的关系曲线。

① 在较高的保压压力或较低的温度条件下，可以使塑件得到较小的比体积，即较大的密度，其中温度的影响可认为是塑料在低温下体积膨胀较小的结果。

② a、b 两条虚线分别反映模腔中靠近浇口和远离浇口位置的比体积变化情况。很明显，塑料在靠近浇口的位置温度高、比体积大、密度小，冷却后的收缩也大，而在远离浇口的位置，情况则正好相反。

图 3-19 为结晶型聚合物聚乙烯的比体积、温度和保压压力之间的关系曲线。各条曲线的变化总趋势与图 3-7 有些相似，即在较高的保压压力与较低的温度条件下，可使塑件得到较小的比体积或较大的密度。

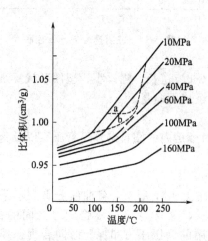

图 3-18　聚苯乙烯的比体积-温度-保压
压力曲线

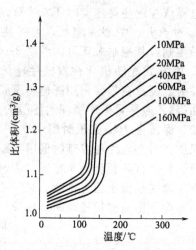

图 3-19　聚乙烯的比体积-
温度-保压压力曲线

图 3-19 与图 3-18 的差别如下。

① 结晶的聚乙烯从高温到低温变化时比体积-温度曲线在 100～150℃ 具有一个明显的拐点，经此拐点之后，比体积在 100～150℃ 急剧减小（聚苯乙烯无此现象）。

② 在相同的保压压力和温度下，聚乙烯的比体积变化幅度要比聚苯乙烯大得多。例如，在 50～250℃ 范围内，若取保压压力为 10MPa，则聚乙烯比体积的变化幅度约为 30%，而聚苯乙烯只有 10% 左右；若取保压压力为 160MPa，两者的比体积变化幅度分别为 22% 和 3%。

经以上分析可得出，保压压力和温度对结晶型聚合物的比体积或密度的影响比对非结晶型聚合物的影响来得强烈，而且在 100～150℃，无论保压压力大小如何，结晶型聚合物的比体积都会迅速减小。所以在生产中对塑件密度要求较高时，同时需要选择合理的保压压力和合理的温度条件，并且结晶型聚合物的保压压力和温度条件的控制尤其要严格一些。

图 3-20 为保压时间与塑件质量的关系，反映了保压时间与塑件密度之间的关系。在保压阶段初期，随着保压时间延长，塑件的体积质量迅速增大，但是当保压时间达到一定数值（t_s）后，塑件的体积质量就会停止增长。这意味着为了提高塑件密度，必须有一段保压时间，但保压时间过长，除了浪费注塑机能量之外，对于提高塑件密度已无效用，所以生产中应将保压时间恰当地控制在一个最佳值。

图 3-21 为保压时间与塑件成型收缩率的关系，保压时间长，收缩率小。结合聚合物状态方程可以认为保压压力大、保压时间充分时，浇口冻结温度低（即冷冻时间晚），补缩作

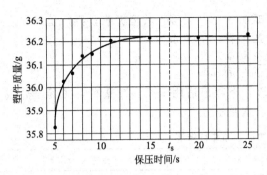

图 3-20 保压时间与塑件质量的关系

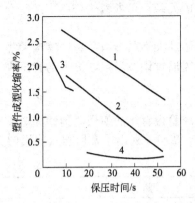

图 3-21 保压时间与塑件成型收缩率的关系
1—聚丙烯（料流方向）；2—聚丙烯（与料流垂直的方向）；
3—聚酰胺 66；4—聚甲基丙烯酸甲酯

用强，有助于减小塑件收缩。

（3）保压压力和保压时间的选择与控制　保压压力的大小取决于模具对熔体的静水压力，并与塑件的形状、壁厚有关。

① 对形状复杂和薄壁的塑件，为了保证成型质量，采用的注射压力往往比较大，故保压压力可稍低于注射压力。

② 对于厚壁塑件，保压压力的选择比较复杂，因为保压压力大，容易加强大分子取向，塑件出现较为明显的各向异性，只能根据塑件使用要求灵活处理保压压力的选择与控制问题，大致规律是保压压力与注射压力相等时，塑件的收缩率可减小，批量产品中的尺寸波动小，然而会使塑件出现较大的应力。

保压时间取 20～120s，与熔体温度、模温、塑件壁厚以及模具的流道和浇口大小有关。保压时间应在保压压力和注射温度条件确定以后，根据塑件的使用要求试验确定。具体方法是：先用较短的保压时间成型塑件，脱模后检测塑件的质量，然后逐次延长保压时间继续进行试验，直到发现塑件质量达到塑件的使用要求或不再随保压时间延长而比体积增大（或增大幅度很小）时为止，然后就以此时的保压时间作为最佳值选取。

3.2.2.3　背压力与螺杆转速

（1）背压力（塑化压力）　背压力是指螺杆在预塑成型物料时，其前端汇集的熔体对它所产生的反压力，简称背压。背压对注射成型的影响主要体现在螺杆对物料的塑化效果及塑化能力方面，故有时也称塑化压力。

增大背压可驱除物料中的空气，提高熔体密实程度，增大熔体内的压力，螺杆后退速度减小，塑化时的剪切作用加强，摩擦热量增多，熔体温度上升，塑化效果提高。图 3-22 为背压对熔体温度影响的实验曲线，工艺条件为：曲线 1 代表聚苯乙烯 168N，料筒温度 150～220℃，螺杆直径 60mm，塑化行程 85mm，螺杆转速 120r/min；曲线 2 代表聚苯乙烯 143E，料筒温度 150～220℃，螺杆直径 45mm，塑化行程 85mm，螺杆转速 310r/min。

注意：增大背压虽可提高塑化效果，但背压增大后如不相应提高螺杆转速，则熔体在螺杆计量段螺槽中将会产生较大的逆流和漏流，使塑化能力下降。背压和塑

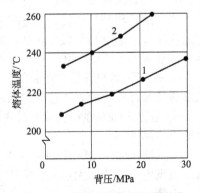

图 3-22　背压对熔体温度的影响
1—聚苯乙烯 168N；2—聚苯乙烯 143E

化能力的关系，可参考式(3-3)进行分析，在实际中经常需把背压的大小与螺杆转速综合考虑。

背压的大小与塑料品种、喷嘴种类和加料方式有关，并受螺杆转速影响；其数值的设定与控制需通过调节注射油缸上的背压表实现。表压与背压的关系为：

$$表压 = \frac{背压 \times 螺杆截面面积}{注射油缸的截面面积} \tag{3-10}$$

由经验得背压的使用范围约为 3.4～27.5MPa，下限值适用于大多数塑料，尤其是热敏性塑料。表 3-6 列出了常用塑料使用的背压和螺杆转速。

表 3-6 常用塑料使用的背压和螺杆转速

塑　料	背压/MPa	螺杆转速/(r/min)
硬聚氯乙烯	尽量小	15～25
聚苯乙烯	3.4～10.3	50～200
20%玻璃纤维填充聚苯乙烯	3.4	50
聚丙烯	3.4～6.9	50～150
30%玻璃纤维填充聚丙烯	3.4	50～75
高密度聚乙烯	3.4～10.3	40～120
30%玻璃纤维填充高密度聚乙烯	3.4	40～60
聚砜	0.34	30～50
聚碳酸酯	3.4	30～50
聚丙烯酸酯	10.3～20.6	60～100
聚酰胺 66	3.4	30～50
玻璃纤维增强聚酰胺 66	3.4	30～50
改性聚苯醚(PPO)	3.4	25～75
20%玻璃纤维填充聚苯醚	3.4	25～50
可注射氟塑料	3.4	50～80

选择或控制背压时的注意事项如下。

① 采用直通式喷嘴和后加料方式，背压高时容易发生流延现象，应使用较小的背压；采用阀式喷嘴和前加料方式时，背压可取得大一些。

② 热敏性塑料（如硬聚氯乙烯、聚甲醛等），为防止塑化时剪切摩擦热过大引起热降解，背压应尽量取小值；对于高黏度塑料（如聚碳酸酯、聚砜、聚苯醚等），若背压大时，为了保证塑化能力，常会使螺杆传动系统过载，也不宜使用较大的背压。

③ 增大背压虽可提高塑化效果，但因螺杆后退速度减慢，塑化时间或成型周期将会延长。因此，在可能的条件下，应尽量使用较小的背压。但是过小的背压有时会使空气进入螺杆前端，注射后的制品将会因此出现黑褐色云状条纹及细小的气泡，对此必须加以避免。

（2）螺杆转速　螺杆转速是指螺杆塑化成型物料时的旋转速度。它所产生的扭矩是在塑化过程中向前输送物料发生剪切、混合与均化的原动力，是影响注塑机塑化能力、塑化效果以及注射成型的重要参数。

① 螺杆转速与背压密切相关，增大背压提高塑化效果时，如果塑化能力降低，则必须依靠提高螺杆转速的方法进行补偿。

② 塑化能力与螺杆转速的关系如图 3-23 所示。螺杆转速增大，注塑机对各种塑料的塑化能力均随着提高。

③ 塑化效果与螺杆转速的关系如图 3-24 所示。螺杆转速增大，熔体温度的均化程度提高，但曳流也随着增大，故螺杆转速达到一定数值后，综合塑化效果（即物料的综合塑化质量）下降。

④ 熔体温度、背压与螺杆转速的关系如图 3-25 所示。背压和螺杆转速增大，均能使熔

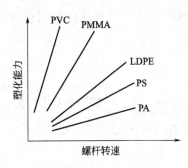

图 3-23　塑化能力与螺杆转速的关系

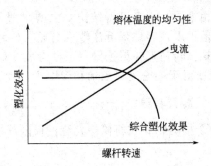

图 3-24　塑化效果与螺杆转速的关系

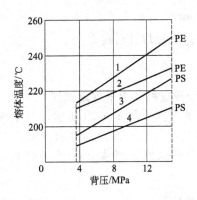

图 3-25　熔体温度、背压与螺杆转速的关系
1—80r/min；2—50r/min；
3—80r/min；4—50r/min

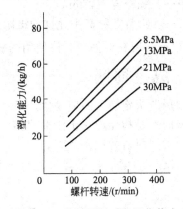

图 3-26　背压不同时的塑化能力
与螺杆转速的关系（聚苯乙烯）

体温度提高，这是两者加强物料内剪切作用的必然结果。

⑤ 图 3-26 说明背压增大、塑化能力下降时，螺杆转速对塑化能力具有补偿作用。

⑥ 螺杆转矩与螺杆转速的关系如图 3-27 所示。塑化各种成型物料时，螺杆的转矩均随螺杆转速提高而增大。

⑦ 注射时加热能量、物料黏性摩擦耗散能量、熔体温度与螺杆转速的关系如图 3-28 所示。螺杆转速增大后，由于物料受剪切作用增大，注塑机耗散在黏性摩擦方面的能量也随着增大，剪切产生的摩擦热量会增多，于是所需的加热能量就可以减少，至于熔体温度曲线上出现的上凹现象，是由于减少加热能量造成的结果。

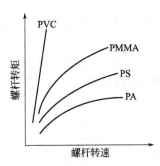

图 3-27　螺杆转矩与螺杆转速的关系

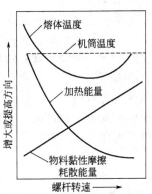

图 3-28　能量、熔体温度与
螺杆转速的关系

由第⑥、⑦条可得结论：欲增大塑化能力而提高螺杆转速，消耗的注塑机机械功率较大，但可以适当地降低注塑机消耗在料筒上的加热功率。

螺杆转速选择或控制（可参考表3-6）方法如下。

① 对于高密度聚乙烯和聚丙烯，计算方法为：

$$螺杆转速 = \frac{注塑机的额定螺杆转速}{(0.5 \sim 0.6) \times 注塑机额定塑化能力（聚苯乙烯）} \times 选定的塑化能力 \quad (3-11)$$

② 根据物料在料筒中允许的极限线速度确定螺杆转速（r/min）：

$$螺杆转速 = \frac{v_{lim}}{\pi D} \quad (3-12)$$

式中　D——螺杆直径，mm；

　　　v_{lim}——物料在料筒中允许的极限线速度，mm/min。

③ 根据物料在料筒中允许使用的极限剪切速率 $\dot{\gamma}_{lim}$ 确定螺杆转速。

3.2.3　成型周期

成型周期决定模具的劳动生产率，因此在满足成型要求的前提下越短越好。

成型周期是指完成一次注射成型工艺全过程所用的时间，如图3-29所示。其中保压时间和冷却时间所占的比例最大，有时可达80%。而保压时间和冷却时间在很大的程度上取决于塑料制品的壁厚，因此可以根据塑料制品的壁厚来大致估算模具的成型周期，见表3-7。

表 3-7　成型周期的经验估算法

塑料制品壁厚/mm	0.5	1.0	1.5	2.0	2.5	3.0	3.5	4.0
成型周期/s	10	15	22	28	35	45	65	85

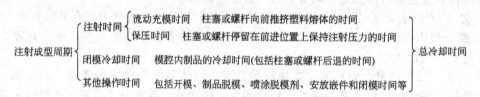

图 3-29　注射成型周期的时间组成

3.2.3.1　注射时间

注射时间是指注射活塞在注射油缸内开始向前运动至保压补缩结束（活塞后退）为止所经历的全部时间（即包括流动充模时间和保压时间两部分）。

影响注射时间长短的因素有塑料的流动性能、制品的几何形状和尺寸大小、模具浇注系统的形式、成型所用的注射方式和其他一些工艺条件等。

普通塑件注射时间约为5~130s，特厚塑件可长达10~15min，其中主要花费在保压方面，流动充模时间所占比例很小，如普通塑件的流动充模时间约为2~10s。

注射时间可用下式估算：

$$t_i = \frac{V}{nq_{GV}} \quad (3-13)$$

式中　t_i——注射时间，s；

　　　V——塑件体积，cm³；

　　　n——模具中的浇口个数；

q_{GV}——熔体通过浇口时的体积流量，cm^3/s。其可用下式计算：

$$q_{GV}=\frac{1}{6}\dot{\gamma}bh^2 \tag{3-14}$$

式中　$\dot{\gamma}$——熔体经过浇口时的剪切速率，根据经验，约为$10^3\sim10^4\,s^{-1}$；

　　　b——浇口截面宽度，cm；

　　　h——浇口截面高度，cm。

注射时间也可参考表 3-8。

表 3-8　常用塑料的注射时间　　　　　　　　　　　　　单位：s

塑　料	注射时间	塑　料	注射时间	塑　料	注射时间
低密度聚乙烯	15～60	玻璃纤维增强聚酰胺 66	20～60	聚苯醚	30～90
聚丙烯	20～60	ABS	20～90	醋酸纤维素	15～45
聚苯乙烯	15～45	聚甲基丙烯酸甲酯	20～60	聚三氟氯乙烯	20～60
硬聚氯乙烯	15～60	聚碳酸酯	30～90	聚酰亚胺	30～60
聚酰胺 1010	20～90	聚砜	30～90		

3.2.3.2　闭模冷却时间

闭模冷却时间是指注射结束到开启模具这一阶段所经历的时间。

闭模冷却时间长短的影响因素有注入模腔的熔体温度、模具温度、脱模温度和塑件厚度等，如图 3-30 所示（一般塑件取 30～120s）。

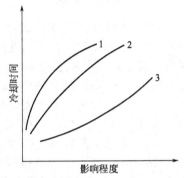

确定闭模冷却时间的原则，即塑件脱模时具有一定刚度，不得因温度过高而翘曲变形。在满足此原则的前提下，冷却时间应尽量取短一些，否则会延长成型周期、降低生产效率，且对复杂塑件会造成脱模困难。

为了缩短冷却时间，在生产中采用这样一种方法，即不待塑件全部冷却到脱模温度，而只要塑件从表层向内有一定厚度冷却到脱模温度并同时具有一定刚度可以避免塑件翘曲变形时，便可开启模具取出塑件，使塑件在模外自动冷却，或浸浴在热水中逐渐冷却。

图 3-30　影响冷却时间的因素
1—制品壁厚；2—料温；3—模具温度

最短闭模冷却时间可按下式计算：

$$t_{c,min}=\frac{h_z^2}{2\pi\alpha}\ln\left[\frac{\pi}{4}\left(\frac{\theta_R-\theta_M}{\theta_H-\theta_M}\right)\right] \tag{3-15}$$

式中　$t_{c,min}$——最短闭模冷却时间，s；

　　　h_z——塑件的最大厚度，mm；

　　　α——塑料的热扩散率，mm^2/s；

θ_R，θ_M，θ_H——熔体充模温度、模具温度和塑件的脱模温度，℃。

第 **4** 章

CHAPTER 4

常用塑料的性能和成型工艺条件

4.1 热塑性塑料

4.1.1 聚苯乙烯

（1）PS 的性能 聚苯乙烯（PS）是无定形聚合物，密度在 $1.04g/cm^3$ 左右（稍大于水），称为标准塑料。其流动性好，吸水率低（小于 0.02%），是一种易于成型加工的透明塑料。其塑件透光率达 $88\%\sim91\%$，着色力强，硬度高。但 PS 塑件脆性较大，易产生内应力开裂（可用煤油浸擦来检验），耐热性较差（$60\sim80℃$），无味、无毒。

（2）PS 的应用 用于装饰品、照明指示牌、灯罩、文具、透明玩具、日用品、厨房用品、水杯、餐盒、镜片、冷藏库和冰箱内绝热层（发泡后）、建材、EPS 包装材料等。

（3）PS 的工艺特点 PS 的熔点为 $166℃$，加工温度一般以 $185\sim220℃$ 为宜，降解温度约为 $280℃$，故其加工温度范围较宽。PS 料在加工前，可不用干燥，由于流动性好，流动阻力小，故其注射压力可低一些。因 PS 比热容低，其塑件一经模具散热即能很快冷凝固化，其冷却速度比一般原料要快，开模时间可早一些，其塑化时间和冷却时间都较短，成型周期时间会短一些。PS 塑件的光泽随模温增加会变好。带有内应力的塑件可在 $65\sim80℃$ 水槽内浸泡 $1\sim2h$，然后缓慢冷却至室温，便能消除内应力。

（4）PS 的成型工艺条件 PS 的成型工艺条件见表 4-1。

表 4-1 PS 的成型工艺条件

项目	指标	项目	指标
干燥温度/℃	70~80	干燥时间/h	2~3（一般不用干燥）
模具温度/℃	40~60	残料量/mm	3~12
料筒温度/℃	180~220	背压/MPa	5~10
注射压力/MPa	35~140	锁模力/(t/in²)①	2
注射速度	快速	回料转速/(r/min)	60~100
螺杆类别	标准螺杆（直通式喷嘴）	再生料/%	20~30
停机处理	关料闸注射完即可		

① $1in^2=6.4516\times10^{-4}m^2$。

（5）PS 的模具设计与制造 PS 的模具设计与制造见表 4-2。

表 4-2　PS 的模具设计与制造

项　目	指　标
合适壁厚/mm	1.5～3
浇口设计	侧浇口、直接浇口、扇形浇口、环形浇口、点浇口
收缩率/%	0.4～0.6

（6）共混改性塑料

① PS+PVC　共混成为性能较好的不燃塑料。

② PS+PPO　改善 PPO 加工性、降低吸湿性、降低成本、提高 PS 耐热性和抗冲击性。

4.1.2　高抗冲聚苯乙烯

（1）HIPS 的性能　高抗冲聚苯乙烯（HIPS）为 PS 的改性材料，密度在 $1.04g/cm^3$ 左右，分子中含有 5%～15% 的橡胶成分，其韧性比 PS 提高了 4 倍左右，冲击强度大大提高，可作为结构性材料使用（如塑件上可做扣位、柱位），但易老化。它也具有 PS 易于成型加工、着色力强的优点，HIPS 塑件具不透明性；HIPS 吸水性低，除非储存不当，加工时可不需预先干燥。

（2）HIPS 的应用　用于各类家用电器外壳、电子零件、电子仪表壳、冷藏库和冰箱内壳、电话壳、文具、玩具、建材、包装材料等。

（3）HIPS 的工艺特点　因 HIPS 分子含有 5%～15% 的橡胶成分，在一定程度上影响了其流动性，注射压力和成型温度都宜高一些。其冷却速度比 PS 慢，故需足够的保压压力、保压时间和冷却时间。成型周期会比 PS 稍长一点，其加工温度一般在 175～230℃ 为宜。HIPS 塑件中存在一个特殊的"白边"问题，可通过提高模温和锁模力、减少保压压力及保压时间等办法来改善，塑件中夹水纹会比较明显。

（4）HIPS 的成型工艺条件　HIPS 的成型工艺条件见表 4-3。

表 4-3　HIPS 的成型工艺条件

项目	指标	项目	指标
干燥温度/℃	60～80	干燥时间/h	1～2（一般不用干燥）
模具温度/℃	60～80	残料量/mm	4～10
料筒温度/℃	175～230	背压/MPa	5～10
注射压力/MPa	60～150	锁模力/(t/in²)	约 2
注射速度	中等	回料转速/(r/min)	60～100
螺杆类别	标准螺杆(直通式喷嘴)	再生料/%	15～30
停机处理	关料闸注射完毕即可		

（5）HIPS 的模具设计与制作　HIPS 的模具设计与制作见表 4-4。

表 4-4　HIPS 的模具设计与制作

项　目	指　标
合适壁厚/mm	2～3
浇口设计	大多数浇口均可采用,如侧浇口、直接浇口、扇形浇口、潜伏式浇口、薄片浇口、点浇口
收缩率/%	0.4～0.7

（6）共混改性塑料　HIPS＋GPPS，混合注塑，调整比例使塑料具有足够强度及良好的表观质量。

4.1.3　丙烯腈-丁二烯-苯乙烯共聚物

（1）ABS的性能　ABS为丙烯腈-丁二烯-苯乙烯三元共聚物，它是无定形聚合物，密度在$1.05g/cm^3$左右，具有较高的机械强度和良好的"坚、韧、刚"综合性能。ABS是一种应用广泛的工程塑料，也称通用工程塑料（MBS称为透明ABS），其品种多样，用途广泛，易于成型加工，耐化学品腐蚀性差，塑件易电镀。

（2）ABS的应用　用于泵叶轮、轴承、把手、管道、电器外壳、电子产品零件、玩具、表壳、仪表壳、水箱外壳、冷藏库和冰箱内壳。

（3）ABS的工艺特点

① ABS的吸湿性较大和耐温性较差，在成型加工前必须进行充分干燥和预热，将水分含量控制在0.03%以下。

② ABS的熔体黏度对温度的敏感性较低（与其他无定形树脂不同）。ABS的注射温度虽然比PS稍高，但不能像PS那样有较宽松的升温范围，不能用盲目升温的办法来降低其黏度，可用增加螺杆转速或提升注射压力或注射速度的办法来提高其流动性。一般加工温度以190～235℃为宜。

③ ABS的熔体黏度属中等，比PS、HIPS、AS均更高，流动性较差，需采用较高的注射压力。

④ ABS采用中等注射速度效果好（除非形状复杂，薄壁塑件需用较高的注射速度），塑件浇口位置易产生气纹。

⑤ ABS成型温度较高，其模温一般调节在60～80℃较好。生产较大塑件时，定模（前模）温度一般比动模（后模）略高5℃左右为宜。

⑥ ABS在高温料筒内停留时间不宜过长（应少于30min），否则易降解发黄。

（4）ABS的成型工艺条件　ABS的成型工艺条件见表4-5。

表4-5　ABS的成型工艺条件

项目	指标	项目	指标
干燥温度/℃	80～90	干燥时间/h	2
模具温度/℃	40～90	残料量/mm	2～8
料筒温度/℃	210～240	背压/MPa	9～18
注射压力/MPa	56～176	锁模力/(t/in²)	2～2.5
注射速度	中等	回料转速/(r/min)	70～100
螺杆类别	标准螺杆(直通式喷嘴)	再生料/%	20～30
停机处理	关料闸注射完毕即可		

（5）ABS的模具设计与制作　ABS的模具设计与制作见表4-6。

表4-6　ABS的模具设计与制作

项目	指　标
合适壁厚/mm	1.8～3
浇口设计	大多数浇口均可采用,如侧浇口、直接浇口、扇形浇口、潜伏式浇口、薄片浇口、点浇口,可减少蛇纹
收缩率/%	0.4～0.7

(6) 共混改性塑料

① ABS+PC   提高 ABS 的耐热性和冲击强度。

② ABS+PVC   提高 ABS 的韧性、耐热性及抗老化能力。

③ ABS+PA   提高 ABS 的耐热性及耐化学品性，流动性佳，低温抗冲击性高，降低成本。

4.1.4　苯乙烯-丙烯腈共聚物

（1）AS 的性能   AS 为苯乙烯-丙烯腈的共聚体，也称 SAN，密度在 $1.07g/cm^3$ 左右，它不易产生内应力开裂。透明度较高，其软化温度和冲击强度比 PS 高，耐疲劳性差。

（2）AS 的应用   用于托盘类、杯、餐具、冰箱内格、旋钮、灯饰配件、饰物、仪表镜、包装盒、文具、气体打火机、牙刷柄等。

（3）AS 的加工条件   AS 加工温度一般以 210～250℃为宜。该料较易吸湿，加工前需干燥 1h 以上，其流动性比 PS 稍差一点，故注射压力应略高一些，模温控制在 45～75℃较好。

（4）AS 的成型工艺条件   AS 的成型工艺条件见表 4-7。

表 4-7　AS 的成型工艺条件

项目	指标	项目	指标
干燥温度/℃	70～85	干燥时间/h	1～2
模具温度/℃	45～75	残料量/mm	3～10
料筒温度/℃	180～270	背压/MPa	5～15
注射压力/MPa	100～140	锁模力/(t/in²)	2～2.5
注射速度	中等	回料转速/(r/min)	70～100
螺杆类别	标准螺杆(直通式喷嘴)	再生料/%	0
停机处理	关料闸注射完毕即可		

（5）AS 的模具设计与制作   AS 的模具设计与制作见表 4-8。

表 4-8　AS 的模具设计与制作

项目	指标
合适壁厚/mm	1.5～3
浇口设计	可采用任何形式的浇口,亦可用热流道
收缩率/%	0.2～0.7

4.1.5　K 料

（1）K 料的性能   K 料（BS）是由苯乙烯与丁二烯共聚而成，它是无定形聚合物，又称人造橡胶。其透明、无味、无毒，密度在 $1.01g/cm^3$ 左右（比 PS、AS 的密度低），抗冲击性比 AS 高，透明性好（透光率 80%～90%），热变形温度为 77℃，耐化学品性较差，易受油、酸、碱及活性强的有机溶剂侵蚀。K 料中含有丁二烯成分不同，其硬度亦不同，由于 K 料的流动性好，加工温度范围较宽，所以其加工性能良好（MFI 为 8g/10min）。

（2）K 料的应用   用于杯子、盖子、瓶、合叶式盒子、衣架、玩具、PVC 的代用料制品、食品包装及医药包装用品等。

（3）K 料的成型工艺特点   K 料的吸水性低，加工前可不用干燥，如果 K 料长时间在湿度大的环境中敞开式存放，则需干燥（65℃以下）。而且其流动性好，易于加工，加工温度范围较宽，一般在 170～250℃ 之间，不结晶，收缩率低（0.4%～0.7%）。K 料在高于 260℃ 时，若熔料在料筒中停留时间长（20min 以上），会引致热降解，影响其透明度，甚至会变色变脆。宜用"低压、中速、中温"的条件成型，模具温度宜在 20～60℃ 之间，较厚的塑件取出后可放入水中冷却，以得到均匀冷却，避免出现空洞现象。

（4）K 料的成型工艺条件　K 料的成型工艺条件见表 4-9。

表 4-9　K 料的成型工艺条件

项目	指标	项目	指标
干燥	一般不用干燥，若受潮则需在 65℃ 以下干燥 1h 左右	停机处理	关料闸注射完毕即可
模具温度/℃	20～60	残料量/mm	3～8
料筒温度/℃	180～270	背压/MPa	3～10
注射压力/MPa	40～70	锁模力/(t/in²)	2～2.5
注射速度	中等	回料转速/(r/min)	70～100
螺杆类别	普通标准型(透明度要求高时，选择专用螺杆)	再生料/%	20～40

（5）K 料的模具设计与制作　K 料的模具设计与制作见表 4-10。

表 4-10　K 料的模具设计与制作

项目	指标
合适壁厚/mm	1.0～6.0
浇口设计	K 料可采用所有类型的浇口(浇口厚度为 0.7～0.9mm)
排气槽大小	厚度为 0.3～0.6mm，宽度为 3～6mm
收缩率/%	0.4～0.7

4.1.6　有机玻璃

（1）PMMA 的性能　聚甲基丙烯酸甲酯（PMMA）为无定形聚合物，俗称有机玻璃（亚克力），密度在 1.18g/cm³ 左右。其透明度极好，透光率为 92%，是很好的光学材料；耐热性较好（热变形温度为 98℃），其塑件机械强度中等，表面硬度低，易被硬物划伤而留下痕迹，与 PS 相比，不易脆裂。

（2）PMMA 的应用　用于仪表镜片、光学塑件、电器、医疗器材、透明模型、装饰品、太阳镜片、假牙、广告牌、钟表面板、汽车尾灯、挡风玻璃等。

（3）PMMA 的工艺特点　PMMA 的加工要求较严格，它对水分和温度很敏感，加工前要充分干燥，其熔体黏度较大，需在较高温度（219～240℃）和压力下成型，模温在 60～70℃ 较好。PMMA 热稳定性不太好，受高温或在较高温度下停留时间过长都会造成降解。螺杆转速不宜过大（60r/min 左右即可），较厚的 PMMA 塑件内易出现"气泡"现象，需用大浇口和"高料温、高模温、慢速"注射的条件来加工。

（4）PMMA 的成型工艺条件　PMMA 的成型工艺条件见表 4-11。

（5）PMMA 的模具设计与制作　PMMA 的模具设计与制作见表 4-12。

（6）共混改性塑料

① PMMA+PC　可获得珠光色泽，能代替添加有毒的 Cd 类无机物制成珠光塑料。

② PMMA+PET　提高 PET 结晶速率。

表 4-11　PMMA 的成型工艺条件

项目	指标	项目	指标
干燥温度/℃	95～100	停机处理	需用 PP 料清洗
模具温度/℃	40～70	干燥时间/h	4～6
料筒温度/℃	220～270	残料量/mm	2～6
注射压力/MPa	100～170	背压/MPa	13～28
注射速度	低速	锁模力/(t/in²)	约 4
螺杆类别	标准螺杆(如需较大射压可改用小螺杆)	回料转速/(r/min)	60～80
		再生料/%	0

表 4-12　PMMA 的模具设计与制作

项目	指标
合适壁厚/mm	厚度为 1.5～4.0,但特厚件的注塑技术则不同
浇口设计	宜用圆形或方形浇口,且需用大尺寸浇口
收缩率/%	0.4～0.7

4.1.7　聚乙烯

（1）PE 的性能　聚乙烯（PE）是塑料中产量最大的一种，密度在 $0.94g/cm^3$ 左右，特点是半透明、质软、无毒、价廉、加工方便。PE 是一种典型的结晶型高聚物且有后收缩现象。它的种类较多，常用的有 LDPE，其较软，俗称软胶或花料，性能优良，与工程塑料相似；HDPE 俗称硬性软胶，它比 LDPE 硬，透光性差，结晶度大。PE 耐老化性好，不易腐蚀，印刷困难，印刷前表面需要进行氧化处理。

（2）PE 的应用

① HDPE　包装胶袋、日用品、水桶、电线、玩具、建材、容器。

② LDPE　包装胶袋、胶花、玩具、高频电线、文具等。

（3）PE 的工艺特点　PE 塑件最显著的特点是成型收缩率大，易产生收缩和变形。PE 料吸水性小，可不用干燥。PE 的加工温度范围很宽，不易降解（降解温度约为 300℃），其加工温度以 180～220℃ 为宜；若注射压力大，塑件密度则高，收缩率较小。PE 流动性中等，保压时间需较长，并保持模温的恒定（50～70℃）。PE 的结晶度和成型工艺条件有关，它有较高的凝固温度，如果模温低，结晶度就低。在结晶过程中，因收缩的各向异性，造成内部应力集中，PE 塑件易变形和开裂。塑件放在 80℃ 热水中水浴，可使内应力得到一定的松弛。在成型过程中，料温和模温以偏高一些为宜，注射压力在保证塑件质量的前提下应尽量偏低，模具的冷却特别要求迅速均匀，塑件脱模时较烫。

（4）PE 的成型工艺条件　PE 的成型工艺条件见表 4-13。

表 4-13　PE 的成型工艺条件

项目	指标	项目	指标
干燥温度/℃	65～75	干燥时间/h	0.5（一般情况不用干燥）
模具温度/℃	40～70	残料量/mm	3～10
料筒温度/℃	180～250	背压/MPa	7～18
注射压力/MPa	70～105	锁模力/(t/in²)	约 2
注射速度	中等	回料转速/(r/min)	60～100
螺杆类别	标准螺杆(直通式喷嘴)	再生料/%	20～40
停机处理	关料闸注射完毕即可		

(5) PE 的模具设计与制作　PE 的模具设计与制作见表 4-14。

表 4-14　PE 的模具设计与制作

项目	指标
合适壁厚/mm	1.0～2.5
浇口设计	大多数浇口均可采用,如侧浇口、直接浇口、薄片浇口、点浇口等,排气一定要充分,亦可用热流道
收缩率/%	1.5～4.0

(6) 共混改性塑料

① PE＋EVA　改善环境应力开裂,但机械强度有所下降。

② PE＋PP　提高塑料硬度。

③ PE＋PE　不同密度 PE 混熔以调节柔软性和硬度。

④ PE＋PB (顺丁二烯)　提高其弹性。

4.1.8　聚丙烯

(1) PP 的性能　聚丙烯 (PP) 为结晶型高聚物,密度仅为 $0.91g/cm^3$ (比水小),在常用塑料中 PP 最轻。在通用塑料中,PP 的耐热性最好,其热变形温度为 80～100℃,能在沸水中煮。PP 具有良好的耐应力开裂性能,并具有很高的弯曲疲劳寿命,俗称"百折胶"。

PP 的综合性能优于 PE 料,PP 塑件质轻、韧性好、耐化学品性好。PP 的缺点是尺寸精度低、刚性不足、耐候性差,易产生"铜害",它具有后收缩现象,塑件易老化、变脆和变形。

(2) PP 的应用　用于各类家庭用品、透明锅盖、化学品输送管道、化学品容器、医疗用品、文具、玩具、抽丝、水杯、周转箱、管材、合叶等。

(3) PP 的工艺特点　PP 在熔融温度下有较好的流动性,成型性能好,PP 还有以下两个特点。

① PP 的熔体黏度随剪切速率的提高而明显下降 (受温度影响较小)。

② 因分子取向程度高而呈现较大的收缩。

PP 的加工温度以 200～250℃为宜,它有良好的热稳定性 (降解温度为 310℃),但高温下 (280～300℃) 长时间停留在料筒中会有降解的可能。因为 PP 的黏度随着剪切速率的提高有明显的降低,所以提高注射压力和注射速度会提高其流动性;若要改善收缩变形和凹陷,模温宜控制在 40～70℃范围内,PP 的结晶温度为 120～125℃。PP 熔体能穿越很窄的模具缝隙而出现飞边。PP 在熔化过程中,要吸收大量的熔解热 (比热容较大),塑件出模后比较烫。PP 料加工时不需干燥,PP 的收缩率和结晶度比 PE 低。

(4) PP 的成型工艺条件　PP 的成型工艺条件见表 4-15。

表 4-15　PP 的成型工艺条件

项目	指标	项目	指标
干燥温度/℃	67～75	干燥时间/h	0.5～1 (如果储存适当可不用干燥)
模具温度/℃	40～80		
料筒温度/℃	240～280	残料量/mm	3～10
注射压力/MPa	70～140	背压/MPa	9～17
注射速度	中等	锁模力/(t/in²)	约 2
螺杆类别	标准螺杆(直通式喷嘴)	回料转速/(r/min)	60～90
停机处理	关料闸注射完毕即可	再生料/%	15～30

（5）PP 的模具设计与制作　PP 的模具设计与制作见表 4-16。

表 4-16　PP 的模具设计与制作

项目	指　标
合适壁厚/mm	1.5～2.5
浇口设计	大多数浇口均可采用,如侧浇口、直接浇口、扇形浇口、潜伏式浇口、薄片浇口、点浇口等,亦可用热流道
收缩率/%	1.2～2.5,加入 30％玻璃纤维可改善至 0.7 左右

4.1.9　聚酰胺

（1）PA 的性能　聚酰胺（PA）也是结晶型塑料,俗称尼龙,密度在 $1.13g/cm^3$ 左右,品种很多,应用于注塑加工的常有尼龙-6、尼龙-1010、尼龙-610 等。尼龙具有机械强度高、韧性好、耐疲劳、表面光滑、有自润滑性、摩擦系数小、耐磨、耐热（100℃内可长期使用）、耐腐蚀、塑件重量轻、易染色、易成型等优点。PA 的缺点是：极易吸水（吸水后会大大降低塑件的机械强度）,注塑条件要求苛刻,尺寸稳定性较差；因其比热容大,塑件脱模时很烫。PA66 是 PA 系列中机械强度最高、应用最广的品种,因其结晶度高,故其刚性、耐热性都较高。

（2）PA 的应用　用于高温电气插座零件、电气零件、齿轮、轴承、滚子、弹簧支架、滑轮、螺栓、叶轮、风扇叶片、螺旋桨、高压封口垫片、阀座、输油管、储油容器、绳索、扎带、传动皮带、砂轮黏合剂、电池箱、绝缘电气零件、线芯、抽丝等。

（3）PA 的工艺特点　因 PA 极易吸湿,加工前一定要进行干燥（最好使用真空抽湿干燥器）,含水量应控制在 0.25％以下,原料干燥得越好,塑件表面光泽性就越高,否则比较粗糙；但是干燥不宜太充分,水分含量要保证在 0.15％左右。PA 不会随受热温度的升高而逐渐软化,熔点很明显,温度一旦达到熔点就出现流动（与 PS、PE、PP 等料不同）；尼龙料的流变特性是其黏度对剪切速率不敏感。

PA 的黏度远比其他热塑性塑料低,且其熔化温度范围较窄（仅 5℃左右）。PA 流动性好,容易充模成型,也易出现飞边。喷嘴易出现"流延"现象,如果采用热流道,最好用弹簧针阀式热射嘴,否则抽胶量需大一点。PA 熔点高,凝固点也高,熔料在模具内随时会因温度降低到熔点以下而凝固,妨碍充模成型的完成,易出现堵嘴或堵浇口现象。所以,必须采用高速注射（薄壁或长流程塑件尤其是这样）,保压时间要短,尼龙模要有充分的排气措施。

PA 熔融状态时热稳定性较差,易降解；料筒温度不宜超过 300℃,熔料在料筒内加热时间不宜超过 30min。PA 对模温要求很高,可利用模温的高低来控制其结晶性,以获得所需的性能。PA 注塑时模温在 50～90℃之间较好,PA6 加工温度以 230～250℃为宜,PA66加工温度为 260～290℃；PA 塑件有时需要进行"调湿处理",以提高其韧性及尺寸稳定性。

（4）PA 的成型工艺条件　PA 的成型工艺条件见表 4-17。

表 4-17　PA 的成型工艺条件

项目	指标	项目	指标
干燥温度/℃	80～90	停机处理	关料闸注射完毕即可
模具温度/℃	50～90	干燥时间/h	3～4
料筒温度/℃	260～310	残料量/mm	3～8
注射压力/MPa	60～90	背压/MPa	2～6
注射速度	高速(尤其是薄壁塑件)	锁模力/(t/in²)	4～8
螺杆类别	标准螺杆 (忌用抽湿螺杆)	回料转速/(r/min)	70～90
		再生料/%	5～15

注：对于因含湿量大而降解的尼龙流道凝料,不能再利用,即使重新干燥亦难再次使用。

(5) PA 的模具设计与制作　PA 的模具设计与制作见表 4-18。

表 4-18　PA 的模具设计与制作

项目	指　标
合适壁厚/mm	2～3.5
浇口设计	小型塑件可用潜伏式浇口或点浇口,较大型塑件则最好使用侧浇口,但流道长度应越短越好,可用热流道
收缩率/%	0.8～2.0(但需留意成型后吸湿的尺寸变化)
吸水率	100%相对湿饱和时,它能吸收达 8%或更多水分

(6) 共混改性塑料
① PA＋PPO　高温尺寸稳定性、耐化学药品性佳,吸水性低。
② PA＋PTFE　增加尼龙润滑性、减少磨耗。

4.1.10　聚甲醛

(1) POM 的性能　聚甲醛(POM)是结晶型塑料,密度为 $1.42g/cm^3$,刚性很好,俗称"赛钢"。它具有耐疲劳、耐蠕变、耐磨、耐热、耐冲击等优的性能,且摩擦系数小,自润滑性好。POM 不易吸湿,吸水率为 0.22%～0.25%,在潮湿的环境中尺寸稳定性好,其收缩率为 2.0%～2.5%(较大),注塑时尺寸较难控制,热变形温度为172℃。聚甲醛分为均聚甲醛和共聚甲醛两种,其性能也不尽相同(均聚甲醛耐温性较好)。

(2) POM 的应用　可代替大部分有色金属,用于汽车、机床、仪表内件、轴承、紧固件、齿轮、弹簧片、管道、运输带配件、电水煲、泵壳、沥水器、水龙头等。

(3) POM 的工艺特点　POM 加工前可不用干燥,最好在加工过程中进行预热(80℃左右),对塑件尺寸的稳定性有好处。POM 的加工温度很窄(195～215℃),在料筒内停留时间稍长或温度超过 220℃时就会降解,产生刺激性强的甲醛气体。POM 料注塑时保压压力要较大(与注射压力相近),以减少压力降。螺杆转速不能过高,残料量要少;POM 塑件收缩率较大,易产生收缩或变形。POM 比热容大,模温高(60～80℃),塑件脱模时很烫,需防止烫伤手指。POM 宜在"中压、中速、低料温、较高模温"的条件下成型加工,精密塑件成型时需用模温机控制模温。

(4) POM 的成型工艺条件　POM 的成型工艺条件见表 4-19。

表 4-19　POM 的成型工艺条件

项目	指标	项目	指标
干燥	可不用干燥,若受潮则 100℃以下干燥 2h	停机处理	需用 PP、PE、PS 料清洗料筒
模具温度/℃	60～80	残料量/mm	2～6
料筒温度/℃	200～220	背压/MPa	5～10
注射压力/MPa	80～140	锁模力/(t/in²)	2～4
注射速度	中等速度	回料转速/(r/min)	50～70
螺杆类别	标准螺杆(直通式喷嘴)	再生料/%	10～25

(5) POM 的模具设计与制作　POM 的模具设计与制作见表 4-20。

(6) 共混改性塑料　POM＋PUR(聚氨酯)可生成超韧 POM,其冲击强度可提高几十倍。

表 4-20　POM 的模具设计与制作

项目	指　　标
合适壁厚/mm	2～3.5
浇口设计	大部分浇口设计均可以,如属小型零件则大多数采用点浇口或潜伏式浇口
收缩率	2.0%～2.5%之间,48h 内会出现后收缩约 0.1%,高模温、长注射时间可使收缩减小

4.1.11　聚碳酸酯

（1）PC 的性能　聚碳酸酯（PC）为无定形塑料,俗称防弹玻璃胶,密度为 1.2g/cm³,透明性好。它具有优良的“韧而刚”的综合性能,机械强度高,韧性好,冲击强度极高,耐热耐候性好,尺寸精度和稳定性高,易着色,吸水率低。PC 的热变形温度为 135～143℃,可长期在 120～130℃的工作温度下使用。PC 的缺点是:耐化学品腐蚀性差,耐疲劳强度低,熔体黏度大,流动性差,对水分极敏感,易产生内应力开裂现象。

（2）PC 的应用　用于高温电气塑件、风筒壳、火牛壳、电工用具、电机壳、工具箱、奶瓶、冷饮机壳、照相机零件、安全帽、齿轮、食品盘子、医疗器材、导管、发夹、吹风筒、理发用品、鞋跟等,纤维增强后可用于高强度的工程零件、CD 碟等。

（3）PC 的工艺特点　PC 料对温度很敏感,其熔体黏度随温度的提高而明显降低,流动加快。对压力不敏感,要想提高其流动性,采取升高模温和料温的办法效果较好。PC 料加工前要充分干燥（120℃左右）,水分应控制在 0.02%以内。PC 料宜采用“高料温、高模温和高压中速”的条件成型,模温控制在 80～110℃较好,成型温度以 280～320℃为宜。PC 塑件表面易出现气花,浇口位置易产生气纹,内部残留应力较大,易开裂,因此 PC 料的加工要求较高。PC 收缩率较低（0.6%左右）,尺寸变化小;PC 料制成的塑件可使用“退火”的方法来消除其内应力。

（4）PC 的成型工艺条件　PC 的成型工艺条件见表 4-21。

表 4-21　PC 的成型工艺条件

项目	指标	项目	指标
干燥温度/℃	100～120	停机处理	用 HDPE 清洗料筒
模具温度/℃	80～120	干燥时间/h	＞2
料筒温度/℃	250～340	残料量/mm	2～8
注射压力/MPa	80～150	背压/MPa	8～15
注射速度	中速或高速	锁模力/(t/in²)	4～6
螺杆类别	标准、细型(忌用抽湿螺杆及弹弓射嘴)	回料转速/(r/min)	60～80
		再生料/%	10～25

PC 料属于较难加工成型的塑料,下面详细谈谈它的成型工艺。

① 注射温度　必须综合塑件的形状、尺寸、模具结构、塑件性能、要求等各方面的情况加以考虑后才能做出决定。一般在成型中选用温度在 270～320℃之间,过高的料温如超过 340℃时,PC 将会出现降解,塑件颜色变深,表面出现银丝、暗条、黑点、气泡等缺陷,同时物理机械性能也显著下降。

② 注射压力　对 PC 塑件的物理机械性能、内应力、成型收缩率等有一定的影响,对塑件的外观及脱模性能有较大的影响,过低或过高的注射压力都会使塑件出现某些缺陷,一般

注射压力控制在 80～120MPa。对薄壁、长流程、形状复杂、浇口较小的塑件，为克服熔体流动的阻力，以便及时充满模腔，才选用较高的注射压力（120～150MPa），从而获得完整而表面光滑的塑件。

③ 保压压力及保压时间　保压压力的大小及保压时间的长短对 PC 塑件的内应力有较大的影响。保压压力过小，补缩作用小，易出现真空泡或表面出现缩痕；保压压力过大，浇口周围易产生较大的内应力，在实际加工中，常以高料温、低保压的办法来解决。保压时间的选择应视塑件的厚薄、浇口大小、模温等情况而定，一般小而薄的塑件不需很长的保压时间，相反，大而厚的塑件保压时间应较长。保压时间的长短可通过浇口封口时间的试验予以确定。

④ 注射速度　对 PC 塑件的性能无十分明显的影响，除了薄壁、小浇口、深孔、长流程塑件外，一般采用中速或高速加工，最好是多级注射，一般采用中—高—中的多级注射方式。

⑤ 模具温度　一般控制在 80～100℃就可以，对形状复杂、较薄、要求较高的塑件，也可提高到 100～120℃，但不能超过模具热变形温度。

⑥ 螺杆转速与背压　由于 PC 熔体黏度较大，从有利塑化、有利排气、有利注塑机的维护保养、防止螺杆负荷过大的角度来讲，对螺杆的转速要求不可太高，一般控制在 30～60r/min 为宜，而背压控制在注射压力的 10%～15% 为宜。

⑦ 脱模剂和再生料　PC 在注塑过程中要严格控制脱模剂的使用，同时再生料的使用不能超过三次，使用量应在 20% 左右。

对生产 PC 塑件的注塑机要求是：要求塑件的最大注射量（包括流道、浇口等）应不大于公称注射量的 70%～80%；螺杆选用单头螺纹等螺距、带有止回环的渐变压缩型螺杆；螺杆的长径比 L/D 为 15～20，几何压缩比 C/R 为 2～3。

（5）PC 的模具设计与制作　PC 的模具设计与制作见表 4-22。

表 4-22　PC 的模具设计与制作

项目	指　标
合适壁厚/mm	2～3.5
浇口设计	小型塑件可用点浇口，较大型塑件则最好使用侧浇口或多个点浇口，但流道长度应越短越好，直径越大越好，流道阻力越小越好
收缩率/%	0.5～0.7（纵向、横向收缩非常接近）

注：不适用于除湿（排气）式注塑料管的机型和长嘴。

（6）共混改性塑料

① PC+ABS　随着 ABS 的增加，加工性能得到改善，成型温度有所下降，流动性变好，内应力有所改善，但机械强度随之下降。

② PC+POM　可直接以任何比例混合，其中比例为 PC：POM＝（50～70）：（50～30）时，制品在很大程度上保持了 PC 的优良力学性能，而且耐应力开裂能力显著提高。

③ PC+PE　目的是降低熔体黏度，提高流动性，也可使 PC 的冲击强度、拉伸强度及断裂强度得到一定程度改善。

④ PC+PMMA　可使塑件呈现珠光效果。

4.1.12　聚氯乙烯

（1）PVC 的性能　聚氯乙烯（PVC）是无定形塑料，密度为 1.38～1.41g/cm³（比水重），热稳定性很差，易热降解。PVC 难闻，阻燃性好，耐化学品腐蚀性较好，电绝缘性好，黏度高，流动性差。PVC种类很多，分为软质、半硬质及硬质三种，收缩率大，PVC塑件表面光泽性差，其性能（强度、韧性、透明性、流动性等）随种类不同而不同，甚至差异很大（美国最近研究出一种透明硬质PVC可与PC媲美）。

（2）软PVC的应用　用于薄膜和人造革、电线电缆的绝缘层、建材、凉鞋、台布、玩具、水管、地板、家庭用品、文具、包装用品、运动器材等。

（3）软PVC的成型工艺特点　PVC在150～170℃下呈熔融状态，190℃以上就会降解。软PVC加工温度范围窄（160～185℃），加工较困难，工艺要求苛刻，加工时在一般情况下可不用干燥（若需干燥，在60～70℃下进行）。模温较低（30～50℃），PVC加工时易产生气纹、黑纹等，一定要严格控制好加工温度，螺杆转速应低一些，残料量要少，背压不能过高，模具排气要好。PVC料在高温料筒中停留时间不能超过15min，软PVC宜用大浇口进料，采用"中压、慢速、低温"的条件成型加工较好。软PVC塑件易粘定模型腔，开模速度（第一段）不宜过快，在流道冷料穴处应做成倒扣式，以拉出流道凝料；注射PVC料停机时需及时用PS回用料（或PE料）清洗料筒，防止PVC降解产生HCl气体，腐蚀螺杆、料筒内壁。

背压常用的表面值是0.5MPa，增加背压有利于混色和排气，但背压应越低越好。

PVC是热敏性塑料，过热或剪切过度会引致降解，并迅速蔓延，因为其中一种降解物（例如酸或HCl）会产生催化作用，引致流程进一步降解，酸性物质更会侵蚀金属，使之变成凹陷，又会使金属的保护层剥落，引致生锈，对于人体更加有害。

混料比例：回用料的最多混料比例为20%，否则会影响塑件品质。

（4）PVC的成型工艺条件　PVC的成型工艺条件见表4-23。

表4-23　PVC的成型工艺条件

项目	指标	项目	指标
干燥温度/℃	85(干燥时间2h以上)	停机处理	用HDPE或PS清洗料筒
模具温度/℃	30～50	残料量/mm	2～6
料筒温度/℃	160～190	背压/MPa	4～8
注射压力/MPa	70～180	锁模力/(t/in²)	约2
注射速度	慢速或中速	回料转速/(r/min)	50～80
螺杆类别	标准螺杆(直通式喷嘴)	再生料/%	15～20

由于PVC的过热稳定性低，故停机步骤十分重要，要把机筒清洁干净，不留半点PVC，可用其他过热稳定性高而又不抗拒PVC的热塑性塑料，例如PMMA、PP、LDPE或GPPS，切忌于同一料筒内混合POM、PVC，否则会引致过强的化学反应，对机器造成严重的损坏。

（5）PVC的模具设计与制作　PVC的模具设计与制作见表4-24。

表4-24　PVC的模具设计与制作

项目	指　标
合适壁厚/mm	2～3.5
模具设计	大多数浇口均可采用,因塑料黏度颇高,流道及浇口均需比正常尺寸加大20%左右,切忌使用热流道系统,排气一定要充分,排气槽尺寸为深0.03～0.05mm,宽6mm; 模具镶件应用不锈钢制造或镀硬铬
收缩率/%	硬质PVC 1～1.5;软质PVC 1.5～2.3

(6) 共混改性塑料

① PVC＋EVA　提高冲击强度（长效增塑作用）。

② PVC＋ABS　增加韧性，提高冲击强度。

4.1.13　聚苯醚

（1）PPO 的性能　聚苯醚（PPO）是一种综合性能极佳的无定形工程塑料，密度为 1.06g/cm³，硬而韧，其硬度比 PA、POM、PC 高，具有机械强度高、刚性好、耐热性好、耐化学品性好、热变形性好（热变形温度为 126℃，可在沸水中煮）、尺寸稳定性高（缩水率为 0.7％）、吸水率低（小于 0.15％）等优点，缺点是对紫外线不稳定，颜色会变深。

（2）PPO 的应用　用于高频电子零件、绝缘零件、线圈芯、医疗用具、高温食具、食具消毒器、滤水器材、齿轮、泵叶轮、化工用管道、塑料螺钉、复印机壳及零件、打印机、传真机、计算机内部配件等。

（3）PPO 的工艺特点　PPO 的熔体黏度高、流动性差、加工条件高。加工前，需在 110℃ 的温度下干燥 1～2h，成型温度为 270～310℃，模温控制在 80～110℃ 为宜，需在"高温、高压、高速"的条件下成型加工。此料注塑生产过程中浇口前方易产生喷射流纹（蛇纹），浇口及流道以较大为佳；PPO 长期在加工温度下有交联倾向。

（4）PPO 的成型工艺条件　PPO 的成型工艺条件见表 4-25。

表 4-25　PPO 的成型工艺条件

项目	指标	项目	指标
干燥温度/℃	100～120	干燥时间/h	1～2
模具温度/℃	80～110	残料量/mm	4～8
料筒温度/℃	340 左右	背压/MPa	3～15
注射压力/MPa	100～140	锁模力/(t/in²)	2～3
注射速度	高速	回料转速/(r/min)	70～90
螺杆类别	标准螺杆(直通式喷嘴)	再生料/%	20～30
停机处理	关料闸注射完毕即可		

（5）PPO 的模具设计与制作　PPO 的模具设计与制作见表 4-26。

表 4-26　PPO 的模具设计与制作

项目	指　标
合适壁厚/mm	2～3.5
浇口设计	容易产生喷射流纹,大型塑件最好选用薄膜形或扇形浇口,细小塑件可用针点形或潜伏式浇口,流道则以较大为佳
收缩率/%	0.5～0.8

4.1.14　聚对苯二甲酸丁二醇酯

（1）PBT 的性能　聚对苯二甲酸丁二醇酯（PBT）是一种性能优良的结晶型工程塑料，刚性和硬度高，热稳定性好。其密度为 1.30～1.38g/cm³，结晶熔点为 220～267℃；它具有优良的抗冲击性，因摩擦系数低而耐磨性极优，尺寸稳定性好，吸湿性较小，耐化学品腐蚀性好（除浓硝酸外）；易水解，塑件不宜在水中使用，成型收缩率较大，塑件经 120℃ 退火后可提高其冲击强度 10％～15％。

（2）PBT 的应用　用在要求润滑性及耐腐蚀的一些部件中，如齿轮、轴承、医药用具、工具箱和搅拌棒、打球用防护面罩、叶轮、螺旋桨、滑片、泵壳等。

（3）PBT 的工艺特点　PBT 注塑之前一定要在 110～120℃ 的温度下干燥 3h 左右，成型加工温度为 250～270℃，模温控制在 60～80℃ 为宜。因该料从熔融状态一经冷却，则会立即凝固结晶，故其冷却时间较短；若喷嘴温度控制不当（偏低），流道（浇口）易冷却固化，会出现堵嘴现象。若料筒温度超过 275℃ 或熔料在料筒中停留时间超过 30min，易引起材料降解变脆。PBT 注塑时需用较大浇口进料，不宜使用热流道系统，模具排气要良好，宜用"高速、中压、中温"的条件成型加工，防火料或加玻璃纤维的 PBT 浇口料不宜再回收利用，停机时需用 PE 或 PP 料及时清洗料管，以免炭化。

（4）PBT 的成型工艺条件　PBT 的成型工艺条件见表 4-27。

表 4-27　PBT 的成型工艺条件

项目	指标	项目	指标
干燥温度/℃	110～120	干燥时间/h	2～3
模具温度/℃	60～80	残料量/mm	2～6
料筒温度/℃	250～270	背压/MPa	5～10
注射压力/MPa	100～140	锁模力/(t/in²)	3～4
注射速度	高速	回料转速/(r/min)	70～90
螺杆类别	标准螺杆（直通式喷嘴）	再生料/％	15～25
停机处理	关料闸注射完毕即可		

注：防火 PBT 料需要用 PE 料过泡，流道凝料不宜回收利用。

（5）PBT 的模具设计与制作　PBT 的模具设计与制作见表 4-28。

表 4-28　PBT 的模具设计与制作

项目	指　　标
合适壁厚/mm	1.5～4（排气要充分）
浇口设计	不宜用热流道系统；大部分浇口均适宜，因为需高速注塑，浇口通常要较大，针点形或潜伏式浇口的直径应为 1.5mm
收缩率/％	1.7～2.3，成型后 48h 内仍有少许收缩(0.05)

4.1.15　乙酸丁酸纤维素

（1）CAB 的性能　乙酸丁酸纤维素（CAB）是一种无定形纤维素类塑料，密度为 1.15～1.22g/cm³，因其组成不同，有透明、半透明、不透明三种状态。它是纤维素塑料中韧性最好的品种之一，能耐高动态疲劳，透气性好，透水率高，耐光性、耐候性及耐化学品性特佳，成型收缩率为 0.3％～0.8％，尺寸稳定性好。

（2）CAB 的应用　用于眼镜架、闪光灯、安全镜、医药用具及盘子、工具柄、小型电气绝缘零件等。

（3）CAB 的工艺特点　CAB 的熔点为 140℃，成型加工温度在 180～220℃ 为宜，加工前一定要在 80℃ 的温度下干燥 2h 左右，模具温度应控制在 40～70℃。宜用"中压、中速、中温"的条件成型加工，可适用于大多数类型的浇口进料，热稳定性较好，停机时无须用其他料清洗料筒。

（4）CAB 的成型工艺条件　CAB 的成型工艺条件见表 4-29。

表 4-29　CAB 的成型工艺条件

项目	指标	项目	指标
干燥温度/℃	70～85	停机处理	关料闸注射完毕即可
模具温度/℃	40～70(薄壁塑件需要提高到80℃以上)	干燥时间/h	2～3
		背压/MPa	5～10
料筒温度/℃	180～220	锁模力/(t/in²)	2～3
注射压力/MPa	70～110	回料转速/(r/min)	80～100
注射速度	中等	再生料/%	10～20
螺杆类别	标准螺杆(直通式喷嘴)		

（5）CAB 的模具设计与制作　CAB 的模具设计与制作见表 4-30。

表 4-30　CAB 的模具设计与制作

项目	指标
合适壁厚/mm	1.5～4
浇口设计	大多数浇口都可采用,如侧浇口、直接浇口、扇形浇口、潜伏式浇口、薄片浇口、点浇口等
收缩率/%	0.3～0.8

4.1.16　乙烯-乙酸乙烯共聚物

（1）EVA 的性能　乙烯-乙酸乙烯共聚物（EVA）是无定形塑料，无毒，密度为 0.95g/cm³（比水轻），其塑件表面光泽性差、弹性好、柔软质轻、机械强度低、流动性好、易于加工成型。收缩率较大（2%），EVA 可用于色母料的载体。

另外，无机填充改性的 EVA 复合物，在一定的温度和压力下，在 DCP 引发交联的同时发泡，形成密闭式气孔结构，是具有密度小、高弹性的 EVA 复合交联发泡材料。它能够为运动提供动能，对外界有强的反作用，具有较高的弹性，可用于保护作用，如用作运动鞋材。射出一次交联发泡成型、二次热压成型和模内发泡成型三种生产技术，均可以用于大规模生产 EVA 发泡材料，具有很好的经济效益，尤其是射出一次交联发泡成型和模内发泡成型技术具有工业化连续性、生产周期短、节省原材料等优点。

（2）EVA 的注塑工艺特点　EVA 成型加工温度低（120～180℃），范围较宽，其模温低（25～45℃），该料在加工前要进行干燥（干燥温度 65℃）。EVA 加工时模温、料温不宜过高，否则表面会比较粗糙（不光滑）。EVA 塑件易粘定模型腔，浇注系统的主流道冷料穴处要做成拉扣式较好。温度超过 250℃易降解。EVA 宜采用"低温、中压、中速"的工艺条件加工塑件。

EVA 可进行注塑、挤塑、吹塑、压延、滚塑、真空热成型、发泡、涂覆、热封、焊接等成型加工。

（3）EVA 的应用　在一般情况下，乙酸乙烯含量在 5% 以下的 EVA，其主要产品是薄膜、电线电缆、LDPE 改性剂、胶黏剂等；乙酸乙烯含量为 5%～10% 的 EVA 塑件为弹性薄膜等；乙酸乙烯含量为 20%～28% 的 EVA，主要用于热熔黏合剂和涂层塑件；乙酸乙烯含量为 5%～45%，主要产品为薄膜（包括农用薄膜）和片材，注塑、模塑塑件，发泡塑件，热熔黏合剂等。

① 发泡鞋材　鞋材是我国 EVA 树脂最主要的应用领域。在鞋材使用的 EVA 树脂中，

乙酸乙烯含量一般为15%～22%。由于EVA树脂共混发泡塑件具有柔软、弹性好、耐化学品腐蚀等性能，因此被广泛应用于中高档旅游鞋、登山鞋、拖鞋、凉鞋的鞋底和内饰材料中。另外，这种材料还用于隔声板、体操垫和密封材料领域。

② 薄膜　EVA薄膜的主要用途是生产功能性棚膜。功能性棚膜具有较高的耐候、防雾滴和保温性能，由于聚乙烯不具有极性，即使添加一定量的防雾滴剂，其防雾滴性能也只能维持2个月左右；而添加一定量EVA树脂制成的棚膜，不仅具有较高的透光率，而且防雾滴性能也有较大提高，一般可超过4个月。另外，EVA还可用于生产包装膜、医用膜、层压膜、铸造膜等。

③ 电线电缆　随着计算机及网络工程的不断发展，出于对机房安全的考虑，人们越来越多地使用无卤阻燃电缆和硅烷交联电缆。由于EVA树脂具有良好的填料包容性和可交联性，因此在无卤阻燃电缆、半导体屏蔽电缆和二步法硅烷交联电缆中使用较多。另外，EVA树脂还被应用于制作一些特殊电缆的护套。在电线电缆中使用的EVA树脂，乙酸乙烯含量一般为12%～24%。

④ 玩具　EVA树脂在玩具中也有较多应用，如童车轮、坐垫等。

⑤ 热熔体　以EVA树脂为主要成分的热熔体，由于不含溶剂，不污染环境，且安全性较高，非常适合于自动化的流水线生产，因此被广泛应用于书籍无线装订、家具封边、汽车和家用电器的装配、制鞋、地毯涂层和金属的防腐涂层上。

热熔体主要使用乙酸乙烯含量为25%～40%的品种。国内虽有此牌号的产品，但长期未安排生产，因此市场上都是进口料。

⑥ 其他　EVA树脂在油墨、箱包、酒瓶垫盖等领域也有较为广泛的应用。

4.2　热固性塑料

4.2.1　酚醛塑料

（1）基本特性　酚醛塑料（PF）是以酚醛树脂为基础制得的，酚醛树脂本身很脆，呈琥珀玻璃态，没有明确的熔点，固体树脂可在一定温度范围内软化或熔化，能溶于乙醇、丙酮、苯和甲苯，不溶于矿物油和植物油。其刚性好，变形小，耐热耐磨，能在150～200℃的温度范围内长期使用，在水润滑条件下，有极低的摩擦系数。酚醛塑料有良好的电性能，在常温时有较高的绝缘性能，是一种优良的工频绝缘材料；缺点是质脆、冲击强度低。

（2）应用　主要用于制造齿轮、轴瓦、导向轮、轴承及电气绝缘件、汽车电器和仪表零件。石棉布层压塑料主要用于高温下工作的零件。木质层压塑料用于水润滑冷却下的轴承及齿轮等。

（3）成型特点　成型工艺主要有压缩成型、注射成型和压注成型。成型性能好，模温对流动性影响较大，模温应控制在（165±5）℃，料筒温度65～95℃，一般当温度超过160℃时流动性迅速下降；硬化时放出大量热，厚壁大型塑件易发生硬化不均匀及过热现象。

4.2.2　环氧树脂

（1）基本特性　环氧树脂是含有环氧基的高分子化合物，具有很强的黏结能力，是人们熟悉的"万能胶"的主要成分。其耐化学药品、耐热，具有良好的电气绝缘性能，收缩率小，比酚醛树脂有更好的力学性能；其缺点是耐候性差，抗冲击性低，质地脆。

（2）应用　环氧树脂可用作金属和非金属材料的黏合剂，用来制造日常生活和文教用品，封闭各种电子元件，可在湿热条件下使用。用环氧树脂配以石英粉等可浇注各种模具，还可以作为各种产品的防腐涂料。

（3）成型特点　主要有压缩成型和压注成型两种，流动性好，硬化速度快；用于浇注时，浇注前应加脱模剂，因环氧树脂热刚性差，硬化收缩小，难以脱模；硬化时不析出任何副产物，成型时不需排气。

4.2.3　氨基塑料

氨基塑料由氨基化合物与醛类（主要是甲醛）经缩聚反应而得到，主要包括脲-甲醛（UF）、三聚氰胺-甲醛等（MF）。

（1）基本特性及应用

① 脲-甲醛塑料是脲-甲醛树脂和漂白纸浆等制成的压塑粉。其着色性好，色泽鲜艳，外观光亮，无特殊气味，不怕电火花，有灭弧能力，防霉性良好，耐热性、耐水性比酚醛塑料弱。在水中长期浸泡后电气绝缘性能下降。脲-甲醛大量用来制造日用品、航空和汽车的装饰件及电气照明用设备的零件、电话机、收音机、钟表外壳、开关插座及电气绝缘零件等。

② 三聚氰胺-甲醛塑料由三聚氰胺-甲醛树脂和石棉、滑石粉等制成。其着色性好，色泽鲜艳，外观光亮，无毒，耐弧性和电绝缘性良好，耐水性、耐热性较高。在 $-20 \sim 100℃$ 的温度范围内性能变化小，重量轻，不易碎，能耐茶、咖啡等污染性强的物质。三聚氰胺-甲醛主要用作餐具、航空茶杯及电器开关、灭弧罩及防爆电器等矿用电器的配件。

（2）成型特点　氨基塑料含水分和挥发物多，使用前需预热干燥。其主要成型方法有压缩成型和压注成型，成型时收缩率大，且有弱酸性降解及水分析出；流动性好，硬化速度快。因此，预热和成型温度要适当，装料、合模及加工速度要快；带嵌件的塑料易产生应力集中，尺寸稳定性差。

4.3　热塑性增强塑料

热塑性增强塑料一般由树脂和增强材料组成。目前常用的树脂主要为尼龙、聚苯乙烯、ABS、AS、聚碳酸酯、线型聚酯、聚乙烯、聚丙烯、聚甲醛等。增强材料一般为无碱玻璃纤维（有长和短两种，长纤维料长一般与粒料长一致，为 $2 \sim 3mm$，短纤维料长一般小于 $0.8mm$），经表面处理后与树脂配制而成。玻璃纤维含量应按树脂的密度选用最合理的配比，一般在 $20\% \sim 40\%$ 之间。由于各种增强塑料所选用的树脂不同，玻璃纤维长度、直径，有无含碱及表面处理剂不同，其增强效果不一，成型特性也不一。

如前所述，增强料可改善一系列力学性能，但也存在下列一系列缺点：冲击强度与冲击疲劳强度会降低（但缺口冲击强度提高）；透明性、焊接点强度也会降低，收缩、强度、热膨胀系数、热导率的异向性增大。故目前该塑料主要用于小型、高强度、耐热、工作环境差及高精度要求的塑件。

（1）成型工艺特性

① 流动性差。增强料熔体指数比普通塑料低 $30\% \sim 70\%$，故流动性不良，易发生填充不良、熔接不良、玻璃纤维分布不均匀等弊病。尤其对长纤维料更易产生上述缺陷，并还易损伤纤维而影响力学性能。

② 成型收缩小、异向性明显。成型收缩比未增强料小，但异向性增大，沿料流方向的收缩小，垂直方向大，近进料口处小，远处大，塑件易发生翘曲、变形。

③ 脱模不良、磨损大、不易脱模，并对模具磨损大，在注射时料流对浇注系统、型芯等磨损也大。

④ 易产生气体。成型时由于纤维表面处理剂易挥发成气体，必须予以排出，不然易发生熔接不良、缺料及烧伤等弊病。

（2）成型时注意事项　为了解决增强料上述工艺弊病，在成型时应注意下列事项。

① 宜用高温、高压、高速注射。

② 对结晶型塑料应按要求调节，同时应防止树脂、玻璃纤维分头聚积，玻璃纤维外露及局部烧伤。

③ 保压补缩应充分。

④ 塑件冷却应均匀。

⑤ 料温、模温变化对塑件收缩影响较大，温度高，收缩大，保压压力和注射压力增大，可使收缩变小，但影响较小。

⑥ 由于增强料刚性好，热变形温度高，可在较高温度时脱模，但要注意脱模后均匀冷却。

⑦ 应选用适当的脱模剂。

⑧ 宜用螺杆式注塑机成型。尤其对长纤维增强料必须用螺杆式注塑机加工，如果没有螺杆式注塑机则应在造粒后像短纤维料一样才可在柱塞式注塑机上加工。

（3）模具设计与制作

① 塑件形状及壁厚设计特别应考虑有利于料流畅通填充型腔，尽量避免尖角、缺口。

② 脱模斜度应取大一些，含玻璃纤维 15% 的可取 1°～2°，含玻璃纤维 30% 的可取 2°～3°。当不允许有脱模斜度时则应避免强行脱模，宜采用侧向分型结构。

③ 浇注系统截面宜大，流程平直而短，以利于纤维均匀分散。

④ 设计进料口应考虑防止填充不足、异向性变形、玻璃纤维分布不均匀、易产生熔接痕等不良后果。进料口宜取薄片、宽薄、扇形、环形及多点形式进料口以使料流乱流，玻璃纤维均匀分散，以减少异向性，最好不采用针状进料口，进料口截面可适当增大，其长度宜短。

⑤ 模具型芯、型腔应有足够刚性及强度。

⑥ 模具应淬硬、抛光，应选用耐磨钢种，易磨损部位应便于修换。

⑦ 顶出应均匀有力，便于修换。

⑧ 模具应设有排气溢料槽，并宜设于易发生熔接痕部位。

4.4 透明塑料

由于塑料具有重量轻、韧性好、成型易、成本低等优点，因此在现代工业和日用产品中，越来越多地用透明塑料代替玻璃，特别是应用于光学仪器和包装工业方面，发展尤为迅速。但是由于要求其透明性要好，耐磨性要高，抗冲击韧性要好，因此对塑料的成分，以及注塑整个过程的工艺、设备、模具等，都要做出大量工作，以保证这些用于代替玻璃的透明塑料表面质量良好，从而达到使用的要求。

目前市场上一般使用的透明塑料有聚甲基丙烯酸甲酯（PMMA）、聚碳酸酯（PC）、聚对苯二甲酸乙二醇酯（PET）、透明尼龙（PA）、丙烯腈-苯乙烯共聚物（AS）、聚砜（PSF）等。

透明塑料由于透光率要求高，塑料制品表面有任何斑纹、气孔、泛白、雾晕、黑点、变色、光泽不佳等缺陷，都看得一清二楚。因此在整个生产过程中对原料、设备、模具，甚至产品的设计，都要求十分严格。另外，由于透明塑料熔点高、流动性差，因此为保证塑件的表面质量，往往要对温度、注射压力、注射速度等工艺参数做细微调整，使熔体既能充满型腔，又不会产生内应力而引起塑件变形和开裂。

（1）在塑件设计方面

① 壁厚应尽量均匀一致，脱模斜度要足够大（一般应大于 3°）。

② 过渡部分应平缓圆滑过渡，防止有尖角、锐边产生，特别是 PC 塑件一定不要有缺口。

③ 除 PET 外，壁厚不要太薄，一般不得小于 1mm。

（2）在模具设计方面

① 浇口、流道尽可能宽大、粗短，且应根据收缩冷凝过程设置浇口位置，必要时应加冷料井。浇口设计不合理，注塑时会有蛇纹、黑点、黑斑等缺陷。

② 布置推杆时不能影响外观，任何推杆都会留下顶出痕迹。

③ 尽量少用镶件，任何镶拼都会留下镶拼痕迹。

④ 模具表面应光洁，表面粗糙度一般应低于 $0.2\mu m$。

⑤ 排气孔、槽必须足够，以及时排出空气和熔体中的气体。

⑥ 尽量不用斜顶。斜顶侧向运动时易将塑件表面刮花，或留下擦痕。

⑦ 内模镶件（包括型芯、侧抽芯等）应选用抛光性好的钢材，如 S136H、NAK80 等，进行镜面抛光。

（3）在成型工艺方面

① 应选用专用螺杆、带单独温控射嘴的注塑机。

② 注射温度在塑料不降解的前提下，宜用较高注射温度。

③ 注射压力一般较高，以克服熔料黏度大的缺陷，但压力太高会产生内应力，造成脱模困难和变形，甚至飞边等缺陷。

④ 注射速度在满足充模的情况下，一般宜低，最好能采用慢—快—慢多级注射。

⑤ 保压时间和成型周期在满足塑件充模，不产生凹陷、气泡的情况下，宜尽量短，以尽量降低熔料在机筒的停留时间。

⑥ 螺杆转速和背压在满足塑化质量的前提下，应尽量低，防止产生降解的可能。

⑦ 塑件冷却的好坏，对质量影响极大，所以模温一定要能精确控制其过程，有可能的话，模温宜高一些好。

（4）其他方面的问题

① 为防止表面质量恶化，一般注塑时尽量少用脱模剂。

② 如果用回用料，不得超过 20%。

③ 除 PET 外，塑件都应进行后处理，以消除内应力，PMMA 应在 70～80℃ 热风循环干燥 4h。

④ PC 应在清洁空气、甘油、液体石蜡内加热至 110～135℃，时间根据塑件而定，最长需要十多个小时。

⑤ PET 必须经过双向拉伸的工序，才能得到良好的力学性能。

4.5 薄壁塑件的注塑工艺条件

薄壁注射成型技术是在传统注射成型基础上发展起来的针对薄壁类制品生产的一种新技术。薄壁化具有减轻产品重量及减小产品外观尺寸、缩短生产周期、节约材料和降低成本等优点，但薄壁化也降低了塑件的可成型性，给塑件质量的控制带来了较大的困难。

目前关于薄壁注射成型还没有统一的定义，一种定义是：流长厚度比 L/T（L 为流动长度；T 为塑件厚度；L/T 也简称流长比）在 100 或者 150 以上的注塑为薄壁注塑。另一种定义是：所成型塑件的厚度小于 1mm，同时塑件的投影面积在 50cm² 以上的注射成型。

常规注射成型工艺已为人们所熟悉，但薄壁注射成型则不然，因为随着壁厚的减薄，聚合物熔体在型腔中的冷却速度加快，在很短的时间内就会固化，这使得成型过程变得复杂，成型难度加大，常规的注射成型工艺条件已不能满足需要。常规注射成型的一个不足就是填充过程和冷却过程往往是交织在一起的，但由于常规塑件的尺寸比较大，所以对成型过程影响不大，但在薄壁注射成型中这个不足就成为致命的问题。所以，不能把常规注射成型中的理论和操作简单地照搬到薄壁注射成型中去。

4.5.1　模具方面

成型薄壁制品时一般需要专门设计的薄壁制品专用模具。与常规制品的标准化模具相比，薄壁制品的模具在模具结构、浇注系统、冷却系统、排气系统和脱模系统等方面都发生了较大变化。主要表现在以下几个方面。

（1）模具结构　为承受成型时的高压，薄壁成型模具的刚度要大、强度要高，因此模具的动、定模板及其支承板重量较大，厚度通常比传统模具的模板要厚，支撑柱要多，模具内可能要多设置内锁，以保证精确定位和良好的侧支撑，防止弯曲和偏移。另外，高速射出速度增加了模具的磨损，因此模具要采用较高硬度的工具钢，高磨损、高冲蚀区（如浇口处）硬度应大于 55HRC。

（2）浇注系统　成型薄壁制品，特别是制品厚度非常小时，要使用大浇口，而且浇口应该大于壁厚。如果是直浇口应设置冷料井，以减少浇口应力，协助填充，减少制品去除浇口时的损坏。为保证有足够的压力填充薄的模腔，流道系统中应尽可能减少压力降。为此，流道设计要比传统的大一些，同时要限制熔体的驻留时间，以防止树脂降解劣化。当为一模多腔时，浇注系统的平衡性要求远高于常规模具的要求。值得注意的是，在薄壁制品模具的浇注系统中还引入了两项先进技术，即热流道技术和顺序阀式浇口（SVG）技术。

（3）冷却系统　薄壁制品不像传统厚壁塑料那样可以承受较大的因传热不均匀而产生的残余应力。为保证制品的尺寸稳定性，把收缩和翘曲控制在可以接受的范围内，就必须加强模具的冷却，确保冷却均衡。较好的冷却措施有在型芯及模腔模块内采用不闭合冷却线，加大冷却长度，均可增强冷却效果，必要的地方加入高传导率金属镶块，以加快热传导。

（4）排气系统　薄壁注射成型模具一般需要有良好的排气性，最好可以进行抽真空操作。由于填充时间短，注射速度高，模具的充分排气尤其是流动前沿聚集区的充分排气非常重要，以防困气引燃。气体通常通过型芯、推杆、加强筋、螺柱及分型面等处排出。流道的末端也要充分排气。日本 Sumitomo 公司常用多孔工具钢做小嵌件来解决小件制品的排气问题。

（5）脱模系统　因为薄壁制品的壁和筋都很薄，非常容易损坏，而且沿厚度方向收缩很小，使得加强筋和其他小结构很容易粘模，同时高保压压力使收缩更小。为避免顶穿和粘模，薄壁注射成型应使用比常规注射成型数量更多、尺寸更大的推杆或推块。

4.5.2　注塑机方面

常规的注塑机很难在薄壁塑件注射成型中有用武之地。比如薄壁注射成型的填充时间很短，很多填充时间不足 0.5s，在这样短的时间内不可能遵循速度曲线或截断压力，因此必须使用高解析度的微处理器来控制注塑机；在薄壁制品的整个注射成型过程中，应同时各自独立地控制压力和速度，常规注塑机的填充阶段用速度控制，保压阶段再转为压力控制的方法已不适用。所以机械设备制造商与研究机构共同合作努力，研制出了专用的注射成型设备。如我国台湾中精机公司的 VS-100 薄壁注塑机、德国 Dr. Boy 公司开发的 Boy 型系列注塑机以及 Battenfeld、Arburg 和 JSW 等著名注塑机生产厂商开发的专用注塑机。

薄壁注射成型材料流动性要好，必须拥有大的流动长度，还应具有较高的冲击强度、高热变形温度、良好的尺寸稳定性。另外，还要考察材料的耐热性、阻燃性、机械装配性及外观质量等。目前，薄壁注射成型广为应用的材料有聚碳酸酯（PC）、丙烯腈-丁二烯-苯乙烯共聚物（ABS）及 PC/ABS 共混物等。

4.5.3　注射成型工艺方面

在生产薄壁塑件时，注射速度和注射压力以及其他加工参数的死循环控制有助于在高压和高速下控制充模和保压。

至于注射量，大直径机筒往往太大了，建议的注射量为机筒容量的 $40\% \sim 70\%$，薄壁塑件总成型周期大大缩短，有可能将最小注射量减少到机筒容量的 $20\% \sim 30\%$。用户在注塑时必须十分小心，因为对塑料来说，小的注射量意味着塑料在机筒内的滞留时间更长，从而会导致塑件性能的下降。

速度是薄壁塑件注塑成功与否的关键因素之一。快速充模和高压能使熔融的热塑性材料高速注入模腔中，从而防止浇口冷固。如果一个标准的塑件在 2s 内完成充模，那么壁厚减少 25%，有可能将充模时间减少 50%，刚好 1s。

薄壁注塑的优点之一是冷却的时间更短。随着厚度减小，可以将成型周期缩短一半左右。熔体输送装置的合理设置使热流道和浇口不会妨碍成型周期的缩短。使用热流道有助于将成型周期缩短至最小。

PART TWO

第二部分
注射成型设备——注塑机

第5章 CHAPTER 5

注塑机基本知识

5.1 注塑机的分类

注塑机又名注射机或注射成型机。它是将热塑性塑料或热固性塑料利用塑料成型模具制成各种形状塑件的主要成型设备。注塑机能加热塑料，并对熔融塑料施加高压，使其射出而充满模具型腔。

注塑机的分类方法如下。

5.1.1 按外形结构特点分类

注塑机按外形结构特点可分为卧式注塑机、立式注塑机和角式注塑机三类，如图 5-1 所示。

（1）卧式注塑机　卧式注塑机是最常见的类型，其注射装置与合模装置的轴线呈直线水平排列，模具是沿水平方向打开的，注射装置和定模板在设备一侧，而锁模装置、动模板、推出机构均设置在另一侧。卧式注塑机采用液压-曲肘式或液压式合模装置，应用最为广泛。

卧式注塑机的优点如下。

① 机身矮，易于操作和维修。

② 机器重心低，安装较平稳。

(a)卧式注塑机

(b) 立式注塑机

(c) 角式注塑机

图 5-1　注塑机

③ 塑件顶出后可利用重力作用自动落下，易于实现全自动化生产。

④ 多台注塑机并列排列，成型塑件容易由输送带收集包装。

卧式注塑机的缺点是：模具安装比较麻烦，嵌件放入模具有倾斜或落下的可能，机床占地面积较大。

目前，市场上的注塑机多采用此种形式。

（2）立式注塑机　立式注塑机的注射装置与合模装置的轴线呈直线垂直排列，采用液压-曲肘式或液压式合模装置。其注射装置和定模板设置在设备上部，而锁模装置、动模板、推出机构均设置在设备的下部。

立式注塑机的优点如下。

① 注射装置和锁模装置处于同一垂直中心线上，且模具沿上下方向开闭，如图 5-1 所示。其占地面积只有卧式机的一半左右。

② 容易实现嵌件成型。因为模具表面朝上，嵌件放入定位容易。采用下模板固定、上模板可动的机种，拉带输送装置与机械手相组合的话，可以实现全自动嵌件成型。

模具的重量由水平模板支承作上下开闭动作，不会发生类似卧式机的由于模具重力引起的前倒，使得模板无法开闭的现象，有利于持久性保持机械和模具的精度。

通过简单的机械手可取出各个型腔内的塑件，有利于精密成型。

一般锁模装置周围为开放式，容易配置各类自动化装置，适用于复杂、精巧塑件的自动成型。

立式注塑机的缺点如下。

① 重心高，加料困难。

② 推出的塑件要人工取出，不易实现自动化生产。

③ 注射量较小，只适用于小注射量的场合，一般注射量为 10～60g。

立式注塑机又分为以下四类。

① 直立式注塑机系列　该机型主要是针对连接线、各类电子线、计算机数据线以及电源插头线的注射成型等，注塑产品精度要求不高，一般以 PVC、PE 等塑料注塑为主导，适合于该产品的具体适用机型规格一般锁模力从 15tf 到 35tf 不等，因各厂家机型的具体容模量、配置等有异，在选购前一定要到厂家确定机型的具体参数规格等。

② 立卧式 C 型注塑机系列　该机型立式锁模，卧式射胶，因无导柱，锁模部位成一个英文字母"C"而得名。该机型结构复杂，具有超大的注射量，因无导柱，作业区域宽广，主要适合于各类安规电源插头注射成型，如法国插头、美式插头、英国插头等。

③ 立式单滑板式注塑机、双滑板式注塑机系列　该机型主要针对工程类塑料，产品有严格的精度要求，有精密件或微小的嵌入件一起注射成型，也是嵌入件注塑最优化的成型方案之一，因为该机型具有上模固定、下模滑出功能。双滑板式具有一上模双下模，二模交替作业，较适合于精密五金件的嵌入或取出。该机型一般成型的塑件有电子精密连接器、手机连接器、集成电路组件等。

④ 立式圆盘式注塑机系列　立式圆盘式注塑机旋转式系列可谓是精密件嵌入注塑最优化的方案，因该机型可设计一上模二下模或多下模功能，适合复杂的嵌入，具有节省人工的优点。

（3）角式注塑机　角式注塑机又称直角式注塑机，其注射装置为立式布置，锁模、顶出机构以及动模板、定模板按卧式排列，两者互为直角，适用于中心部分不允许留有浇口痕迹的塑件。角式注塑机合模装置由电机驱动开合模丝杠传动，注射装置采用齿轮齿条机械传动或液压传动，占地面积介于立式和卧式之间。

角式注塑机优点是结构简单，适于成型中心不允许有浇口痕迹的平面塑件，同时常利用开模时丝杠的转动来拖动螺纹型芯或型环旋转，以便脱下塑件。缺点是机械传动无准确可靠的注射压力、保压压力及锁模力，模具受冲击振动较大。另外，角式注塑机加料较困难，嵌件或活动型芯安放不便，只适用于小注射量的场合，注射量一般为 20～45g。

各种注塑机结构简图如图 5-2 所示。

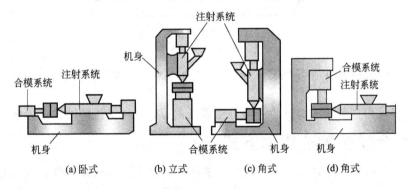

图 5-2　注塑机结构简图

5.1.2　按塑化方式分类

按塑料在料筒中的塑化方式分为柱塞式注塑机和螺杆式注塑机两类。

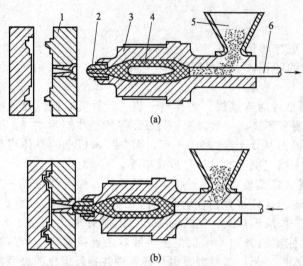

(1) 柱塞式注塑机

① 工作原理 柱塞式注塑机如图 5-3 所示。柱塞是直径约为 20～100mm 的金属圆杆,在料筒内仅作往复运动,将熔融塑料注入模具。分流梭是装在料筒靠前端的中心部分,形如鱼雷的金属部件,其作用是将料筒内流经该处的塑料分成薄层,使塑料分流,以加快热传递。同时塑料熔体分流后,在分流梭表面流速增加,剪切速率加大,剪切发热使料温升高、黏度下降,塑料得到进一步混合和塑化。

② 适用场合 塑料的导热性差,若料筒内塑料层过厚,塑料外层熔融塑化时,它的内层尚未塑化,若要等到内层熔融塑化,则外层就会因受热时间过长而分解。因此,柱塞式注塑机的注射量不宜过大,一般为 30～60g,且不宜用来成型流动性差、热敏性强的塑件。

图 5-3 柱塞式注塑机示意图
1—注塑模;2—喷嘴;3—料筒;4—分流梭;
5—料斗;6—注射柱塞

(2) 螺杆式注塑机 螺杆式注塑机如图 5-4 所示。工作原理是:螺杆的作用是送料、压实、塑化与传压。当螺杆在料筒内旋转时,将料斗中的塑料卷入,并逐步将其压实、排气、塑化,不断地将塑料熔体推向料筒前端,积存在料筒前部与喷嘴之间,螺杆本身受到熔体的压力而缓缓后退。当积存的熔体达到预定的注射量时,螺杆停止转动,并在液压油缸的驱动下向前移动,将熔体注入模具。

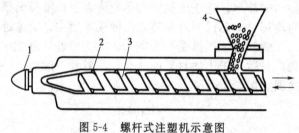

图 5-4 螺杆式注塑机示意图
1—喷嘴;2—料筒;3—螺杆;4—料斗

螺杆式注塑机中螺杆既可旋转又可前后移动,因而能够胜任塑料的塑化、混合和注射工作。

立式注塑机和直角式注塑机的结构为柱塞式,而卧式注塑机的结构多为螺杆式。

5.1.3 按合模装置的驱动方式分类

按合模装置的驱动方式可分为机械式、油压式、油电复合式和全电式四大类。机械式因其锁模力及模板移动行程有限、工作噪声大,现已基本淘汰。液压驱动较平稳安全,是目前应用最为普及的一种注塑机。

全电动注塑机又称全电式注塑机(图 5-5),其主体机械结构与油压式注塑机差异不大,主要差别在于采用直流伺服马达、滚珠螺杆、齿轮、正时皮带等零件,取代原先的油压马达、方向阀、油路板、汽缸等油压元件,因为完全采用电气元件来驱动注塑机,因此称为

"全电气式"注塑机。并且因为完全不采用油压元件，因此没有液压油漏油及污染问题，运转噪声降低，能源使用也更为经济，在精度上也比一般的油压注塑机高很多。

全电动注塑机不仅能满足特殊用途的需要，而且还有比普通注塑机更多的优点。在局部领域，只有液压注塑机或者全蓄压力注塑机才具有这种基本的优点。但是在需要极长时间闭模和极高锁模压力的加工领域，依然需要用液压注塑机。

图 5-5　海天全电动注塑机

全电动注塑机已被认可的优点是低能耗和高精度。全电动注塑机可节省 50%～70% 的能源，而且在冷却水利用方面也有类似的效果。另外，由于全电动注塑机是采用行程短的独立驱动拉杆，因而其精确度很高。全电动注塑机的高精度往复运动不可忽略，因为对注塑机零部件的质量要求已明显提高了。

全电动注塑机的另一个优点就是可以降低噪声，这不仅能使工人们受益，而且还能降低隔声生产车间里的投资建设成本。

全电式注塑机虽然有节省能源、高洁净、低噪声的优异特性，但现阶段仍存在一些缺点尚待克服，包括：伺服马达造价高，成本居高不下，滚珠螺杆耐用度问题，大锁模吨数机种不易发展，在电流不稳地区易受干扰，无法使用蓄压器来产生瞬间高射压等。其中，成本价格因素一直是全电式无法完全取代油压式注塑机最重要的原因。

油电复合式注塑机，顾名思义结合了液压及电气两种结构，一方面具有全电式定位精准及节省能源的特性，另一方面保有油压结构高推力的特性。换言之，油电复合式注塑机以低于全电式注塑机的成本，却能有效改善传统油压式高能耗及精度不佳的问题，而且大幅度降低污染性及噪声问题。

油电复合式注塑机通常将料筒座进退、顶出（拔心、转牙）等单元保留为油压驱动结构，而将注射、进料、开模合模、调模等采用电气驱动结构。但如果需要高速注射的功能，则通常将注射单元也保留油压结构，并且加上蓄压器及闭回路控制，以求得瞬间的高速注射。因此，油电复合式注塑机哪些部分要改为电气驱动及哪些部分要保留油压驱动，完全视成品的需求、成型功能重点及注塑机制作成本而定。其目的就是要在机器性能、品质需求及投入成本之间取得最佳平衡。

5.2　注塑机的工作原理

注塑机的工作原理与打针用的注射器相似，它是借助螺杆（或柱塞）的推力，将已塑化好的熔融状态（即黏流态）的塑料注射入闭合的模具型腔内，经固化定型后得到塑件的工艺过程。

注射成型是一个循环的过程，每一周期主要包括：定量加料—熔融塑化—施压注射—充模冷却—开模取件。取出塑件后再闭模，进行下一个循环。

注塑机操作项目包括控制键盘操作、电气控制系统操作和液压系统操作三个方面，分别进行注射过程动作、加料动作、注射压力、注射速度、顶出形式的选择，以及料筒各段温度的监控，注射压力和背压压力的调节等。

一般螺杆式注塑机的成型工艺过程是：首先将粒状或粉状塑料加入机筒内，并通过螺杆的旋转和机筒外壁加热使塑料成为熔融状态，然后机器进行合模和注射座前移，使喷嘴贴紧模具主流道口，接着向注射缸通入压力油，使螺杆向前推进，从而以很高的压力和较快的速度将塑料熔体注入温度较低的闭合模具型腔内，熔体注满型腔，再经过保压、冷却，熔体在型腔内固化成型为塑件，当塑件具有足够的刚性后，便可开模取出塑件（保压的目的是防止模腔中熔料的反流、向模腔内补充物料，以及保证塑件具有一定的密度和尺寸公差）。注射成型的基本要求是塑化、注射和成型。塑化是实现和保证成型塑件质量的前提，而为满足成型的要求，注射必须保证有足够的压力和速度。同时，由于注射压力很高，相应地在模腔中产生很高的压力（模腔内的平均压力一般在 $20\sim45$MPa 之间），因此必须有足够大的合模力。由此可见，注射装置和合模装置是注塑机的关键部件。

对塑件的评价主要有三个方面，第一是外观质量，包括完整性、颜色、光泽等；第二是尺寸和相对位置间的准确性；第三是与用途相应的物理性能、化学性能、电性能等。这些质量要求根据塑件使用场合的不同，要求的尺度也不同。塑件的缺陷主要在于注射成型工艺参数的选择不当、模具的设计、制造精度和磨损程度等方面。但事实上，塑料加工厂的技术人员往往苦于面对用工艺手段来弥补模具的缺陷却成效不大的困难局面。

在生产过程中工艺的调节是提高塑件质量和产量的必要途径。由于注塑周期本身很短，如果工艺条件掌握不好，废品就会源源不绝。在调整工艺时最好一次只改变一个条件，多观察几回，如果压力、温度、时间统统一起调整的话，很容易造成混乱和误解，出了问题也不知道是何原因。调整工艺的措施、手段是多方面的。例如，解决塑件注不满的问题就有十多个可能的解决途径，要选择出解决问题症结的一两个主要方案，才能真正解决问题。此外，还应注意解决方案中的辩证关系。比如，塑件出现了收缩凹陷，有时要提高料温，有时要降低料温；有时要增加注射量，有时要减少注射量。要注意逆向措施解决问题的可行性。

5.3 注塑机规格及主要技术参数

5.3.1 注塑机的规格

对注塑机的规格，各国尚无统一的标准，有的以注射量为主要参数，有的以锁模力为主要参数。

① 国际上趋于用注射容量/锁模力来表示注塑机的主要特征。这里所指的注射容量是指注射压力为 100MPa 时的理论注射容量。

② 我国习惯上采用注射量来表示注塑机的规格，如 XS-ZY500，表示注塑机在无模具对空注射时的最大注射容量不低于 500cm³ 的螺杆式（Y）塑料（S）注射（Z）成型（X）机。我国制定的注塑机国家标准草案规定可以采用注射容量表示法和注射容量/锁模力表示法来表示注塑机的型号。

5.3.2 注塑机的主要技术参数

注塑机的主要技术参数包括注射、合模、综合性能三个方面，如公称注射量、螺杆直径及有效长度、注射行程、注射压力、注射速度、塑化能力、合模力、开模力、开模合模速度、开模行程、模板尺寸、推出行程、推出力、空循环时间、机器的功率、体积和质量等。

表 5-1 列出部分国产注塑机的主要技术参数，供选择注塑机时参考。

表 5-1 国产注塑机型号及主要技术参数

项目	XS-Z-30	XS-Z-60	SZA-YY60	XS-ZY125	XS-ZY125(A)	X&-ZY250	XS-ZY250(A)	XS-ZY350(G54-S200/400)
理论注射量(最大)/cm³	30	60	62	125	192	250	450	200~400
螺杆(柱塞)直径/mm	28	38	35	42	42	50	50	55
注射压力/MPa	119	122	138.5	119	150	130	130	109
注射行程/mm	130	170	80	115	160	160	160	160
注射时间/s	0.7		0.85	1.6	1.8	2	1.7	
螺杆转速/(r/min)			25~160	29,43,56,69,83,101	10~140	25,31,39,58,32,89	13~304	16,28,48
注射方式	柱塞式	柱塞式	螺杆式	螺杆式	螺杆式	螺杆式	螺杆式	螺杆式
锁模力/kN	250	500	440	900	900	1800	1650	2540
最大成型面积/cm²	90	130	160	320	360	500		645
	160	180	270	300	300	500	350	260
模具最大高度/mm	180	200	250	300	300	350	400	406
模具最小高度/mm	60	70	150	200	200	200	200	165
模板尺寸/mm	250×280	330×440				598×520		532×634
拉杆间距/mm	235	190×300	330×300	260×290	360×360	295×373	370×370	290×368
合模方式	肘杆	肘杆	液压	肘杆	肘杆	液压	肘杆	肘杆
油泵流量/(L/min)	50	70,12	48				129,74,26	
压力/MPa	6.5	6.5	14	6.5			7.0,14.0	6.5
电动机功率/kW	5.5	11	15	11		18.5	30	18.5
螺杆驱动功率/kW			40	4		5.5	9	5.5
螺杆扭矩/N·m								
加热功率/kW		2.7		5	6	9.83		10
外形尺寸/m	2.34×0.80×1.46	3.61×0.85×1.55	3.30×0.83×1.6	3.34×0.75×1.55		4.70×1.00×1.82	5.00×1.30×1.90	4.70×1.40×1.80
电源电压/V	380	380	380	380	380	380	380	380
电源频率/Hz	50	50	50	50	50	50	50	50
机器重量/t	0.9	2	3	3.5		4.5	6	7

以下介绍关于注塑机技术参数的几个概念。

(1) 注射能力 (PK)

$$PK = 注射压力(kgf/cm^2) \times 注射容积(cm^3) \div 1000$$

(2) 注射马力 (PW)

$$PW(kW) = 注射压力(kgf/cm^2) \times 注射率(cm^3/s) \times 9.8 \times 100\%$$

(3) 注射推力 (F)

$$F(kgf) = (\pi/4)(D_1^2 - D_2^2) \times P \times 2$$

式中　D_1——油缸内径，mm；

D_2——活塞杆外径，mm；

P——系统压力，kgf/mm²。

（4）注射压力（p）

$$p(\text{kgf/cm}^2)=[(\pi/4)\times(D_1^2-D_2^2)\times P\times2]\div[(\pi/4)\times d^2]$$

（5）塑化能力（W）

$$W(\text{g/s})=2.5\times(d/2.54)^2\times(h/2.54)\times N\times S\times1000\div3600\div2$$

式中 h——螺杆前端牙深，cm；

N——修正系数，一般取 $0.85\sim0.90$；

S——原料密度，g/cm^3。

（6）系统压力与注射压力 系统压力（kgf/cm^2）是指油压回路中设定的最高工作压力，注射压力是指注塑时的实际压力，两者不相等。

5.4 注塑机的组成

注塑机是一个机电一体化很强的机种，主要由注射系统、合模系统、机身、液压系统、加热系统、控制系统、加料装置等组成，如图 5-6 所示。

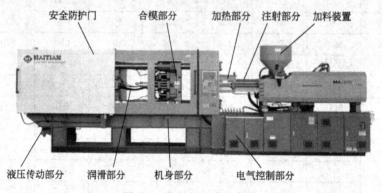

图 5-6 注塑机组成示意图

5.4.1 注塑机注射系统

注射系统是注塑机最主要的组成部分之一，如图 5-7 所示。它一般有柱塞式、螺杆式、螺杆预塑柱塞注射式三种主要形式。应用最广泛的是螺杆式。其作用是在注塑机的一个循环中，能在规定的时间内将一定数量的塑料加热塑化后，在一定的压力和速度下，通过螺杆将熔融塑料注入模具型腔中。注射结束后，对注射到模腔中的熔料保持定型。

注塑机的注射系统由塑化装置和动力传递装置组成。

螺杆式注塑机塑化装置主要由加料装置、料筒、螺杆、射嘴部分组成。动力传递装置包括注射油缸、注射座移动油缸以及螺杆驱动装置（熔胶马达）。

目前，常见的注射装置有单缸形式和双缸形式，它们通常都是通过液压马达直接驱动螺杆注塑。

卧式机和立式机注射装置的组成分别如

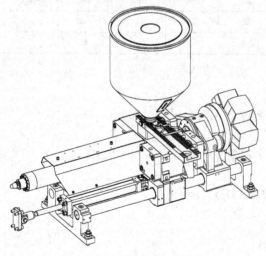

图 5-7 卧式注塑机注射装置

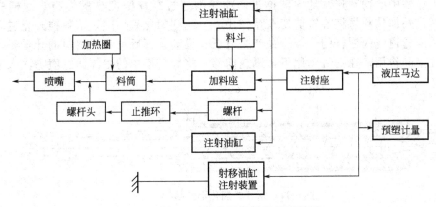

图 5-8 卧式机注射装置零件图

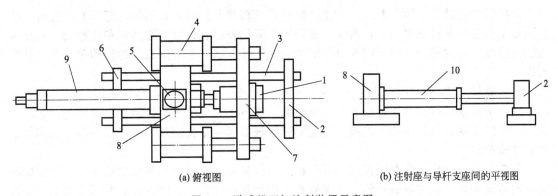

(a) 俯视图　　　　　　　　　(b) 注射座与导杆支座间的平视图

图 5-9 卧式机双缸注射装置示意图

1—油压马达；2, 6—导杆支座；3—导杆；4—注射油缸；5—加料口；

7—推力座；8—注射座；9—塑化部件；10—座移油缸

图 5-8～图 5-10 所示。

工作原理是：预塑时，在塑化部件中的螺杆通过液压马达驱动主轴旋转，主轴一端与螺杆键连接，另一端与液压马达键连接，螺杆旋转时，物料塑化并将塑化好的熔料推到料筒前端的储料室中，与此同时，螺杆在物料的反作用下后退，并通过推力轴承使推力座后退，通过螺母拉动活塞杆直线后退，完成计量，注射时，注射油缸的杆腔进油通过轴承推动活塞杆完成动作，活塞的杆腔进油推动活塞杆及螺杆完成注射动作。

5.4.1.1 塑化部件

塑化部件有柱塞式和螺杆式两种，下面就对螺杆式做一下介绍。

螺杆式塑化部件的结构如图 5-11 所示，主要由螺杆、料筒、喷嘴等组成，塑料在旋转螺杆的连续推进过程中，实现物理状态的变化，最后呈熔融状态而被注入模腔。因此，塑化部件是完成均匀塑化，实现定量注射的核心部件。

螺杆式塑化部件的工作原理是：预塑时，螺杆旋转，

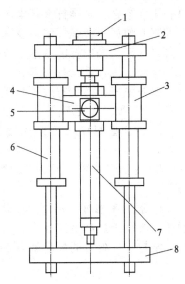

图 5-10 立式注塑机注射装置示意图

1—液压马达；2—推力座；3—注射油缸；

4—注射座；5—加料口；6—座移油缸；

7—塑化部件；8—模板

将从料口落入螺槽中的物料连续地向前推进，加热圈通过料筒壁把热量传递给螺槽中的物料，固体物料在外加热和螺杆旋转剪切双重作用下，达到塑化和熔融，熔料推开止逆环，经过螺杆头的周围通道流入螺杆的前端，并产生背压，推动螺杆后移完成熔料的计量，在注射时，螺杆起柱塞的作用，在油缸作用下，迅速前移，将储料室中的熔体通过喷嘴注入模具。

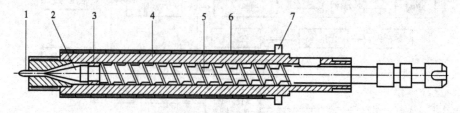

图 5-11　螺杆式塑化部件结构
1—喷嘴；2—螺杆头；3—止逆环；4—料筒；5—螺杆；6—加热圈；7—冷却水圈

螺杆式塑化部件一般具有以下特点：螺杆具有塑化和注射两种功能；螺杆在塑化时，仅作预塑用；塑料在塑化过程中，所经过的热历程要比挤出长；螺杆在塑化和注射时，均要发生轴向位移，同时螺杆又处于时转时停的间歇式工作状态，因此形成了螺杆塑化过程的非稳定性。

(1) 螺杆　螺杆是塑化部件中的关键部件，和塑料直接接触，塑料通过螺槽的有效长度，经过很长的热历程，要经过三态（玻璃态、高弹态、黏流态）的转变，螺杆各功能段的长度、几何形状、几何参数将直接影响塑料的输送效率和塑化质量，最终影响注射成型周期和塑件质量。

与挤出螺杆相比，注射螺杆具有以下特点：注射螺杆的长径比和压缩比较小；注射螺杆均化段的螺槽较深；注射螺杆的加料段较长，而均化段较短；注射螺杆的头部结构具有特殊形式；注射螺杆工作时，塑化能力和熔体温度将随螺杆的轴向位移而改变。

① 螺杆的分类　注射螺杆按其对塑料的适应性，可分为通用螺杆和特殊螺杆，通用螺杆又称常规螺杆，可加工大部分具有低、中黏度的热塑性塑料，结晶型和非结晶型的民用塑料和工程塑料，是螺杆最基本的形式，与其相应的还有特殊螺杆，是用来加工用普通螺杆难以加工的塑料；按螺杆结构及其几何形状特征，可分为常规螺杆和新型螺杆，常规螺杆又称三段式螺杆，是螺杆的基本形式，新型螺杆形式则有很多种，如分离型螺杆、分流型螺杆、波状螺杆、无计量段螺杆等。

常规螺杆其螺纹有效长度通常分为加料段（输送段）、压缩段（塑化段）、计量段（均化段），根据塑料性质不同，可分为渐变型螺杆、突变型螺杆和通用型螺杆。

a. 渐变型螺杆　压缩段较长，塑化时能量转换缓和，多用于 PVC 等热稳定性差的塑料。

b. 突变型螺杆　压缩段较短，塑化时能量转换较剧烈，多用于聚烯烃、PA 等结晶型塑料。

c. 通用型螺杆　适应性比较强的通用型螺杆，可适应多种塑料的加工，避免更换螺杆频繁，有利于提高生产效率。

常规螺杆各段的长度见表 5-2。

表 5-2　常规螺杆各段的长度

螺杆类型	加料段（L_1）	压缩段（L_2）	均化段（L_3）
渐变型	25%～30%	50%	15%～20%
突变型	65%～70%	5%～15%	20%～25%
通用型	45%～50%	20%～30%	20%～30%

② 螺杆的基本参数　螺杆的基本结构如图 5-12 所示，主要由有效螺纹长度 L 和尾部的连接部分组成。

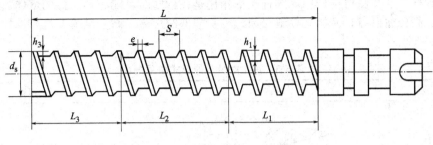

图 5-12　螺杆基本结构

d_s——螺杆外径。螺杆直径直接影响塑化能力的大小，也就直接影响理论注射容积的大小，因此，理论注射容积大的注塑机其螺杆直径也大。

L/d_s——螺杆长径比。L 是螺杆螺纹部分的有效长度，螺杆长径比越大，说明螺纹长度越长，直接影响物料在螺杆中的热历程，影响吸收能量的能力，而能量来源有两部分：一部分是料筒外部加热圈传给的；另一部分是螺杆转动时产生的摩擦热和剪切热，由外部机械能转化的，因此，L/d_s 直接影响物料的熔化效果和熔体质量，但是如果 L/d_s 太大，则传递扭矩加大，能量消耗增加。

L_1——加料段长度。加料段又称输送段或进料段，为提高输送能力，螺槽表面一定要光洁，L_1 的长度应保证物料有足够的输送长度，因为过短的 L_1 会导致物料过早地熔融，从而难以保证稳定压力的输送条件，也就难以保证螺杆以后各段的塑化质量和塑化能力。塑料在其自身重力作用下从料斗中滑进螺槽，螺杆旋转时，在料筒与螺槽组成的各推力面摩擦力的作用下，物料被压缩成密集的固体塞螺母，沿着螺纹方向作相对运动，在此段，塑料为固体状态，即玻璃态。

h_1——加料段螺槽深度。h_1 深，则容纳物料多，提高了供料量和塑化能力，但会影响物料塑化效果及螺杆根部的剪切强度，一般 $h_1 \approx (0.12 \sim 0.16) d_s$。

L_3——熔融段长度。熔融段又称均化段或计量段，熔体在 L_3 段的螺槽中得到进一步的均化，温度均匀，组分均匀，形成较好的熔体质量，L_3 长度有助于熔体在螺槽中的波动，有稳定压力的作用，使物料以均匀的料量从螺杆头部挤出，所以又称计量段。L_3 短时，有助于提高螺杆的塑化能力，一般 $L_3 = (4 \sim 5) d_s$。

h_3——熔融段螺槽深度。h_3 小，则螺槽浅，提高了塑料熔体的塑化效果，有利于熔体的均化，但 h_3 过小会导致剪切速率过高，以及剪切热过大，引起分子链的降解，影响熔体质量；反之，如果 h_3 过大，由于预塑时，螺杆背压产生的回流作用增强，会降低塑化能力。

L_2——塑化段（压缩段）螺纹长度。物料在此锥形空间内不断地受到压缩、剪切和混炼作用，物料从 L_2 段入点开始，熔池不断地加大，到出点处熔池已占满全螺槽，物料完成从玻璃态经过高弹态向黏流态的转变，即此段，塑料是处于颗粒与熔体的共存状态。L_2 的长度会影响物料从玻璃态到黏流态的转化历程，太短会来不及转化，物料堵在 L_2 段的末端形成很高的压力、扭矩或轴向力；太长则会增加螺杆的扭矩和不必要的消耗，一般 $L_2 = (6 \sim 8) d_s$。对于结晶型塑料，物料熔点明显，熔融范围窄，L_2 可短些，一般为 $(3 \sim 4) d_s$；对于热敏性塑料，此段可长些。

S——螺距。其大小影响螺旋角，从而影响螺槽的输送效率，一般 $S \approx d_s$。

ε——压缩比。$\varepsilon = h_1/h_3$，即加料段螺槽深度 h_1 与熔融段螺槽深度 h_3 之比。ε 大，会增强剪切效果，但会减弱塑化能力，一般来讲，ε 稍小一点为好，以有利于提高塑化能力和增加对物料的适应性。对于结晶型塑料，压缩比一般取 2.6～3.0。对于低黏度热稳定性塑料，可选用高压缩比；而高黏度热敏性塑料，应选用低压缩比。

（2）螺杆头　在注射螺杆中，螺杆头的作用是：预塑时，能将塑化好的熔体放流到储料室中，而在高压注射时，又能有效地封闭螺杆头前部的熔体，防止倒流。注射螺杆头的形式与用途见表 5-3。

表 5-3　注射螺杆头的形式与用途

形式		结构图	特征与用途
无止逆环型	尖头形		螺杆头锥角较小或有螺纹，主要用于高黏度或热敏性塑料
	钝头形		头部为"山"字形曲面，主要用于成型透明度要求高的 PC、AS、PMMA 等塑料
止逆型	环形	止逆环	止逆环为一光滑圆环，与螺杆有相对转动，适用于中、低黏度的塑料
	爪形	爪形止逆环	止逆环内有爪，与螺杆无相对转动，可避免螺杆与环之间的熔料剪切过热，适用于中、低黏度的塑料
	销钉形	销钉	螺杆头颈部钻有混炼销孔，适用于中、低黏度的塑料
	分流形		螺杆头部开有斜槽，适用于中、低黏度的塑料

螺杆头分为两大类，即带止逆环的和不带止逆环的。对于带止逆环的螺杆头，预塑时，螺杆均化段的熔体将止逆环推开，通过与螺杆头形成的间隙，流入储料室中；注射时，螺杆头部的熔体压力形成推力，将止逆环退回流道封堵，防止回流。

对于有些高黏度物料如 PMMA、PC 或者热稳定性差的物料 PVC 等，为减少剪切作用和物料的滞留时间，可不用止逆环，但注射时会产生反流，延长保压时间。

对螺杆头的要求如下。

① 螺杆头要灵活、光洁。

② 止逆环与料筒配合间隙要适宜，既要防止熔体回流，又要灵活。

③ 既有足够的流通截面，又要保证止逆环端面有回程力，使其在注射时快速封闭。

④ 结构上应拆装方便，便于清洗。

⑤ 螺杆头的螺纹与螺杆的螺纹方向相反，防止预塑时螺杆头松脱。

（3）料筒

① 料筒的结构　料筒是塑化部件的重要零件，内装螺杆、外装加热圈，承受复合应力和热应力的作用，结构如图 5-13 所示。

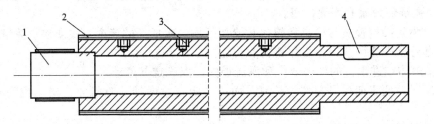

图 5-13　螺杆式塑化部件
1—喷嘴；2—电热圈；3—螺孔；4—加料口

螺孔 3 装热电偶，并应与热电偶紧密地接触，防止虚浮，否则会影响温度测量精度。

② 加料口　加料口的结构形式直接影响进料效果和塑化部件的吃料能力，注塑机大多数靠料斗中物料的自重加料，常用的加料口结构形式如图 5-14 所示。对称形式如图 5-14(a) 所示，其制造简单，但进料不利；现多用非对称形式，如图 5-14(b)、(c) 所示，此种加料口由于物料与螺杆的接触角大，接触面积大，有利于提高进料效率，不易在料斗中形成架桥空穴。

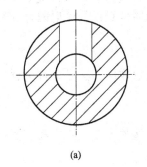 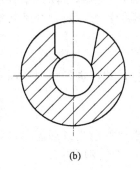 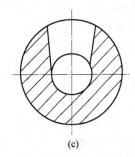

(a)　　　　　　　　　　(b)　　　　　　　　　　(c)

图 5-14　加料口结构形式

③ 料筒的壁厚　料筒壁要求有足够的强度和刚度，因为料筒内要承受熔料和气体压力，且料筒长径比很大，料筒要求有足够的热容量，所以料筒壁要有一定的厚度，否则难以保证温度的稳定性；但如果太厚，则料筒笨重，浪费材料，且热惯性大，升温慢，温度调节有较大的滞后现象。

④ 料筒间隙　料筒间隙是指料筒内壁与螺杆外径的单面间隙，此间隙太大，塑化能力降低，注射回泄量增加，注射时间延长，在此过程中引起物料部分降解；如果太小，热膨胀作用使螺杆与料筒摩擦加剧，能耗加大，甚至会卡死，此间隙 $\Delta = (0.002 \sim 0.005) d_s$。

⑤ 料筒的加热与冷却　注塑机料筒加热方式有电阻加热、陶瓷加热、铸铝加热，应根据使用场合和加工物料合理设置，常用的有电阻加热和陶瓷加热。为符合注塑工艺要求，料筒要分段控制，小型机三段，大型机一般五段。

冷却是指对加料口处进行冷却，若加料口处温度过高，固体塑料颗粒会在加料口处"架桥"，堵塞加料口，从而影响加料段的输送效率，故在此处设置冷却水套对其进行冷却。

（4）喷嘴

① 喷嘴的功能　喷嘴是连接塑化装置与模具流道的重要部件，喷嘴有以下多种功能。

a. 预塑时，建立背压，驱除气体，防止熔体流延，提高塑化能力和计量精度。

b. 注射时，与模具主浇套形成接触压力，保持喷嘴与浇口套良好接触，形成密闭流道，防止塑料熔体在高压下外溢。

c. 注射时，建立熔体压力，提高剪切应力，并将压力头转变成速度头，提高剪切速率和温升，加强混炼效果和均化作用。

d. 改变喷嘴结构使之与模具和塑化装置相匹配，组成新的流道形式或注塑系统。

e. 喷嘴还承担着调温、保温和断料的功能。

f. 减小熔体在进出口的黏弹效应和涡流损失，以稳定其流动。

g. 保压时，便于向模具塑件中补料，而冷却定型时增加回流阻力，减小或防止模腔中熔体回流。

② 喷嘴的基本形式　喷嘴可分为直通式喷嘴、锁闭式喷嘴、热流道喷嘴和多流道喷嘴。

直通式喷嘴是应用较普遍的喷嘴，其特点是喷嘴球面直接与模具主浇套球面接触，喷嘴的圆弧半径和流道比模具要小。注射时，高压熔体直接经模具的浇道系统充入模腔，速度快，压力损失小，制造和安装均较方便。

锁闭式喷嘴主要是解决直通式喷嘴的流延问题，适用于低黏度聚合物（如 PA）的加工。在预塑时能关闭喷嘴流道，防止熔体流延现象，而当注射时又能在注射压力的作用下开启，使熔体注入模腔。

5.4.1.2　注射油缸

其工作原理是：注射油缸进油时，活塞带动活塞杆及其置于推力座内的轴承，推动螺杆前进或后退。通过活塞杆头部的螺母，可以对两个平行活塞杆的轴向位置以及注射螺杆的轴向位置进行同步调整。

5.4.1.3　推力座

注射时，推力座通过推力轴推动螺杆进行注射；而预塑时，通过液压马达驱动推力轴带动螺杆旋转实现预塑。

5.4.1.4　座移油缸

当座移油缸进油时，实现注射座的前进或后退动作，并保证注塑喷嘴与模具主浇套圆弧面紧密地接触，产生能封闭熔体的注射座压力。

5.4.1.5　对注射部件精度要求

装配后，整体注射部件要置于机架上，必须保证喷嘴与模具主浇套紧密地接合，以防溢料，要求使注射部件的中心线与其合模部件的中心线同心；为了保证注射螺杆与料筒内孔的配合精度，必须保证两个注射油缸孔与料筒定位中心孔的平行度与中心线的对称度；对卧式机来讲，座移油缸两个导向孔的平行度和对其中心的对称度也必须保证，对立式机则必须保证两个座移油缸孔与料筒定位中心孔的平行度与中心线的对称度。影响上述位置精度的因素是相关联部件孔与轴的尺寸精度、几何精度、制造精度与装配精度。

5.4.2　注塑机合模系统

合模系统的作用是保证模具闭合、开启及顶出塑件。同时，在模具闭合后，供给模具足够的锁模力，以抵抗熔融塑料进入模腔产生的胀型力，防止模具胀开。

合模系统主要由合模装置、调模装置、顶出机构、前后固定模板、移动模板、合模油缸和安全保护机构组成，如图 5-15 所示。

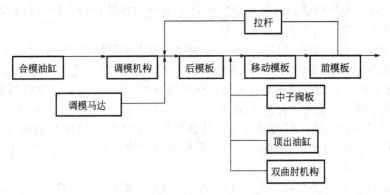

图 5-15 合模系统的组成

5.4.2.1 合模装置

合模装置有液压式、机械式和机械-液压复合式。

（1）液压曲肘连杆式 液压曲肘连杆式属于机械-液压复合式合模机构，其特点是液压缸通过曲柄连杆机构驱动模板实现启闭模运动，充分利用了曲柄连杆机构的行程、速度、力的放大特性和自锁特性，达到快速、高效和节能的效果。常用的液压曲肘连杆式形式有双曲肘内翻式、双曲肘外翻式、撑肘式、单曲肘摆缸式和单曲肘挂缸式。

双曲肘内翻式的结构如图 5-16 所示。这种形式的动作原理是：启闭模时，合模油缸 1 进油，活塞杆推动双曲肘连杆 5 带动动模板 6 及其模具实现启闭模运动；模具接触时，曲肘连杆 5 处于未伸直状态，在合模油缸 1 推力作用下曲肘连杆 5 产生力的放大作用，使合模系统发生变形，直至曲肘连杆 5 伸直进入自锁为止。模具接触时连杆未伸直的程度是通过调模装置与合模油缸相配合，按工艺所要求的锁模力来调整的。

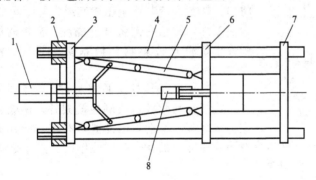

图 5-16 双曲肘内翻式结构原理

1—合模油缸；2—调模装置；3—后模板；4—拉杆；5—曲肘连杆；

6—动模板；7—定模板；8—顶出油缸

（2）直压式合模 此种结构的特点是其开关模动作及锁模动作都是通过油缸直接作用完成的，如图 5-17 所示。移模速度和合模力的大小分别由活塞杆的移动速度和活塞产生的最大轴向力确定。

这种结构的工作原理是：开关模时，移模油缸 5 进油，推动活塞杆，从而带动拉杆及动模板运动，实现开关模动作；进入锁模状态后，锁模油缸 4 进油，在油的推力作用下产生大的锁模力，通过锁模油缸活塞杆对底板 7 的力的作用而压紧模具，实现锁模。

（3）直压式与肘杆式的比较

① 直压式合模力 $F = P_{油缸} S_{油缸}$，故调节合模力较容易，但压力确定后，如 $P_{max} =$

140kgf/cm^2，故不允许超载。而肘杆式注塑机是通过连杆机构的力扩大以后产生的，故在通常情况下可以超载10%以上。

② 由于结构关系，在通常情况下直压式的容模量大于肘杆式，特别适用于深容器产品。

③ 肘杆式刚性比直压式刚性好，因为高压锁模时，肘杆式是全部铸钢变形后产生的，当合模力刚要超载时，因为液压油与铸钢的弹性模量差10倍左右，故在同样要产生飞边情况下，肘杆式注塑机产生的飞边要小得多。

④ 肘杆式注塑机由于合模力是通过力的放大作用产生的，且高压锁模后，在注射、保压过程中可卸压；而直压式在注射、保压过程中始终保持高压，且直压式合模油缸直径远大于肘杆式，故肘杆式较省电。

⑤ 肘杆式合模机构都是通过连杆机构产生合模力，故要有高的模板平行度及长的寿命，其所要求的加工精度较高，且零件较多，成本较高；而直压式是通过合模大油缸产生合模力，对其密封要求较高，随着时间的推移，较易磨损，产生泄漏后，合模力会下降。

5.4.2.2 合模架的组成

合模架是合模部件的基础部分，如图5-17所示，合模架主要由四根拉杆、后模板、动模板、定模板及拉杆螺母组成，是具有一定刚度和强度要求的合模框架。动模板在移模装置的驱动下，以拉杆为导向，实现启闭模运动。因此，对四根拉杆与三块模板的材料、结构尺寸，拉杆之间的平行度与三块模板垂直度都有较高的要求。

（1）模板　后模板、动模板和定模板是合模部分的重要零件，后模板和头板通过拉杆组成合模框架（立式机是底板和动模板形成合模框架）。锁模后，动、定模板在锁模力的作用下，将模具锁紧并使其产生压缩变形，与此同时，三块模板将发生弯曲变形，模板中部将产生挠度。模板的结构、尺寸、材料、弹性模量将直接影响合模系统的强度、刚性，最终影响锁模力。

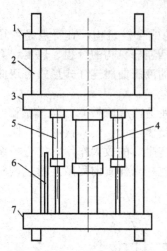

图5-17　直压式合模装置示意图
1—定模板；2—拉杆；3—动模板；
4—锁模油缸；5—移模油缸；
6—电子尺；7—底板

（2）拉杆　拉杆又称格林柱，是合模装置的又一主要零件。拉杆除与模板组成刚性框架外，还兼有导柱功能，使动、定模板在其上滑动，因此要求有较高的几何精度、尺寸精度、四根拉杆的同步精度、光洁度及耐磨性能。而且合模系统作用时拉杆受到非对称循环应力的作用，将受疲劳极限的考验。

5.4.2.3 调模装置

如图5-18所示，调模装置主要由液压马达、齿圈、定位轮、调模螺母的外齿圈等组成，均固定在后模板上。

调模装置设在后模板上，其动作原理是：当调模时，后模板1连同曲肘连杆机构及动模板一起移动，调模时四只带有齿轮的后螺母在大齿圈3驱动下同步转动，推动后模板及其整个合模机构沿拉杆向前或向后移动，调节动模板与前模板的距离，根据充模厚度及工艺所要求的锁模力实现调模功能。此种结构紧凑，减少了轴向尺寸，提高了系统刚性。

各齿轮与齿圈的啮合精度、调整螺母与拉杆端螺纹的配合精度及运行的同步精度，将影响调模的灵活性、调模误差、调模精度。

对于直压式合模装置，动、定模板间的距离可以通过移模油缸活塞杆进行调整，没有专门的调模装置。

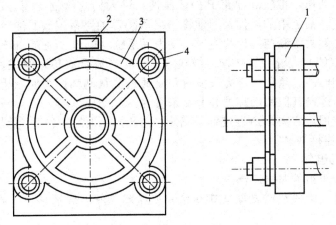

图 5-18　调模装置示意图

1—后模板；2—液压马达；3—大齿圈；4—后螺母

5.4.3　注塑机液压系统

注塑机是机、电、液一体化，集成化和自动化程度都很高。无论是机械液压式还是全液压式，液压部分都占有相当的比重，对注塑机的技术性能、节能、环保以及成本占有重要部分。

注塑机液压系统由主回路、执行回路和辅助回路系统组成，如图 5-19 所示。

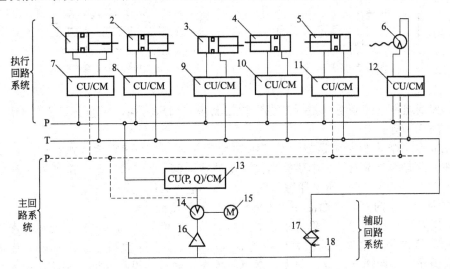

图 5-19　液压系统组成

1～6—合模油缸、滑模油缸、顶出油缸、注射座油缸、注射油缸、液压马达；

7～12—油缸的控制模块（CU）、指令模块（CM）；13—系统压力（P）、流量（Q）的控制和指令模块；

14—泵；15—电机（M）；16—进油过滤器；17—油冷却器；18—油箱；P—进油管路（高压）；T—回油管路（低压）

油路总管线（P、T、P）的上部分是执行回路系统，下部分是主回路系统和辅助回路系统。

执行回路系统主要由各执行机构（油缸）和指令及控制装置（电磁阀）组成。其功能是将进油管路 P 的高压油按程序放到油缸的左腔或右腔中去，推动活塞杆执行动作。高压油进入的时间、顺序和位置是通过电磁换向阀来实现的，工作指令通过电信号发给电磁阀的电磁铁，控制其阀心动作，将控制油路 P 的高压油，进入换向阀推动阀心动作，将高压油接通到油缸中去；而各油缸中的回油经回油管路 T 及辅助油路系统放回油箱。

主回路系统由动力源和控制模块组成。动力源系统（电机、油泵）产生油压（P）和流量（Q），与指令（CU）及控制（CM）模块（压力阀、流量阀等）组成回路。从泵来的高压油进入主管路的时间、顺序、压力及流量，是通过流量阀和压力阀获得的，指令的时间、顺序和强弱，则由控制其阀心的推力和开度来确定。

执行回路与主回路之间是通过进油管路 P（高压）、回油管路 T（低压）以及控制油路 P（高压）形成"连接网络"。

5.4.3.1 主要液压组件

注塑机应用液压组件非常广泛。

（1）动力组件　由电机带动泵实现电能—机械能—液压能的转换。有各种油泵和液压马达。

油泵是靠封闭空腔使其容积发生变化来工作的。理想的泵是没有的，因为结构上只要有缝隙就会有泄漏，而且机械磨损也会产生间隙，所以就要考虑泵的效率。不同质量的泵，其效率是不同的，直接影响了液压系统工作的稳定性。此外，油的压缩性也会对泵的效率产生影响。

（2）执行组件　执行组件是指将液压能转换为机械能的组件，主要有油缸和液压马达。

① 油缸　油缸可分为单作用柱塞式、双作用活塞式、双作用活塞杆式和双作用伸缩式油缸，如图 5-20 所示。

② 液压马达　液压马达是液压能转换成轴的扭矩和转速的设备。通过油压控制轴的输出扭矩；通过输入流量控制轴的输出转速。

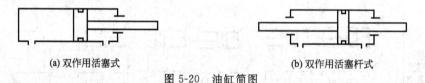

(a) 双作用活塞式　　　　　　　　(b) 双作用活塞杆式

图 5-20　油缸简图

（3）控制组件　控制组件主要是指各种控制阀，如压力阀、流量阀、方向阀、比例阀、伺服阀、溢流阀等。

① 方向阀　方向控制阀是控制系统油的流动方向，按程序来改变执行机构运动方向的控制组件。方向阀有单向阀、电磁换向阀和电液换向阀。图 5-21 是 G 系列液压阀中的方向阀，图 5-21(a) 是 Y21DQ 通电原理，图 5-21(b) 是 Y22DQ 通电原理。

a. 单向阀　单向阀允许油沿一个方向流动，不能反向流动。

单向阀要求：油流过时，阻力小，对反向流动密封性好；动作灵敏，无撞击和噪声。

b. 电磁换向阀　电磁换向按程序由电磁换向阀的信号推动阀心动作实现油路换向。有三位四通阀和二位四通阀之分。很多注塑机中控制注射、合模、移模、座移等用的都是电磁换向阀。

② 比例阀　比例阀是以输入电信号连续地按比例控制与调节系统流量、压力、方向的控制阀。

比例阀有比例压力阀、比例流量阀、比例方向阀、比例压力流量复合阀等。很多注塑机中用到的是比例压力流量复合阀。

比例压力流量复合阀是一种溢流阀，其功能为执行组件提供所需的压力和流量，根据负载压力，使压差保持最小，控制泵的压力，并控制流量稳定不受温度的影响。

③ 溢流阀　当系统或局部压力超过弹簧调整值时，阀心自动开启，把压力流接回油箱，如图 5-22 所示。

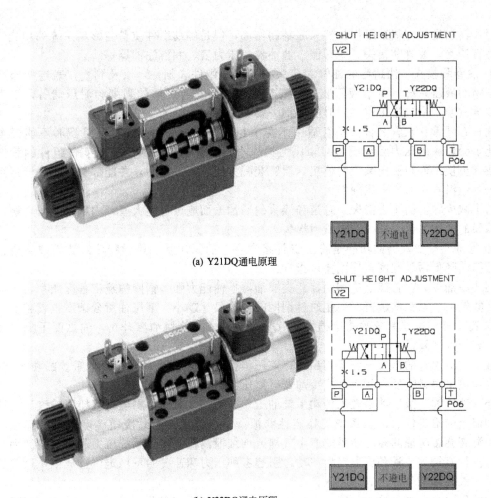

(a) Y21DQ通电原理

(b) Y22DQ通电原理

图 5-21　G 系列液压阀中的方向阀

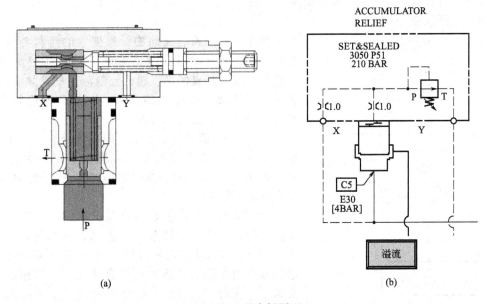

(a)　　　　　　　　　　　　　　(b)

图 5-22　溢流阀原理

（4）辅助组件　辅助组件虽然只起辅助作用，但是辅助组件质量会影响系统的功能。辅助组件有油箱、油管和接头、冷却器、滤油器、压力表、润滑注油器等。

① 油管和接头　用适当的油管和接头将各液压组件和辅件，以及测量仪表连接起来能组成完整的液压系统。对于液压装置，要求管道和接头有足够的强度和耐压储备，使用可靠，装拆方便，在输送工作介质时能量损失要小。

油管有硬管和软管之分。硬管适用于两个相互固定组件的连接，在装配时不能任意弯曲，能承受较高的压力且牢固可靠，压力损失小。软管可以做两个相对变位组件的管道连接，或常更换组件与液压系统的连接。软管装配方便，不怕振动，并能部分地吸收液压系统的冲击，但沿程压力损失比硬管大。

为了减少输油的压力损失，管道和接头的通油截面应尽可能大些，内壁要光滑，避免方向和截面的急剧变化，减少局部压力损失。

② 滤油器　滤油器的功能是将上游管路中存在的固体颗粒等异物，经滤心被阻留，使下游管路油降低污染程度，达到要求指标。

网式滤油器，在骨架上包铜网，此类滤油器通油能力强。铜网的疏密程度用"目"来表示。目数越大表示铜网越密，即能通过铜网的颗粒尺寸越小，液压油所含杂质也就越少。

③ 冷却器　液压系统的功率损失，几乎全部变成热能使油温升高，油黏度下降，泄漏加重，容积效率降低。

减少油液温升的措施，应采用高效率液压组件和合理设计系统，减少系统的功率损失，其次要使热量尽量散发。常用水式冷却器对液压油进行冷却。

（5）液压油　液压油是液压传动系统的工作介质，液压油的黏度将直接影响液压系统中压力和流量的准确性、液压系统的稳定性和泄漏量。液压油的黏度随温度升高而降低，所以，油温高会影响油的黏度使系统产生气泡，增加泄漏量，导致系统压力和流量的波动，使进入各执行机构的流量和压力发生波动，引起各种压力和速度的不稳定，造成生产过程的不稳定性，最终影响塑件的成型质量。

油的压力也会影响油的黏度，当油的压力增加时，分子间距减小，黏度随压力而升高，但是数值变化微小。

所以，当环境温度高时，应采用高黏度油；反之，应采用低黏度油。

5.4.3.2　液压系统分析

在液压系统执行回路中，根据主油路和各执行油缸的功能，液压组件在液压系统上可组成控制模块，以提高系统的集成度。注塑机控制油路的模块有压力/流量控制模块（P/Q 油路块）、注射/预塑控制模块、合模控制模块、顶出控制模块。

（1）压力/流量控制模块（P/Q 油路块）　主要控制系统在整个工作周期中，各程序系统中油的压力（P）和流量（Q），对各执行机构的速度、推力的大小及程序进行控制。

很多注塑机中用的是定量泵＋比例压力流量复合阀控制回路，如图 5-23 所示，由比例压力流量复合阀 V1、泵 P、电动机 MTR 组成。D1、D2 分别是控制流量和压力的电磁铁，当电动机启动后，泵就输出一定的流量，此时 D1、D2 无电信号输入，泵输出流量通过 V1 流回油箱，系统压力为零；如 D1、D2 有电信号

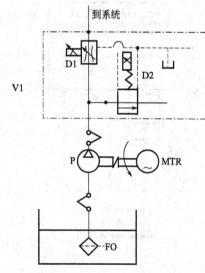

图 5-23　压力/流量控制回路

输入，则 V1 开始工作，部分油通过比例阀所设定的开启压力，比例溢流阀打开，把多余的油放回油箱。只要改变 D1、D2 电信号的输入值，就可实现对系统的压力和速度调节。

（2）注射/预塑控制模块　该模块主要是对注射/射退、预塑、射台前进/后退、背压的动作和程序进行控制。

如图 5-24 所示，由三位四通电磁换向阀 V1 控制座移油缸的前进/后退，三位四通换向阀 V2 控制注射/射退，二位四通换向阀 V3 控制预塑，溢流阀 V4 控制预塑背压。P 表示压力，T 表示回油。

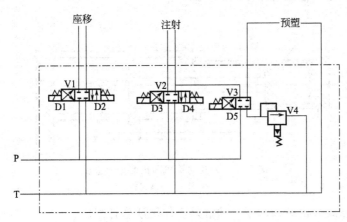

图 5-24　注射/预塑控制模块

其工作原理是：当电磁铁 D1、D2 无信号输入时，油口封闭，注射座保持原位。当电磁铁 D1 得电信号时，压力油经 V1 进入座移油缸的杆腔，从另腔排出的油经 V1 至回油 T，推动活塞实现射台后退动作。当电磁铁 D2 得信号时，压力油经 V1 进入座移油缸的无杆腔，从另腔排出的油经 V1 至回油推动活塞实现射台前进动作。

当电磁铁 D3、D4、D5 无信号输入时，油口封闭，螺杆保持原位。当 D3 得电信号时，压力油经 V2 进入注射油缸的无杆腔，从另腔排出的油经 V2 到回油 T，推动活塞实现射退动作。当 D4 得电信号时，压力油经 V2 进入注射油缸的杆腔，从另腔排出的油经 V2 到回油 T，推动活塞实现注射动作。

当 D5 得电信号时，压力油经 V3 进入预塑电动机的压力油腔，从回油腔排出的油直接到回油 T，使电动机旋转，实现预塑动作。同时，注射油缸的无杆腔油经 V2 到回油 T，另腔油经 V4 至回油。调节 V4 可对螺杆后退速度实施调节。

（3）合模控制模块　该模块主要是对合模、模具低压保护、高压锁模、开模动作和程序进行控制。其工作原理类似于注射/预塑控制模块。

（4）顶出控制模块　该模块主要对顶出、顶退、模具抽芯的动作和程序进行控制。其工作原理类似于注射/预塑控制模块。

5.4.3.3　对液压系统的要求

① 注塑机从关模开始到开模结束，中间经过关模慢—快—慢—低压保护—高压锁模—注射座前进—多级注射—多级保压—预塑—冷却定型—开模慢—快—慢—顶出等多动作程序。每个程序中又都对压力和速度有不同的要求，即动作中的不同时刻或不同位置，流量和压力是瞬时的、多级变化的，所以对注塑机液压系统及其组成液压组件的灵敏性、可靠性、静音性和安全性都有很高的要求。

② 注塑充模质量决定塑件质量，而充模质量与液压系统结构有直接关系。在充模时，螺杆前部所形成的聚合物黏流态系统与螺杆后面通过注射油缸与油路系统形成了一个封闭流

体阻力系统。充模速度受到油路系统参量、介质、黏度、系统结构及其液压刚性等影响。所以,液压系统水平与注塑质量密切相关。

5.4.3.4 顶出装置

顶出装置要有足够的顶出力、顶出速度、顶出次数和顶出精度,是在顶出油缸的作用下作顶出动作。

在一般情况下,顶出油缸是通过导杆固定在动模板上的。如图 5-25 所示,其主要由顶出油缸和顶出杆组成,油缸为双作用活塞式油缸。

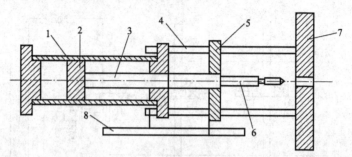

图 5-25 卧式注塑机顶出装置示意图

1—顶出油缸;2—活塞;3—活塞杆;4—导杆;5—顶出板;6—顶出杆;7—动模板;8—电子尺

带有滑板的立式合模机构的顶出油缸是双作用活塞杆式的,如图 5-26 所示。

在图 5-26 中,活塞杆 2 同时又起顶出杆的作用。

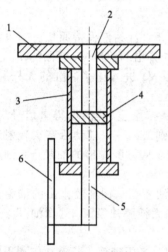

图 5-26 立式注塑机顶出
装置示意图

1—滑板;2,5—活塞杆;
3—顶出油缸;4—活塞;
6—电子尺

5.4.4 注塑机控制系统

控制系统是注塑机的“神经中枢”系统,控制各种程序动作,实现对时间、位置、压力、速度和转速等的控制与调节,由各种继电器组件、电子组件、检测组件及自动化仪表所组成。控制系统与液压系统相结合,对注塑机的工艺程序进行精确而稳定的控制与调节。

控制系统的质量将直接影响产品的成型质量,例如对合模速度、低压模具保护及模具锁紧力的控制,将影响产品的成型周期、可靠的低压模具保护、准确的开模定位等。另一个需要精确控制的是影响注射工艺条件的注射速度、保压压力、螺杆转速及料筒的温度等。

5.4.4.1 开、闭环控制

实现注塑机自动控制的方法分为两大类:第一类顺序控制,即开环控制;第二类回馈控制,即死循环控制。

(1)开环控制 如系统输出量不与指定输入相比较,系统的输出与输入量之间不存在回馈通道,此种称开环控制,如图 5-27 所示。此控制系统结构简单、组件少、成本低、系统容易稳定。由于不对被控制量进行检测,当系统受干扰时,被控制量一旦偏离原有的平衡状态,就再没有消除这种偏差的功能,因此限制了此系统的应用。

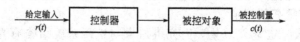

图 5-27 开环控制系统框图

在开环控制系统中，当被控对象给予设定值之后，则系统就会使被控制量（压力、速度、转速、位移）得到实际值，并能经仪表显示出来。但是由于各种环境因素的干扰，会使系统的给定值与实际值之间产生偏差，但无须再重新修正这个偏差，即系统自身对此偏差无调节作用。

（2）死循环控制　把系统被控制量回馈到输入端，并与指定输入相比较，此为死循环控制，由于存在被控制量经回馈环节至比较点的回馈通道，又称回馈控制，如图 5-28 所示。死循环控制系统的特点是：连续地对被控制量进行检测，把测得的实际值提前回馈到始端与给定值进行比较，将所得到的偏差信号经控制器的变换运算和放大器的放大，对被控对象发出新的控制信号，使被控制量按照指定输入的要求去变化。受内部和外部信号干扰时，通过死循环控制，能自动地消除或削弱干扰信号对被控对象的影响，有抗扰动功能。

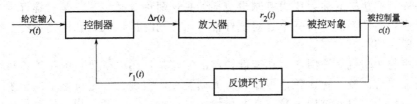

图 5-28　死循环控制系统框图

5.4.4.2　控制系统的组成

（1）检测系统电器　一般注塑机具有的检测系统电器有行程开关、电子尺、热电偶等。

① 行程开关　行程开关（限位开关）是以机械动作发出控制指令的主令电器，用于控制运动方向、行程或位置保护。符号是 SQ（LS）。

行程开关由操作机构、触头系统和外壳等组成。我们所用的舜展卧式注塑机的位移控制就是此种行程开关。

② 接近开关　接近开关（无触点行程开关）代替有触点行程控制和限位保护，也可用于高频计数、液面控制等，具有稳定、可靠、寿命长、定位重复、适应较恶劣的工作条件等优点。符号是 PRS。

③ 电子尺　电子尺是一种电阻式的位移传感器，有时也称电阻尺。符号是 POS。

其工作原理是：采用可变电阻分压原理，将线位移转换成传感器的电阻变化，并变成电压信号传送，如图 5-29 所示。

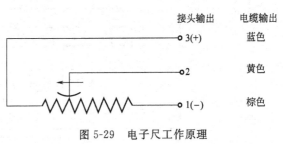

图 5-29　电子尺工作原理

除舜展卧式注塑机外，其他机型都是用电子尺对螺杆位移、模板位移及顶出杆位移进行检测，从而对运动速度进行控制。

④ 热电偶　热电偶是温度检测组件，用来对各处温度进行检测。符号是 BT T/C。

其工作原理是：将两种不同材料的导体或半导体 A 和 B 焊接起来，构成一个闭合回路（图 5-30），当导体 A 和 B 的两个执著点之间存在温差时，由于热电效应，两者之间产生电动势，在回路中形成电流。即将工作端置于温度为 t 的被测介质中，另一自由端置于 t_0 的恒定温度下。当工作端的介质温度发生变化时，热电势随之发生变化，将热电势输入显示仪表、记录或送入微机进行处理，获得温度值。

图 5-30　热电偶工作原理

113

热电势值与热电极本身的长度和直径无关，只与热电极材料的成分及两端的温度有关。注塑机的料筒温度、喷嘴温度和油温的温度控制，都需要经热电偶检测后送入控制器中。

　　（2）执行系统电器　注塑机用到的执行机构有电磁阀线圈、加热线圈、电动机、接触器、报警灯、蜂鸣器等。

　　（3）逻辑判断及指令形成系统电器　有各种控制器、显示器、按钮、拨码开关、电源器等。

　　（4）其他系统电器　有快速熔断器、变压器、导线、冷却风扇、电流表等。

5.4.4.3　注射速度与注射压力的控制

　　注塑机的注射速度控制包括两种含义：一个是对螺杆推进物料的速度进行开环或死循环控制；另一个是对螺杆推进速度同时进行位置和速度值的多级切换，称为多级注射速度切换或控制。同样，注塑机的注射压力控制也包括的是这两种含义：一个是对螺杆推进物料的压力进行开环或死循环控制；另一个是对螺杆推进压力同时进行位置和速度值的多级切换，称为多级注射压力切换或控制。

　　我们所用的注塑机对注射压力和速度控制的特点是：用电子尺检测位置信号与通过所设定的位置信号进行比较，将比较信号输入给控制装置，实现在指定位置上的速度切换和压力切换。速度值和压力值通过模拟量或数字量设定输入给控制装置，指令信号经放大输出给比例压力流量复合阀，实现对流量和压力的控制，从而实现多级注射压力和速度的控制，如图5-31所示。

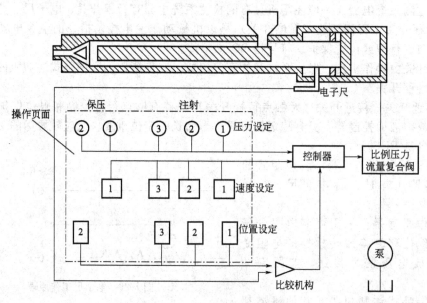

图 5-31　多级注射控制原理

　　注射压力的切换有三段，各段的切换是由位置设定和位移传感器通过控制装置来同时切换压力和速度；由射出切换为保压时，既可通过位移设定来切换，也可用时间来切换；保压有两段压力、两段速度，两段间的切换是用时间来切换的，因为进入保压阶段后，螺杆位移量很小，不易控制。

5.4.4.4　温度的控制与调节

　　（1）料筒温度的控制　注塑机料筒温度是注塑工艺的重要参数，是塑化装置的唯一外部供热，因此，料筒的温控技术将直接影响塑件的质量。

　　注塑机料筒加热段有三段、四段或五段。注塑机料筒与喷嘴温控的调节是死循环控制方

114

式，即通过热电偶检测与设定值进行比较，从而对电阻加热圈进行控制和调节。

注塑机的温度控制与调节有四种基本形式，一般的注塑机用的是开关控制形式和比例积分微分控制形式。

① 开关控制（ON/OFF）形式　这种形式的热能转换组件是电阻加热圈，功率的输出状态是开关形式。图 5-32 是开关控制形式的输出状态及其温度特性曲线。

从特性曲线可以看出，这种开关式的温度控制超调量大，温度波动大且很不稳定。

② 比例积分微分控制（PID）形式　它是根据连续检测温度的偏差信号，提高对温度的控制精度的一种形式，如图 5-33 所示。

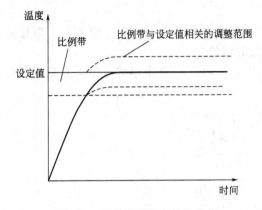

图 5-32　开关控制温度特性曲线

图 5-33　比例积分微分控制温度特性曲线

由前所述，注塑机的料筒壁较厚，所以在对料筒温度进行控制时，就要考虑热电偶检测点的选择问题，因为在不同的检测点上其温度特性曲线有较大的差异，如图 5-34 所示。

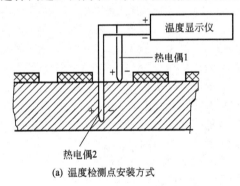

(a) 温度检测点安装方式

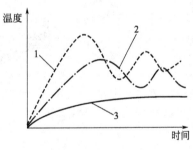

(b) 不同安装位置曲线的比较

图 5-34　热电偶位置对温度特性曲线的影响
1—检测点在料筒表面的温度曲线；2—检测点在料筒深部时的温度曲线；3—工艺要求曲线

曲线 1 是热电偶 1 的温度-时间曲线，反映出温度波动大。但由于检测点与控制点接近，有较高的温控灵敏度。曲线 2 是热电偶 2 的温度-时间曲线，由于料筒热惯性的原因，曲线要比曲线 1 滞后，但所指示的温度更接近于塑料熔体的实际温度。但是两者均有较大的温度波动，与实际要求有较大的偏差。

另外，料筒温度的控制还与所选用的热电偶有关，尤其在对温度进行精确控制时，应选用热敏性高，且质量稳定的热电偶。

（2）喷嘴温度的控制与检测　喷嘴温度也是在注塑工艺参数中应特别控制的一项工艺参数，由于此处测得的温度更能接近熔体的实际温度，所以对其的控制也日益受到人们的重视。在一般情况下采用和料筒温度相同的控制方式，目前，有些厂家用专门测量喷嘴的热电偶对喷嘴温度进行检测。

相对来讲，因为喷嘴处料筒壁较薄，热电偶检测点较接近熔体，测得的温度也较料筒温度更接近熔体温度，对成型更具有指导意义。

（3）油温的控制与检测　由前述可知，油温对液压系统的稳定性和注塑制品质量都有重要的影响，所以一般注塑机都设置有油温检测装置。

在生产中，有些厂家用冷却水对液压油进行冷却以控制油温，却没有对油温进行检测。但在注塑机操作温度页面中，则有油温检测，由此可见，油温检测是作为注塑机的一种可选功能，必须选择此功能。

5.4.4.5　安全控制

注塑机的安全装置主要是用来保护人、机安全的装置，它由安全门、液压阀、限位开关、光电检测元件等组成，实现电气—机械—液压的联锁保护。

图 5-35 是注塑机安全门的机械保险装置的立体图，图 5-36 是常用的机械保险装置的零

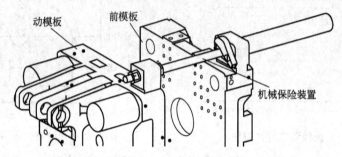

图 5-35　注塑机安全门的机械保险装置的立体图

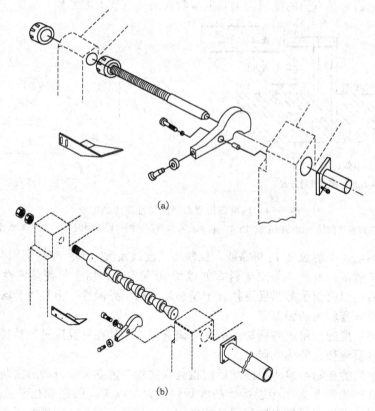

(a)

(b)

图 5-36　常用的机械保险装置的零件爆炸图

件爆炸图。

5.4.5 注塑机加热和冷却系统

加热系统是用来加热料筒和注射喷嘴的，注塑机料筒一般采用电热圈作为加热装置，安装在料筒的外部，并用热电偶分段监测。热量通过筒壁导热为物料塑化提供热源。冷却系统主要是用来冷却油温，油温过高会引起多种故障出现，所以油温必须加以控制。另一处需要冷却的位置在料管下料口附近，防止原料在下料口熔化，导致原料不能正常下料。

5.4.6 注塑机润滑系统

合理润滑是保证注塑机正常运行的重要条件。

合模部分模板的滑动副和曲轴转动副采用自动集中控制，配以定量加压式分配器（小机器采用定阻式）和压力监测报警，保证每一运动部位充分润滑。很多注塑机目前主要采用油脂润滑，部分机型和大型机模板、推力座采用稀油润滑。其他注射部分和调模部分等速度低或不常运动部分的运动副采用手动定期润滑保养。

锁模部分为重要的润滑部位，因长时间受到不断往复摩擦的动作，如缺少润滑，零件会很快磨损，直接影响机械零件的性能和寿命。

5.4.6.1 常用润滑油

（1）68 号抗磨液压油　用于大型机拉杆、动模板滑脚和大型机储料电动机座内的润滑。

（2）极压锂基脂 LIFP00　用于锁模关节部分和小型机拉杆、动模板滑脚的润滑。

（3）1 号锂基润滑脂　用于注射导轨部分和小型机储料电动机座内的润滑。

（4）3 号锂基润滑脂　用于调模部分的润滑。

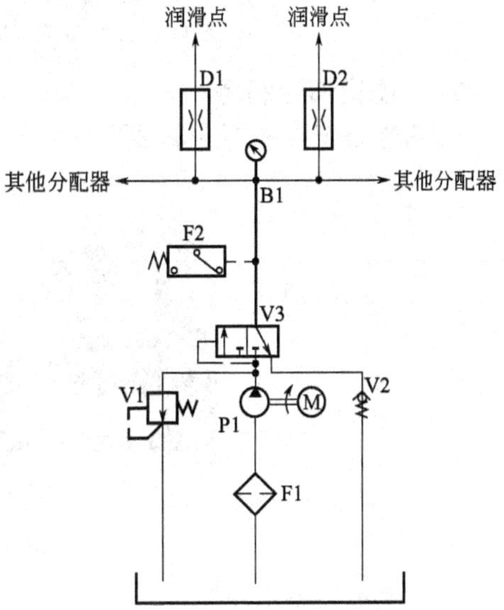

5.4.6.2 定阻式润滑原理

定阻式润滑系统配置有阻尼式分配器。当润滑油泵工作时，由于阻尼器的作用，从油泵出口到各分配器的油路中产生压力，当高于阻尼压差时，润滑油会克服阻尼不断地流向各润滑点，直到润滑时间结束。因分配器的阻尼孔大小不同，因此阻尼式分配器保证了润滑系统到达各润滑点的油量按需要分配。当润滑油路的压力在润滑时间内达不到压力继电器设定的压力值时，机器会报警，润滑系统出现问题需要检查维修。图 5-37是定阻式润滑原理。

5.4.6.3 定量加压式润滑原理

定量加压式润滑系统配置有定量加压式分配器。当油泵工作时，油泵向各分配器加压，将定量分配器上腔的润滑油压向各润滑点，均匀地润

图 5-37　定阻式润滑原理

F1—吸油过滤器；V2—回油背压阀；B1—系统压力表；P1—润滑泵；V3—二位三通换向阀；D1, D2—定阻式分配器；V1—系统溢流阀；F2—压力继电器；M—电动机

滑各点。当润滑油路的压力达到压力继电器压力设定值时，油泵停止工作，开始润滑延时计时，各分配器卸压并自动从油路中补充润滑油到上腔，当润滑延时计时结束后，油泵再次启动，周而复始，直到润滑总时间结束。因分配器的排油量不同，因此保证各润滑点的油量按需要分配。当润滑油路的压力在润滑时间内达不到压力继电器压力设定值时，机器会报警，润滑系统出现问题需要维修。图 5-38 是定量加压式润滑原理。

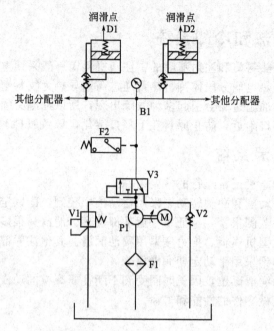

图 5-38 定量加压式润滑原理

F1—吸油过滤器；V2—回油背压阀；B1—系统压力表；P1—润滑泵；V3—二位三通换向阀；
D1，D2—定量加压式分配器；V1—系统溢流阀；F2—压力继电器；M—电动机

5.4.6.4 锁模部件润滑

锁模部件润滑如图 5-39 所示。

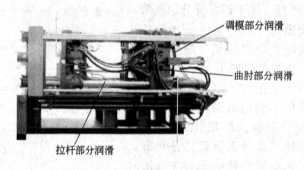

图 5-39 锁模部件润滑

（1）拉杆部分润滑

① 油脂润滑机型　小机型推荐使用 00 号极压锂基脂，由机器自动润滑系统供油。中大机型推荐使用 150 号极压齿轮油或 68 号抗磨液压油，由独立的动模板自动润滑系统供油。

② 稀油润滑机型　小机型推荐使用 150 号极压齿轮油或 68 号抗磨液压油，由机器自动润滑系统供油。中大机型推荐使用 150 号极压齿轮油或 68 号抗磨液压油，由独立的动模板自动润滑系统供油。

（2）曲肘部分润滑

① 油脂润滑机型　推荐使用 00 号极压锂基脂，由机器自动润滑系统供油。

② 稀油润滑机型　推荐使用 150 号极压齿轮油或 68 号抗磨液压油，由机器自动润滑系统供油。

（3）调模部分润滑　推荐使用 3 号锂基脂。

118

5.4.6.5 注射系统润滑

注射系统润滑包括储料座润滑和导轨、铜套润滑，如图 5-40 所示。

（1）储料座润滑　小型机推荐使用 1 号锂基脂；大型机推荐使用 150 号极压齿轮油或 68 号抗磨液压油。

（2）导轨、铜套润滑　推荐使用 1 号锂基脂。

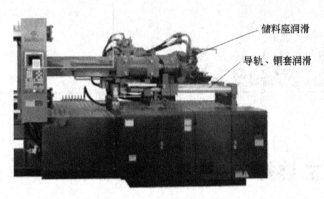

储料座润滑

导轨、铜套润滑

图 5-40　注射系统润滑

第6章 CHAPTER 6

注塑机的选择

6.1 注塑机选择的依据

注塑机的选用直接关系到生产企业的经济效益以及能否生产出合格的塑件，对于一副模具来说，如何选择与之匹配的注塑机，是一件极为重要的事情。

通常影响注塑机选择的重要因素包括模具、塑件、塑料、成型要求等，因此，在进行选择前必须先收集或具备下列资料。

① 模具尺寸（宽度、高度、厚度）、重量、结构等。

② 使用塑料的种类及数量（单一塑料、多种塑料或热敏性塑料）。

③ 塑件的外观、尺寸大小（长度、宽度、高度、厚度）、重量、颜色（主要应留意是否透明）等。

④ 成型要求，如塑件精度要求、生产批量等。

6.2 注塑机选择的步骤

选择注塑机的步骤一般是先确定注塑机型号，再确定注塑机大小。

6.2.1 确定注塑机型号

由模具结构、塑件及塑料决定注塑机的种类及系列。

由于注塑机的种类繁多，因此一开始就要正确判断应选用哪一类注塑机，或是哪一个系列的注塑机来生产。选择注塑机型号的依据如下。

（1）模具结构

① 模具是否是双色注塑模具。

② 是否是热流道模具。

③ 是否是多层注塑模具。

④ 是否是气体辅助注塑模具。

⑤ 是否是自动脱螺纹的模具等。

（2）塑件结构　必须考虑是一般热塑性塑料还是电木原料或PET原料，是单色、双色、多色，还是夹层或混色等。此外，某些塑件需要高稳定（闭回路）、高精密、超高射速、高射压或快速生产（多回路）等条件，也必须选择合适的注塑机系列。

（3）塑料方面　必须考虑有没有热敏性，是热塑性塑料还是热固性塑料等。

6.2.2　确定注塑机大小

注塑机大小参数包括拉杆间距、开模行程、额定锁模力和额定注射量等。

6.2.2.1　确定注塑机拉杆间距

模具的宽度及长度需小于或至少有一边小于注塑机拉杆间距尺寸 A，并在注塑机动、定模板安装尺寸范围内，如图 6-1 所示。

另外，模具的宽度及高度应符合该注塑机建议的最小模具尺寸，太小也不行，因为大的注塑机运转较慢，而且运转费用较高。

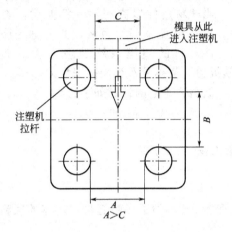

图 6-1　模具的宽度必须小于拉杆间距

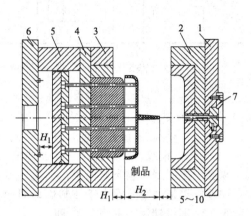

图 6-2　二板模开模行程
1—面板；2—定模 A 板；3—动模 B 板；4—托板；
5—方铁；6—底板；7—定位圈

6.2.2.2　确定注塑机开模行程

由模具和模塑件判定"开模行程"和"脱模行程"是否足以让塑件顺利取出。

各种型号注塑机的推出装置和最大推出距离不尽相同，选用注塑机时，应使注塑机动模板的开模行程与模具的开模行程相适应。

二板模和三板模的开模行程计算方法如下。

（1）二板模（包括热流道注射模）开模行程　如图 6-2 所示。

二板模最小开模行程＝H_1＋H_2＋（5～10）

（2）三板模开模行程　如图 6-3 所示。

三板模最小开模行程＝H_1＋H_2＋A＋C＋（5～10）

式中　H_1——塑件需要推出的最小距离，mm；

H_2——塑件及浇注系统凝料的总高度，mm；

A——三板模浇注系统凝料高

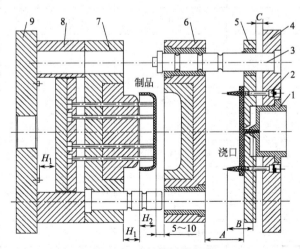

图 6-3　三板模开模行程
1—浇口套；2—拉料杆；3—导柱；4—面板托板；5—流道推板；
6—定模 A 板；7—动模 B 板；8—方铁；9—底板

121

度 $B+30\text{mm}$，且 A 的距离需大于 100mm，以方便取出浇注系统凝料；

C——$6\sim10\text{mm}$；

$5\sim10$——安全距离，mm。

（3）选用原则　所选注塑机的动模板最大行程 $S_{\max}$ 必须大于模具的最小开模行程，所选注塑机的动模板和定模板的最小间距 $H_{\min}$ 必须小于模具的最小厚度，如图 6-4 所示。

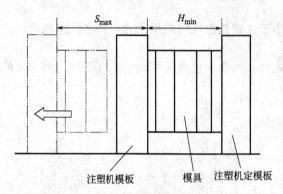

注塑机模板　　　　模具　注塑机定模板

图 6-4　开模行程

6.2.2.3　确定注塑机锁模力

由塑件及塑料决定"锁模力"吨数。

当塑料熔体以高压注入模腔内时会产生一个将模具撑开的力量，此力称为胀型力。注塑机的锁模系统必须提供足够的"锁模力"使模具不至于被胀型力撑开。

胀型力 $F_{胀}$ 的计算如下：

$$F_{胀}=SP$$

式中　$F_{胀}$——胀型力，tf 或 kN；

S——型腔和浇注系统在开合模上的总投影面积，cm^2；

P——模腔内压强，tf/cm^2 或 kN/cm^2。

模腔内压强因塑料不同而不同，见表 6-1。

注塑机锁模力 $F_{锁}$ 需大于塑料熔体对模具的胀型力 $F_{胀}$，为了保险起见，熔体的胀型力不能大于注塑机锁模力的 80%，即：

$$F_{胀}\leqslant F_{锁}\times80\%$$

式中　$F_{胀}$——锁模力，kN 或 tf。

表 6-1　常用塑料熔体对型腔的压强

序号	塑料	tf/cm^2	kN/cm^2	tf/in^2
1	PS	0.155～0.31	1.54～3.09	1.0～2.0
2	PS(薄壁)	0.465～0.62	4.63～6.18	3.0～4.0
3	HIPS	0.155～0.31	1.54～3.09	1.0～2.0
4	HIPS(薄壁)	0.388～0.543	3.86～5.40	2.5～3.5
5	ABS	0.388～0.62	3.86～6.18	2.5～4.0
6	AS(SAN)	0.388～0.465	3.86～4.63	2.5～3.0
7	AS(SAN)（长流程）	0.465～0.62	4.63～6.18	3.0～4.0
8	LDPE	0.155～0.31	1.54～3.09	1.0～2.0
9	HDPE	0.233～0.388	2.32～3.86	1.5～2.5
10	HDPE(长流程)	0.388～0.543	3.86～5.40	2.5～3.5
11	PP	0.233～0.388	2.33～3.86	1.5～2.5
12	PP(长流程)	0.388～0.543	3.86～5.40	2.5～3.5

122

序号	塑料	tf/cm²	kN/cm²	tf/in²
13	PPVC	0.233～0.388	2.33～3.86	1.5～2.5
14	UPVC	0.31～0.465	3.09～4.63	2.0～3.0
15	PA6、PA66	0.62～0.775	6.18～7.72	4.0～5.0
16	PMMA	0.31～0.62	3.09～6.18	2.4～4.0
17	PC	0.465～0.775	4.63～7.72	3.0～5.0
18	POM	0.465～0.775	4.63～7.72	3.0～5.0
19	PET(非结晶体)	0.31～0.388	3.09～3.86	2.0～2.5
20	PET(结晶体)	0.62～0.93	6.18～9.26	4.0～6.0
21	PBT	0.465～0.62	4.63～6.18	3.0～4.0
22	CA	0.155～0.31	1.54～3.09	1.0～2.0
23	PPO	0.31～0.465	3.09～4.63	2.0～3.0
24	PPO(加玻璃纤维)	0.62～0.775	6.18～7.72	4.0～5.0
25	PPS	0.31～0.465	3.09～4.63	2.0～3.0

【例 6-1】 塑件为一直径 79mm 的 PS 塑料杯，最薄的壁厚为 0.6mm，求注塑机锁模力。

塑料杯及流道的投影面积是：$3.1416 \times 7.9^2 \div 4 = 49 cm^2$。

此杯属薄壁的范畴，熔体对型腔的压强取 0.62tf/cm²。

熔体对模具的胀型力是：$0.62 \times 49 = 30.4 tf$。

因此较安全的锁模力是：$30.4 \times 1.25 = 38 tf$。

若注塑件的壁厚大小不一，取其最小值。

【例 6-2】 同一形状和尺寸的塑料杯，如果流程是 104mm，求注塑机的锁模力。

流程是熔体从浇口流至型腔最远一点的长度，如图 6-5 所示。

图 6-5　流程是从浇口到型腔末端

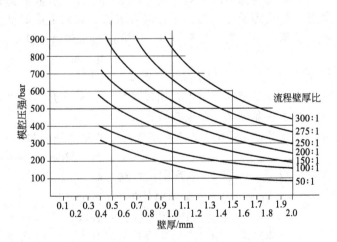

图 6-6　型腔压强和壁厚及流量的关系

（1bar＝10⁵Pa）

流程壁厚比 ＝ $104 \div 0.6 = 173$。根据图 6-6 中的曲线，壁厚 0.6mm 处型腔压强是 580bar。

胀型力＝580×1.02×49＝28988kgf＝28.988tf。

锁模力＝28.988×1.25＝36.24tf。

以上的计算没有考虑黏度，因为一般硬质 PS 的黏度系数是 1.0，所以计算值还是比较准确的。常用塑料的黏度系数见表 6-2。

表 6-2 常用塑料的黏度系数

塑　料	黏度系数	塑　料	黏度系数
PS(GPPS)	1	PP	1~1.2
PE	1~1.3	PVC	2
ABS、AS、SAN	1.3~1.5	PA、POM	1.2~1.4
PMMA	1.5~1.7	PC	1.7~2

【例 6-3】 同一形状和尺寸的塑料杯，如果用 ABS（超不碎塑料），求注塑机的锁模力。

从表 6-2 中查得，ABS 黏度系数为 1.5，则所需锁模力＝1.5×36.24＝54.35tf。

6.2.2.4 确定注塑机额定注射量

注塑机额定注射量≥(各腔塑件总质量＋浇注系统凝料质量)÷80%

即注塑机每次的额定注射量不得小于模具每次注塑时的塑料总质量（包括浇注系统凝料质量）的 1.25 倍。这里要注意的是，算出的数值不能四舍五入，只能向大取整数。

额定注射量是选择注塑机最常用的一个参数，以 oz（盎司）[1] 或 g 表示。

注塑机常用理论注射容积来表示注塑机的最大注塑能力，这时就需经换算才能得知最大注射量。

为了准确得到某注塑机的最大注射量，可以采用测量注塑机实际注射质量的方法。具体测量方法如下。

塑料采用纯 PS，把料筒加热到正常温度，一般喷嘴温度比料筒温度高出 6℃，预塑时将喷嘴闭锁成无流延状态，并在额定注射压力下以最高注射速度和最大注射行程，连续对空注射三次，取其质量的平均值，作为实际注射量的测量值 M_{PSO}，测量结果一般不得小于理论注射量的 95%。

（1）流动阻力的影响　由于注塑机最大注射量是实测对空注射量，在实际生产过程中熔体注入模具型腔时，由于流动阻力增加，加大了沿螺杆方向的逆流量，必须乘以安全系数。在一般情况下，实际注射量 M_1 应取注塑机最大注塑能力的 80%。即：

$$M_1 = M_{PSO} \times 80\%$$

式中　M_{PSO}——注塑机最大注射量，g。

在要求不高的注塑中，如玩具公仔，总质量应是注射量的 85%；而在要求较高的注塑中，如仿水晶制品，安全系数则取 75% 为宜。

对于其他非 PS 之非结晶型塑料，其最大注射量为：

$$M_0 = M_{PSO} \rho / \rho_{PS}$$

式中　M_{PSO}——以 PS 表征的注射量，g；

ρ——常温下某塑料的密度，g/cm³；

ρ_{PS}——常温下 PS 的密度，一般取 1.05g/cm³。

对于非结晶型塑料可以认为从常温状态到熔融状态，其密度变化倍率与 PS 变化倍率差不多，故可用常温下密度代入计算。而结晶型塑料由于从固态到熔态密度变化较 PS 变化更大。因此结晶型塑料还要再乘以一个修正系数：

---

[1]　1oz＝1/16 lb＝28.35g。

$$M_0 = 0.9 M_{PSO} \rho / \rho_{PS}$$

同理，其实际最大注射量为：

$$M_1 = M_0 \times 80\%$$

【例6-4】 赛钢（POM）的密度是 1.42g/cm^3。它在一台注射量（以 PS 计算）为 8oz 的注塑机上注塑。此机以赛钢计算的注射质量就是 $8 \times 1.42 \div 1.05 = 10.8\text{oz}$。

【例6-5】 软质 LDPE 的密度是 0.89g/cm^3。它在一台注射量（以 PS 计算）为 8oz 的注塑机上注塑。此机以软质 LDPE 计算的注射质量就是 $8 \times 0.89 \div 1.05 = 6.78\text{oz}$。也就是说一台 8oz（以 PS 计算）的注塑机并不足以注射 8oz 的软质 LDPE。

【例6-6】 用密度 1.38g/cm^3 的硬质聚氯乙烯（UPVC）注塑玩具公仔时的塑件与流道凝料共重 4oz，需要注射质量多大的注塑机？

$$M_{PSO} = 4 \times 1.05 \div 1.38 = 3.04\text{oz}$$

安全系数取 85%，所需注塑机注射量为 $3.04 \div 0.85 = 3.58\text{oz}$。

【例6-7】 尼龙料，塑件与流道凝料共重 4oz，塑料为结晶型塑料，密度为 1.15g/cm^3，求需要额定注射量多大的注塑机？即已知 $M_1 = 4\text{oz}$，求 M_{PSO}？

$$M_{PSO} = P_{PS} \div 0.9 \div P_{AA} \times M_1 \div 0.80 = 1.05 \div 0.9 \div 1.15 \times 4 \div 0.80 = 5.07\text{oz}$$

（2）理论注塑容积 有时注塑机用理论注塑容积 V_C 表示机器的最大注射能力，该体积是指在最大注射行程时螺杆所经过的最大体积，它与 PS 表示的最大注射量的关系是：

$$M_{PSO} = V_C \rho A$$

式中 ρ——常温下塑料的密度，g/cm^3；

A——注塑系数，一般与塑料加温后体积膨胀系数和螺杆逆流漏料有关。考虑到螺杆逆流漏料，结晶型塑料取 $A = 0.7 \sim 0.8$；非结晶型塑料（含 PS）取 $A = 0.8 \sim 0.9$。

（3）塑料质量的选择范围 为确保塑件质量，注塑模一次成型的塑料质量（塑件和流道凝料质量之和）应在额定注射量的 30%～85% 范围内。而在塑件要求不高、物料不易分解的情况下，最大可达 90%，最小不小于 10% 即可。但为了保证塑件质量，又充分发挥设备的能力，选择范围通常在注射量的 50%～85% 之间。

（4）不可选用注射质量过高的注塑机 在一般情况下，塑件和浇注系统凝料的总质量应该是额定注射量的 35%～85%。

注塑机选择小了，塑件易出现飞边（锁模力不足）或填充不足（注射量不够）；注塑机选择大了，也会出现问题，设置下限是基于以下三种考虑。

① 模板的弯曲 因锁模力太大模板易弯曲变形，甚至破裂，从而影响模具寿命和塑件质量。

② 塑料降解 用过大的注塑机注塑小的塑件，熔融塑料在料筒内驻留时间太长会降解。在料筒内驻留时间可以由以下公式估计：

在料筒内驻留时间＝（料筒内熔体质量×注塑周期）/实际注射质量

料筒内熔体质量最好是注射容量的 2～3 倍。

③ 速度慢、能耗大 大的注塑机运转费用高，且动作缓慢。

【例6-8】 例6-6的玩具公仔如果在大型机上注塑，最大的注射质量可以是多少？

安全系数取 35%，则注塑机的注射质量最大为 $3.04 \div 0.35 = 8.7\text{oz}$。

【例6-9】 密度 1.38g/cm^3 的硬质聚氯乙烯（UPVC）在一台螺杆直径 55mm、注射行程 250mm、注射质量 M_{PSO} 为 567g 的注塑机上注塑。注塑周期是 20s，每次注射需塑料总质量是 260g。求熔体在料筒内驻留时间是多长？

如果料筒内熔体质量是注射容量的 2 倍，则：

料筒内的熔体容量＝2×3.1416×5.5×5.5×25÷4＝1188cm³

在料筒内驻留时间＝1188×1.38×20÷260＝126s

使用一模多腔或加大模具尺寸可解决用大型机注塑小塑件的一些问题。降低料筒温度也可以舒缓因驻留时间过长引致的塑料降解。

6.3　选择注塑机其他需要考虑的因素

（1）由塑料判定"螺杆压缩比"及"注射压力"等条件　有些工程塑料需要较高的注射压力及合适的螺杆压缩比设计，才有较好的成型效果，因此，为了使模塑件成型质量更好，在选择螺杆时亦需考虑注射压力的需求及压缩比的问题。一般来说，直径较小的螺杆可提供较高的注射压力。

（2）"注射速度"的确认　有些模塑件需要很高的注射速度才能稳定成型，如超薄类塑件，在此情况下，可能需要确认注塑机的注射速率及注射速度是否足够，是否需搭配蓄压器、闭合回路控制等装置。一般来说，在相同条件下，可提供较高注射压力的螺杆通常注射速度较低，相反的，可提供较低注射压力的螺杆通常注射速度较高。因此，选择螺杆直径时，注射量、注射压力及注射速度需综合考虑，合理取舍。

（3）大小配的问题　在某些特殊状况下，可能模具体积小但所需注射量大，或模具体积虽大但所需注射量小。在这种情况下，预先设定的标准规格可能无法符合注塑要求，而必须进行所谓"大小配"，亦即"大壁小射"或"小壁大射"。所谓"大壁小射"是指以原先标准的夹模单元搭配较小的注射螺杆。反之，"小壁大射"即是以原先标准的夹模单元搭配较大的注射螺杆。当然，在搭配上也可能夹模与注射相差好几级。

（4）快速注塑机或高速注塑机的观念　在实际运用中，越来越多的客户会要求购买所谓"高速注塑机"或"快速注塑机"。一般来说，其目的除了塑件本身的需求外，更多是希望缩短成型周期、提高劳动生产率，进而降低生产成本，提高竞争力。通常，要达到上述目的，有以下几种做法。

① 注射速度加快。将电动机及泵浦加大，或加蓄压器（最好加闭合回路控制）。

② 加料速度加快。将电动机及泵浦加大，或加料油压马达改小，使螺杆转速加快。

③ 多回路系统。采用双回路或三回路设计，以同步进行复合动作，缩短成型周期。

④ 增加模具冷却水路，提升模具的冷却效率。

然而，"天下没有白吃的午餐"，注塑机性能的提升及改造固然可以提高生产效率，但往往也增加投资成本及运行成本，因此，投资前的效益评估需仔细衡量，才能以最合适的机型产生最大的经济效益。

6.4　选择注塑机的几个误区

（1）选错注射量　1oz黄金比1oz棉花重吗？这是一个含误导成分的问题。很多只以注射量选用注塑机的公司都以为1oz软质LDPE相当于1oz硬质PS。这是错误的！一台注塑机的注射装置有一个注射容量参数，它与使用何种塑料无关。注射质量约是注射容量容纳的硬质PS质量，这显然与相同容量容纳的软质LDPE质量不一样。8oz（基于硬质PS）的注射质量只相当于（只能容纳）6.6oz的软质LDPE。选择了8oz的注塑机就不能够注塑8oz的软质LDPE塑件。

（2）选错螺杆　注塑超不碎塑料ABS塑件，塑件及流道凝料质量共4.5oz，为了保证注塑机有足够的注射量，选择一台9oz额定注射量的注塑机，之后却发现塑件的收缩率太大。

此款注塑机的部分规格见表 6-3。

表 6-3　有三条螺杆可选的注塑机

项　　目	螺杆 A	螺杆 B	螺杆 C	项　　目	螺杆 A	螺杆 B	螺杆 C
螺杆直径/mm	35	39	43	注射量/g	145	181	220
长径比	22	20	18	注射量/oz	5.5	7	9
注射容量/cm³	173	215	261	注射压力/(kgf/cm²)	1569	1264	1039

其实应该选择注射量为 5.5oz 的螺杆 A，因为它的注射压力较高。为了"安全"，应选择注射质量为 9oz 的螺杆 C，但这款注塑机的注射压力较低。低的注射压力引起过量收缩。为了安全，"注射量"的选择是正确的，但较高的注射量并非有足够的"注射压力"，而直径较小但仍然有足够注射量的螺杆 A 才是更"给力"（注射压力）的。

（3）忽略了模具厚度　选择注塑机时往往只考虑拉杆间距，只要求注塑机能放得下模具，却忽略了模具厚度，安装模具时才发现容模量不够。如果在购买注塑机之前先试模，通常对选择注塑机很有帮助。

（4）固定模具用的螺孔距离太大　某公司为某款产品购买注塑机，由于只考虑锁模力、注射量和容模尺寸的安全性，导致所购买的固定模具的螺孔距离太大。后来选择较小机型，既能满足注塑要求，也能满足装配要求，而且占地少，搬运简单，价格也便宜。

（5）误解电动机的额定功率　有人以为注塑机的电动机功率越高，消耗的电力也越多。其实高功率本身并不一定会多耗电。相反，它降低了过载，耗电量反而会降低。

6.5　注塑机选择实例

在很多情况下，注塑机型号的选择应根据以上几种条件来综合决定。即最合适的机型应满足"放得下"、"拿得出"、"锁得住"和"射得满"等诸多条件。现举例说明如下。

图 6-7 是某设备上的塑料配件，一模出二件。材料为 ABS，壁厚为 3mm，单位压强取 0.62tf/cm²，每次注塑的塑件及流道凝料总重约 400g。

制品投影面积：$233 \times 50 \times 2 = 23300 \text{mm}^2 = 233 \text{cm}^2$

胀型力 $F_胀 = 233 \times 0.62 = 144.46 \text{tf}$

流道投影面积：$170 \times 8 = 1360 \text{mm}^2 \approx 13.6 \text{cm}^2$

胀型力 $F_胀 = 13.6 \times 0.62 = 8.43 \text{tf}$

总胀型力 $F_胀 = 144.46 + 8.43 = 152.89 \text{tf}$

所需锁模力 $F_锁 \geqslant 152.89 \div 80\% = 191.12 \text{tf}$

选择注塑机的锁模力应在 200～250tf 之间。

根据每次注射质量，计算注塑机额定注射量 $= 400 \div 80\% = 500 \text{g}$

根据额定注射量选择机型最小锁模力为 250tf，因为锁模力 200tf 的注塑机额定注射量为 489g，达不到制品要求。

根据塑件排位，该模具采用龙记模架：3540-CI-A60-B70。模具外形尺寸为 400mm× 400mm×290mm，选择机型为锁模力 200～250tf 的注塑机。

综合以上三条，200tf 注塑机虽然锁模力和机型大小都符合要求，但注射量达不到制品重量要求，对模具注塑有影响，故应选择机型规格为 250tf 的注塑机。

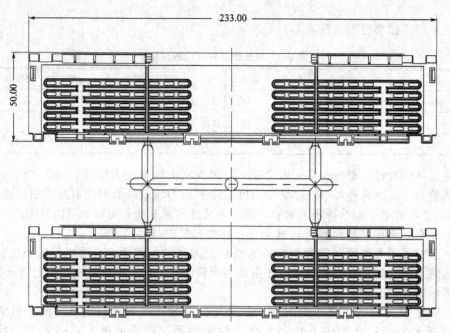

图 6-7　型腔排位图（单位：mm）

注意：因为塑件属于扁平的平板类零件，顶出距离只需 60mm，开模距离 100mm 足够，故无须校核注塑机的开模行程。

6.6　注塑机的主要品牌

注塑机行业在全球发展很快，特别是在制造业快速发展的中国。国内比较著名的注塑机品牌有香港的震雄、台湾的台中精机，内地的海天、海泰和博创等；国外的有日本的三菱、东芝和住友等，德国的德马格和克劳斯玛菲等。相比之下，使用寿命最长的应该属于日本注塑机，欧洲注塑机的安全标准较高。

（1）德国的德马格注塑机　德马格是世界知名的德国 Demag Ergotech 公司的注塑机品牌，其主要特点是：注塑机采用液压锁模结构与计算机优化的位置控制和预设的加速曲线相吻合，保证了锁模快速平衡地运动，保证了模具的完好性，缩短了循环时间，而且它的液压顶出机构易于拆装，没有突出的软管，拉杆间距足以容纳体积大的模具。注塑机采用电控变量泵（DFE），可以达到闭环的油压控制，能满足任何高精度、高反应的要求，同时可以使能耗降至最低以达到更好的节能要求（比普通注塑机节能 30% 以上）。采用 Ergotech Control 控制器，可以按照要求的时间、压力及流量从注射状态切换到保压状态，设定值既可以按百分比，也可以按物理值输入；NC4 可以控制外部设备，还提供一个专门的页面设定各项工艺参数，进行质量控制，所有的工艺控制都是由 NC4 控制系统自动完成。

（2）德国克劳斯玛菲（KRAUSS MAFFEI）注塑机　克劳斯玛菲（KRAUSS MAFFEI）是德国高精度注塑机的主打品牌。EX 是克劳斯玛菲推出的全电动注塑机，速度快、精度高、清洁，同时比较节省能源。具有很短的干燥循环时间，循环速度快的同时还具有很高的精度。生产出来的塑件也是高质量的。

（3）日本住友注塑机　住友是日本注塑机的第一品牌，也是世界全电动注塑机第一品牌，住友全电动注塑机连续五年来居于世界市场首席占有率。住友从事注塑机研发制造已有四十多年的历史，历来以其高速、高压而在行业内享有盛名。自从全电动注塑机得到广泛应用，住友更凭借强大的研发与创新能力走在整个行业的最前端。目前住友拥有多项独家技术，如直接驱动、双压中心模板锁模结构、锁模力自动补正等，在行业内拥有杰出的表现力，近年住友年产全电动注塑机5000台左右，在全电动注塑机处于领先地位的日本机种里已连续五年取得第一名。

（4）香港震雄注塑机 香港震雄是目前全球注塑机销售量最大的生产商之一，平均每10min售出一台机器，年产注塑机接近15000台，全线系列注塑机锁模力为5~6500tf，注射量为1~100000g。震雄集团以创新科技为首要目的，创业初期于1959年自行研发生产出香港第一台双色吹瓶机，令同行为之瞩目。20世纪60年代，震雄首创螺钉直射注塑机，奠定了震雄在注塑机行业的领导地位。进入21世纪，震雄集团生产的注塑机已达世界级技术水平。近年来，震雄不断推出新产品、新技术，2000年将亚洲第一个包括模具、注塑机及机械手的PET瓶坯注塑配套系统推向市场，2001年推出全电动注塑机，同年9月推出精密超高速注塑机。

（5）台中精机注塑机 台中精机是中国台湾地区成功开发全电动注塑机并实现一定批量生产的公司。台中精机基于50余年工具机的成熟技术，目前已开发完成50tf、80tf、100tf、150tf、200tf五个机种共11种模块搭配的完整系列电动式注塑机，已经销售到美国、英国、南非、日本、菲律宾、马来西亚等地区。今后计划持续推出中大型电动式注塑机，包括250tf、300tf和350tf等机种，并将电动式注塑机系列往上延伸，以满足客户的殷切需求。

（6）宁波海天注塑机 中国注塑机械企业主要分布在东南沿海、珠江三角洲一带，其中宁波地区发展势头最猛，现已成为中国最大的注塑机生产基地，年生产量占国内注塑机年总产量的1/2以上，占世界注塑机的1/3。海天牌系列注塑机则是其中代表之一。海天集团创业已有40多年，目前已成为中国最大的塑料机械生产基地，是一家专业生产注塑机的高新技术企业。海天牌注塑机以其优质、高效、节能、档次高、经济效益好而闻名于全国注塑机械行业。注塑机锁模力为58~3600tf，注射量为50~54000g，规格型号有近百种，注塑机年产量和销售额占中国同行业首位。公司全方位引进日本、德国、美国、英国等先进国家一流的全计算机、全自动控制的综合加工中心，以高精度、高质量生产制造海天牌系列注塑机，生产有HTB系列、HTF系列、HTW系列、HTK系列、DH系列五大系列，百余种规格的机型，以适合不同客户的需求。

6.7 海天注塑机技术参数

长飞亚天锐VE系列全电动注塑机锁模力范围覆盖400~4100kN。该系列集结当今最先进的控制技术，结合丰富的成型专业技术，融合人性化的设计理念，采用现代化加工工艺，不仅具备节能环保、高效精密、响应敏捷、运行可靠、操作便捷等优秀性能，而且具有高包容性与高标准化特性。

长飞亚天锐VE系列采用肘节式高速高周期锁模机构，关节低压应力设计有效提高了使用寿命和保证了精度，合模系统基于有限元结构分析造型，优化结构应力分布，提升结构刚性，有效降低模具形变以及延长合模机构寿命，全面确保了精密稳定成型的要求。

长飞亚天锐 VE400、VE600、VE900、VE1200、VE1500、VE1900、VE2300、VE3000、VE4100的模板尺寸如图6-8~图6-16所示。

合模单元	VE400
合模力/kN	400
最大移模行程/mm	235
最小模厚/mm	150
最大模厚/mm	320
最大模板开距/mm	555
拉杆间距($H \times V$)/mm	320×280
最小模具尺寸/mm	205×180
顶出行程/mm	60
顶出力/kN(tf)	9.8(1.0)
模板尺寸($H \times V$)/mm	480×440

注射单元	80h			80h		
	A	B	C	A	B	C
螺杆直径/mm	19	22	26	19	22	26
长径比	20	20	17	20	20	17
注射容量/cm³	21	36	50	21	36	50
注射质量(PS)/g	19.1	32.8	45.5	19.1	32.8	45.5
注射速度/(mm/s)		350			150	
注射速率/(g/s)	90	121	169	38	51	72
注射压力/MPa(kgf/cm²)	260	220	157	260	220	157
	2650	2240	1600	2650	2240	1600
保压压力/MPa(kgf/cm²)	208	175	125	208	175	125
	2120	1780	1270	2120	1780	1270
螺杆转速/(r/min)		400			400	
塑化能力(PS)/(g/s)	3.8	6.0	8.8	3.8	6.0	8.8
喷嘴接触力/kN(tf)			9.8(1.0)			
整移行程/mm			290			
电热功率/kW	4.1	5.0	5.0	4.1	5.0	5.0

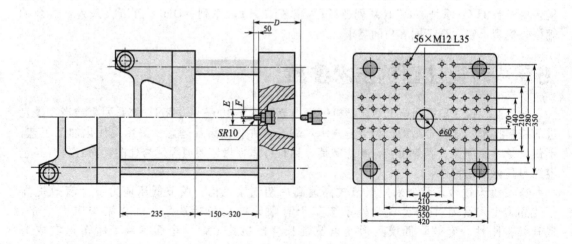

图 6-8　VE400 模板尺寸

VE600技术参数

合模单元	VE600
合模力/kN	600
最大移模行程/mm	270
最小模厚/mm	150
最大模厚/mm	350
最大模板开距/mm	620
拉杆间距(H×V)/mm	370×320
最小模具尺寸/mm	240×205
顶出行程/mm	70
顶出力/kN(tf)	19.6(2.0)
模板尺寸(H×V)/mm	545×500

注射单元	80h			80h			120h			120h		
	A	B	C	A	B	C	A	B	C	A	B	C
螺杆直径/mm	19	22	26	19	22	26	22	26	30	22	26	30
长径比	20	20	17	20	20	17	20	20	17.4	20	20	17.4
注射容量/cm³	21	36	50	21	36	50	36	58	78	36	58	78
注射质量(PS)/g	19.1	32.8	45.5	19.1	32.8	45.5	33	52	70	33	52	70
注射速度/(mm/s)	350			150			350			150		
注射速率/(g/s)	90	121	169	38	51	72	121	169	225	52	72	96
注射压力/MPa(kgf/cm²)	260	220	157	260	220	157	280	200	150	280	200	150
	2650	2240	1600	2650	2240	1600	2850	2040	1530	2850	2040	1530
保压压力/MPa(kgf/cm²)	208	175	125	208	175	125	220	160	120	220	160	120
	2120	1780	1270	2120	1780	1270	2240	1630	1220	2240	1630	1220
螺杆转速/(r/min)	400			400			400			400		
塑化能力(PS)/(g/s)	3.8	6.0	8.8	3.8	6.0	8.8	6.0	8.8	13.0	6.0	8.8	13.0
喷嘴接触力/kN(tf)	14.7(1.5)											
整移行程/mm	290						310					
电热功率/kW	4.1	5.0	5.0	4.1	5.0	5.0	5.3	6.8	6.8	5.3	6.8	6.8

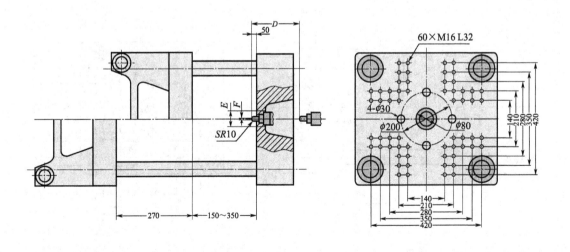

图 6-9　VE600 模板尺寸

合模单元	VE900
合模力/kN	900
最大移模行程/mm	320
最小模厚/mm	150
最大模厚/mm	380
最大模板开距/mm	700
拉杆间距($H \times V$)/mm	420×370
最小模具尺寸/mm	270×240
顶出行程/mm	80
顶出力/kN(tf)	19.6(2.0)
模板尺寸($H \times V$)/mm	615×570

注射单元	120h			120h			210h			210h		
	A	B	C	A	B	C	A	B	C	A	B	C
螺杆直径/mm	22	26	30	22	26	30	28	32	36	28	32	36
长径比	20	20	17.4	20	20	17.4	21	21	18.6	21	21	18.6
注射容量/cm³	36	58	78	36	58	78	70	100	127	70	100	127
注射质量(PS)/g	33	52	70	33	52	70	64	91	116	64	91	116
注射速度/(mm/s)	350			150			350			150		
注射速率/(g/s)	121	169	225	52	72	96	196	256	324	84	110	139
注射压力/MPa(kgf/cm²)	280	200	150	280	200	150	260	200	160	260	200	160
	2850	2040	1530	2850	2040	1530	2650	2040	1630	2650	2040	1630
保压压力/MPa(kgf/cm²)	220	160	120	220	160	120	206	160	126	206	160	126
	2240	1630	1220	2240	1630	1220	2100	1630	1280	2100	1630	1280
螺杆转速/(r/min)	400			400			400			400		
塑化能力(PS)/(g/s)	6.0	8.8	13.0	6.0	8.8	13.0	11.0	16.0	22.0	11.0	16.0	22.0
喷嘴接触力/kN(tf)	19.6(2.0)											
整移行程/mm	310						330					
电热功率/kW	5.3	6.8	6.8	5.3	6.8	6.8	7.5	8.0	8.0	7.5	8.0	8.0

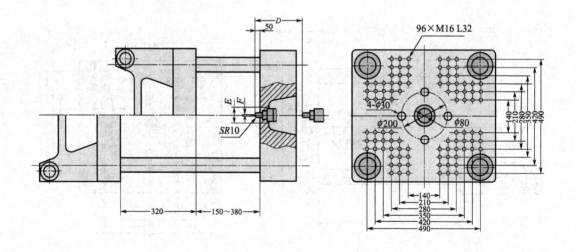

图 6-10　VE900 模板尺寸

VE1200技术参数

合模单元	VE1200
合模力/kN	1200
最大移模行程/mm	360
最小模厚/mm	150
最大模厚/mm	460
最大模板开距/mm	820
拉杆间距($H \times V$)/mm	470×420
最小模具尺寸/mm	305×270
顶出行程/mm	100
顶出力/kN(tf)	29.4(3.0)
模板尺寸($H \times V$)/mm	710×660

注射单元	210h			210h			300h			300h		
	A	B	C	A	B	C	A	B	C	A	B	C
螺杆直径/mm	28	32	36	28	32	36	32	36	40	32	36	40
长径比	21	21	18.6	21	21	18.6	22.5	20	18	22.5	20	18
注射容量/cm³	70	100	127	70	100	127	116	147	182	116	147	182
注射质量(PS)/g	64	91	116	64	91	116	106	134	166	106	134	166
注射速度/(mm/s)	350			150			300			150		
注射速率/(g/s)	196	256	324	84	110	139	220	277	342	110	139	171
注射压力/MPa(kgf/cm²)	260	200	160	260	200	160	253	200	162	253	200	162
	2650	2040	1630	2650	2040	1630	2580	2040	1650	2580	2040	1650
保压压力/MPa(kgf/cm²)	206	160	126	206	160	126	202	160	130	202	160	130
	2100	1630	1280	2100	1630	1280	2060	1630	1320	2060	1630	1320
螺杆转速/(r/min)	400			400			400			400		
塑化能力(PS)/(g/s)	11.0	16.0	22.0	11.0	16.0	22.0	16.0	22.0	30.0	16.0	22.0	30.0
喷嘴接触力/kN(tf)	24.5(2.5)											
整移行程/mm	330						350					
电热功率/kW	7.5	8.0	8.0	7.5	8.0	8.0	9.9			9.9		

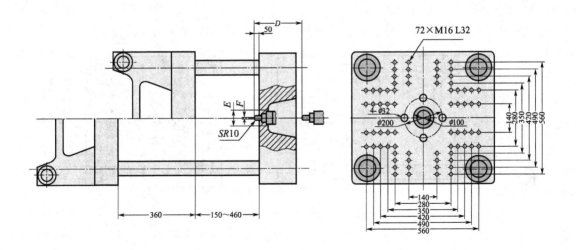

图 6-11　VE1200 模板尺寸

VE1500技术参数

合模单元	VE1500
合模力/kN	1500
最大移模行程/mm	420
最小模厚/mm	180
最大模厚/mm	520
最大模板开距/mm	940
拉杆间距($H×V$)/mm	520×470
最小模具尺寸/mm	335×305
顶出行程/mm	120
顶出力/kN(tf)	34.3(3.5)
模板尺寸($H×V$)/mm	770×730

注射单元	300h			300h			430h			430h		
	A	B	C	A	B	C	A	B	C	A	B	C
螺杆直径/mm	32	36	40	32	36	40	36	40	45	36	40	45
长径比	22.5	20	18	22.5	20	18	23.3	21	18.7	23.3	21	18.7
注射容量/cm³	116	147	182	116	147	182	173	213	270	173	213	270
注射质量(PS)/g	106	134	166	106	134	166	157	194	246	157	194	246
注射速度/(mm/s)	300			150			300			150		
注射速率/(g/s)	220	277	342	110	139	171	277	342	434	139	171	217
注射压力/MPa(kgf/cm²)	253	200	162	253	200	162	247	200	158	247	200	158
	2580	2040	1650	2580	2040	1650	2520	2040	1610	2520	2040	1610
保压压力/MPa(kgf/cm²)	202	160	130	202	160	130	197	160	126	197	160	126
	2060	1630	1320	2060	1630	1320	2010	1630	1280	2010	1630	1280
螺杆转速/(r/min)	400			400			400			400		
塑化能力(PS)/(g/s)	16.0	22.0	30.0	16.0	22.0	30.0	22.0	30.0	42.0	22.0	30.0	42.0
喷嘴接触力/kN(tf)	29.4(3.0)											
整移行程/mm	350						380					
电热功率/kW	9.9			9.9			12.6			12.6		

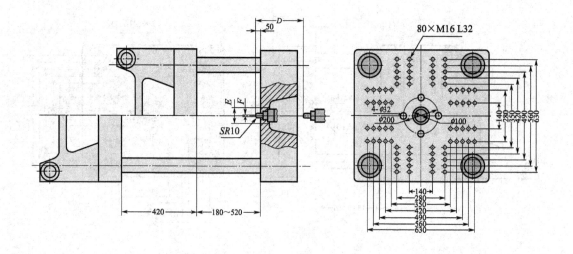

图 6-12　VE1500 模板尺寸

134

VE1900技术参数

合模单元	VE1900
合模力/kN	1900
最大移模行程/mm	470
最小模厚/mm	200
最大模厚/mm	550
最大模板开距/mm	1020
拉杆间距($H \times V$)/mm	570×520
最小模具尺寸/mm	370×335
顶出行程/mm	130
顶出力/kN(tf)	44.1(4.5)
模板尺寸($H \times V$)/mm	855×810

注射单元	430h			430h			580h			580h		
	A	B	C	A	B	C	A	B	C	A	B	C
螺杆直径/mm	36	40	45	36	40	45	40	45	50	40	45	50
长径比	23.3	21	18.7	23.3	21	18.7	22.5	20	18	22.5	20	18
注射容量/cm³	173	213	270	173	213	270	252	319	395	252	319	395
注射质量(PS)/g	157	194	246	157	194	246	229	290	358	229	290	358
注射速度/(mm/s)	300			150			250			150		
注射速率/(g/s)	277	342	434	139	171	217	285	360	445	171	216	267
注射压力/MPa(kgf/cm²)	247	200	158	247	200	158	228	180	146	228	180	146
	2520	2040	1610	2520	2040	1610	2320	1830	1490	2320	1830	1490
保压压力/MPa(kgf/cm²)	197	160	126	197	160	126	202	160	130	202	160	130
	2010	1630	1280	2010	1630	1280	2060	1630	1320	2060	1630	1320
螺杆转速/(r/min)	400			400			350			350		
塑化能力(PS)/(g/s)	22.0	30.0	42.0	22.0	30.0	42.0	27.0	39.0	50.0	27.0	39.0	50.0
喷嘴接触力/kN(tf)	39.2(4.0)											
整移行程/mm	380						415					
电热功率/kW	12.6			12.6			14.2			14.2		

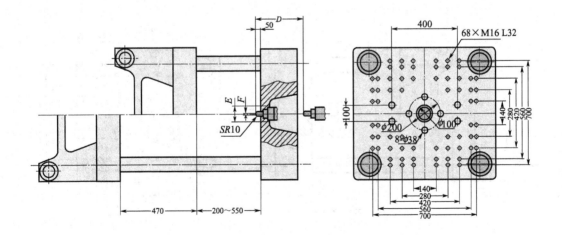

图 6-13　VE1900 模板尺寸

135

合模单元	VE2300
合模力/kN	2300
最大移模行程/mm	550
最小模厚/mm	220
最大模厚/mm	600
最大模板开距/mm	1150
拉杆间距($H \times V$)/mm	620×570
最小模具尺寸/mm	400×370
顶出行程/mm	150
顶出力/kN(tf)	49(5.0)
模板尺寸($H \times V$)/mm	930×880

注射单元	580h			580h			750h			750h		
	A	B	C	A	B	C	A	B	C	A	B	C
螺杆直径/mm	40	45	50	40	45	50	45	50	55	45	50	55
长径比	22.5	20	18	22.5	20	18	22.2	20	18	22.2	20	18
注射容量/cm³	252	319	395	252	319	395	334	412	499	334	412	499
注射质量(PS)/g	229	290	358	229	290	358	304	375	454	304	375	454
注射速度/(mm/s)	250			150			250			150		
注射速率/(g/s)	285	360	445	171	216	267	362	446	594	217	267	324
注射压力/MPa(kgf/cm²)	228	180	146	228	180	146	222	180	149	222	180	149
	2320	1830	1490	2320	1830	1490	2260	1830	1520	2260	1830	1520
保压压力/MPa(kgf/cm²)	202	160	130	202	160	130	197	160	132	197	160	132
	2060	1630	1320	2060	1630	1320	2010	1630	1340	2010	1630	1340
螺杆转速/(r/min)	350			350			320			320		
塑化能力(PS)/(g/s)	27.0	39.0	50.0	27.0	39.0	50.0	35.0	46.0	60.0	35.0	46.0	60.0
喷嘴接触力/kN(tf)	49(5.0)											
整移行程/mm	415						445					
电热功率/kW	14.2			14.2			19.0			19.0		

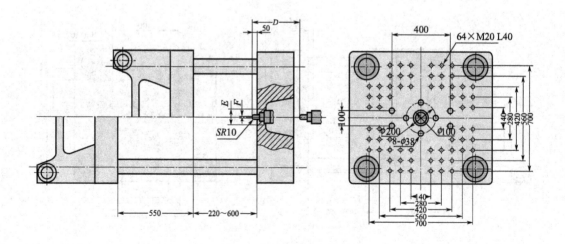

图 6-14　VE2300 模板尺寸

VE3000技术参数

合模单元	VE3000
合模力/kN	3000
最大移模行程/mm	600
最小模厚/mm	240
最大模厚/mm	640
最大模板开距/mm	1240
拉杆间距($H \times V$)/mm	670×620
最小模具尺寸/mm	435×400
顶出行程/mm	150
顶出力/kN(tf)	58.8(6.0)
模板尺寸($H \times V$)/mm	1000×950

注射单元	1100h			1100h			1400h		
	A	B	C	A	B	C	A	B	C
螺杆直径/mm	50	55	60	50	55	60	55	60	65
长径比	22	20	18.3	22	20	18.3	21.8	20	18.5
注射容量/cm³	471	570	678	471	570	678	617	735	863
注射质量(PS)/g	428	518	617	428	518	617	562	668	785
注射速度/(mm/s)	200			150			150		
注射速率/(g/s)	357	432	514	267	323	385	323	385	452
注射压力/MPa(kgf/cm²)	218	180	151	206	170	143	214	180	153
	2220	1830	1540	2100	1730	1460	2180	1830	1560
保压压力/MPa(kgf/cm²)	194	160	134	194	160	134	190	160	136
	1980	1630	1360	1980	1630	1360	1940	1630	1390
螺杆转速/(r/min)	320			320			300		
塑化能力(PS)/(g/s)	42.0	56.0	71.0	42.0	56.0	71.0	56.0	71.0	81.0
喷嘴接触力/kN(tf)	54(5.5)								
整移行程/mm	580			580			600		
电热功率/kW	23.4			23.4			27.8		

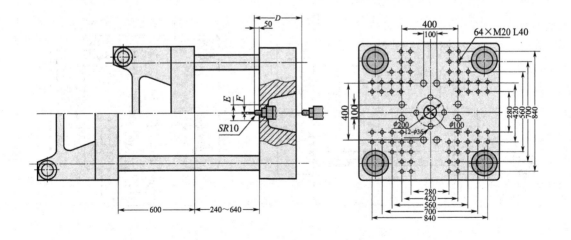

图 6-15　VE3000 模板尺寸

合模单元	VE4100
合模力/kN	4100
最大移模行程/mm	660
最小模厚/mm	250
最大模厚/mm	710
最大模板开距/mm	1370
拉杆间距($H \times V$)/mm	740×740
最小模具尺寸/mm	480×480
顶出行程/mm	160
顶出力/kN(tf)	58.8(6.0)
模板尺寸($H \times V$)/mm	1080×1080

注射单元	1100h			1100h			1700h		
	A	B	C	A	B	C	A	B	C
螺杆直径/mm	50	55	60	50	55	60	60	65	70
长径比	22	20	18.3	22	20	18.3	21.6	20	18.6
注射容量/cm³	471	570	678	471	570	678	792	929	1078
注射质量(PS)/g	428	518	617	428	518	617	720	845	980
注射速度/(mm/s)	200			150			140		
注射速率/(g/s)	357	432	514	267	323	385	360	423	490
注射压力/MPa(kgf/cm²)	218	180	151	206	170	143	210	180	155
	2220	1830	1540	2100	1730	1460	2140	1830	1580
保压压力/MPa(kgf/cm²)	194	160	134	194	160	134	187	160	138
	1980	1630	1360	1980	1630	1360	1910	1630	1410
螺杆转速/(r/min)	320			320			250		
塑化能力(PS)/(g/s)	42.0	56.0	71.0	42.0	56.0	71.0	60.0	70.0	85.0
喷嘴接触力/kN(tf)	54(5.5)								
整移行程/mm	580			580			630		
电热功率/kW	23.4			23.4			32.0		

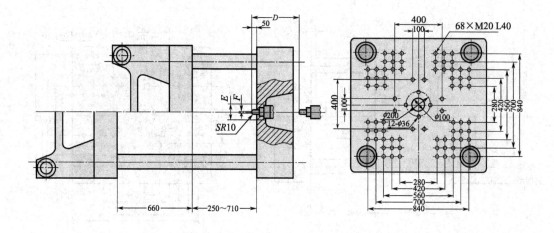

图 6-16　VE4100 模板尺寸

第 **7** 章　CHAPTER 7

注塑机的操作

7.1　注塑机的安装与使用基本知识

① 仔细阅读说明书，熟悉注塑机结构，了解操纵面板、仪表面板上各电气开关、仪表及电气元件的作用。

② 按电气部分说明的要求接上总电源，用户使用的电压必须与注塑机电源设备的额定电压相符合，并按电气安全规程要求，将注塑机的外壳安全接地。

③ 开动注塑机前，检查各控制按钮、主开关、电气元件、触点等接线是否松动，并将各开关置于"断开"位置。

④ 将工作方式选择开关 QC 置于手动，或调整位置时才能启动电机。启动电机时，应观察它的旋转方向是否正确，如不正确，应调整电源的程序，计算机在手动时启动电机。

⑤ 注塑机不运行时，必须将总电源断开，操纵面板各按钮和主开关必须处于"断"的位置。

⑥ 在正常使用过程中应定期对电气元件予以保养，检查各电气元件接点有无松动，行程开关是否可靠，配电箱内应保持清洁干燥，从而使电气元件能正常工作，延长使用寿命。

7.1.1　注塑机的吊装

建议用整机运输的方式运输注塑机，在搬运的过程中应先用工具将起吊处的防护装置拆掉，等吊装完毕再将此装置装回。按图 7-1 所示位置将注塑机吊起，且在吊装处用软物保护，以免损伤拉杆（又称格林柱）。在起吊过程中，调整吊带的位置，找准重心，确保注塑机平行起吊。注塑机能在 $-25 \sim 55\,^{\circ}\mathrm{C}$ 的温度范围内运输和存放，并能经受 $70\,^{\circ}\mathrm{C}$ 高温、时间不超过 24h 的短期运输和存放。

7.1.2　注塑机的安装地基图

注塑机整机应放在稳定的水泥台或地板上，地板应平整，可根据实际情况使用地脚螺栓、垫板以及避震脚安装。图 7-2 是某款注塑机安装图例。

7.1.3　水平校正及机身清理

注塑机安装后应校正水平，方法是将水平仪放在拉杆上，具体如图 7-3 所示。水平校正后，将地脚固定，然后彻底清理每一部分，尤其是拉杆、活塞杆、导杆、模板，清理时要用

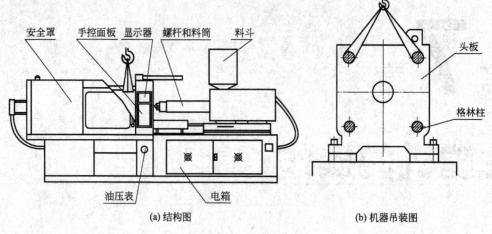

安全罩　手控面板　显示器　螺杆和料筒　料斗

头板

格林柱

油压表　电箱

(a) 结构图

(b) 机器吊装图

图 7-1　注塑机的吊装

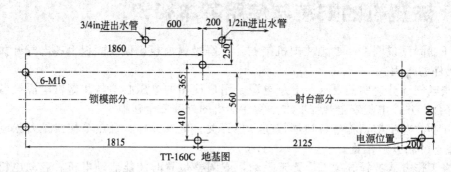

3/4in进出水管　600　200　1/2in进出水管

1860

6-M16

锁模部分　射台部分

电源位置

1815　2125

TT-160C 地基图

图 7-2　注塑机地基图例（单位：mm）

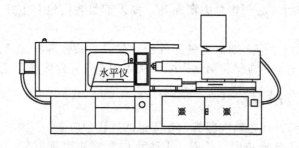

水平仪

图 7-3　注塑机校正

煤油或柴油，不可用自来水。

7.1.4　接电源线

注塑机所用的动力电源为三相 380V，稳定电压值为 0.9～1.1 倍的额定电压值，电源线的截面面积为 3mm×16mm，PE 线的截面面积为不小于 6mm² 的铜线，N 线的截面面积为不小于 6mm² 的铜线，注塑机的负载电流为 53A，如图 7-4 所示。

7.1.5　接冷却水

冷却水一部分用来冷却液压油，另一部分用来冷却模具和料筒，有两路供模具冷却用，有一路供料筒冷却用。冷却器只适用于淡水；水侧压力为 0.5MPa，油侧压力为 1.0MPa，

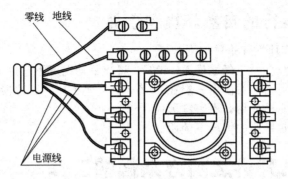

图 7-4 注塑机接线图

最高不超过 1.5MPa，在会结冰的情况下，应将冷却器内的淡水倒出，以免凝结，每 6 个月应清洗传热管（水侧）一次，可保持冷却效果良好。具体结构如图 7-5 所示。

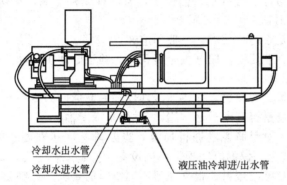

图 7-5 注塑机冷却水和冷却油接头

7.1.6 注塑机的操作空间

图 7-6 是某款注塑机的实体尺寸，该机的最小操作空间推荐为：长 7000mm，宽 2800mm，高 2500mm，即前、后、左、右各留有一定的空间。

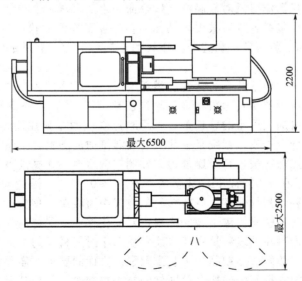

图 7-6 注塑机操作空间（单位：mm）

7.1.7　注塑机运行的自然环境和条件

一般注塑机的工作环境和条件如下。

① 注塑机的工作温度：空气温度 5～40℃，昼夜平均温度不超过 35℃。

② 注塑机工作环境的相对湿度一般在 30％～95％范围内（无冷凝水）。

③ 建议注塑机在室内使用，不宜露天使用。

④ 注塑机应在常规照明的情况下使用。

7.2　注塑机开机之前必须做的工作

在注塑机启动之前，要对注塑机进行初步的检查，查看各种安全装置是否有效，以及各个行程开关是否正常，检查润滑油的多少，并对注塑机进行润滑。

① 检查电气控制箱内是否有水、油进入，若电气元件受潮，切勿开机。应由维修人员将电气元件吹干后再开机。

② 检查供电电压是否符合要求，一般不应超过 15％。

③ 检查急停开关、前后安全门开关是否正常。验证电动机与油泵的转动方向是否一致。检查各电气接头是否松动。

④ 检查各冷却管道是否畅通，并将油冷却器和料筒尾部的冷却水套通入冷却水。

⑤ 检查各活动部位是否有润滑油（脂），并加足润滑油。

⑥ 打开电热开关，对料筒各段进行加温。当各段温度达到要求时，再保温一段时间，以使注塑机温度趋于稳定。保温时间根据不同设备和塑料原料的要求而有所不同。

⑦ 在料斗内加入足够的塑料。根据注塑不同塑料的要求，有些原料需先经过干燥。

⑧ 应盖好料筒上的隔热罩，这样既可以节省电能，又可以延长电热圈和电流接触器的寿命。

7.3　注射成型前的准备工作

养成良好的注塑机操作习惯对提高注塑机寿命和生产安全都大有好处。

成型前的准备工作包括的内容很多，例如：塑料加工性能的检验（测定塑料的流动性、水分含量等）；原料加工前的染色和选粒；塑料的预热和干燥；嵌件的清洗和预热；试模和料筒的清洗等。

（1）原料的预处理　根据塑料的特性和供料情况，一般在成型前应对原料的外观和工艺性能进行检测。如果所用的塑料为粉状，如聚氯乙烯（PVC），还应进行配料和干混；如果塑件有着色要求，则可加入适量的着色剂或色母料；供应的粒料往往含有不同程度的水分、溶剂及其他易挥发的低分子物，特别是一些具有吸湿倾向的塑料含水量总是超过加工所允许的限度。因此，在加工前必须进行干燥处理，并测定含水量。在高温下对水敏感的聚碳酸酯（PC）的水分含量要求在 0.2％以下，甚至为 0.03％～0.05％，因此常用真空干燥箱干燥。已经干燥的塑料必须妥善密封保存，以防塑料从空气中再吸湿而丧失干燥效果，为此采用可干燥的料斗可连续地为注塑机提供干燥的热料，对简化作业、保持清洁、提高质量、增加注射速率均为有利。干燥料斗的装料量一般取注塑机每小时用料量的 2.5 倍。

（2）嵌件的预热　注射成型制品为了装配及强度方面的要求，需要在塑件中嵌入金属嵌件。注射成型时，安放在模腔中的冷金属嵌件和热塑料熔体一起冷却时，由于金属和塑料收缩率的显著不同，常常使嵌件周围产生很大的内应力（尤其是像 PS 等刚性链的高聚物更显著）。这种内应力的存在会使嵌件周围出现裂纹，导致塑件的使用性能大大降低。这可以通过选用热膨胀系数大的金属（铝、钢等）作嵌件，以及对嵌件（尤其是大的金属嵌件）进行预热。同时，设计塑件时，在嵌件周围采用较大的壁厚等措施。

（3）料筒的清洗　新购进的注塑机初用之前，或者在注塑生产中需要改变塑料品种、更换原料、颜色或发现塑料中有分解现象时，都需要对注塑机料筒进行清洗或拆洗。

清洗料筒一般采用加热料筒清洗法。清洗料一般用塑料原料（或塑料回收料）。对于热敏性塑料，如聚氯乙烯的存料，可用低密度聚乙烯、聚苯乙烯等进行过渡换料清洗，再用所加工的新料置换出过渡清洗料。

（4）脱模剂的选用　脱模剂是能使塑料制品易于脱模的物质。硬脂酸锌适用于除聚酰胺外的一般塑料；液体石蜡用于聚酰胺类的塑料效果较好；硅油价格昂贵，使用麻烦，较少用。

使用脱模剂应控制适量，尽量少用或不用。喷涂过量会影响塑件外观，对塑件的彩饰也会产生不良影响。

7.4　注塑机的工作过程和操作项目

注塑机的工作过程如下：喷嘴前进→注射→保压→预塑→射退→（喷嘴后退）→冷却→开模→顶出→顶退→开门→关门→合模→注射（继续下一循环）。

注塑机操作项目包括控制键盘操作、电气控制柜操作和液压系统操作三个方面。分别进行注射过程动作、储料动作、顶出形式等的选择，料筒各段温度及电流、电压的监控，注射压力和背压压力的调节等。

（1）注射过程动作选择　一般注塑机既可以手动操作，也可以半自动操作或全自动操作。

手动操作是在一个生产周期中，每一个动作都是由操作者转换操作按钮开关而实现的。一般在试模或调机时才选用。

半自动操作时注塑机可以自动完成一个工作周期的动作，但每一个生产周期完毕后操作者必须拉开安全门，取下工件，再关上安全门，注塑机方可以继续下一个周期的生产。

全自动操作时注塑机在完成一个工作周期的动作后，无须开闭安全门，即可自动进入下一个工作周期。在正常的连续工作过程中无须停机进行控制和调整。

如需要全自动操作，则应注意以下几个方面。

① 要保证模塑件安全脱模，必要时可增加注塑机顶棍的推出次数。

② 要及时加料。

③ 中途不要打开安全门，否则全自动操作中断。

④ 若选用电眼感应，应注意不要遮蔽电眼。

实际上，在全自动操作中通常也需要中途临时停机，如给注塑机模具喷涂脱模剂等。

在正常生产时，一般选用半自动操作或全自动操作。操作开始时，应根据生产需要选择操作方式（手动、半自动或全自动），并相应转换手动、半自动或全自动开关。

半自动及全自动的工作程序已由线路本身确定好，操作人员只需在电气柜面板上更改速度和压力的大小、时间的长短、推杆的次数等，不会因操作者调错键钮而使工作程序出现混乱。

当一个周期中各个动作未调整妥当之前，应先选择手动操作，确认每个动作正常之后，再选择半自动操作或全自动操作。

（2）预塑动作选择　根据预塑加料前后射台是否后退，即喷嘴是否离开模具，注塑机一般设有以下三种选择。

① 固定加料　预塑前和预塑后喷嘴都始终贴近模具，射台也不移动。

② 前加料　喷嘴顶着模具进行预塑加料，预塑完毕，射台后退，喷嘴离开模具。选择这种方式的目的是：预塑时利用模具主流道口抵住喷嘴，避免熔体在背压较高时从喷嘴流出，预塑后可以避免喷嘴和模具长时间接触而产生热量传递，影响它们各自温度的相对稳定。

③ 后加料　注射完成后，射台后退，喷嘴离开模具然后预塑，预塑完再让射台前进。该动作适用于加工成型温度特别窄的塑料，由于喷嘴与模具接触时间短，避免了热量的流失，也避免了熔体在喷嘴孔内的凝固。

注射结束、冷却计时器计时完毕的同时，预塑动作开始。螺杆旋转将塑料熔融并挤送到螺杆头前面。由于螺杆前端的止逆环所起的单向阀的作用，熔融塑料积存在料筒的前端，将螺杆向后迫退。当螺杆退到预定的位置时（此位置由行程开关或电子尺确定，控制螺杆后退的距离，实现定量加料），预塑停止，螺杆停止转动。紧接着是射退（也称抽胶）动作，射退即螺杆作微量的轴向后退，此动作可使聚集在喷嘴处的熔体的压力得以解除，克服由于料筒内外压力的不平衡而引起的"流延"现象。若不需要射退，则应把射退停止开关调到适当位置（使用电子尺的将最后一段储料位置与射退位置设置成一样），使预塑停止开关被压上的同一时刻，射退停止开关也被压上。当螺杆作射退动作后退到压上停止开关时，射退停止。接着射台开始后退。当射台后退至压上停止开关时，射台停止后退。若采用固定加料方式，则应注意调整好行程开关的位置。

一般生产多采用固定加料方式以节省射台进退操作时间，加快生产周期。

（3）注射压力选择　注塑机的注射压力由比例调压阀进行调节，在调定压力的情况下，通过高压和低压油路的转换，控制前后期注射压力的高低。

普通中型以上的注塑机设置有三种压力选择，即高压、低压和先高压后低压。高压注射是由注射油缸通入高压压力油来实现的。由于压力高，塑料从一开始就在高压、高速状态下进入模腔。高压注射时塑料熔体入模迅速，注射油缸压力表读数上升很快。低压注射是由注射油缸通入低压压力油来实现的，注射过程压力表读数上升缓慢，塑料在低压、低速下进入模腔。先高压后低压是根据塑料种类和模具的实际要求从时间上来控制通入油缸的压力油的压力高低来实现的。

为了满足不同塑料要求有不同的注射压力，也可以采用更换不同直径的螺杆或柱塞的方法，这样既满足了注射压力，又充分发挥了注塑机的生产能力。在大型注塑机中往往具有多段注射压力和多级注射速度控制功能，这样更能保证塑件的质量和精度。

（4）注射速度的选择　注塑机的注射速度由比例流量阀调节，有时在液压系统中设有一个大流量油泵和一个小流量油泵同时运行供油。当油路接通大流量时，注塑机实现快速开合模、快速注射、快速储料等，当液压油路只提供小流量时，注塑机各种动作就缓慢进行。

（5）顶出形式的选择　注塑机顶出形式有机械顶出和液压顶出两种，有的还配有气动顶出系统，顶出次数设有单次和多次两种。顶出动作可以是手动，也可以是自动。

顶出动作是由开模停止限位开关（或电子尺）来启动的。操作者可根据需要，通过调节顶出行程开关（或电子尺的刻度距离）来实现。顶出的速度和压力也可通过在计算机中设定来实现，推杆运动的前后距离由行程开关（或电子尺的设定位置）确定。

（6）温度控制　以测温热电偶为测温元件，配以测温毫伏计成为控温装置，指挥料筒和模具电热圈电流的通断，有选择地固定料筒各段温度和模具温度。

料筒电热圈一般分为二段、三段或四段控制。电气柜上的电流表分别显示各段电热圈电流的大小。电流表的读数是比较固定的，如果在运行中发现电流表读数长时间地偏低，则可能是电热圈发生了故障，或导线接触不良，或电热丝氧化变细，或某个电热圈烧毁，这些都将使电路并联的电阻阻值增大而使电流下降。

在电流表有一定读数时也可以简单地用塑料块逐个在电热圈外壁上刻划，通过塑料块的熔融与否来判断某个电热圈是否通电或烧坏。

（7）合模控制　合模是以巨大的机械推力将模具合紧，以抵挡注塑过程熔融塑料的高压注射及填充模具而令模具产生的巨大胀型力。

关上安全门，各行程开关均给出信号，合模动作立即开始。首先是动模板以慢速启动，前进一小段距离以后，原来压住慢速开关的控制杆压块脱离（或电子尺到达设定距离），活动板转以快速向前推进。在前进至靠近合模终点时，控制杆的另一端压杆又压上慢速开关（或电子尺到达设定距离），此时活动板又转以慢速以低压前进。在低压合模过程中，如果模具之间没有任何障碍，则可以顺利合拢至压上高压开关，转高压是为了伸直机铰从而完成合模动作。这段距离极短，一般只有 0.3～1.0mm，刚转高压随即就触及合模终止限位开关，这时动作停止，合模过程结束。

注塑机的合模结构有全液压式和机械连杆式。不管是哪一种结构形式，最后都是由连杆完全伸直来实施合模力的。连杆的伸直过程是活动板和尾板撑开的过程，也是四根拉杆受力被拉伸的过程。

合模力的大小，可以从合紧模的瞬间油压表升起的最高值得知，合模力大则油压表的最高值便高；反之则低。较小型的注塑机是不带合模油压表的，这时要根据连杆的伸直情况来判断模具是否真的合紧。如果某台注塑机合模时连杆很轻松地伸直，或"差一点点"未能伸直，或几副连杆中有一副未完全伸直，注塑时就会出现胀模，塑件就会出现飞边或其他缺陷。

（8）开模控制　当熔融塑料注射入模腔内及至冷却完成后，随着便是开模动作，取出塑件。开模过程也分为三个阶段：第一阶段慢速开模，防止塑件在模腔内撕裂；第二阶段快速开模，以缩短开模时间；第三阶段慢速开模，以降低开模惯性造成的冲击和振动。

7.5　注塑机安全操作规程

7.5.1　注塑机的不安全因素

① 动模板与定模板之间，是最大的风险区，由于动模板的移动速度快，互相间夹持的力量大，操作者经常进入此风险区拿取塑件，所以很容易造成剪切、挤压等危险。

② 运动着的机铰、调模时的调模齿轮（或链轮）、正在前进或后退着的射台、射胶和抽胶时的射台后板等，都能造成冲击等危险。

③ 正在加热或加热过的料筒与喷嘴，以及从喷嘴喷出的塑料熔体都会给操作者和周围的人造成灼伤的危险。

④ 注塑机的电源总开关、与油泵相连的电动机使用了 380V 电压，交流接触器、加热圈等使用了 220V 电压，这就要求人们按规则操作，以防电击。

⑤ 人为地拆掉机械安全、液压安全，以及与安全有关的行程开关等。

⑥ 使用产生有害气体的原料，而车间的通风条件不好；或者使用可燃的原料，但又不具备消防设施。

⑦ 噪声对人体也能产生危害。

7.5.2　注塑机的安全规则

① 注塑机操作者必须经过学习或培训，严禁不熟悉注塑机性能和操作规程的人擅自启

动注塑机。

② 不得随意拆掉与安全有关的任何一种设备，且每天应检查一次，检查方法是：单独改变某一行程开关的状态，查看此行程开关是否有效；注塑机在运行过程中，压下液压安全阀查看注塑机是否立即停止。

③ 注意注塑机的各种警告标志，防止危险的发生。

④ 使用可燃的原料时应注意防火；使用能产生有毒气体的塑料时应戴好防毒面具及完善车间的通风设备。

⑤ 不要擅自进入两模板间等风险区，必须进入时须做好安全防范工作。

⑥ 当注塑机运行时，应注意远离运动着的部件。

⑦ 不允许两个人或更多人同时操作一台注塑机。

7.5.3　注塑机的安全设施

（1）机械安全装置　由机械锁螺杆和机械锁挡板等组成，在安全门打开时起到阻止锁模动作发生的作用。

（2）液压安全装置　由液压安全阀及两个行程开关等组成，当安全门打开时，行程开关断开，使液压安全阀断电，进而使开、关模阀的控制油切断，锁模动作立即停止。

（3）电气安全装置

① 急停装置　在操作面板上，装有一个急停开关，在出现危险情况时，只要按下此开关，主电机的电源就被切断，注塑机的任何动作都将随之停止。

② 联锁安全装置　前、后安全门与行程开关相连，只有当前、后门同时关闭时，此四个行程开关才同时变为有效状态，此时联锁回路变为通路，锁模电磁阀通电，才可以进行锁模动作，而当其中的任何一个门打开时，此联锁回路都是断开的，不能进行锁模动作。

7.6　注塑机工艺条件的程序控制

目前，各注塑机厂家开发出了各式各样的程序控制方式，大致有注射速度控制、注射压力控制、注入模腔内塑料填充量的控制、螺杆的背压和转速的控制等。实现工艺过程控制的目的是提高塑件质量，使注塑机的效能得到最大限度的发挥。

（1）注射速度的程序控制　注射速度的程序控制是将螺杆的注射行程分为3～4个阶段，在每个阶段中分别使用各自适当的注射速度。例如，在熔融塑料刚开始通过浇口时减慢注射速度，在充模过程中采用高速注射，在充模结束时减慢速度。采用这样的方法，可以防止溢料、消除流痕和减少塑件的残余应力等。

低速充模时流速平稳，塑件尺寸比较稳定，波动较小，塑件内应力低，塑件内外各向应力趋于一致（例如将PC塑件浸入四氯化碳中，用高速注射成型的塑件有开裂倾向，低速的不开裂）。在较为缓慢的充模条件下，料流的温差，特别是浇口前后料的温差大，有助于避免缩孔和凹陷的发生。但由于充模时间延续较长容易使塑件出现分层和结合不良的熔接痕，不但影响外观，而且使机械强度大大降低。

在高速注射时，料流速度快，当高速充模顺利时，熔体很快充满型腔，料温下降得少，黏度下降得也慢，可以采用较低的注射压力，是一种热料充模态势。高速充模能改进塑件的光泽度和平滑度，消除了熔接痕现象和分层现象，收缩凹陷小，颜色均匀一致，对塑件较大部分能保证丰满。但容易产生塑件发胖起泡或塑件发黄，甚至烧伤变焦，或造成脱模困难，或出现充模不均匀的现象。对于高黏度塑料有可能导致熔体破裂，使塑件表面产生云雾斑。

下列情况可以考虑采用高速高压注射。

① 塑料熔体黏度高，冷却速度快，长流程塑件采用低压慢速不能完全充满型腔各个角落的。

② 壁厚太薄的塑件，熔体到达薄壁处易冷凝而滞留，必须采用一次高速注射，使熔体能量大量消耗以前立即进入型腔的。

③ 用玻璃纤维增强的塑料，或含有较大量填充材料的塑料，因流动性差，为了得到表面光滑而均匀的塑件，必须采用高速高压注射的。

对高级精密塑件、厚壁塑件、壁厚变化大的塑件及具有较厚突缘和有加强筋的塑件，最好采用多级注射，如二级、三级、四级甚至五级。

（2）注射压力的程序控制　通常将注射压力的控制分为一次注射压力、二次注射压力或三次以上注射压力的控制。压力切换时机是否适当，对于防止模内压力过高、防止溢料或缺料等都是非常重要的。模塑件的比容取决于保压阶段浇口封闭时的熔体压力和温度。如果每次从保压切换到塑件冷却阶段的压力和温度一致，那么塑件的比容就不会发生改变。在恒定的模塑温度下，决定塑件尺寸最重要的参数是保压压力，影响塑件尺寸公差最重要的变量是保压压力和温度。例如，在充模结束后，保压压力立即降低，当表层形成一定厚度时，保压压力再上升，这样可以采用低合模力成型厚壁的大塑件，消除缩痕和飞边。

保压压力和速度通常是塑料填充模腔时最高压力和速度的 $50\%\sim65\%$，即保压压力比注射压力约低 $0.6\sim0.8MPa$。由于保压压力比注射压力低，在保压时间内，油泵的负荷低，使油泵的使用寿命得以延长，同时油泵电机的耗电量也降低了。

三级压力注射既能使塑料顺利充模，又不会出现熔接痕、收缩凹陷、飞边和翘曲变形。对于薄壁塑件、多腔小件、长流程大型塑件的注塑，甚至型腔配置不太均衡及合模不太紧密的塑件的注塑都有好处。

（3）注入模腔内塑料填充量的程序控制　采用预先调节好一定的计量，使得在注射行程的终点附近，螺杆端部仍残留有少量的熔体（缓冲量），根据模内的填充情况进一步施加注射压力（二次注射压力或三次注射压力），补充少许熔体。这样，可以防止塑件凹陷或调节塑件的收缩率。

（4）螺杆背压和转速的程序控制　高背压可以使熔体获得强剪切力，低转速也会使塑料在料筒内得到较长的塑化时间。因此目前较多地使用了对背压和转速同时进行程序设计的控制。例如，在螺杆计量全行程先高转速、低背压，再切换到较低转速、较高背压，然后切换成高背压、低转速，最后在低背压、低转速下进行塑化，这样，螺杆前部熔体的压力得到大部分的释放，减少螺杆的转动惯量，从而提高了螺杆计量的精确程度。过高的背压往往造成着色剂变色程度增大；预塑机构和料筒螺杆机械磨损增大；预塑周期延长，生产效率下降；喷嘴容易发生流涎，再生料量增加；即使采用自锁式喷嘴，如果背压高于设计的弹簧闭锁压力，也会造成疲劳破坏。所以，背压压力一定要调得恰当。

7.7　注塑机自动模式的操作说明

（1）半自动　当注塑机加工出的塑料制品，需要操作者从安全门处取出时，在开模动作完成时由操作者打开安全门，取出塑件，再关上安全门，注塑机才进行下一个动作。

（2）电眼自动　在落料口处装上检测是否有塑件通过的电眼，在每个工作循环的过程中，只有在电眼检查到有塑件通过时才进行下一个循环。否则注塑机将停止工作。

（3）全程自动　是根据一个工作循环所需要的时间来工作的。按加工原料的工艺要求先设定好各个动作所需要的压力、流量及延时，然后按下全程自动键，便进入全程自动模式。全程自动模式前十模不使用自动警报，第十模开始读取实际行程计时，第十一模自动警报开始使用，如某一动作的时间超过计时，则自动发出警报，以提醒操作者排除。在此模式下，脱模不宜使用半脱模式。

7.8 注塑机操作注意事项

① 在起吊时，如施力处为拉杆，则必须用软物保护，否则会造成划伤危险。

② 在使用之前，一定要对注塑机进行润滑；在使用的过程中，应注意两次润滑的时间间隔不宜太长，确保相关部件的润滑状态良好，同时也要注意其他润滑处的润滑。

③ 刚刚接入电源，使注塑机启动时，应注意电机的转向，如油压建立不起来，有可能是电机的方向接反，这时须调整相线的顺序，确保电机的转向正确。

④ 注塑机一般设有机械安全装置、电气安全装置、液压安全装置，严禁在无任何一种安全装置的情况下对注塑机进行操作、使用。

⑤ 电子尺的位置在出厂前已经设定好，或安装时由相关技术人员现场设定，一旦调整好，不宜再重新变动。

⑥ 电路内部检测功能，操作人员不得擅自使用。

⑦ 在操作过程中，应注意以下事项。

a. 不要为贪图方便，随意取消安全门的作用。

b. 注意观察压力油的温度，油温不要超出规定的范围。液压油的理想工作温度应保持在 45～50℃，一般在 35～60℃ 范围内比较合适。

c. 注意调整各行程限位开关，避免注塑机在运行时产生撞击。

d. 在注塑机发出警报时，要看清荧光屏上的提示，有时用手动操作键便可解除警报，不要手忙脚乱，急于关掉电源。

e. 在调模进或调模退动作不能进行时，要找出此问题存在的根源，不要急于升高调模压力，一般调模压力不宜超过 80kgf/cm²，压力再高，可能会造成相关零件的损坏。

f. 调模进、调模退、推杆进、推杆退、射台进、射台退等动作的流量不宜设定得过大，设定值一般为 10～50。

⑧ 不宜使用不洁净的液压油，以免堵塞管路，降低液压阀的使用寿命。

⑨ 在换用另一种原料时，要把滞留在料筒内的废料清除干净，以免影响塑件的质量。

⑩ 不要随意改变行程开关的开、关状态。

⑪ 要确保冷却水的畅通，以免油温过高，使液压油加速氧化，油质变坏；黏度下降，局部地方泄漏；加速密封件的老化。

⑫ 当某一保险管烧坏时，不要随意换用其他保险管，而应向注塑机制造公司或代理商咨询、领取或购买。

⑬ 在工作结束时，应注意以下事项。

a. 停机前，应将料筒内的塑料清理干净，预防剩料氧化或长期受热降解。

b. 应将模具打开，不要使肘杆机构长时间处于工作状态。

c. 应做好模具和注塑机的防尘防锈工作。

第**8**章 CHAPTER 8

注塑机的维护保养

注塑机内零件的磨损和腐蚀是一种自然规律,我们不能改变这种规律,但可以掌握这种规律,加强注塑机的维护保养,以达到预防或减少设备的磨损和腐蚀、减少设备的故障率、减少维修费用、减少停机时间、延长使用寿命的目的,保证设备的完好率。

对于注塑机的使用和管理,应遵循以下原则:科学管理、正确使用、合理润滑、精心维护、定期保养、及时检修。

预防性维护保养工作包括以下内容。

① 定期换油加油,清除积尘,改良工作环境,保证合适的温度和湿度,减少停机时间及保持正常运转速度,提高生产效率,提高机器的使用寿命。

② 及时更换已老化或磨损的零件,提高机器的运转精度。

③ 定期更换易损零件,防患于未然。

注塑机是集液压、电气、机械等技术于一身的设备,随着各项技术的成熟和发展,三者的结合就更为密切,因此注塑机的预防性维护保养工作主要围绕液压、电气、机械三个方面来进行。

8.1 注塑机外观保养

注塑机外观保养包括以下内容。

① 外观目测检查。

② 油位是否符合要求。

③ 冷却水是否符合要求。

④ 液压管路有无油液滴漏。

⑤ 安全门、注射防护罩部分是否有效。

⑥ 机器接地是否妥当。

⑦ 旁路滤油器压力检查。

⑧ 机身防护装置及围板检查。

8.2 注塑机液压系统的维护保养

液压装置由精密的液压元件所组成,当经过一段时间运转后,液压油难免受污染,并且造成密封件、高压软管等的破损脱落以及一些液压元件的磨损,导致油中可能含有金属粉、油封碎片、淤垢等污染物和固体物质。从而导致各种液压故障并造成液压元件的损坏。据实验与研究结果证明，液压设备的故障80％以上都是液压油受污染所引起的。

所以定期对液压油以及液压装置进行保养和检查非常重要。

8.2.1　液压油量

油量不足会使油温易升高、空气易于溶入油中而影响油质和液压系统的正常工作，油量不足通常是漏油或修理时流失所致，为此日常应留意检查有没有泄漏的部位，及早更换磨损的密封件、收紧松动的接头等，维修后要检查油箱的油量，及时补给。

如液压油无故减少，应先查明原因，再做补充。补充的液压油必须与系统内的液压油完全相同。不同的液压油混合后，会产生化学反应，影响液压油的品质。

8.2.2　液压油温度

正常液压油温度应保持在30～50℃。油温在20℃以下时，应避免机器全负荷运转。注意检查注塑过程中油箱的液压油温度是否超过60℃。假如油温长期超过60℃，会产生如下后果。

① 液压油氧化变质。

② 液压油黏度降低。这会导致以下现象出现。

a. 油泵损坏。

b. 漏油及压力下降，从而造成注射压力及合模力不足。

c. 液压系统的元件容积效率降低。

③ 加速液压系统的密封件老化。

④ 必须保证油冷却器正常工作，经常检查冷却器的冷水排管是否阻塞。冷却水应采用净化淡水，水压不高于0.5MPa。

⑤ 油冷却器应每工作5～10个月清洗一次。清洗方法如下。

a. 水清洗　用软管引洁净水高速清洗，然后用压缩空气吹净。

b. 油清洗　这里介绍两种清洗方法。

第一种方法，用三氯乙烯溶液冲洗，使清洗液流向与液压油流向相反。清洗液的压力不要大于0.6MPa，冲洗时间视污垢程度而定。然后用洁净淡水冲洗，直至流出的水是清水为止。

第二种方法，用四氯化碳清洗溶液浸泡冷却器，15～20min后，如溶液浑浊不堪，则换新鲜溶液继续浸泡，直至流出的溶液显得洁净为止。然后用清水冲洗，干燥（注意：用四氯化碳清洗时，须通风良好，以免中毒）。

清洗完成后，要进行液压耐压试验，证实无渗漏才可继续使用。

8.2.3　液压油油质

液压油的重要性质之一是其化学稳定性，即氧化稳定性。氧化是决定液压油有效使用寿命的最主要因素，氧化生成的木焦油、油泥和炭渣等不可溶物会污染液压系统，并增加液压元件的磨损、减少各种间隙、堵塞小孔，最终致使液压系统发生故障。液压油的氧化速度取决于本身及工作状况等多方面因素，其中温度是主要因素之一，因此要使用合适的液压油，并定期检查液压油的氧化程度（从油本身的颜色转深来判断），超过一定数量的工作小时后主动换油是绝对必要的。

液压油在使用6个月后，应从油箱里抽取100mL送往化验室检验。如发现压力油已经劣化，应立即更换。

新机器运行3个月内，应将液压油过滤一次，如有条件应更换液压油。然后一年更换一次液压油。每次换油时，应先清洗滤油器和油箱。

液压油黏度一般为 $68 \times 10^{-6} m^2/s$（40℃），并且要符合 NAS 1638 的 7～9 级质量标准（美国国家标准）。

使用过的液压油均含有潜在伤害人体的成分，应避免与皮肤长时间或重复接触。

注塑机在使用过程中，要经常检查压力油的水平、油泵压力及压力油的清洁程度，遇到潮湿天气的时候，必须每日检查压力油的浓度，同时还需经常检查水管，以免水混入在压力油内，造成滤油器阻塞。应经常检查油箱内，使其保持干净，防止杂物掉入，并按时补充压力油。对于润滑各运动部分，各行程开关、螺钉松紧以及各油喉、接头部分是否漏油等，每周应例行检查一次，使其保持良好状况，如有松脱，则加以更换或拧紧。

另外，一种压力油使用过久过长，便可更换压力油，以延长油擎、油泵和密封圈的寿命。

8.2.4 吸油过滤器的保养和检查

注塑机滤油器一般有两种：吸油过滤器和旁路滤油器。它们均是液压油的重要保护装置，应定期检查和保养。

吸油过滤器安装在油箱侧面泵进口处，如图 8-1 所示，用来过滤、清洁液压油。

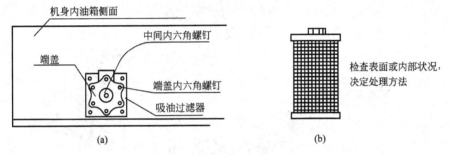

图 8-1 吸油过滤器

（1）吸油过滤器拆卸　先拆去机身侧面的封板，拧松过滤器中间的内六角螺钉，使滤油器与油箱中的油隔开，然后拧下端盖的内六角螺钉，拿出过滤器，最后再拆开使滤心和中间磁棒分离，如图 8-2(a) 所示。

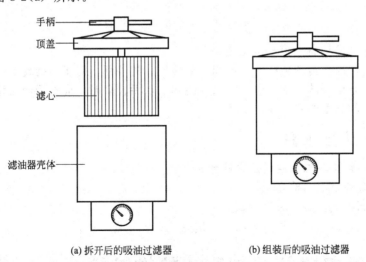

(a) 拆开后的吸油过滤器　　　　(b) 组装后的吸油过滤器

图 8-2 吸油过滤器的拆装

（2）吸油过滤器清洗　用轻油、汽油或洗涤油等彻底除去滤心阻塞绕丝上的所有脏物，和中间磁棒上的所有金属物。将压缩空气从内部插入，并将脏物吹离绕丝。

（3）吸油过滤器安装　把滤心放入过滤器内，先拧紧端盖内六角螺钉，再拧紧中间内六角螺钉，如图 8-2(b) 所示。

旁路滤油器一般安装在机器注射台部位的机身上，滤油器下端设有压力表。

在机器运行中，当压力表的指针小于 0.5MPa 时，表示过滤情况正常。

当压力表的指针大于 0.5MPa 时，表示滤心堵塞，此时应更换滤心，以免影响滤油器的正常工作。

更换滤心时，机器应停止工作，将滤油器顶盖上的手柄拧掉后上提，然后拔出滤心，换上新的滤心，按原样安装拧紧后，即可开机工作。

8.2.5　冷却器清洗

如果冷却效果下降，管子内部可能有脏物，应拆下两端的管帽，查看是否有腐蚀和杂质迹象。油冷却器的分解与组装如图 8-3 所示。

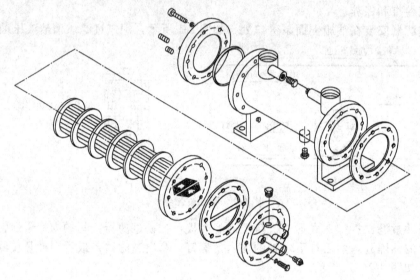

图 8-3　油冷却器的分解与组装

至少每半年对冷却器实施一次清洗。

采用碱性清洗液，清洗主体的内部和加热传导管的外部。对于难处理的夹层，可采用稀盐酸溶液清洗，直至冲洗非常干净。传热管内侧的水垢较多时，应选用溶解水垢的清洗剂浸泡，然后用清水和软毛刷将其冲洗干净。

8.2.6　其他检查项目

① 系统压力检查及油泵运转工况检查。
② 多泵系统各泵压力检查。
③ 速度控制检查，必要时进行调整。
④ 和空负载转速比较，检查各油压马达运转有无异常噪声。

8.3　注塑机电气控制系统的维护保养

（1）电线接头检查　接头不紧固的电线会令接头位置产生高温或产生火花而损坏，接头不良也会影响信号的传输；接触器上的接头会因电磁动作的震动而较易松开，因此需要定时检查电线接头紧固情况。

注塑机电路的各接触点一定要保持紧固状态，不得有松脱现象。为了避免影响电箱的散热功能，要随时注意各抽气扇的工作性能，并及时清理隔尘网上的尘埃和更换隔尘网。

按规定时间对电箱内所有电线接驳点检查一次，查看各电线的胶壳有无硬化，防止漏电。

（2）电动机　一般电动机都是空气冷却式的，尘埃积聚会造成散热困难，所以每年应做定期清理。通常在电路中装有电动机过载切断器，该保护装置的限定电流是可调的，应根据电动机功率做适当的选择，同时一旦过载保护器启动，应检查接点是否不良或油温是否过高后才按回复位开关。

（3）发热筒和热电偶　应定期检查发热筒是否紧固，以保证能有效地传热。在正常生产中发热筒的烧毁是不易觉察的，为此要注意温度控制器的工作情况，从中判断发热筒是否正常。另外，发热筒常见的损坏处是电线连接处，由于接头不良，接触电阻增大，使连接处局部过热导致接口氧化而损毁，应保持热电偶接触点的清洁。

（4）交流接触器　用于电热部分的接触器因为动作次数较频繁，其损耗速度亦较快，若主触点过热发生熔化黏合则可能造成加热温度失控，因此若发现接触器有过热现象、发出响声或分断时火花很大，则表示将会损坏，应尽早更换。

（5）微机控制部分　随着微机控制技术在注塑机上的应用，微机部分及其相关的辅助电子板的正常工作对电源电压的波动、工作环境的温湿度、安装的抗震性乃至外界高频信号的干扰都提出了较高的要求，为此保持控制箱内通风散热用的风扇正常工作、使用精度较高的电源稳压设备供电、设法减少控制箱受外来震动的影响等均是正常工作的基本要求，应切实解决这些方面的问题并定时检查。

（6）其他保养项目

① 操作面板按键检查，以及安全门是否受到撞击，必要时要调整。

② 机身内各行程开关、零部件固定是否松动，电线是否破损，并检查各个接线盒。

③ 配电柜检查：灰尘清扫，各电气元件接端（接触器、接线端子、微机控制器）螺钉紧固，清理杂乱电线。

④ 加热部分检查：加热圈紧固，接线端紧固，加热接线盒检查，裸露电线清理。

⑤ 料筒温度校对是否正常，检查热电偶。

⑥ 功能检查：压力、流量、电流检查，输入、输出信号检查，位置显示检查。

⑦ 用户环境检查：电压是否正常，有无尘土影响电控部分，并指导客户改进。

8.4　注塑机机械部分的维护保养

（1）模板平行度　模板平行度最能反映出锁模部分的状况，模板不平行会使产品不合格及增加设备和模具磨损变形。模板的平行度可通过锁模时尾板的移动情况及产品的外观分析初步反映出来，但确切的情况，需要用百分表等仪器检测而得。模板平行度的调整须由技术熟练的人员按步骤进行，如果调整失当对机器的损害更大。

（2）模厚调整　应定期使用模板厚度调整系统，将模厚从最厚至最薄来回调一次以保证动作顺畅，对长期用同一模具生产的注塑机，必须进行此项检查以避免故障。

（3）中央润滑系统　所有机械活动部分都需要有适当的润滑，中央润滑系统是目前注塑机的必备装置之一。中央润滑系统的油量应注意经常检查是否加满，所用润滑油须洁净无杂质，以保证所有润滑位置有润滑油供应。当发现油管堵塞或泄漏，应及时更换或修理。大部分机械磨损都是因缺乏润滑而发生的，因此要对润滑有足够的重视。

（4）保持各动作的顺畅　动作震动或不顺畅可能是因为速度调整不当、速度改变及时间不配合或机械、油压调节引起。这类震动会令机械部分加速磨损及震松已紧固的螺钉，所以应减少或避免。

（5）轴承检查　当轴承部分在工作时有异声发出或温度升高，即表示轴承内部已磨损，应及时检查或更换，并重新注入润滑脂。

（6）注射系统　注射螺杆、止逆环和料筒组成注塑机的心脏部分，决定了加工的质量和效率，必须使它们保持良好的工作状态。首先采取必要的措施防止非塑料的碎屑混入塑料原料内，其次要重视检查螺杆与料筒、止逆环与料筒的正确间隙，正常的间隙应能封住塑料回流并产生塑化所需的剪切作用，当发现熔体动作缓慢、熔料有斑点和黑点，或产品成型不稳定时，应检查螺杆、止逆环和料筒的磨损情况。

另外，保持电动机及各油掣的清洁，如果电动机外壳有尘垢，则可引致它的散热功能障碍，应按时检查一次，发现有问题及时修理，使其发挥作用，保证机器正常运行。如果机器的密封圈等用得太久会自然损蚀，使其失去作用，或发挥的功能不好而漏油，应按照规格更换。另外，机器停止使用的时间过久或者要注塑不同的塑料时，必须先将料筒内余下的塑料清理干净，这样才有利于熔料过程的顺利进行。

（7）螺杆、料筒的维护保养

① 料筒未达到预设温度时，切勿激活储料电动机做储料动作，否则会损坏螺杆、料筒表面，甚至会引起螺杆断裂。

② 在射退动作时，要确定料筒内的塑料已完全熔化，否则导致螺杆后退时，损坏螺杆头组件或传动系统的组件。

③ 除塑料及塑料添加剂外，严禁其他东西进入料筒，特别是金属材料的东西，否则会造成螺杆、料筒的损坏。如果大量使用再生料（回用料），需在料斗内加上磁石，防止金属碎片进入料筒。

④ 如装拆或更换喷嘴、前料筒、螺杆头等，需在螺纹上涂一层耐高温的润滑油，若不涂上，螺纹部分会氧化，日后难以拆除。

⑤ 如使用 PVC、POM 等热敏性塑料时，每次停机前应把料筒内的塑料全部射出排空，再用 PE、PP 塑料清洗料筒，以免腐蚀螺杆、料筒。

⑥ 当料筒温度正常但又不断发现塑料出现黑点或变色时，应检查螺杆及螺杆头组件是否有磨损。

⑦ 螺杆、料筒清洗准备工具。必要时，拆下螺杆，清洗并对其进行检测。有关螺杆和加热筒的拆除程序，如图 8-4 所示。

拆卸时，除了各种工具外，应准备的材料如下。

a. 4～5 根木棒：直径＝螺杆直径，长度＝注射行程。

b. 4～5 个木块：长方体 100mm×100mm×300mm。

c. 一把钳子。

d. 废棉布。

e. 一根长木棒或竹棍：直径＝螺杆直径，长度＝加热筒长度。

f. 不可燃溶剂，如三氯乙烯。

g. 黄铜棒和黄铜刷。

被拆除的螺杆，应放置在木块上，以防止损坏螺杆。

（8）螺杆清洗　将螺杆头拆开，如图 8-5 所示。

① 用废棉布擦拭螺杆主体，可除去大部分树脂状沉淀物。

② 用黄铜刷除去树脂的残留物，或者用一个燃烧器等加热螺杆，再用废棉布或黄铜刷清除其上的沉淀物。

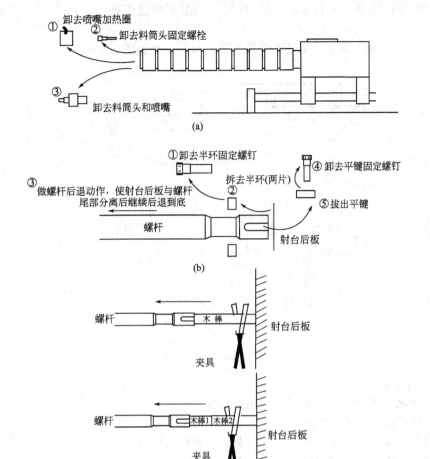

图 8-4 螺杆和加热筒的拆除程序

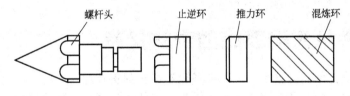

图 8-5 螺杆头拆开

③ 用同样方法清洗螺杆头、止逆环、推力环和混炼环,用黄铜刷清刷。

④ 螺杆冷却后,用不可燃溶剂擦去所有的油迹。

注意清洗时,不要磨伤零件的表面;在安装螺杆头前,先在螺纹处均匀地涂上一层二硫化钼润滑脂或硅油,以防止螺纹咬死。

(9)料筒清洗 料筒清洗,先拆下喷嘴头。

① 用黄铜刷,清除黏附在料筒内表面的残留物。

② 用废棉布包在木棒或长竹子的端面,清洗筒体的内表面,在清洗过程中,应将清洗的废棉布作若干次更换。

③ 还要清洗料筒和喷嘴,特别是与它们相配合的接触表面,应小心清洗以免将其擦伤导致树脂泄漏。

④ 使料筒的温度下降到 30～50℃ 以后，用溶剂润湿废棉布，用上述方式清洗筒体内表面。

⑤ 检测筒体的内表面，并应确保其干净，料筒检查如图 8-6 所示。

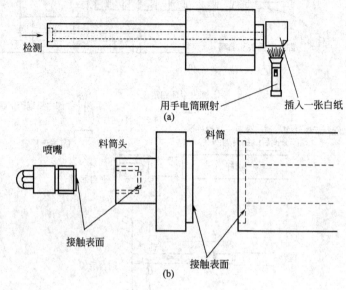

图 8-6　料筒检查

（10）其他保养项目

① 机身水平状况检查，调模动作是否顺畅。

② 喷嘴中心位置精度检查。

③ 预塑座运转时温度及异声检查，必要时替换润滑油脂。

④ 料筒、螺杆尾端间隙匀称，运转无异响。

⑤ 二板模锁模压力及间隙调整。

⑥ 连杆机构检测：轴套间隙、定位销移位。

⑦ 料筒前体、喷嘴漏料情况目测。

8.5　注塑机润滑系统的维护保养

润滑部分是维护保养的重点，以保证各运动机构的正常运行。

严禁水、蒸汽、尘埃及太阳光污染润滑油。在使用过程中，需要定期检查各润滑点是否正常工作。每次润滑时间必须足够长，以保证各润滑点的润滑。机器的润滑模数（间隔时间）及每次润滑的时间通过合理的设定来实现，建议不要轻易更改计算机中相关参数的设置，机器出厂前已合理设置了相关参数。但润滑模数用户可根据实际情况做一定的改动，一般新机 6 个月内润滑模数设定少一点，6 个月以后可根据实际情况设定多一点；大型机设定少一点，小型机设定多一点。定量加压式润滑的时间实际是润滑报警时间，建议机器的每次润滑时间可以适当设定长一些，有足够时间来保证压力继电器启动，从而避免因润滑报警时间过短而产生的误报警。

定期观察润滑系统的工作状况，保持油箱中的润滑油在一个合理的油位上。平时如发现润滑不良，应及时润滑，并检查各润滑点的工作情况，以保证机器润滑良好。

切勿使用液压油作为润滑油用，因两者的黏度不同。若为节省成本而使用，会导致关节磨损。

另外，调模螺母、储料电动机的传动轴、射台前后导轨及铜套、电机轴承均采用润滑脂油嘴（黄油嘴），应定时进行加注润滑油脂（黄油），建议每月一次。

润滑系统的检查和保养项目还包括以下内容。

① 润滑泵工作状况、出油压力检查。

② 润滑压力继电器工作是否有效。

③ 润滑管路有无破损、折断。

④ 各润滑点有无润滑油渗出。

⑤ 手动加注润滑油（预塑座、调模机构、滑动部分、机身、调模活动部位）。

8.6 注塑机定期保养项目及时间

注塑机使用寿命的长短，不仅要靠注塑机生产厂家的优良的品质保证，而且也要靠使用者的精心保养，才能提高它的可靠性和耐用性。注塑机常规保养项目及时间见表 8-1。

表 8-1　注塑机常规保养项目及时间

时间范围	维护保养项目
每天保养事项	(1)确定紧急停止按掣能切断油泵部分电动机电源； (2)保持注塑机和机身四周清洁； (3)检查料筒加热片温度是否正常； (4)检查安全门拉开时能否终止锁模，分别用手动、全自动操作锁模进行测试； (5)检查模具是否稳固安装在定模板及移动模板上； (6)检查各冷却运水喉管，若有漏水现象，收紧漏水的喉管； (7)检查所有罩板是否稳固安装于机器上； (8)开机运行一段时间后，检查油温是否上升超过 50℃，检查供应冷却器的冷却运水温度，油温应保持在 30～50℃； (9)检查机械安全锁是否操作正常； (10)检查润滑油箱的油是否足够
每周保养事项	(1)行程开关、接近开关的检查； (2)有否渗油或漏油； (3)黄油润滑部分； (4)螺钉是否松脱； (5)油量检查
每月保养事项	(1)各电路的接点有否松脱； (2)压力油是否清洁，如压力油不足，应加以补偿； (3)清洗滤油器； (4)查看各润滑点是否润滑均匀，如有润滑不到之处，要及时处理； (5)注意各抽气扇是否工作，及时清理隔尘网上的尘埃及更换隔尘网，以免影响电箱的散热； (6)查看各连接处的螺钉是否有松动，如有则把它收紧； (7)检查系统压力表是否操作正常
每季保养事项	(1)电线接头； (2)电箱卫生； (3)油泵、油压马达； (4)加黄油； (5)检查各料筒加热片安装是否稳固； (6)检查射胶、锁模、顶针的接近开关安装是否稳固； (7)检查速度、压力的线性比例，如有需要，可重新调校； (8)重新检查喷嘴中心度

时 间 范 围	维 护 保 养 项 目
每 6 个月（水质较差时每个月）	(1)检查射胶、锁模、顶针光学解码器上的齿条安装是否稳固，并涂润滑油脂于齿条上； (2)检查电箱内部的继电器及电磁接触器的接点是否老化，如有需要，更换新件； (3)检查电箱内部、机身外的电线接驳是否稳固； (4)清洗冷却器铜管的内外壁； (5)检查定模板上的四个拉杆螺母安装是否稳固，有没有反松
每年保养事项	(1)检查全机机械部分的固定螺钉是否收紧； (2)清洗冷却器铜管内外壁； (3)清洗油箱内部四周； (4)清洗滤油器上的污物及清扫空气过滤器上的灰尘； (5)检查压力油是否需要更换，抽取压力油样本，送往化验，如压力油劣化，必须更换新油； (6)清除电动机扇叶及外壳表面灰尘，并注入润滑油脂于轴承上； (7)检查机身外露的电线，如损伤，必须更换； (8)检查油压马达部分轴承组合是否有噪声发出，重新注入润滑油脂或更换新轴承； (9)重新检查机身水平； (10)重新检查定模板和动模板之间的平行度是否在 0.20mm 之内
每 3 年	更换系统控制器电池（新电池 15 年）
每 5 年	更换操作面板上的电池（新电池 15 年）
当发现吸油过滤器阻塞时，在屏幕上出现出错信息："滤油网故障"	更换吸油滤油器
每 500 个机器运转小时	检查液压油油箱上的油标的油位
500 个工作小时后第一次更换旁路过滤器	第一次更换旁路过滤器
第一次投入运行后机器运转 2000h	(1)更换或清洗吸油滤油器； (2)更换液压油
每 2000 个机器运转小时	更换油箱上通风过滤器的滤心
在 2000 个工作小时后或当自带压力表显示最大值为 4.5bar[①] 时	更换旁路过滤器
每个机器运转 2000h，或至多 8000h	(1)更换液压油； (2)更换或清洗吸油滤油器； (3)检查高压软管，如有必要进行更换； (4)检测维修电动机； (5)检查液压油缸，更换密封圈和耐磨环； (6)更换高压软管

① 1bar＝10^5Pa。

8.7　直压注塑机的保养要领

直压注塑机是靠油缸直接锁模，而曲肘注塑机是由油缸和曲肘共同来完成锁模动作，故曲肘注塑机锁模更稳定、耐用。直压注塑机结构上比肘节式要简单，从维护方面也减少了很多工作量，其最大的特点是开模行程比较大，适合比较厚的模具生产。但是有一个缺点就是锁模力稍微小些，原因是液压油的泄漏和压缩。购买的时候，需要注意油缸的密封性和开合模速度。

（1）直压注塑机注射系统保养要领

① 除塑料、颜料及添加剂外，切勿将其他东西放进料斗。

② 料筒温度未达预先设定温度时，切勿启动熔胶及松退。

③ 停机前应先将熔胶筒内的塑料清理干净。

④ 检查喷嘴磨损状况。

⑤ 定期检修喷嘴中心位置。

⑥ 定期检查射台滑轨固定螺钉与滑座固定螺钉是否锁紧。

⑦ 检查射移油缸本体与压板固定螺钉是否锁紧。

⑧ 定期清理料管冷却环并保持水路畅通。

⑨ 料管冷却环应使用软水，可在蓄水槽内放入铅块软化水质。

⑩ 检查螺杆过胶圈的密封性。

⑪ 注意检查接至电热片电线的锁固螺钉及安全保护措施。

⑫ 靠近喷嘴的电热片必须要保持不被塑料包住。

⑬ 检查电热片工作情形。

⑭ 目测感温线插接情形。

⑮ 注意电热片勿受塑料或粉尘污染堆积。

⑯ 检查射胶光学尺齿轮与齿条固定是否松脱，并保持接触面清洁。

⑰ 检查各限位开关是否松脱。

⑱ 定期检查料管固定螺母是否拧紧。

⑲ 定期检查射胶螺杆压板是否松脱。

⑳ 定期检查射胶活塞杆、固定螺母是否锁紧。

㉑ 定期检查料管喷嘴与法兰是否锁紧。

㉒ 定期检查熔胶电机本体固定螺钉是否锁紧。

㉓ 保持机械滑动面清洁。

㉔ 定期在各润滑点施以适当润滑，使用指定的润滑油脂，确保各机械部分均有适当润滑。

㉕ 机台面杂物及油污应清除干净。

（2）直压注塑机锁模系统保养要领

① 定期检查拉杆螺母与压板是否锁紧。

② 定期检查头板座固定螺钉是否锁紧。

③ 定期检查尾板拉杆螺母是否锁紧。

④ 检查大油缸体固定螺钉是否锁紧。

⑤ 检查快速油缸本体与压板是否锁紧。

⑥ 检查前安全门上机门止动棒压板与止动棒挡板接触状况，并测试安全功能。

⑦ 检查前后安全门限位开关，在安全门关闭时限位开关与机门接触良好，安全门微开10mm 以上时前后安全门限位开关不动作。

⑧ 检查锁模光学尺齿轮与齿条固定是否松脱，并保持接触面清洁。

⑨ 控制开模和锁模行程的速度、压力及位置调整。

⑩ 每次停机应先将模具开启少许。

⑪ 避免使用模具外形尺寸小于机器柱内距 2/3 的模具。

⑫ 调整模厚或锁模时，必须在有模具状态下。

⑬ 检查推杆顶出机构锁固螺钉是否松动。

⑭ 检查顶针光学尺齿轮与齿条固定是否松脱，并保持接触面清洁。

⑮ 检查各限位开关功能是否正常及固定是否牢固。

⑯ 滑脚间隙应每月检查调整，在无模具负荷下，滑脚与滑轨应有 0.03～0.05mm 的间隙。

⑰ 保持锁模机构滑动面清洁。

（3）直压注塑机油压系统保养要领

① 避免料温未达设定范围而熔胶，以免油压马达间接受损。

② 避免将重物堆放在油压零件上及践踏其上。

③ 定期清洗油箱内部，更换或清洗入油油网。

④ 油泵运转时，出现异常噪声应检验油品及油压回路。

⑤ 随时查看循环油的温度与油箱油量是否足够。

⑥ 严禁与水混合，避免损坏油压系统。

⑦ 严禁粉尘或塑料污染液压油。

⑧ 注意各高压油管是否锁紧、有无漏油的情况。

⑨ 液压油抽样送检或更换。

⑩ 油压缸内部尘封、油封是否更换。

⑪ 定期检测油压系统的流量值、压力值及校正。

⑫ 定期检查电机与法兰固定螺钉是否锁紧。

⑬ 定期检查电机与油泵联轴器止付螺钉是否锁紧。

⑭ 冷却系统功能运行的改善。

⑮ 定期清洗冷却器。

⑯ 冷却器使用的水温与水量，应以将油温控制在 $40\sim45\,℃$ 为宜。

（4）直压注塑机电气系统保养要领

① 每日擦拭操作面板使其保持清洁，并检查是否固定牢靠。

② 检查高压电源线及主电机接线盒内接线锁固端子是否锁紧。

③ 各端子台接线必须定期检查并上紧。

④ 外部配线应避免物品碰撞及摩擦。

⑤ 检查各限位开关是否松脱与功能是否正常。

⑥ 各油泵接线座是否固定锁紧。

⑦ 检修因线路长期暴露在水与油环境中容易硬化或老化的情形。

⑧ 发现遭受污染应立即停机处理。

⑨ 不可将物品堆放在通风口处。

⑩ 电箱内杂物应清除干净并整理整齐。

8.8 立式注塑机的维护保养

（1）每周保养项目

① 每日检查油箱、油管接头以及辅助件（如油温机）有无漏油。

② 每日检查冷却水系统以及辅助件（如水温机）有无漏水及水量、水温是否正常。

③ 油温控制在 $60\,℃$ 以下，超过时要停机并分析原因。

④ 确认油泵的压力。

⑤ 每日检查油泵的表面温度以及是否有噪声。

⑥ 油压缸的振动引擎是否正常，是否会漏油。

⑦ 紧急停止按钮是否正常。

⑧ 在滑轴滑动部分涂润滑油。

⑨ 每日确认一次油量是否正常。

（2）每月保养项目

① 检查轴的油封有无漏油或是否吸入空气，油箱内是否有噪声。

② 各过滤器的清洁度检查包括辅助件（如油温机、水温机）。

③ 冷却器的冷却能力检查。

④ 各开关按钮动作状态是否正常。

⑤ 各紧固螺钉是否松动。

⑥ 各电路接线头是否脱落和松动，如果有，应及时修理。

（3）半年保养项目

① 分析油的清洁度，或者性能。

② 检查各传动轴（包括轴承）的油补给程度和磨耗度。

③ 检查比例压力流量阀的设定值与动作状况。

④ 检查方向控制阀的动作状况。

⑤ 用干燥的空气清扫电路部分的灰尘，防止短路。

（4）每年保养项目

① 方向控制阀的内部泄漏程度。

② 方向控制阀的线圈绝缘程度。

③ 液压油每年更换一次，更换时彻底清扫油箱和过滤网。

④ 电动机轴承每年检查一次是否松动和磨损，如果有，应及时修理或更换。

⑤ 检查各液压油管的老化程度，防止破裂。

8.9 全电动注塑机的维护保养

本节以海天 HTD 全电动注塑机（图 8-7）为例谈谈全电动注塑机的保养。

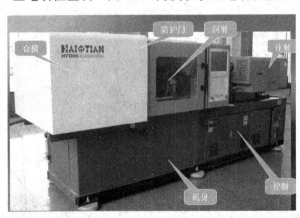

图 8-7　海天全电动注塑机

8.9.1 全电动注塑机的结构特点

① 采用模块化设计，一个合模部件可以配备四个注射部件，每个注射部件配 A、B、C
三个塑化组件。

② 采用自动集中润滑系统，保证机器的使用寿命。

③ 整机无液压油驱动，因此没有驱动能耗和环境污染，从而也省去了冷却水的用量。

④ 防护装置为全封闭结构，使机器的安全性更好。

⑤ 合模系统（图 8-8）

a. 锁模部件采用高刚性结构设计，实现了高精密稳定注射成型。

b. 模板采用宽幅式设计，横向（H）拉杆内间隔扩大到此系列机器上一等级的尺寸，从而可以安装宽幅的模具。

c. 配备模板支撑机构和模板导向，能够保持模板平行度和模具定位精度。

d. 模板采用经有限元分析的箱体式模板，使模板刚性更好。

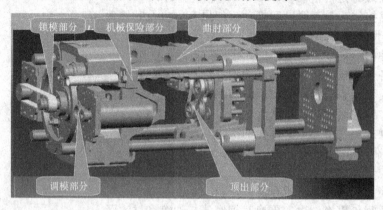

图 8-8　合模系统

e. 曲肘部件采用最新优化内卷五支点肘节机构，使得合模部件运行更快、更平稳，如图 8-9 所示。

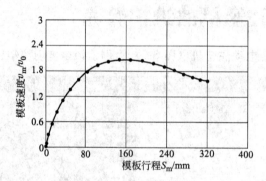

图 8-9　模板行程 S_m-模板速度 v_m / v_0 曲线

⑥ 锁模系统主要由伺服电机、高扭矩同步带、电动注塑机专用轴承和高强度高精密注塑机专用丝杠组成，如图 8-10 所示。

图 8-10　锁模系统

⑦ 顶出系统。顶出系统由伺服电机、高扭矩同步带和双顶出丝杠等组成，顶出精度可达 0.01mm，如图 8-11 所示。

图 8-11　顶出系统

⑧ 注射系统（图 8-12）

a. 注射装置采用高刚性四拉杆结构，实现精密平稳注射。

b. 实现注射速度、注射压力、保压压力、背压压力全闭环精密控制。

c. 注射座直线导轨平行导向，保证座台移动更顺畅。

d. 喷嘴接触力可根据模具的需求进行调整。

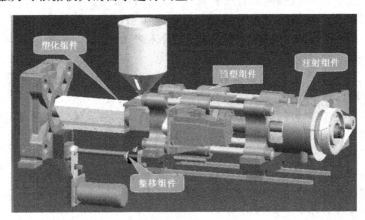

图 8-12　注射系统

e. 注射部分。注射部分主要由注射丝杠、同步带、伺服电机、同步轮、压力传感器、联轴节等组成，通过丝杠实现旋转运动到直线运动的转化，从而实现螺杆的注射运动。

f. 预塑部分。预塑部分由伺服电机、同步带、同步轮、联轴节等组成，伺服电机经同步带减速带动联轴节转动，从而实现螺杆预塑的功能。

g. 整移部分。整移部分由整移丝杠、减速电机、同步带、同步轮、碟片弹簧等组成，这部分实现了注射座移动和喷嘴接触力。喷嘴接触力根据模具要求可以相应调节。

8.9.2　全电动注塑机的维护保养

为了维护注塑机以及周围设备的性能、减少故障，以及发生故障时能够在短时间内修复，达到长期安全稳定使用，认真进行保养检查非常必要。

设备的保养检查作为日常工作的重要环节，应该切实搞好，确保以下事项。

① 各项性能的维持。

② 确保使用寿命。

③ 缩短由故障引起的设备停止时间。

④ 保证动作安全可靠。

搞好以上工作不仅能提高生产效率，而且也能够大大降低生产成本。为了达到以上效果，在日常工作中需要经常观察设备的运转状态，按照以下方法尽早觉察出异常隐患，确保设备正常运转。

看：观察运转、动作状态。

听：听电机声、运转作业声。

摸：触摸温度（发热）、振动。

这些诊断是保养检查的基本要求。为了查明异常现象必须要熟练掌握设备正常运转时的声音、温度等的状态情况。

（1）工作开始前检查　在注塑运行开始前必须要检查的项目，防止出现设备故障、人身事故，检查内容包括以下几个方面。

① 检查安全门、各部位的护罩、模具等安装是否正常。

② 设定的温度是否适合使用的原料。

③ 模具冷却和下料斗冷却是否正常，是否有漏水现象。

④ 控制器的设定是否有问题。

⑤ 伺服电机工作时，应确认是否有异常声音、异常振动。

⑥ 伺服电机工作时，紧急停止按钮开关是否起作用。

（2）日常检查　在注塑运转的日常作业中应该检查的项目，主要以声音、振动、温度、压力、速度为中心进行检查。

① 机器在工作情况下，应确认伺服电机、同步带、滚珠丝杠是否有异常声音，如有，应停止设备进行检查。

② 伺服电机是否有烧焦的味道，电机温度是否偏高，并确保电机的通风效果良好。

③ 冷却水回路是否有漏水现象，如有，应及时处理。

（3）1个月检查

① 电源电压是否在其他设备动作中电压波动，测定额在10V左右。

② 锁模装置、注射装置的移动部分的润滑油脂是否干燥。如果整机采用自动润滑系统，有些部位则需要进行手动加入润滑油脂。

③ 冷却水回路的动作是否正常。

（4）3个月检查

① 滚珠丝杆的润滑效果是否正常，清除污垢并确认是否有伤痕。

② 拉杆导向套、连杆铜套润滑是否良好。

③ 清理伺服电机和冷却风扇上的污垢。

④ 长期使用同一模具，需要进行模厚调整动作，防止咬死现象，并给齿轮加润滑油脂。

（5）6个月检查

① 锁模、顶出、整移、注射和预塑同步带松紧情况、磨耗、损伤的检查（注：同步带的拆卸会引起伺服电机零位的变化，电机零位需重新调节）。

② 锁模装置下钢带是否有偏移、起伏的现象，并调整之。

③ 检查控制柜内是否有水、油和杂物，动力回路是否绝缘性良好，并清除过滤网上的杂物。

④ 旋紧注射装置上的射台前板和料筒座的连接螺钉。

（6）1年检查

① 整机的水平度测量，并重新调整。

② 旋紧整台设备的各部件的连接螺钉。

③ 检查可接触可动部件的电缆线、润滑管是否有磨损、损伤现象。

8.10 注塑机停产时的维护保养

若注塑机暂停运行，便须多次将料筒余料注射干净，或用塑料通过注塑机清理射料缸或料筒的剩余塑料。遇上塑料褪色，射清的次数就要增加。进行轻微修理时，射料缸的加热器须调校至最低值，例如150℃，以尽量降低热分解的可能。

注塑热稳定性塑料（如PS或PE）前，如已预先停机一晚，就只须关闭料斗底部的滑板及射料缸加热器（只开启喷嘴的加热器），将射料缸注射干净。喷嘴完全清洁后，把料筒尽量充分冷却，待注塑机冷却后，关闭所有装备，注塑机便可充分准备好再次加热。

如果射料缸或料筒温度高，只须将上述步骤稍加改动，以防树脂受热分解。例如关闭射料缸加热器（只开启喷嘴的加热器），或将料筒进行充分冷却，期间不断注射剩余树脂。关闭料斗底部的滑板，再注射完料筒内剩余塑料，若再无塑料喷出，便可关闭设备，以备下次再用。

若塑料在注塑机内分解，最终会变色，使模塑件变成废件。遇此情形，便须完全关闭注塑机，注射干净。预防方法是用一种热稳定性较高的塑料来清洗热敏感的树脂。

有些塑料（如POM、PVC）很容易分解，如果注塑过程中突然停机，那么在继续注塑之前，应开启喷嘴的加热器，只有当塑料由喷嘴熔解时，才可开动射料缸加热器。射料缸或料筒温度应调至约140℃，然后把温度提升至加工温度，并尽快注射完剩余塑料。注射出的塑料须放入冷水中。如要改换别的塑料，最好选用普通非防火品级的PS或PE作为清洗料；若未彻底注射剩料，则切勿将POM混合PVC，或先后混合。

停机或改用另一种塑料前，必须检查清楚所采取的步骤是否正确无误。物料供应商随料附送的说明书，操作前应细心阅读，了解每种塑料所需的"标准停机步骤"。说明书应放置于注塑机旁边，以便操作员随时取阅。

注塑机停产分为中途停产和完全停产。

（1）中途停产 在注塑生产中，经常要遇到中途停产，例如打磨模具、小修模具等，其所花费的时间不定，有的甚至长达几个小时。如不做好预防措施，将会为下一次生产的开始阶段增加问题，例如轻则塑件出现变色，重则出现黑点、黑纹，必须要重新清洗料筒。因此，在中途停产前，需将料筒内的余料完全用尽，然后将料筒温度设置成"半温使用"，使料筒加热维持在塑料的高弹态温度，防止塑料在停机阶段产生分解，直到继续生产时，重新设定正常温度即可。否则，停机时关掉电加热，到生产时重新升温，对成型温度范围较窄和加工温度高的塑料会产生很多不利影响。

如果中途停产时模具仍在注塑机上，最好将模具操作在微合状态下而停机。否则，模具开启空间过大不利于模腔的防碰撞、防尘、防水、防污染等。如果将模具锁合而停机，这样对锁模机构的损害就更大，因模具长时间和高压锁合相当于机器的四根拉杆长时间承受巨大的拉力，会产生伸长或变形，同时锁模机铰的销钉亦会因受压而弯曲，严重影响机铰的锁模精度。

（2）完全停产 注塑机在停机前必须关上落料闸门并将料筒内的余料用尽。否则，加料段的料粒在停止加热后，还受到余热作用变成软化团状，抱着螺杆并继续降温到玻璃状，到下次开机重新加热，都不能将结成壳状的塑料彻底熔融，这样会阻碍新料的加入。对于某些塑料，在停机到常温，再到开机升温的过程中，容易在料筒内产生分解炭化，炭化物又转化成绝热物质。在不了解情况下操作，经常发生卡住螺杆而将螺杆头拧断现象，对拆卸螺杆亦造成不少困难。因此对生产热敏性塑料如PVC、POM、PA等，或高温塑料如PC、PBT、PET、PEI、PPO、PPS等，在停产前将旧料用尽后，立即使用成型温度范围较宽的PS、

PP、PE塑料进行料筒清洗，将旧料彻底清除，为下一次生产减少料筒清洗环节或降低难度。

8.11 注塑机冷却装置的维护

使用循环水冷却的机器，通常使用冷却塔进行降温，而冷却塔又会产生许多杂物，例如水盘青苔、沉淀物、各种昆虫及微生物、细菌等。如水循环系统不进行有效过滤，将使机台的料筒冷却水道及油路系统的冷却器容易弄脏堵塞，即使经过有效的过滤，随着使用时间的增加，也会造成水垢性堵塞。

因此，在生产过程中要勤于检查料筒加料口水通道及冷却器的工作温度。

(1) 料筒冷却温度　通常料筒尾段装设有冷却水通道，利用冷却降温的作用：其一是阻止料筒的热量向传动装置传热，影响机件的正常运作；其二是阻止向料斗传热，避免塑料在喂料段过早软化或熔融，阻碍喂料。加料口水通道冷却不良或堵塞会出现如下情况。

① 喂料困难。熔融状态的塑料，团团卷抱着螺杆，与螺杆一起转动翻滚，阻碍新料的加入。

② 料斗闸门附近位置，因得不到有效的降温而比平常烫手。

③ 冷却水通道入水喉管有烫手感，可在出水口放水确认。

④ 设有加料口温度监视的机器，温度显示高于80℃。

(2) 冷却器（热交换器）　水冷式冷却器主要使用淡水作为冷却介质，壳程流体（高温油液）与管程流体（低温淡水）通过传热管交换热量，可能使冷却器冷却效果下降，应着重于检修冷却器是否被堵塞，清理冷却器主要有以下两种方法。

① 最省时的清理方法是关上供水闸门，只将冷却器两端的进水盖和回水盖拆开，然后用相应直径和长度的铁棍对每一个管程管道进行疏通清理，一边向管道灌水，一边疏通，让水带走管道内的附着物，直至每个管道通畅为止，最后装回冷却器的进水盖和回水盖。

② 使用清洗液。这种清洗方法要拆下整个冷却器，并准备好可以容纳冷却器的水盘。在拆下时，需要用水管塞头密封。然后使用碱性清洗液或稀盐酸溶液对在水盘内的冷却器管程部分进行浸泡，主要是将水垢分离。当所需溶解水垢的浸泡时间过后，再用清水和硬毛刷将管道清除到干净为止，最后装回冷却器。

第**9**章 CHAPTER 9

注塑机的修理

不论是进口注塑机还是国产注塑机都具有以下特点。

① 注塑机固定资产投资大，生产规模大，消耗原料多，劳动生产率高，创造产值大。注射成型是一种劳动生产率较高的生产组织形式。

② 注塑机由机械、液压、电控、专用配套件等，按照注射成型工艺技术的需要，有机地组合在一起，自动化程度高，相互之间关联紧密；注塑机可三班24h连续运转。若注塑机的某个零件发生故障，将会导致停机停产。

③ 注塑机虽然操作简单，工人少，但注塑机管理和维修的技术含量高，工作量也大。

所以要保证注塑机经常处于完好状态，就必须加强注塑机的维护保养工作，严格控制注塑机的故障发生。以达到降低故障率，减少维修费用，延长使用寿命的目的。

注塑机故障，一般是指注塑机或系统在使用中丧失或降低其规定功能的事件或现象。注塑机是企业为满足注塑制品生产工艺要求而配备的。注塑机的功能体现着它在注射成型生产活动中存在的价值及对注塑制品质量和数量的保证程度。在现代化注塑机生产中，由于注塑机结构复杂，自动化程度很高，液压、电控及机械的联系非常紧密，因而注塑机出现故障，哪怕是局部的失灵，都会造成整个注塑机的停机。注塑机故障直接影响注塑制品的数量和质量。

9.1 注塑机故障分类

注塑机故障是多种多样的，可以从不同角度对其进行分类。

（1）按故障发生状态划分

① 渐发性故障 它是由于注塑机初始性能逐渐劣化而产生的，大部分注塑机的故障都属于这类故障。这类故障与电控、液压、机械元器件的磨损、腐蚀、疲劳及蠕变等过程有密切的关系。

② 突发性故障 是受各种不利因素以及偶然的外界影响共同作用而产生的，这种作用超出了注塑机所能承受的限度。例如，因料筒进入铁物出现超负荷而引起螺杆折断；因高压串入而击穿注塑机电子板等。此类故障往往是突然发生的，事先无任何征兆。

突发性故障多发生在注塑机使用阶段，往往是由于设计、制造、装配以及材质等缺陷，或者操作失误、违章作业而造成的。

（2）按故障性质划分

① 间断性故障 注塑机在短期内丧失其某些功能，稍加修理调试就能恢复，不需要更

换零部件。

② 永久性故障　注塑机某些零部件已损坏，需要更换或修理才能恢复使用。

（3）按故障影响程度划分

① 完全性故障　导致注塑机完全丧失功能。

② 局部性故障　导致注塑机某些功能丧失。

（4）按故障发生原因划分

① 磨损性故障　由于注塑机正常磨损造成的故障。

② 错用性故障　由于操作错误、维护不当造成的故障。

③ 固有的薄弱性故障　由于设计问题，使注塑机出现薄弱环节，在正常使用时产生的故障。

（5）按故障的危险性划分

① 危险性故障　例如安全保护系统在需要动作时因故障失去保护作用，造成人身伤害和注塑机故障；液压、电控系统失灵造成的故障等。

② 安全性故障　例如安全保护系统在不需要动作时动作；注塑机在不能启动时启动的故障。

（6）按注塑机故障的发生、发展规律划分

① 随机故障　故障发生的时间是随机的。

② 有规律故障　故障的发生有一定规律。

每一种故障都有其主要特征，即所谓故障模式，或故障状态。各种注塑机的故障状态是相当繁杂的，但可归纳出以下数种：异常振动、机械磨损、输入信号无法让计算机接受、电磁阀没有输出信号、机械液压元件破裂、比例线性失调、液压压降、液压渗漏、油泵故障、液压噪声、电路老化、异常声响、油质劣化、电源压降、放大板无输出、温度失控及其他。不同类型注塑机的各种故障模式所占比例有所不同。

9.2　注塑机故障规律

研究故障规律对制定维修对策，乃至建立科学的维修体制都是十分有利的。注塑机在使用过程中，其性能或状态随着使用时间的推移而逐步下降。很多故障发生前会有一些预兆，这就是所谓潜在故障，其可识别的物理参数表明一种功能性故障即将发生，功能性故障表明注塑机丧失了规定的性能标准。

注塑机故障率随时间的变化规律，常被称为浴盆曲线。注塑机的故障率随时间的变化大致分为三个阶段：早期故障期、偶发故障期和耗损故障期。

（1）早期故障期　注塑机处于早期故障期，开始故障率很高，但随时间的推移故障率迅速下降，早期故障期对于机械产品又称磨合期。此段时间的长短，因产品、系统的设计与制造质量而异。此期间发生的故障，主要是由设计、制造上的缺陷所致，或是使用环境不当所造成。

（2）偶发故障期　注塑机进入偶发故障期，故障率大致处于稳定状态，趋于定值。在此期间，故障发生是随机的。在偶发故障期内，注塑机的故障率最低，而且稳定。因而可以说，这是注塑机的最佳状态期或称正常工作期。这个区段称为有效寿命。

偶发故障期的故障，多起因于设计、使用不当及维修不力。故通过提高设计质量、改进使用管理、加强监视诊断与维护保养等工作，可使故障率降低到最低水平。

（3）耗损故障期　在注塑机使用的后期，故障率开始上升。这是由于注塑机零部件的磨损、疲劳、老化、腐蚀等造成的。如果在拐点即耗损故障期开始时进行大修，可经济而有效地降低故障率。

注塑机故障率曲线变化的三个阶段，真实地反映出注塑机从磨合、调试、正常工作到大修或报废故障率变化的规律，加强注塑机的日常管理与维护保养，可以延长偶发故障期。准确地找出拐点，可避免过剩修理或修理范围扩大，以获得最佳的投资效益。

9.3 注塑机故障分析与故障排除程序

注塑机维修工作的核心是故障的判断和故障的处理。它涉及知识面广，复杂程度大，具有一定的深度（如综合专业知识水平）。既要有机械设备维修基础知识，又要有液压维修基础知识，还要有电气维修基础知识。其实注塑机维修工作是一个既艰辛，又是不断学习进取的过程，只要掌握注塑机的基本工作原理，掌握基本工作方法，不论何种机型，万变不离其宗，都能探索出一套维修工作程序，以保证注塑机正常工作运行。

维修工作者首先必须了解和掌握注塑机操作说明书中的内容，熟悉和掌握注塑机的机械部件、电路及油路，了解注塑机在正常工作时机械、电路及油路的工作过程，了解和掌握电气元器件、液压元器件的检查和维修使用方法，并清楚正常工作状态与不正常工作状态，以避免费时的误判断和误拆卸。

维修工作必须了解设备的操作方法及要有一些注射成型基础知识，并且会正确使用注塑机。若不知道如何操作注塑机，检修工作是非常困难的，判断故障也可能不可靠。注塑机中电路板及电气元器件长期受高温、环境、时间等因素影响，器件工作点偏移，元器件的老化程度，都是属于正常范围。所以，调试注塑机也是维修工作中必不可少的基本功之一。了解注塑机的工作程序，调试注塑机电子电路、液压油路是十分重要的环节。

维修工作要做到准确、可靠和及时，必须对各类型注塑机使用说明书中的内容加以研究和掌握。一般在维修过程中，维修思路通常是电路—油路—机械部件动作；而调校工作又反过来进行，如机械动作和锁模压力故障，可以从油路和电路着手，如电路输出正常，则调校油路阀。若油路工作正常，则调校电子电路板，最后再统调。三者关系既相互依赖，又相互控制。

正确使用仪器仪表、调校检测电路、检修油路、调试机械部分的位置及动作，是判断故障的重要手段。一般注塑机生产厂家只给出设备的电气方框图、油路的方框图和机械的主要部分，这对于维修工作是不够的，因此必须注意在日常维护工作中，收集、整理各方面的有关资料，如电气、电子、机械备件、油路、电磁阀体等方面的资料。例如在电气方面，若有机会就要测绘电路原理图，测绘电子板的原理图及实际的接线图，测出接线端子对应的器件等有关资料，以便在维修中为故障的判断和分析提供准确的检测点去向，测出其检测点的具体参数。在必要的时候，还要自己制作电源，模拟输入和输出信号，进行模拟测试或调校，以掌握和取得第一手维修资料数据，如各级工作点的参数等。

油路维修也是如此，必须根据油路及油压电磁阀的特点综合调校和维修。有机会要经常拆卸、清洗、检查、安装电磁阀。这些处理会造成许多麻烦，但却是至关重要的。

维修工作必须掌握和整理出符合原理和逻辑的系统故障维修方法和判断程序图，再结合平日维修工作实际，收集注塑机有关资料，进行故障处理，其方法有逐步检查法、模拟检查法、电压测试法、通断测试法、电路板替代法等各种方法。通过修理后，要重新调整工作点，重新进行调校，进行带负载试验，使其设备工作在操作说明书所列数据的参数范围内。

为确保故障分析与排除的快捷、有效，必须遵循一定的程序，这种程序大致如下。

（1）第一步 在保持现场的情况下进行症状分析。

① 询问操作人员

a. 发生了什么故障？什么时候发生的？在什么情况下发生的？

b. 注塑机已经运行了多久？

c. 故障发生前有无任何异常现象？有何声响或声光报警信号？有无烟气或异味？有无错误操作（注意询问方式，可用诱导式）？

d. 控制系统操作是否正常？操作程序有无变动？在操作时是否有特殊困难或异常？

② 观察整机状况、各项运行参数

a. 有无明显的异常现象？零件有无卡阻或损伤？液压系统有否松动或泄漏？电线有无破裂、擦伤或烧毁？

b. 注塑机运行参数有何变化？有无明显的干扰信号？有无明显的损坏信号？

③ 检查监测指示装置

a. 检查所有读数值是否正常，包括压力表及其他仪表读数、油面高度情况。

b. 检查过滤器、报警器及联锁装置、动作输出或显示器是否正常。

④ 点动注塑机检查（在允许的条件下） 检查间歇情况、持久情况、快进或慢进时的情况，查看在这些情况下是否影响输出，是否可能引起损坏或其他危险。

（2）第二步　检查注塑机（包括零件、部件及线路）。

① 利用感官检查（继续深入观察的过程）

a. 一看：插头及插座有无异常，电机或泵的运转是否正常，控制调整位置是否正确，有无起弧或烧焦的痕迹，保险丝好坏，液体有无泄漏，润滑油路是否畅通等。

b. 二摸：注塑机振动情况，元（组）件的热度，油管的温度，机械运动的状态。

c. 三听：有无异常声响。

d. 四嗅：有无焦味、漏气味、其他异味。

e. 五查：工件的形状与位置变化，注塑机性能参数的变化，线路异常检查。

② 评定检查结果。评定故障判断是否正确，故障线索是否找到，各项检查结果是否一致。

（3）第三步　故障位置的确定。

① 识别系统结构及确定测试方法。查阅注塑机说明书，识别注塑机是哪一种结构，用什么方法进行测试，需要什么测试手段，可能获得什么测试参数或性能参数，在什么操作条件下进行测试，必须遵守哪些安全措施，是否需要操作许可证。

② 系统检测。采用最适合于系统结构的技术检测。在合适的测试点，根据输入和反馈所得结果与正常值或性能标准进行比较，查出可疑位置。

（4）第四步　修理或更换。

① 修理。查找故障原因，针对注塑机故障进行修理并采取预防措施；检查相关零件，防止故障扩散。

② 更换。正确装配调试更换零件，并注意相关部件。换下的零件应进行修理或报废。

（5）第五步　进行性能测定。

① 启动注塑机。零部件装配调试后启动注塑机，先手动（或点动），然后进行空载和负载测定。

② 调节负载变化速度由低到高，负载由小到大，系统压力最高不能超过 $140 kgf/cm^2$，按规定标准测定性能。

③ 扩大性能试验范围。根据需要，由局部到系统逐步扩大性能试验范围。注意非故障区系统运行状况，如性能满足要求则交付使用，如不满足要求则重新确定故障部位。

（6）第六步　记录并反馈。

① 收集有价值的资料及数据，如注塑机故障发生的时间、故障现象、停机时间、修理

工时、修换零件、修理效果、待解决的问题、结算费用等，按规定的要求存入档案。

② 统计分析。定期分析注塑机使用记录，分析停机损失，修订备忘目录，寻找减少维修作业的重点措施，研究故障机理，提出改进措施。

③ 按程序反馈有关故障，上报主管部门，并反馈给注塑机制造单位。

9.4 注塑机主要系统故障及处理方法

（1）计算机维修操作注意事项 在维修过程中，下列各条款应引起切实的关注和注意。

① 在进行故障现象复现、维修判断的过程中，应避免故障范围扩大。

② 在维修时，须查验、核对装箱单及配置。

③ 必须充分地与用户沟通，了解用户的操作过程、出故障时所进行过的操作、用户使用计算机的水平等。

④ 维修中第一要注意的就是观察——观察、观察、再观察！

a. 周围环境：电源环境、其他高功率电器、电磁场状况、机器的布局、网络硬件环境、温湿度、环境的洁净程度；安放计算机的台面是否稳固。周边设备是否存在变形、变色、异味等异常现象。

b. 硬件环境：机箱内的清洁度、温湿度，部件上的接线设置、颜色、形状等，部件或设备间的连接是否正确；有无错误或错接、缺针/断针等现象；用户加装的与机器相连的其他设备等一切可能与机器运行有关的其他硬件设施。

c. 拆装部件时的观察：要有记录部件原始安装状态的好习惯，而且要认真观察部件上元器件的形状、颜色、原始的安装状态等情况。

d. 观察用户的操作过程和习惯，及是否符合要求等。

⑤ 在维修前，如果灰尘较多，或怀疑是灰尘引起的，应先除尘。

⑥ 对于自己不熟悉的应用或设备，应在认真阅读用户使用手册或其他相关文档后，才可动手操作。

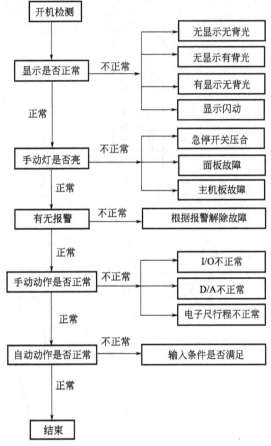

图9-1 注塑机控制系统常见故障判断程序与方法

（2）注塑机控制系统常见故障判断程序与方法 注塑机控制系统常见故障判断程序与方法如图9-1所示。若检查问题过程中查到某一步有问题时，应参阅表9-1具体排除方法来解决问题，如显示无显示无背光，就须按表9-1第一项具体查错步骤进行检查"无显示无背光"的原因。

（3）注塑机其他系统常见故障判断程序与方法 判断程序如图9-2～图9-7所示。

（4）注塑机主要系统常见故障及排除方法 见表9-1。

172

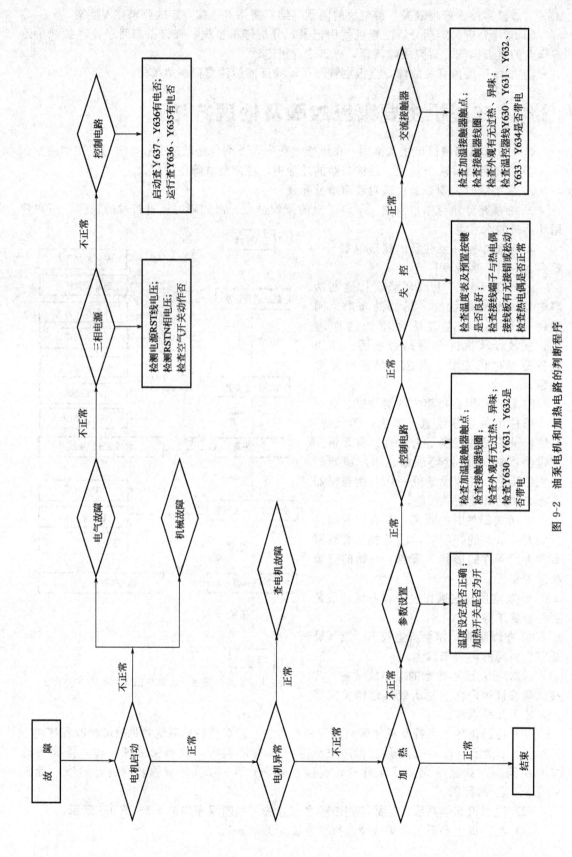

图 9-2 油泵电机和加热电路的判断程序

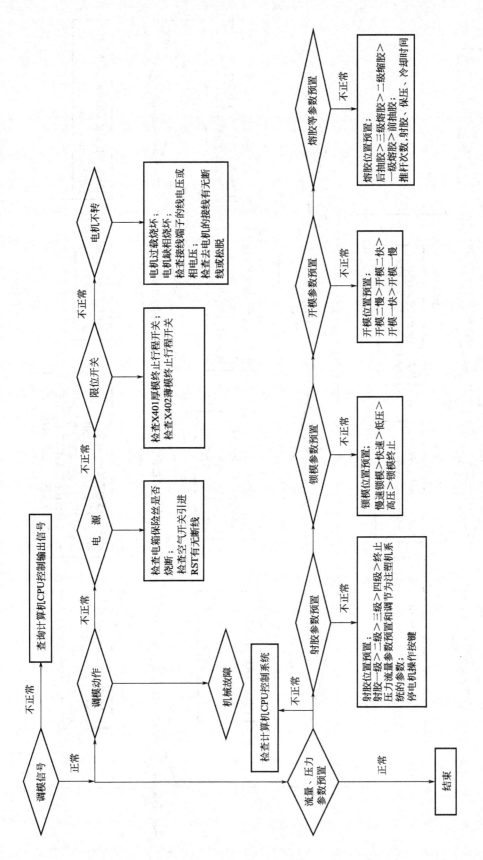

图 9-3 调模电路和比例流量、比例压力电路的判断程序

173

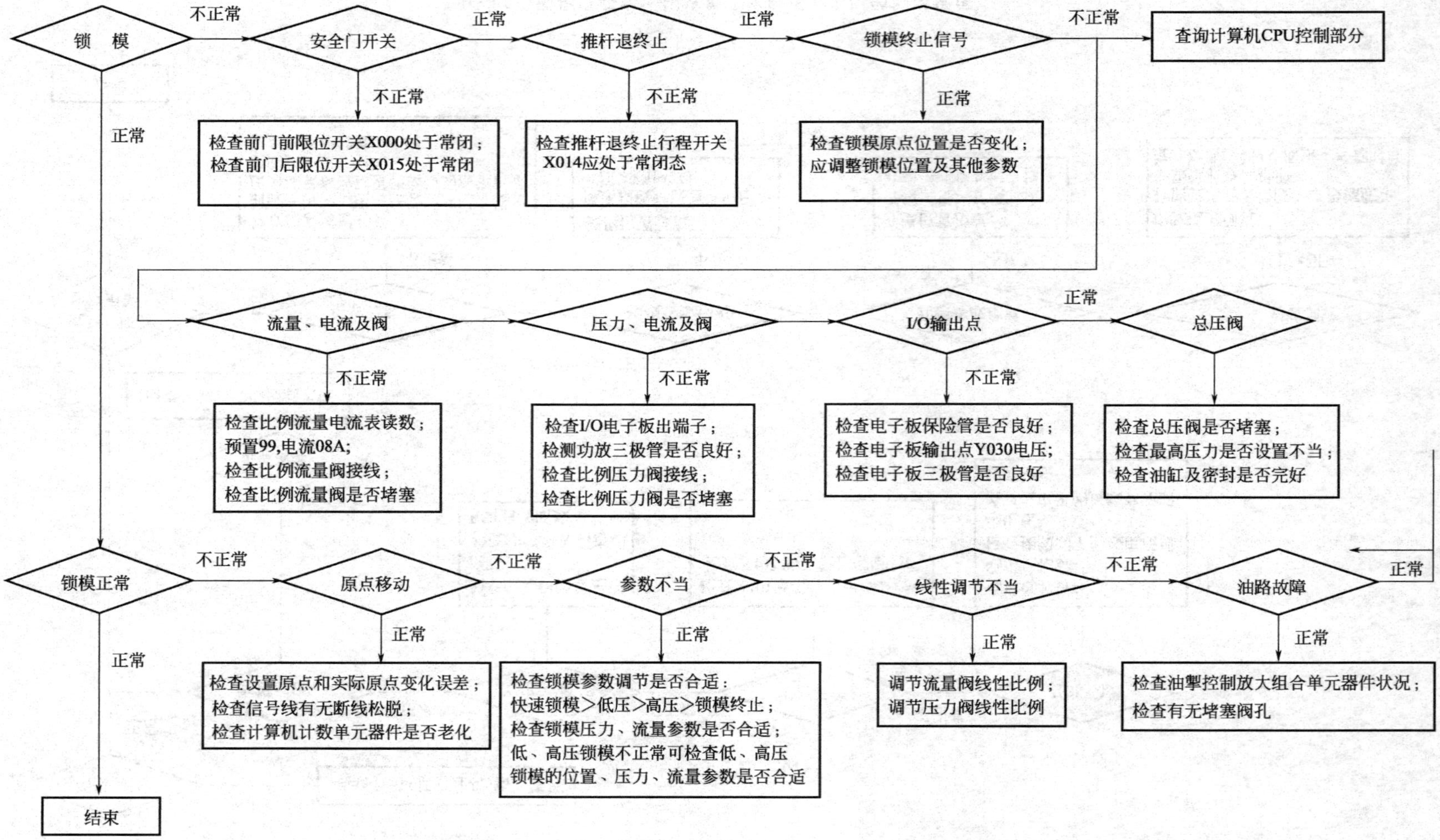

图 9-4　锁模动作的判断程序

174

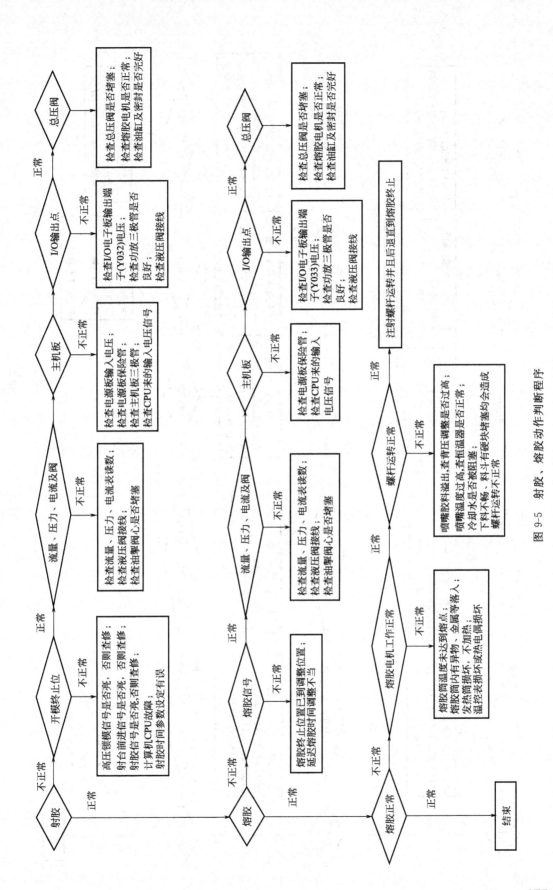

图 9-5 射胶、熔胶动作判断程序

175

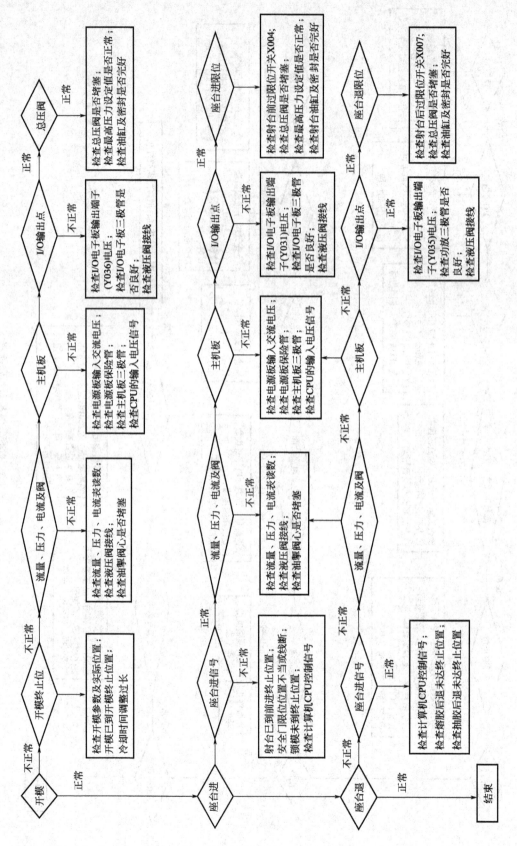

图 9-6 开模和射台前、后动作判断程序

176

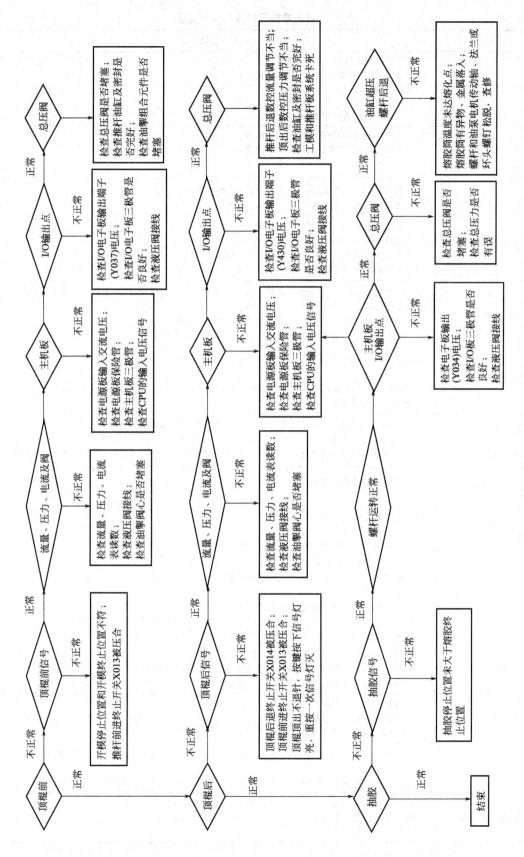

图 9-7　顶棍前进、后退和抽胶动作判断程序

177

表 9-1 常见故障及排除方法一览表

故障现象	原因及排除方法
无显示无背光	(1)连接线是否松动:把连接线螺钉旋紧; (2)电源问题:查看电源盒电源是否正常; (3)显示板灯是否亮; (4)面板后盖的稳压管 7805 输出电压是否为 5V; (5)面板后盖的稳压管 7805 是否插好
有背光无字	(1)连接线是否松动:把连接线螺钉旋紧; (2)电源问题:查看电源盒电源是否正常; (3)对比度是否调好:调节对比度; (4)面板后两个指示灯(A2、A3)是否亮; (5)若 A2 指示灯亮、A3 指示灯不亮,查看程序是否插好; (6)液晶模块与显示板的连接线是否插好
有字无背光	(1)连接线是否松动:把连接线螺钉旋紧; (2)查看电源 12V、24V/1A 是否正常; (3)显示板与键盘板的连接线(20、26 芯线)是否接好; (4)液晶模块的背光线是否插好
显示闪动	(1)连接线是否松动:把连接线螺钉旋紧; (2)电源问题:查看电源盒电源是否正常; (3)检查面板后盖的稳压管 7805 是否插好,输出电压是否正常; (4)外围供电电压(交流 220V 或交流 380V)是否太低或不稳
数据丢失	(1)电池电压低(一般不能低于 3V); (2)记忆块坏; (3)查看模号页面设定是否正常(0 模号不记忆); (4)中英文互变:换显示程序
不启动	(1)电源问题:电源 5V、24V/1A、24V/6A 是否正常,主机板红灯是否亮; (2)急停开关是否压合,RUN 灯是否亮,如不亮,直接短接 RUN 与 COM; (3)有无短路,短路保护指示灯(靠近 CPU 的一个红灯)是否亮,如果亮,先查看电源 24V/6A 是否正常,断掉负载(即不接液压阀),重新启动,如正常启动,再查看外围负载是否有短路; (4)程序是否插好或损坏
电动机停	(1)有无报警; (2)是否有短路、过载现象; (3)三相电是否正常; (4)面板里显示板与下键盘的连接线是否松动
无动作	(1)RUN 灯是否亮,面板手动灯是否亮; (2)查看电源 24V/1A、24V/6A、36V/4A 是否正常,保险管是否损坏; (3)数据有无设定好; (4)查看是无压力流量还是无方向阀输出; (5)查看行程开关是否压合(指示灯是否亮)、行程开关是否短路或行程开关位置不当; (6)有无输出,如有输出,查看外围液压阀是否损坏或断线
无输出	(1)输出指示灯是否亮,先断开负载,查看指示灯是否亮,用万用表测量输出端是否有 24V 电压,如无电压,查看输出三极管是否损坏,如有电压,查看外围是否断线或液压阀是否损坏; (2)查看行程开关是否压合(指示灯是否亮)、行程开关是否短路或行程开关位置不当
无输入	(1)查看电源 24V/1A 是否正常; (2)先把对应的输入点短接,查看输入指示灯是否亮,如果亮,查看行程开关的线是否断线或行程开关是否损坏,如果不亮,查看输入指示灯是否损坏
常输出	(1)急停开关压合,查看输出指示灯是否还亮,如果亮,则是输出三极管损坏,换掉对应的三极管; (2)用万用表测量对应的输出端有无 24V 电压输出,如果无输出,则是液压阀损坏
推杆次数不对	(1)外围到主机输入点 X014、X013 的线是否松动; (2)行程开关是否松动; (3)行程开关是否损坏

故障现象	原因及排除方法
流量压力常输出	(1)显示监视页面有无流量压力数据显示,如有,换程序; (2)压合急停开关,查看是否还有输出,如无输出,主机板损坏; (3)输出三极管 C 极与 E 极是否短路,如短路,换三极管
流量压力无输出	(1)电源盒 36V/4A 是否正常,保险管是否烧掉; (2)断开阀,按一个动作,用万用表测量是否有输出电压,如无电压,查看反馈电阻(5W/1Ω)是否开路,如有电压,用万用表测量阀的阻值是否正常
无电子尺行程	(1)电子尺总行程有无设定,清零开关是否设定为"开"; (2)查电源 12V、−12V 电压是否正常; (3)用万用表测量接电子尺两端的电压是否 10V,如果没有 10V,查看电子尺板是否插好或损坏; (4)电子尺的线有无接错; (5)电子尺有无损坏
电子尺行程不准	(1)电子尺清零位置是否正确,应该在各行程的最初位置清零; (2)电子尺的线有无接错; (3)电子尺有无损坏; (4)如无上述问题,则须调电子尺板,此必须由专业人士调
温度 999	(1)查看热电偶接线板与主机板的 44 芯线是否松动; (2)热电偶是否接触不良或损坏; (3)换热电偶接线板或主机板
温度 99 或 101	(1)检查电源 12V、−12V 是否正常; (2)热电偶接线板的三极管 335 或主机板的三极管 336、C351 损坏
温度乱(或飘)	(1)检查电源 12V、−12V 是否正常; (2)44 芯线是否插好; (3)热电偶线是否接触好,是否损坏; (4)热电偶到转接板的连线是否采用屏蔽线; (5)热电偶接线板是否接地; (6)如无上述问题,换主机板
不加热	(1)温度页面的数据、功能设定是否正确; (2)电源 24V/1A 是否正常; (3)保险管是否烧掉; (4)加热指示灯是否亮,如不亮,查看指示灯、继电器、排阻是否损坏; (5)接触器是否吸合,相对应的空气开关是否跳闸,加热圈是否损坏

9.5　注塑机报警及排除

注塑机常见报警的原因及排除方法见表 9-2。

表 9-2　注塑机常见报警的原因及排除方法一览表

报警	原因及排除方法
安全门未关	(1)安全门未关上; (2)即输入点 X000 或 X015 未亮; (3)查看机器前后安全门是否关紧,线是否松动; (4)用导线把 X000 或 X015 与 COM 直接短接,查看 X000 或 X015 是否亮,如不亮,查看指示灯是否损坏或主机板损坏
请开安全门	第一次启动自动或完成"半自动"周期后,未开安全门

报警	原因及排除方法
脱模失败	(1)当推杆两个限位开关 LS12、LS13 同时压合(即 X015、X014 同时亮);查看两个接线点处是否有短路,行程开关位置是否松动或不恰当; (2)在全自动电眼使用时,推杆后检物电眼(X406)检测不到成品;查看 X406 的线是否断线或松动,电眼位置是否恰当
机械手失败	机械手操作中,机械手未能复位(功能页面机械手选择使用)
合模未到位	开锁模计时内,未能完成锁模动作;查看开锁模时间设定是否正确,锁模压力、流量是否够大
开模未定时完成	开锁模计时内,未能完成开模动作;查看开锁模时间设定是否正确,开模压力、流量是否够大,此时循环不能继续
开模未到位	作推出动作时,开模终止行程(开模二慢)未到或限位开关(X013)未压合
调模超限	调机时,向前(X401)或向后限位(X402)开关压合
射胶失败	在全自动中,未能到达"射胶不足"检测位置
喷嘴护罩打开	射胶安全门未关
射胶未到位	当机器进行半、全自动注射动作时,在射胶检测时间内,螺杆未到达保压设定位置;射胶检测时间>射胶时间
熔胶未完成	在熔胶计时内,未能完成熔胶动作;检查熔胶时间、行程的设定是否正确,料筒里有无料,熔胶压力、流量是否足够
料筒温度太低	料筒的实际温度低于设定温度减去低温偏差,此时不能进行射胶、熔胶动作
料筒温度太高	料筒的实际温度高于设定温度加上高温偏差
温度不正常	由于外界环境干扰或硬件故障而导致温度不正常;查看常见故障
液压油温度高	液压油温度高于设定值;30s 后停电动机,检查原因
液压油位高	液压油位高于液压油位开关
润滑油位低	润滑油箱内的润滑油低于润滑油油位开关(X405)
开模总数已到	实际开模次数到达时间页面内"开模限数"的设定值
全程超时	在全自动操作时,全程计时到达设定时间,而循环未完成;查看时间页面"周期时间"设定是否合理

9.6 注塑机常见问题及解决办法

注塑机常见问题及解决办法见表 9-3。

表 9-3 注塑机常见问题及解决办法

问题	原因及解决办法	问题	原因及解决办法
一台 100tf 液压曲肘注塑机使用了 3 年,模具锁紧后,经常打不开	由于曲肘磨损,造成开模不平衡,所以模具锁紧后,会经常打不开	生产周期变长	生产周期变长的原因主要是冷却时间延长,和螺杆因磨损使回料时间加长。改善模具冷却效果,缩短冷却时间,更换磨损的螺杆,使回料时间缩短,缩短生产周期
一台 150tf 新机生产 PP 回用料半年,原来熔胶最快 3s,而现在要 6s	由于螺杆磨损,造成回料慢	拉杆(又称格林柱)折断	拉杆折断的原因是由于锁模不平等。调整锁模平行度来预防拉杆折断
一台注塑机使用了 2 年,生产时料筒中间温度偏高,关了电源也没用	由于螺杆磨损变得粗糙,注塑回料时摩擦产生热,使料筒中间温度偏高	螺杆及分胶头折断	螺杆及分胶头折断的原因,是由于塑料还没达到熔化温度或料筒内有铁块卡死螺杆,在回料时,压力大造成扭断螺杆及分胶头

第三部分
注射成型工具——注塑模具

第10章
CHAPTER 10

注塑模具基本知识

注射成型是塑料主要的成型方法，注塑模具是所有模具中应用最普及，同时也是结构最复杂的模具。合理的注塑模具结构是生产合格塑件的必要条件。因为模具结构的优劣不仅影响塑件的质量、产量，以及注塑操作的难易，更直接关系到整个生产成本的结构。

10.1 注塑模具分类

注塑模具的分类方法有很多。按注塑模具浇注系统基本结构的不同可分为二板模、三板模和热流道模。其他模具如有侧向抽芯机构的模具、内螺纹机动脱模机构的模具、定模推出的模具、复合脱模的模具、双色注塑模具和气体辅助注塑模具等，都是由这三类模具演变而得的。

10.1.1 二板模

二板模又称大水口模或单分型面模，它主要由定模板和动模板组成，故称二板模。一般来说，它只有一个分型面，该分型面将整个模具分为动模和定模两部分。一部分型腔在动模，一部分型腔在定模。主流道在定模，分流道开设在分型面上。开模后，塑件和流道留在动模，塑件和浇注系统凝料从同一分型面内取出，动模部分设有推出系统，开模后将塑件推离模具。二板模是注塑模具中最简单、应用最普及的一种模具，如图 10-1 所示。

10.1.2　三板模

三板模又称细水口模或双分型面模,模具开模后分成三部分,比二板模增加了一块流道推板,适用于塑件的四周不允许有浇口痕迹或投影面积较大,需要多点进料的场合,这种模具采用点浇口,所以称为细水口模。这种模具的结构较复杂,需要增加定距分型机构。三板模又分为标准型三板模和简化型三板模,简化型三板模只是比三板模少四根动、定模板之间的导柱,其他结构相同。图 10-2 为标准型三板模。

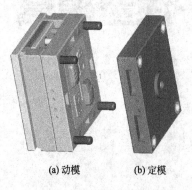

(a) 动模　　(b) 定模

图 10-1　二板模实例

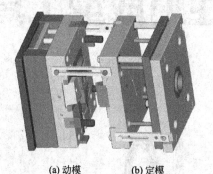

(a) 动模　　(b) 定模

图 10-2　标准型三板模实例

10.1.3　热流道模

热流道模又称无流道模,这种模具浇注系统内的塑料始终处于熔融状态。热流道模既有二板模动作简单的优点,又有三板模熔体可以从型腔内任一点进入的优点。加之热流道模无熔体在流道中的压力、温度和时间的损失,所以它既提高了模具的成型质量,又缩短了模具的成型周期,是注塑模具浇注系统技术的重大革新。图 10-3 是饮料瓶瓶盖热流道注塑模具实例。

(1) 热流道模具的优点

① 缩短加工周期,提高生产效率。

② 无(或少)冷流道,因而无或少流道凝料。

③ 提高塑件一致性,提高塑件质量。

④ 改善塑件外观,降低塑件内应力,减少塑件变形。

⑤ 采用针阀式浇口,进行分步注塑,可加工制造不同规格尺寸的零件系列。

⑥ 在多腔模具中可以对各腔的注塑工艺进行精确调整。

(2) 热流道系统关键性能的体现

① 精确控制熔体温度,避免塑料降解。

② 平衡流道设计,各型腔可以均匀填充。

③ 合适的热射嘴规格尺寸,可以保证熔体的顺利流动和型腔充分填充。

④ 针阀式浇口可以及时关闭,从而减少流延,缩短注塑周期。

⑤ 使压力损失降到最小,锁模力减小。

⑥ 保压时间合理。

⑦ 热流道系统的正确使用将会使生产效率提高 20%～30%,使企业更具竞争力。

(3) 对热流道模具的一般要求

① 热流道系统的供货商需客户确认。

② 流道板上分流到每个热射嘴的流道大小、距离要尽量相等。

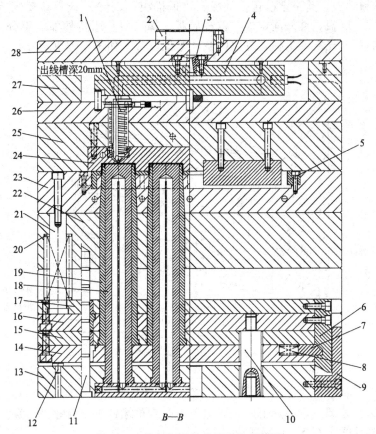

图 10-3　饮料瓶瓶盖热流道注塑模具

1—二级热射嘴；2—定位圈；3—一级热射嘴；4—热流道板；5—压块；6—拉钩；7—卡块；8，20—弹簧；
9—推块；10—顶棍连接柱；11—推杆板导柱；12—限位钉；13—底板；14—活动型芯底板；
15—活动型芯固定板；16—复位杆底板；17—复位杆固定板；18—固定型芯；19—活动型芯；
21—复位杆；22—托板；23—动模板；24—定模镶件；25—定模板；
26—二级热射嘴固定板；27—支撑板；28—面板

③ 固定流道板既要有足够的强度，又要以最小的接触面积和热绝缘，减少热损失。

④ 热流道系统，至少以下的零件是标准配套的：发热棒、探热针、热射嘴、电线插座，并向客户确认有无匹配的温控箱。

⑤ 发热棒、探热针、热射嘴、开关插座等零件的电线要设置电线槽，并固定好电线，避免电线在装运或生产中受到挤压，电线插座须沉入模架。

⑥ 接线表要在装配图上表达清楚。

⑦ 不要在热流道板和定模面板上设置运水。

10.2　注塑模具的组成

不管是二板模、三板模还是热流道模，都由动模和定模两大部分组成。而根据模具中各个部件的不同作用，注塑模具一般又可以分成八个主要部分：结构件，成型零件，排气系统，侧向抽芯机构，浇注系统，冷却系统，脱模系统和导向定位系统。

10.2.1　注塑模具结构件

注塑模具结构件包括模架（坯）、模板、支承柱、限位零件、锁紧零件和弹簧等。模架

（坯）分为定模和动模，其中定模包括面板、流道推板、定模 A 板；动模包括推板、动模 B 板、托板、撑铁、底板、推杆固定板和推杆底板、撑柱等；限位件如定距分型机构、扣基、尼龙塞、限位螺钉、先复位机构、复位弹簧、复位杆等，如图 10-4 所示。

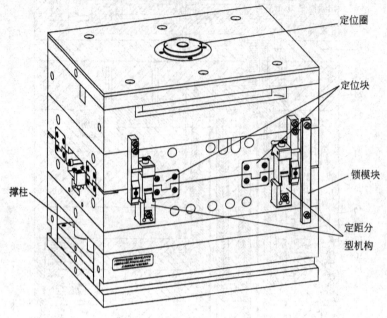

图 10-4　注塑模具结构件

锁紧零件主要是螺钉，模具上的螺钉主要为内六角螺钉与无头螺钉。螺钉的规格有公制与英制两种，其牙间角有 60°与 55°两种。

（1）螺纹标注方法

① 公制

标注方法：螺牙大径×牙距。

内外螺纹都标记它的公称直径，也就是大径。

标记示例：M24——粗牙普通螺纹，公称直径 24mm，螺距 3mm。

M24×1.5——细牙普通螺纹，公称直径 24mm，螺距 1.5mm。

从以上两个范例可以发现，粗牙是不标记螺距的，螺距可从相关手册中查得。

有的时候，还需要标记螺纹的精度等级，如 M12-6H，是指 M12 的螺纹孔，精度等级为 6H。

② 英制　英寸制统一螺纹简称英制螺纹，在英寸制国家广泛采用，该类螺纹分为三个系列：粗牙系列 UNC，细牙系列 UNF，特细牙系列 UNFF，外加一个定螺距系列 UN。

标注方法：螺纹直径-每英寸牙数 系列代号-精度等级。

标记示例：粗牙系列 3/8-16 UNC-2A。

细牙系列 3/8-24 UNF-2A。

特细牙系列 3/8-32 UNFF-2A。

定螺距系列 3/8-20 UN-2A。

第一位数字 3/8 表示螺纹外径，单位为 in，转换为米制单位 mm 要乘以 25.4，即 3/8×25.4＝9.525mm；第二、三位数字 16、24、32、20 为每英寸牙数（在 25.4mm 长度上的牙数）；第三位以后的文字代号 UNC、UNF、UNFF、UN 为系列代号，最后两位 2A 为精度等级。

186

(2) 螺钉规格

① 内六角螺钉（图 10-5） 其英制规格见表 10-1，公制规格见表 10-2。

② 外六角螺钉（图 10-6） 外六角螺钉在模具中较少使用，通常仅被当成垃圾钉使用，选用类型及规格单一，一般选用表 10-3 中的两种规格。

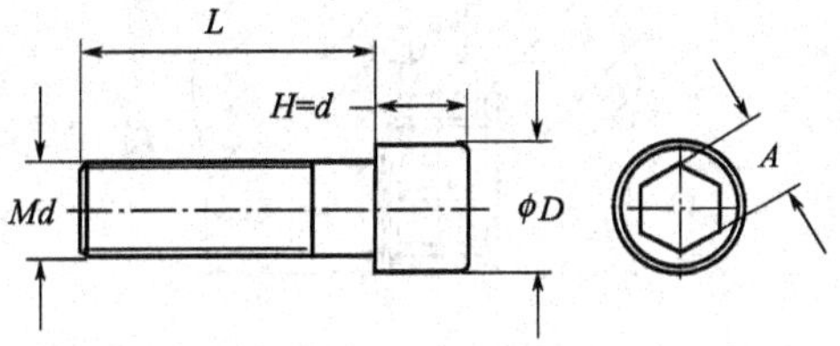

图 10-5 内六角螺钉

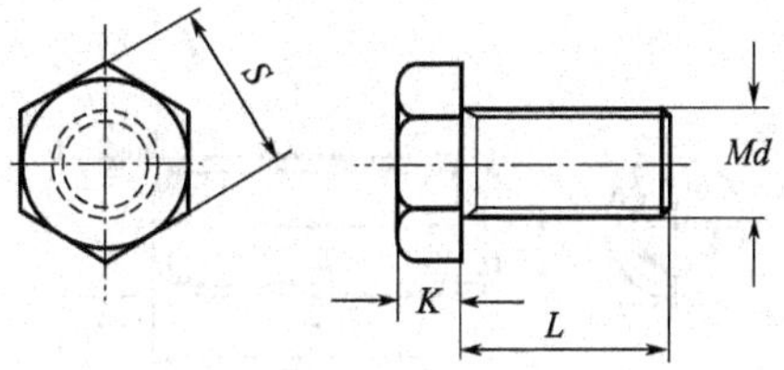

图 10-6 外六角螺钉

表 10-1 英制内六角螺钉规格

Md/in	*ϕD*/mm	*A*/mm	*L*(常用规格尺寸)/in
1/8	5.2	2.2	1/4,3/8,1/2,5/8,3/4,1,1¼,1½
5/32	6.4	3.0	3/8,1/2,5/8,3/4,1,1¼,1½
3/16	7.8	3.8	3/8,1/2,5/8,3/4,1,1¼,1½,1¾,2,2¼,2½
1/4	9.4	4.6	3/8,1/2,5/8,3/4,1,1¼,1½,1¾,2,2½,2¾,3,3½,4
5/16	10.8	5.6	3/8,1/2,5/8,3/4,1,1¼,1½,1¾,2,2¼,2½,2¾,3,3¼,3½,4,4½,5
3/8	14.0	7.8	1/2,5/8,3/4,1,1¼,1½,1¼,2,2¼,2½,2¾,3,3½,4,4½,5
1/2	19.0	9.4	3/4,1,1¼,1½,1¾,2,2¼,2½,2¾,3,3¼,3½,4,4½,5,5½,6,6½,7,8
5/8	22.0	12.6	1,1¼,1½,1¾,2,2¼,2½,2¼,6,8

表 10-2 公制内六角螺钉规格

Md/mm	*ϕD*/mm	*A*/mm	*L*(常用规格尺寸)/mm	*Md*/mm	*ϕD*/mm	*A*/mm	*L*(常用规格尺寸)/mm
3	5.5	2.2	16	8	13.0	5.6	20,25,30,40,50
*4	7.0	3.0	20,30,40	*10	16.0	7.8	20,25,30,40,50
5	8.5	3.8	20,25	*12	18.0	9.4	25,30,35,40,50,60
*6	10.0	4.6	20,30,40,50	(14)	21.0	12.6	25,30,40,50,60

注：“*”号为优先选用，“（ ）”是不常用尺寸，其余为一般选用尺寸。

表 10-3 模具中常用的外六角螺钉规格 单位：mm

Md	*K*	*S*	*L*
M10	6.4	16	18
M12	7.5	18	18

③ 内六角平端紧定螺钉（即无头螺钉，图 10-7） 无头螺钉主要用于型芯、拉料杆、推管的紧固。无头螺钉的装配如图 10-8 所示。

在标准件中，ϕd 和 ϕD 相互关联，ϕd 是实际所用尺寸，所以通常以 ϕd 作为选用的依据，并按下列范围选用。

a. 当 $\phi d \leqslant 3.0$mm 或 9/64in 时，选用 M8。

b. 当 $\phi d \leqslant 3.5$mm 或 5/32in 时，选用 M10。

c. 当 $\phi d \leqslant 7.0$mm 或 3/16in 时，选用 M12。

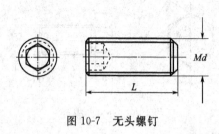

图 10-7 无头螺钉

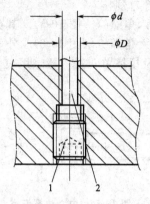

图 10-8 无头螺钉装配图
1—无头螺钉；2—推管内型芯

d. 当 $\phi d \leqslant 8.0$mm 或 5/16in 时，选用 M16。

e. 当 $\phi d \geqslant 8.0$mm 或 5/16in 时，则应该用压板固定。

10.2.2 注塑模具成型零件

成型零件是构成模具型腔部分的零件，包括内模镶件、型芯和侧抽芯等，内模镶件包括凹模和凸模，它们是赋予成型制品形状和尺寸的零件。图 10-9 为注塑模具实例。

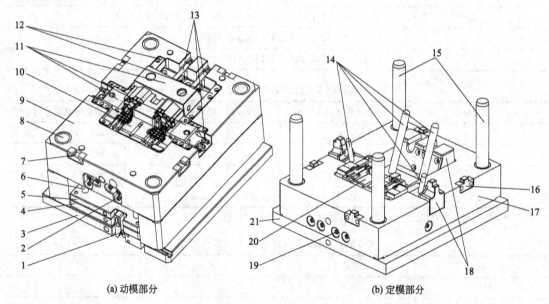

(a) 动模部分 　　　　　　　　　　　　　(b) 定模部分

图 10-9 注塑模具实例
1—行程开关；2—水管接头；3—动模底板；4—推杆底板；5—推杆固定板；6—复位杆；
7—边锁（下）；8—导套；9—动模板；10—动模镶件；11—滑块；12—滑块压块；
13—滑块冷却水接头；14—滑块斜导柱；15—模具导柱；16—边锁（上）；17—定模板；
18—滑块楔紧块；19—定模板冷却水接头；20—定模镶件；21—定模面板

10.2.3 注塑模具排气系统

排气系统是熔体填充时将型腔内空气排出模具，以及开模时让空气及时进入型腔，避免产生真空的模具结构，一般来说，能排气的结构也能进气。排气的方式包括分模面排气、排气槽排气、镶件排气、推杆排气、排气针排气、透气金属排气和排气栓排气等。在大多数情况下，排气系统的设计是很简单的，但对于那些薄壁塑件、精密塑件、有深骨位、深胶位、深柱位或深腔制品，设计时若没有考虑好排气，可能会导致模具设计的失败。图 10-10 是利用成型零件排气的注塑模具设计实例。

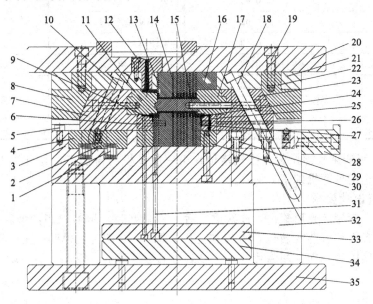

图 10-10　利用成型零件排气的注塑模具设计实例

1—弹簧 1；2—定位珠；3—动模板；4—浮动板；5—限位螺钉 1；6—导向销；7—滑块 1；
8—楔紧块；9—五金端子 1；10—斜导柱；11—侧抽芯 1；12—浇口套；13—定模小镶件 1；
14—定模小镶件 2；15—侧抽芯 2；16—定模镶件；17—侧抽芯 3；18—斜导柱 2；19—螺钉；
20—面板；21—定模板；22—锁紧块 2；23—滑块 2；24—五金端子 2；25—端子定位镶件；
26—活动镶件；27—弹簧 2；28—挡块；29—限位螺钉 2；30—动模镶件；31—推杆；
32—方铁；33—推杆固定板；34—推杆底板；35—动模座板

10.2.3.1　排气要求

排气是指排出充模熔体中的前锋冷料和模具内的气体等。广义的注射模排气系统应包括浇注系统部分的排气和成型部分的排气。像浇注系统主流道和分流道末端的冷料穴等也是一种排气形式，通常所说的排气是指成型系统的排气。

模具型腔在塑料填充过程中，除了型腔内原有的空气外，还有塑料受热或凝固而产生的低分子挥发气体，尤其是在高速成型时，考虑排气是很必要的。一般是在塑料填充的同时，必须将气体排出模外。否则，被压缩的气体所产生的高温，引起塑件局部炭化烧焦，或使塑件产生气泡，或使塑件熔接不良而引起塑件强度降低，甚至会阻碍熔体填充等。为了使这些气体从型腔中及时排除，可以采用开设排气槽等方法。有时排气槽还能溢出少量料流前锋的冷料。

对排气槽的基本要求如下。

① 应开设在型腔最后被充满的地方。

② 最好开在分型面上。

③ 应尽量开在型腔的一面。

④ 最好开设在嵌件或壁厚最薄处。

⑤ 排气槽深度取决于塑料熔体的流动性，常用塑料的排气槽深度见表 10-4。

表 10-4　常用塑料的排气槽深度

树脂名称	排气槽深度/mm	树脂名称	排气槽深度/mm
PE	0.02	PA(含玻璃纤维)	0.03～0.04
PP	0.02	PA	0.02
PS	0.02	PC(含玻璃纤维)	0.05～0.06
ABS	0.03	PC、PVC	0.04
SAN	0.03	PBT(含玻璃纤维)	0.03～0.04
ASA	0.03	PBT	0.02
POM	0.02	PMMA	0.04
EVA	0.02～0.04	CAB	0.02～0.04

⑥ 为精确判断排气槽位置,排气槽可在第一次试模后再加工,开排气槽必须用磨床或铣床加工,禁止用打磨机加工。

10.2.3.2　引气设计要求

对于一些大型深腔壳形塑件,注射成型后,整个型腔由塑料填满,型腔内气体被排除,此时塑件的包容面与型芯的被包容面基本上形成真空。当塑件脱模时,由于受到大气压力的作用,造成脱模困难,如采用强行脱模,势必造成塑件变形,因此必须加设引气装置。

常见的引气形式如下。

① 镶拼式侧隙引气。

② 气阀式引气,包括弹簧气阀式和顶杆气阀式。

③ 能够排气的推杆、推管、排气针等零件也可以用于引气。

10.2.4　注塑模具侧向抽芯机构

当塑件的侧向有凸凹及孔等结构时,在塑件被推出之前,必须先抽拔侧向的型芯(或镶件),才能使塑件顺利脱模。侧向抽芯机构包括斜导柱、滑块、斜滑块、斜推杆、弯销、T形扣、液压缸及弹簧等定位零件。侧向的型芯本身可以看成是成型零件,但因为该部分结构相当复杂,且形式多样,所以把它作为模具的一个重要组成部分来单独研究,是很有必要的。

注塑模具最复杂的结构就是侧向抽芯机构,容易出安全事故的地方也是侧向抽芯机构。常规的侧向抽芯机构如图 10-11 和图 10-12 所示。

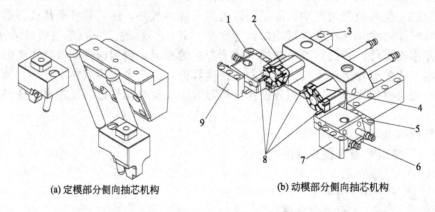

(a) 定模部分侧向抽芯机构　　　　(b) 动模部分侧向抽芯机构

图 10-11　侧向抽芯机构立体图

1,3,5,7,9—压块;2,4—侧抽芯;6—滑块;8—侧型芯

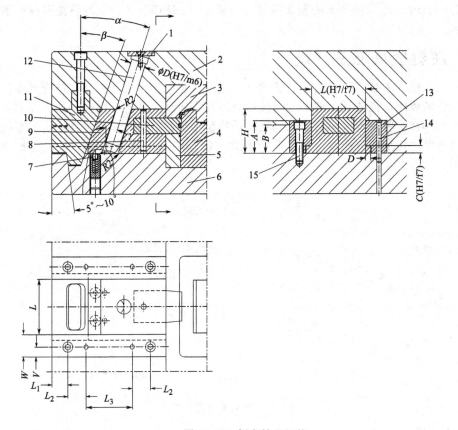

图 10-12 侧向抽芯机构

1—斜导柱压块；2—定模 A 板；3—定模镶件；4—动模型芯；5—动模镶件；6—动模 B 板；7—定位珠；
8,14—定位销；9—滑块；10—侧抽芯；11—楔紧块；12—斜导柱；13—滑块压块；15—螺钉

对侧向抽芯机构的基本要求如下。

① 抽芯动作应顺畅，保证塑件不变形，滑块不可出现卡滞等动作。

② 大滑块导滑面要开有油槽。

③ 大滑块须有冷却水道。

④ 滑块与滑座部分配合采用 H7/f7，不可过松或过紧。

⑤ 滑块滑动行程过长时，必须在模座上加导向块，通常滑动部分长度做到宽度的 1.5 倍左右为宜，抽芯时滑块在导向槽内的配合部分，不得小于滑块滑动长度的 3/4。

⑥ 斜导柱孔与斜导柱配合必须留 1～1.5mm 以上间隙，禁止轴孔直径相等。

⑦ 斜导柱的角度 α 应小于滑块楔紧面的斜度 β，一般取 $\alpha=\beta-2°$。

大滑块的楔紧块，必须插入动模 15～20mm，以 10° 斜面反锁，如图 10-12 所示。

⑧ 朝模具上方滑动的滑块最终定位必须用弹簧推或拉，形式上不能用定位珠，以免滑块在合模时撞伤楔紧块及斜导柱，如图 10-13 所示。

⑨ 所有滑块的对擦面必须加装耐磨板，摩擦面长 ≥

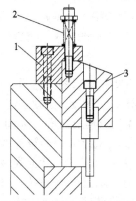

图 10-13 朝上滑的滑块定位

1—挡块；2—弹簧；3—滑块

30mm，宽≥50mm。小滑块及滑块压板需淬火加硬至52HRC以上，大滑块按开模前的要求氮化或淬火。

10.2.5　注塑模具浇注系统

浇注系统是模具中熔体进入型腔之前的一条过渡通道，其作用是将熔融的塑料由注塑机喷嘴引向闭合的模腔。浇注系统的设计直接影响模具的劳动生产率和塑件的成型质量，浇口的形式、位置和数量将决定模架的形式。浇注系统包括普通浇注系统和热流道浇注系统，普通浇注系统包括主流道、分流道、浇口和冷料穴（图10-14），热流道浇注系统包括热射嘴和热流道板。

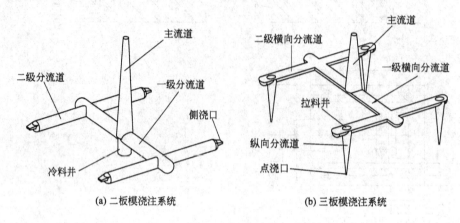

(a) 二板模浇注系统　　　　　　(b) 三板模浇注系统

图 10-14　注塑模具普通浇注系统

10.2.5.1　主流道

主流道是指从注塑机喷嘴与模具接触的部位起，到分流道为止的这一段。

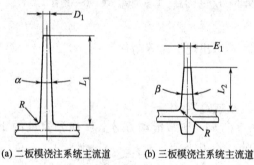

(a) 二板模浇注系统主流道　　(b) 三板模浇注系统主流道

图 10-15　浇注系统主流道

对主流道的一般要求如下。

① 主流道的端面形状通常为圆形。

② 为便于脱模，主流道一般制作都带有锥度，但如果主流道同时穿过多块板子时，一定要注意每一块模板上孔的斜度及孔的大小。

二板模浇注系统和三板模浇注系统中的主流道形状大致相同，但尺寸有所不同，如图 10-15 所示。图中，$D_1 = 3.2 \sim 3.5mm$，$E_1 = 3.5 \sim 4.5mm$，$R = 1 \sim 3mm$，

$\alpha = 2° \sim 4°$，$\beta = 6° \sim 10°$。

热塑性塑料的主流道一般在浇口套内，浇口套做成单独镶件，镶在定模板上，但一些小型模具也可直接在定模板上开设主流道，而不使用浇口套。浇口套可分为两大类：二板模浇口套和三板模浇口套，如图10-16所示。

③ 主流道大小的设计要根据塑料的流动特性来确定。

④ 主流道在设计上大多采用圆锥形，制作时要注意以下事项。

a. 小端直径 $D_2 = D_1 + (0.5 \sim 1mm)$。

b. 小端球半径 $R_2 = R_1 + (1 \sim 2mm)$。

式中，D_1、R_1 分别为注塑机射出口的直径及注射头的球半径，如图10-17所示。

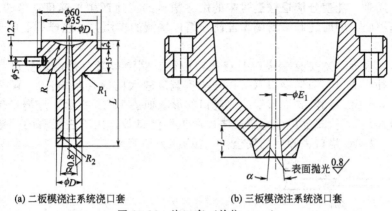

(a) 二板模浇注系统浇口套　　　　(b) 三板模浇注系统浇口套

图 10-16　浇口套（单位：mm）

⑤ 浇口套的作用

a. 使模具安装时进入定位孔方便，而在注塑机上很好地定位与注塑机喷嘴孔吻合，并能经受塑料的反压力，不致被推出模具。

b. 作为浇注系统的主流道，将料筒内的塑料过渡到模具内，保证料流有力通畅地到达型腔。在注射过程中不应有塑料溢出，同时保证主流道凝料脱出方便。

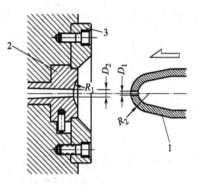

图 10-17　料筒喷嘴与浇口套
1—料筒喷嘴；2—浇口套；3—定位圈

10.2.5.2　分流道

分流道是主流道与浇口之间的一段，它是熔融塑料由主流道流入型腔的过渡段，也是浇注系统中通过断面面积变化及塑料转向的过渡段，能使塑料得到平稳的转换。分流道的截面形状如图 10-18 所示。

对分流道的一般要求如下。

① 一般设计截面为圆形。

② 从加工方便性来看，一般设计为圆形、U 形、梯形、正六边形。

③ 分流道的断面形状及尺寸大小，应根据塑件的成型体积、塑件壁厚、塑件形状、所用塑料工艺特性、注射速率以及分流道长度等因素来确定。

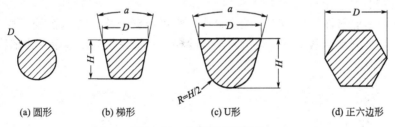

(a) 圆形　　　(b) 梯形　　　(c) U形　　　(d) 正六边形

图 10-18　分流道截面形状

④ 分流道的布置形式有平衡式布置和非平衡式布置两种。平衡式布置就是保证各个型腔同时均衡地进料，非平衡式布置就是各个型腔不能同时均衡地进料。采用何种布置应根据具体情况确定，一般要做模流分析来进行评估。

10.2.5.3　浇口

浇口又称进料口或内流道，它是分流道与型腔之间狭窄的部分，也称浇注系统最短小的部分。

浇口的作用是：能使分流道输送过来的熔融塑料的流速产生加速度，形成理想的流态，并迅速地充满型腔，同时还起着封闭型腔防止熔体倒流的作用，并在成型后便于使浇注系统凝料与塑件分离。

浇口的形式很多，主要有侧浇口和点浇口两种。侧浇口又包括内侧浇口、普通侧浇口（边缘浇口）、外侧浇口、扇形浇口（常用来成型宽度较大的薄片状塑件）、圆环形浇口、平缝式浇口、护耳式浇口和隙式浇口等。侧浇口的形状如图 10-19 所示。点浇口包括一般点浇口（用于三板模）、潜伏式浇口、轮辐式浇口和爪形浇口等。用于三板模的一般点浇口必须做"肚脐眼"，以保证浇口去除后的安全性，如图 10-20 所示。

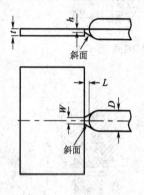

图 10-19 侧浇口要有斜度

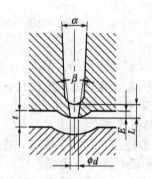

图 10-20 点浇口要做"肚脐眼"

浇口位置选择的一般要求如下。

① 浇口位置尽量选择在分型面上，以便于清除及模具加工，因此能用侧浇口时不用点浇口。

② 浇口的尺寸及位置选择应避免产生喷射和熔体蠕动。

③ 浇口应开设在塑件断面最厚处。

④ 浇口位置的选择应使塑料流程最短，料流变向最少。

⑤ 浇口位置的选择应有利于型腔内气体的排出。

⑥ 浇口位置的选择应减少或避免塑件的熔接痕，增加熔接强度。

⑦ 浇口位置的选择应防止料流将型腔、型芯、嵌件挤压变形。

10.2.5.4 冷料穴

冷料穴是用来储藏注射期间产生的冷料头，它可以防止冷料进入型腔而影响塑件质量，并使塑料熔体能顺利地充满型腔，冷料穴又称冷料井。二板模和三板模常用的冷料穴和拉料杆如图 10-21 所示。

拉料杆形式有以下几种。

① 钩形（工形）拉料杆。

② 球形拉料杆。

③ 圆锥形拉料杆。

④ 环形拉料杆。

10.2.6　注塑模具温度调节系统

注塑模具的温度控制系统包括冷却和加热两个方面，但绝大多数都是要冷却，因为熔体注入模具时的温度一般在 200～300℃之间，塑件从模具中推出时，温度一般在 60～80℃之间。熔体释放的热量都被模具吸收，模具吸收了熔体的热量温度必然升高，为了缩短模具的

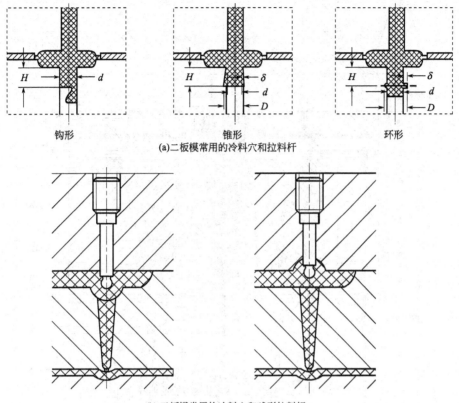

钩形　　　　　锥形　　　　　环形

(a)二板模常用的冷料穴和拉料杆

(b) 三板模常用的冷料穴和球形拉料杆

图 10-21　注塑模具冷料穴和拉料杆

注射成型周期，提高模具的劳动生产率，需要将模具中的热量源源不断地及时带走，以便对模具温度进行较为精确的控制。将模具温度控制在合理范围内的这部分结构就称为温度控制系统。注塑模具温度控制系统包括冷却水管、冷却水胆、铍铜冷却、喷流冷却等，温度控制的介质包括水、油、铍铜和空气等。图 10-22 为某热流道模具的冷却系统设计实例。

10.2.6.1　注塑模具的冷却

模具的温度直接影响塑件的成型质量和生产效率，所以热塑性塑料在注射成型后，必须对模具进行有效的冷却，使熔融塑料的热量尽快传递给模具，以便使塑件可以冷却定型并可迅速脱模，提高塑件定型质量和生产效率。对于熔体黏度较低、流动性较好的塑料，如聚乙烯、尼龙、聚苯乙烯等，若塑件是薄壁而小型的，则模具可自然冷却；若塑件是厚壁而大型的，则需要设计冷却系统对模具进行人工冷却，以便塑件很快在模腔内冷凝定型，缩短成型周期，提高生产效率。

热传递的三种形式：传导、对流和辐射。

冷却介质有冷却水和压缩空气，但主要通过冷却水冷却，注塑模具中热量的 95% 是通过冷却水带走的。水的热容量大，成本低，且低于室温的水也容易获得。用水冷却即在模具型腔周围或型腔内开设冷却水道，利用循环水将热量带走，维持恒温。

（1）冷却装置的基本结构形式　冷却水道的基本结构形式有以下几种。

① 直通式，如图 10-23 所示。

② 隔片导流式，如图 10-24 所示。

③ 螺旋式，如图 10-25 所示。

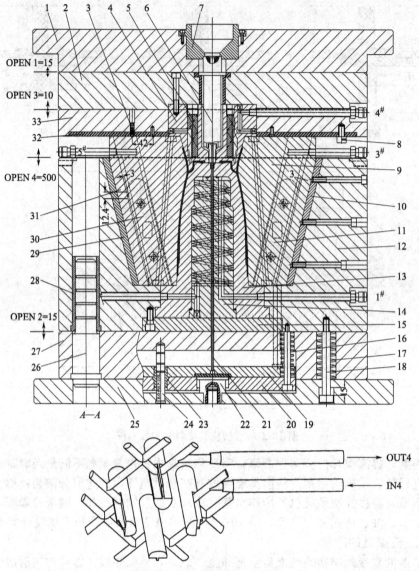

OPEN 1=15

OPEN 3=10

OPEN 4=500

OPEN 2=15

A—A

图 10-22 注塑模具冷却系统

1—面板；2—热嘴固定板；3—定位滚珠；4—定模型芯；5—冷却水隔片；6—热射嘴；7—定位圈；
8,18—限位钉；9,31—斜滑块；10,29,32—耐磨块；11,30—导向块；12—动模板；13—动模型芯 1；
14—动模型芯 2；15—压板；16,17—弹簧；19—推杆固定板；20—推杆底板；21—推杆；22—顶棍连接柱；
23,28—导套；24,26—导柱；25—底板；27—方铁；33—定模板

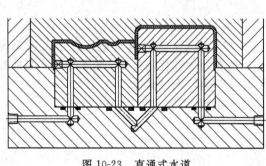

图 10-23 直通式水道

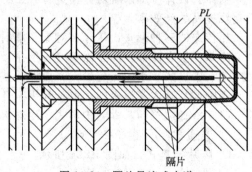

图 10-24 隔片导流式水道

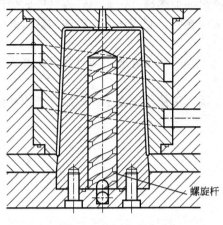

图 10-25 螺旋式水道

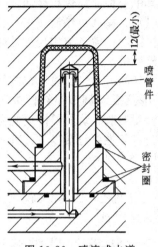

图 10-26 喷流式水道

④ 喷流式，如图 10-26 所示。

⑤ 导热棒（导热块）及导热型芯式，如图 10-27 所示。

（2）冷却装置设计注意事项

① 尽量保证塑件收缩均匀，维持模具热平衡。

② 冷却水孔的数量越多，孔径越大，对塑件冷却越均匀，但数量太多、直径太大会增加模具的尺寸和镶件强度。

③ 水孔与型腔表面各处应有相同的距离，中间的钢厚不宜小于水管直径的 3 倍。

④ 浇口处应加强冷却。

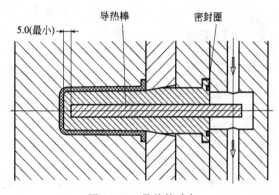

图 10-27 导热棒冷却

⑤ 冷却水出入口的温差应控制在 2～5℃，其中精密注射应控制在 2℃ 以内。

⑥ 要结合塑料的特性和塑件的结构，合理考虑冷却水道的排列形式。

⑦ 冷却水道要避免接近塑件的熔接痕部位，以免熔接不牢，影响强度。

⑧ 设计冷却水道时必须保证加工及安装方便，保证冷却通道生产时不泄漏。

⑨ 防止冷却水道与其他零件（包括推杆、斜顶、螺钉、复位杆和导柱导套等）发生干涉。

⑩ 冷却通道的进出口要低于模具的外表平面。

（3）冷却系统的零件主要包括水管接头（冷却水嘴）、螺塞、密封圈、密封胶带、软管、喷管件、隔片、导热杆。

10.2.6.2 注塑模具加热系统

当塑料的注射成型工艺要求模具温度在 80℃ 以上时，模具中必须设置有加热功能的温度调节系统。另外，热塑性塑料的注塑在寒冷的冬天时，成型前常常需要对模具加热，如果天气太冷，熔化的塑料还没有注入模具就已经凝固了，不能充满整个型腔。热固性塑料注塑的模具在成型的过程中也需要加热、保热、保压，以使原料固化。加工胶木的模具和加工加布环氧树脂的干压模具就没有浇注系统凝料，但需要加热。

（1）电加热　电加热为最常用的加热方式，其优点是设备简单、紧凑，投资少，便于安装、维修、使用，温度容易调节，易于自动控制。其缺点是升温缓慢，并有加热滞后现象，不能在模具中交替地加热和冷却。

（2）热水、蒸汽或热油加热　利用热水、蒸汽或热油加热模具也是通过模具中的冷却水道来加热模具的，模具结构与设计原则与冷却水道完全相同。利用热水、热油加热模具需要配套设备模温机。

（3）煤气和天然气加热　成本低，但温度不易控制，劳动条件差，而且污染严重。

10.2.6.3　模具温度调节系统的外围设施

模具温度调节系统的外围设施主要为了确保温度调节系统的正常工作，服务于模具的温度调节系统，其主要包括以下几种装置。

① 循环冷却水塔。

② 压缩空气系统。

③ 模温控制器，如模温机。

④ 水温速冷机。

10.2.7　注塑模具脱模系统

脱模系统又称推出系统或顶出系统，是实现塑件安全无损坏地脱离模具的机构，其结构

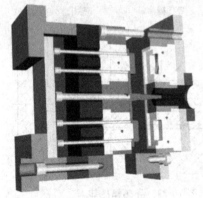

图 10-28　注塑模具推杆
脱模 3D 模型

较复杂，形式多样，最常用的有推杆推出、推管推出、推板推出、气动推出、螺纹自动脱模和复合推出等。图 10-28 是注塑模具推杆脱模 3D 模型示意图。

对脱模机构的基本要求如下。

① 模具应保证在任何场合都能可靠地顶出塑件，并在合模前保证不与模具其他零件相干涉而影响复位。

② 顶出时不能使塑件产生变形、顶白及卡滞等现象，推杆痕迹不能影响塑件外观。

③ 顶出应平衡且顺畅，不可出现推杆固定板倾斜现象，顶出时不应有杂声产生。

④ 顶出完成后，推杆应自动回缩（特别模具除外）。

⑤ 推管（又称司筒）

a. 推管的配合孔钻孔后必须再进行铰削加工，以避免推管和镶件摩擦发热过大而发生"烧死"现象。柱等成型部分必须加工出脱模斜度，并沿脱模方向抛光，以减小脱模力，避免有横纹导致塑件拖胶粉或顶白。

b. 优先采用标准推管，严禁成型部分直径多大尺寸就用多大，推管尺寸可小于成型柱外径尺寸，而推管内的型芯直径则必须等于或大于成型孔的直径。

c. 为避免推管与推管内型芯配合出现偏心，推管头部切割量不能超过 10mm，在设计和采购时必须慎重确定推管长度尺寸。

10.2.8　注塑模具导向定位系统

导向定位系统包括导向系统和定位系统两部分，导向系统主要包括动、定模的导柱导套和侧向抽芯机构的导向槽等；定位系统主要包括边锁和锥面定位结构等。它们的作用是保证动模与定模闭合时能准确定位，脱模时运动可靠，以及模具工作时承受侧向力。边锁属于定位零件，导套和导柱属于导向零件。

导向零件的作用是：模具在进行装配和调模试机时，保证动、定模之间一定的方向和位置。导向零件应承受一定的侧向力，并起到导向和定位双重的作用。

（1）导向结构的总体要求

① 导向零件应合理地均匀分布在模具的周围或靠近边缘的部位，其中心至模具边缘应有足够的距离，以保证模具的强度，防止压入导柱和导套后发生变形。

② 根据模具的形状和大小，一副模具一般需要4～8个导柱。为防止模具装配时出现错误，可以用两个直径不同的导柱，或导柱直径相同，但位置不对称，将其中一个或两个导柱向模具中心偏置。

③ 在二板模中，由于塑件通常留于动模，所以为了便于脱模和取出塑件，导柱通常安装在定模侧。

④ 导柱和导套在分型面处应有排屑槽。

⑤ 导柱、导套及导向孔的轴线应保证平行。

（2）导柱的设计要求

① 导柱有直身式与台阶式两种，安装方式有四种，如图10-29所示。

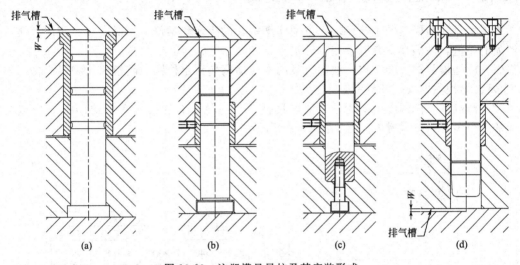

图10-29　注塑模具导柱及其安装形式

② 导柱的长度必须保证合模时导向零件首先接触，避免动模型芯先进入定模型腔，损坏成型零件，或避免斜导柱先进入滑块，而损坏侧向抽芯机构。

③ 导柱头部应有圆锥形或球形的引导部分。

④ 其表面应热处理，以保证耐磨。

（3）导套和导向孔

① 无导套的导向孔，直接开在模板上，模板较厚时，导向孔必须做成盲孔，侧壁增加排气孔。

② 导套有套筒式、台阶式、凸台式。

③ 为了导柱能顺利进入导套孔，在导套前端应倒有圆角 R。

（4）推杆固定板导柱导套　以下11种情形都必须在推杆固定板上加四支导柱及导套，以保证推杆平衡平稳地顶出塑件。

① 制品生产批量大，寿命要求高的模具。

② 精度要求较高的模具。

③ 大、中型模具，在一般情况下，模架宽度尺寸

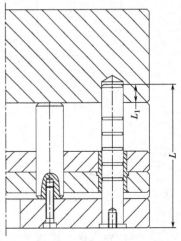

图10-30　推杆固定板导柱
导套的装配

≥350mm或长度尺寸≥400mm时，应加推杆固定板导柱来承受推杆固定板的重量。

④ 模具浇口套偏离模具中心的模具。

⑤ 推杆数量大于30支的模具。

⑥ 直径小于2.0mm的推杆数量较多的模具。

⑦ 有斜顶的模具。

⑧ 利用推管推出塑件的模具。

⑨ 用双推板的二次推出模。

⑩ 塑件推出距离大，方铁高度大于120mm的模具。

⑪ 客户有特别要求的模具。

推杆固定板导柱导套的常用装配方法如图10-30所示，图中 L_1 取15～20mm。

10.3 注塑模具的基本结构

为了满足注塑模具的生产要求，方便注塑模具的生产和维修，确保模具的使用寿命，保证产品的质量，注塑模具有以下基本结构。

（1）注塑模具的安装结构　注塑模具的安装结构包括定位圈、码模螺孔和码模槽，详见第11章注塑模具的安装和拆卸。

（2）撬模槽　撬模槽的作用是方便模具打开，一般加工在定模A板或动模B板以及推杆板的四个角上。撬模槽的尺寸如图10-31所示。

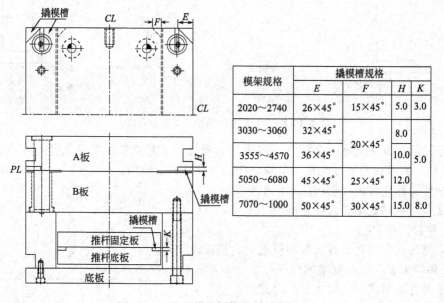

模架规格	撬模槽规格			
	E	F	H	K
2020～2740	26×45°	15×45°	5.0	3.0
3030～3060	32×45°	20×45°	8.0	5.0
3555～4570	36×45°		10.0	
5050～6080	45×45°	25×45°	12.0	
7070～1000	50×45°	30×45°	15.0	8.0

图 10-31　注塑模具撬模槽（单位：mm）

（3）顶棍孔

① 大小和位置有公制和英制两种，如图10-32所示。

② 小型模具只需开一个顶棍孔，中型模具必须开2～3个顶棍孔，大型模具有时要开5个顶棍孔。

（4）推杆板先复位机构　以下模具需加推杆板先复位机构。

① 侧向抽芯滑块底部有推杆或推管，如图10-33所示。

② 与定模斜滑块型腔对应的动模侧有推杆或推管，如图10-34所示。

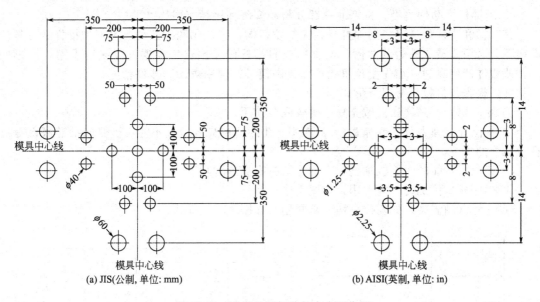

(a) JIS(公制, 单位: mm)

(b) AISI(英制, 单位: in)

图 10-32　注塑机顶棍孔的大小和位置

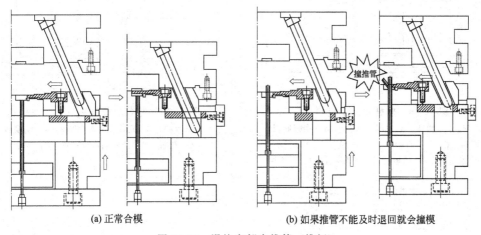

(a) 正常合模

(b) 如果推管不能及时退回就会撞模

图 10-33　滑块底部有推管（推杆）

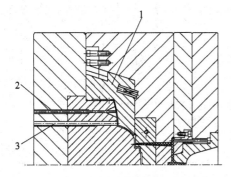

图 10-34　定模斜滑块底部有推管（推杆）

1—定模镶件；2—推块；3—动模型芯

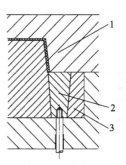

图 10-35　推块脱模

1—定模镶件；2—推块；3—动模型芯

③ 塑件用推块推出时，如图 10-35 所示。

④ 斜推杆顶部与定模镶件接触。

⑤ 用推杆推塑件边沿，推杆的一部分与动模镶件接触（俗称"顶空"）。

其中①和②两种情况必须加推杆板先复位机构，③、④和⑤三种情况不加推杆板先复位机构不会对模具造成即时的危险，但推杆或斜推杆频繁撞击定模镶件会使定模镶件变形凹陷，使塑件产生飞边，加先复位机构可以提高模具的使用寿命和塑件精度。

推杆板先复位机构有以下形式。

① 复位弹簧　必须和机械先复位机构联合使用。

② 复位杆＋弹力胶（或弹簧）　只能用于小距离的先复位，不能用于侧向抽芯底部有推杆或推管的情况。

③ 有拉回功能的注塑机顶棍　有的注塑机没有这种功能。

④ 摆杆先复位机构　最常用，如图 10-36 所示。

⑤ 连杆（蝴蝶夹）先复位机构　最常用，如图 10-37 所示。

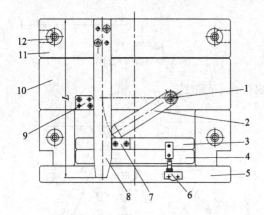

图 10-36　摆杆先复位机构

1—转轴；2—摆杆；3—推杆固定板；4—推杆底板；
5—模具底板；6—行程开关；7—挡块1；8—推块；
9—挡块2；10—动模板；11—定模板；12—支撑柱

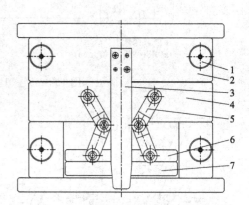

图 10-37　连杆（蝴蝶夹）先复位机构

1—支撑柱；2—定模板；3—推块；4—动模板；
5—连杆；6—推杆固定板；7—推杆底板

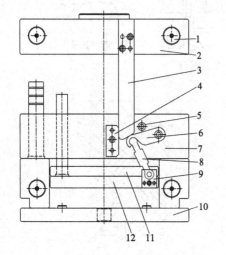

图 10-38　铰链先复位机构

1—支撑柱；2—模具面板；3—长推块；4—挡块；
5—挡销；6—铰链臂1；7—动模板；8—铰链臂2；
9—铰链臂固定板；10—模具底板；
11—推杆面板；12—推杆底板

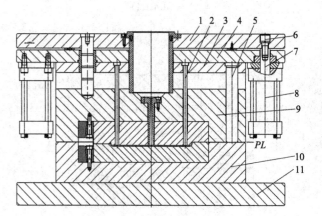

图 10-39　液压先复位机构

1—模具面板；2—推杆；3—推杆固定板；
4—推杆底板；5—复位杆；6—连接螺钉；
7—活塞；8—油缸；9—定模板；
10—动模板；11—模具底板

202

⑥ 铰链先复位机构　该先复位机构由连杆先复位机构简化而来,特点同连杆先复位机构,如图 10-38 所示。

⑦ 液压先复位机构　它是利用油缸活塞来推动推杆板在合模之前复位,多用于定模推出机构中,如图 10-39 所示。

(5) 推杆固定板复位弹簧　复位弹簧的作用是:在推杆固定板推出塑件后,在合模之前就将推杆固定板推回原位,它有先复位的功能,但因弹簧没有冲击力,又容易疲劳失效,所以在一些推杆固定板必须先复位的模具中不能单独使用。

① 所有模具必须在推杆固定板上安装 2～6 根复位弹簧,一般情况为 4 根。

② 注塑模具采用专用蓝色弹簧,复位弹簧两端磨平。

③ 复位弹簧压缩量不能大于其自由长度的 40%,推杆面板和动模之间应有限位柱。

④ 复位弹簧一般套在复位杆上,也可以采用弹簧导杆固定,这样在弹簧直径和位置选择上更有灵活性。复位弹簧的装配如图 10-40 所示。

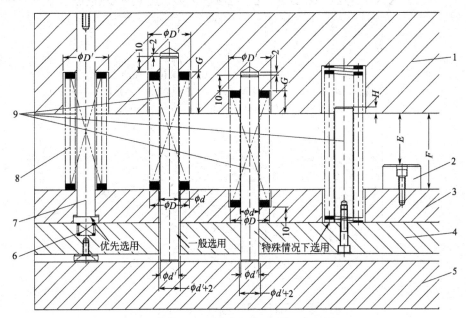

图 10-40　复位弹簧的装配 (单位:mm)
1—动模板 (或托板);2—限位柱;3—推杆固定板;4—推杆底板;5—模具底板;
6—弹簧;7—复位杆;8—复位弹簧;9—弹簧导杆

(6) 定距分型机构

① 点浇口进料的三板模必须有定距分型机构,保证模具的开模顺序和流道凝料自动脱落,常用结构如图 10-41 所示。

② 外置式定距分型机构的拉板,其板料厚应不小于 10mm。

③ 拉板腰型孔内的限位螺钉直径不能小于 8mm。

④ 在动模 B 板和定模 A 板之间安装尼龙塞 (尼龙扣机),效果安全可靠,经济实用。

(7) 撑柱　撑柱的装配见图 10-42,对撑柱的要求如下。

① 模具尽量设置撑柱,撑柱的位置尽量设置在中央,撑柱直径尽量大些,但不宜大过 60mm。

② 撑柱必须用螺钉固定在动模底板上。

③ 撑柱长度应比模架方铁高度大 0.1～0.25mm。

(8) 锁模块　为运输和库存安全,所有模具要设置锁模块,锁模块必须安装在注塑机操

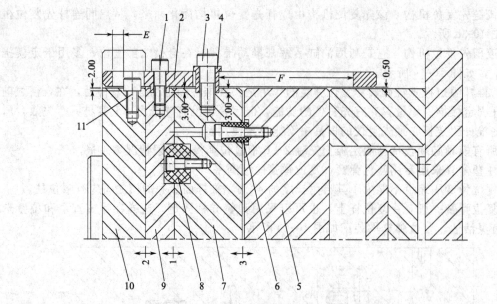

图 10-41　三板模定距分型机构（单位：mm）

1—拉板固定螺钉；2—拉板；3，11—限位螺钉；4—限位套；5—动模板；6—尼龙塞；
7—定模板；8—弹力胶；9—脱浇板；10—模具面板

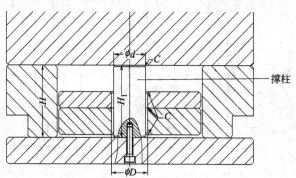

M	M8	M8	M10	M10	M12	M12	M12
D'	35	45	55	65	75	90	100
D	30	40	50	60	70	80	90

图 10-42　撑柱的装配（单位：mm）

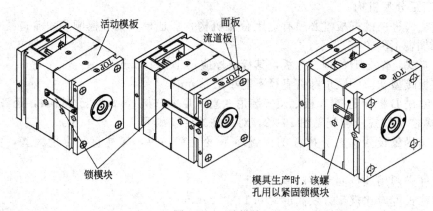

图 10-43　锁模块

作员的正面，见图10-43。

在定模A板或动模B板上要多加工一个螺孔，位置以不阻碍生产为原则，其作用是模具生产时固定锁模块，使锁模块不用拆除，不易丢失，并方便模具拆卸时安装。

（9）吊环螺孔　吊环螺孔是供模具吊装用的螺孔。不同大小的模架，其吊环螺孔的大小见表10-5。

模宽300mm以下的模架，一般只需在模板上下端面各加工一个吊环螺孔。模宽300mm以上的模架，模板每边最少应有一个吊环螺孔。当模架长度是宽度的两倍或以上时，模板两侧应各做两个吊环螺孔。吊环螺孔的位置应放在每块模板边的中央，见图10-44。

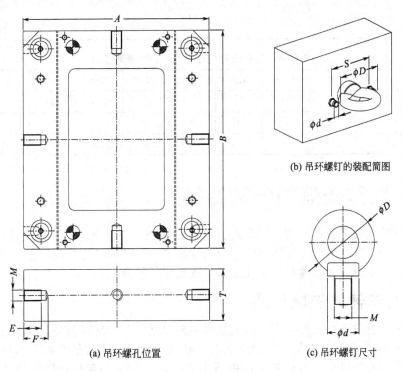

(b) 吊环螺钉的装配简图

(a) 吊环螺孔位置　　　　(c) 吊环螺钉尺寸

图10-44　吊环螺孔及吊环螺钉

吊环螺孔深度至少取螺孔直径的1.5倍，见表10-5，吊环螺钉不能和冷却水喉及螺钉等其他结构发生干涉，吊环螺钉主要尺寸及安全承载重量见表10-6。

表10-5　吊环螺孔尺寸及对应模架规格　　　　　　　　　　单位：mm

D		E	F	模架宽A	模架长B
公制	英制				
M12	1/2in	24	33	150～200	150～350
M16	5/8in	29	39	230～290	230～400
M20	3/4in	33	46	300	300～500
				330	350～500
M24	1in	41	56	300	550～600
				350	350～700
				400	400～500
M30	$1^{1}/_{4}$in	49	67	450～550	450～700

205

D		E	F	模架宽 A	模架长 B
公制	英制				
M36	$1^7/_{16}$in	59	82	600~650	600~800
				700	700~750
M42	$1^1/_2$in	70	95	700~750	700~1000
				800	800~850
M48	2in	75	103	750	950~1000
				800	900~1000

表 10-6 吊环螺钉主要尺寸及安全承载重量

M	M12	M16	M20	M24	M30	M36	M42	M48	M64
D/mm	60	72	81	90	110	133	151	171	212
d/mm	30	36	40	45	50	70	75	80	108
安全承载重量/kg	180	480	630	930	1500	2300	3400	4500	900

10.4 注塑模具的特种结构

随着科学技术的不断进步和现代制造业的迅猛发展，注塑模具的浇注系统除热流道外，还出现了双（多）色注射、气体辅助注射和叠层注射等特殊的浇注系统，由此就产生了气体辅助注塑模具、双色注塑模具和叠层注塑模具等新型特种模具。

10.4.1 气体辅助注塑模具

气体辅助注射成型技术是一项新兴的塑料注射成型技术，其原理是利用高压气体（一般利用惰性气体 N_2）在塑件内部产生中空截面，利用气体保压代替塑料注射保压，消除制品缩痕，完成注射成型过程。气体辅助注射成型的工艺过程主要包括塑料熔体注射、气体注射、气体保压三个阶段。

根据熔体注射量的不同，又分为短射（或称缺料注射）和满射（或称满料注射）两种方式，在短射方式中，气体首先推动熔体充满型腔，然后保压，见图 10-45；在满射方式中，气体只起保压作用，见图 10-46。

气体辅助注射成型的原理是：利用高压气体把厚壁塑件的内部掏空，克服了传统注射成型和发泡成型的局限性，具有传统注射成型工艺无法比拟的优点，被誉为注射成型工艺的一次革命。其优点表现如下。

① 减少残余应力、降低翘曲问题。传统注射成型，需要足够的高压以推动塑料由主流道至最外围区域；此高压会造成高流动剪应力，残存应力则会造成产品变形。气辅成型中形成中空气体流通管理（gas channel），则能有效传递压力，降低内应力，以便减少成品发生翘曲的问题。

② 消除凹陷痕迹。传统注塑产品会在厚部区域如筋部（rib & boss）背后，形成凹陷痕迹（sink mark），这是由于物料产生收缩不均匀的结果。而 GIM 可借由中空气体管道施压，促使产品收缩时由内部向外进行，则固化后在外观上不会有此痕迹。

③ 降低锁模力。传统注塑时高保压压力需要高锁模力，以防止塑料溢出，但 GIM 所需保压压力不高，可降低锁模力需求达 25%~60%。

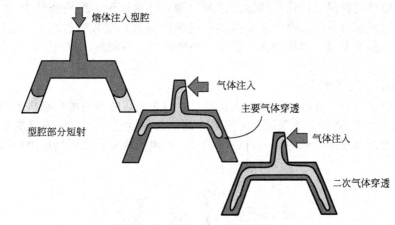

图 10-45　短射（缺料注射）

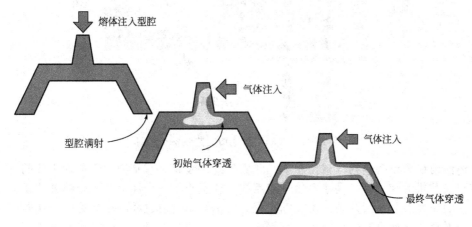

图 10-46　满射（满料注射）

④ 减少流道长度。气体流通管道之较大厚度设计，可引导帮助塑料流通，不需要特别的外在流道设计，进而减少模具加工成本，及控制熔接线位置等。

⑤ 节省材料。由气体辅助注塑所生产的产品比传统注塑节省材料可达 35％，节省多少视产品的形状而定。除内部中空节省材料外，产品的浇口（水口）材料和数量亦大量减少。

⑥ 缩短生产周期时间。传统注塑由于产品筋位厚、柱位多，很多时候都需要一定的注射、保压来保证产品定型。气辅成型的产品，产品外表看似很厚，但由于内部中空，因此冷却时间比传统实心产品短，总的周期时间因保压时间及冷却时间减少而缩短。

⑦ 延长模具寿命。传统注塑工艺在注射成型时，往往用很高的注射速度及压力，使浇口（水口）周围容易产生"披峰"，模具经常需要维修；使用气辅后，注射压力、注射保压压力及锁模压力同时降低，模具所承受的压力亦相应降低，模具维修次数大大减少。

⑧ 降低注塑机机械损耗。由于注射压力及锁模力降低，注塑机各主要受力零件，如格林柱、机铰、机板等所承受的压力亦相应降低，因此各主要零件的磨损降低，寿命得以延长，减少维修及更换的次数。

但是，气辅注射成型较之传统注射成型过程需要考虑更多的工艺参数，如气体压力、熔体预注射量、熔体和气体注射之间的延迟时间、气体保压时间等，控制得不好就很容易出现如延迟线、吹穿及手指效应等注塑缺陷。工艺参数的设定和优化是气辅成型能否成功最关键的一步。

大多数热塑性材料都能应用气体辅助注射成型，而聚丙烯、聚酰胺和PBT树脂等结晶型材料更是比较理想的材料，因为它们都具有精确的熔点、较低的黏稠度、气体容易穿透。要依据对产品性能的要求，诸如刚性、强度、特殊条件下的表现、耐化学品腐蚀性等来选择原材料。

10.4.1.1 气辅注射成型设备

气辅注射成型设备与传统注射成型设备相似，只是在现有的注射成型机上增设一个供气装置即可实现，见图10-47。供气装置由气泵、高压气体发生装置、气体控制装置和气体喷嘴构成。气体控制装置用特殊的压缩机连续供气，用电控阀进行控制使压力保持恒定。

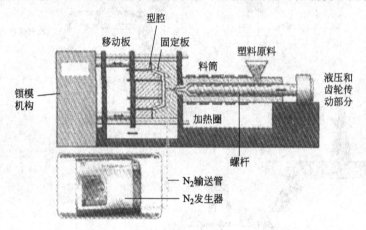

图10-47　气辅注射成型工艺装备示意图

气辅注射成型设备包括气辅控制单元和氮气发生装置。它是独立于注塑机外的另一套系统，其与注塑机的唯一接口是注射信号连接线。注塑机将一个注射开始或螺杆位置信号传递给气辅控制单元之后，便开始一个注气过程，等下一个注射过程时给出另一个注射信号，开始另一个循环，如此反复进行。

气辅注塑所使用的气体必须是惰性气体（通常为氮气），气体压力一般为5～32MPa，最高为40MPa，特殊者可达70MPa，氮气纯度≥98%。

气辅控制单元是控制注气时间和注气压力的装置，它具有多组气路设计，可同时控制多台注塑机的气辅生产，气辅控制单元设有气体回收功能，以尽可能降低气体耗用量。

今后气辅设备的发展趋势是将气辅控制单元内置于注塑机内，作为注塑机的一项新功能。

10.4.1.2 气体进入型腔的方式

气体辅助注塑模具的进气方式有两种，一是由模具进入，二是由注塑机喷嘴进入。

气体由模具进入时，气阀在模具或流道内，进气点可以是一个或多个，见图10-48(a)。其优点是：气体的控制单元不需用单独设备控制，并且适用于热流道系统。每个进气点可单独进行控制。缺点是：模具较复杂，成本较高。

气体通过注塑机喷嘴进入时，成型机的喷嘴必须有两重功能：先注射塑料，然后再注射气体，见图10-48(b)。

其优点是：不需要改模或添加额外部件。其缺点是：不适用于多腔模具，因为浇注系统将导致流动不平衡，而且不适用于热流道系统。

两种进气方式的比较见表10-7。

气辅注射成型采用喷嘴进气需改造注塑机的喷嘴，使其既有熔体通路也有气体通路，在熔体注射结束后切换到气体通路实现气体注射；采用模具进气不需改造注塑机的喷嘴，但需

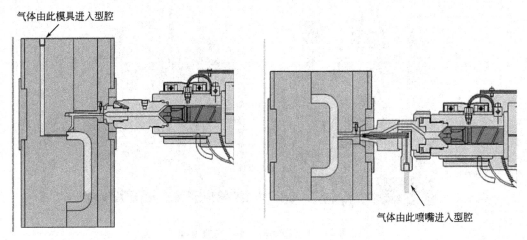

(a) 气体由模具进入型腔　　　　　　　(b) 气体由注塑机喷嘴进入型腔

图 10-48　气体进入型腔的方式

表 10-7　两种进气方式的比较

特征	喷嘴进气	模具进气
优点	不用修改模具结构(气道除外)	弹性大,气体可达任何地方
设备	必须购买气体注射喷嘴及止逆阀	必须有气针,但不一定要止逆阀(如有更好)
维护保养	需燃烧塑料才能拆解喷嘴	非模面式气针时,需拆模;模面式气针时,需维修拆装方便
空穴位置	气体与塑料熔体同一进口,空穴大都在产品中央或对称位置	气体与熔体经由不同地方进入型腔,空穴位置可根据要求确定
多腔模具	各腔中空率不一致,不良品率高	各腔可经由不同位置进入型腔,针对性强,不良品率低
热流道	气体不能经由热流道进入型腔	气体可由热流道下面射入型腔
控制	各气口压力和时间一致	各气口压力和时间可以不一致

在模具中开设气体通路并加设专门的进气元件（气针），在气体压力控制下工作，引导气体进入模具型腔。

进气方式的选用要视制品的具体情况而定，采用喷嘴进气方式，塑料与气体通过同一流道并且流动填充方向一致，其原理与传统注塑几乎没有区别，见图 10-49。而采用模具气针进气方式，会有气体的流动方向与塑料流动方向相反的情况。模具气针进气方式一般用于热流道模具或制件需要加强部位离浇口比较远的情况，如电视机后壳模具及一些流长较大的长条形制品。

10.4.1.3　对气体辅助注塑模具的基本要求

① 设计时先考虑哪些壁厚处需要掏空，哪些表面的缩痕需要消除，再考虑如何连接这些部位成为气道，见图 10-49。

② 大的结构件，全面打薄，局部加厚为气道。

③ 气道应依循主要的料流方向均衡地配置到整个模腔上，同时应避免闭路式气道。

④ 气道的截面形状应接近圆形以使气体流动顺畅；气道的截面大小要合适，气道太小可能引起气体渗透，气道太大则会引起熔接痕或者气泡。

⑤ 气道应延伸到最后填充区域（一般在非外观面上），但不需延伸到型腔边缘。

⑥ 主气道应尽量简单，分支气道长度尽量相等，支气道末端可逐步缩小，以阻止气体

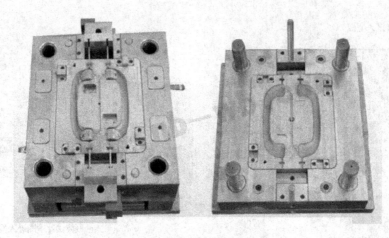

图 10-49　喷嘴进气气辅注塑模具

加速。

⑦ 气道能直则不弯（弯越少越好），气道转角处应采用较大的圆角半径。

⑧ 对于多腔模具，每个型腔都需由独立的气嘴供气。

⑨ 若有可能，不让气体的推进有第二种选择。

⑩ 气体应局限于气道内，并穿透到气道的末端。

⑪ 精确的型腔尺寸非常重要。

⑫ 塑件各部分平衡的冷却非常重要。

⑬ 采用浇口进气时，流动的平衡性对均匀的气体穿透非常重要。

⑭ 准确的熔体注射量非常重要，每次注射量误差不应超过 0.5%。

⑮ 在最后填充处设置溢料井，可促进气体穿透，增加气道掏空率，消除迟滞痕，稳定塑件品质。而在型腔和溢料井之间加设阀浇口，可确保最后填充发生在溢料井内。

⑯ 气嘴进气时，小浇口可防止气体倒流入浇道。

⑰ 进浇口可设置于薄壁处，并且和进气口保持 30mm 以上的距离，以避免气体渗透和倒流。

⑱ 气嘴应设置于厚壁处，并位于离最后填充处最远的地方。

⑲ 气嘴出气口方向应尽量和料流方向一致。

⑳ 保持熔体流动前沿以均衡速度推进，同时避免形成 V 字形熔体流动前沿。

㉑ 采用缺料注射时，进气前未填充的型腔体积以不超过气道总体积的一半为准。

㉒ 采用满料注射时，应参照塑料的压力、比容和温度关系图，使气道总体积的一半约等于型腔内塑料的体积收缩量。

10.4.1.4　气辅成型工艺条件

（1）气辅注射成型周期　见图 10-50。

① 注塑期　以定量的塑化塑料填充到模腔内（保证在充气期间，气体不会把产品表面冲破及能有一理想的充气空间）。

② 充气期　可以在注塑期中或后，不同时间注入气体。气体注入的压力必须大于注射压力，以致使塑件成中空状态。

③ 气体保压期　当塑件内部被气体填充后，气体作用于塑件中空部分的压力就是保压压力，可大大降低塑件的缩水及变形率。

④ 脱模期　随着冷却周期的完成，模具的气体压力降至大气压力，塑件由模腔内顶出。

（2）气辅成型工艺参数的控制　气辅注塑过程是在模具内注入塑料熔体的同时注入高压

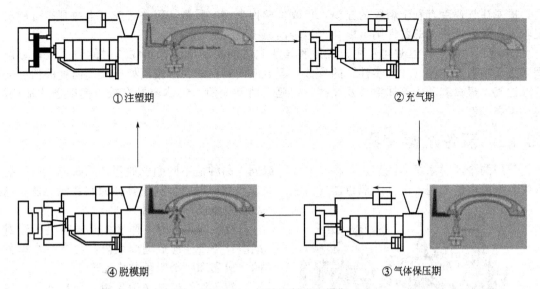

①注塑期　　　　　　　　　　　　　　　　②充气期

④脱模期　　　　　　　　　　　　　　　　③气体保压期

图 10-50　气辅注射成型周期

气体，熔体与气体之间存在复杂的两相关系，因此工艺参数控制显得相当重要，下面就各参数的控制方法讨论一下。

① 注气参数　气辅控制单元是控制各阶段气体压力大小的装置，气辅参数只有两个值：注气时间（s）和注气压力（MPa）。

② 注射量　气辅注塑是采用所谓的"短射"方法，即先在模腔内注入一定量的料（通常为满射的 70%～95%），然后再注入气体，实现全充满过程。熔料注射量与模具气道大小及模腔结构关系最大。气道截面越大，气体越易穿透，掏空率越高，适宜于采用较大的"短射率"。这时如果使用过多料量，则很容易发生熔料堆积，料多的地方会出现缩痕。如果料太少，则会导致吹穿。

如果气道与料流方向完全一致，那么最有利于气体的穿透，气道的掏空率最大。因此在模具设计时尽可能将气道与料流方向保持一致。

③ 注射速度及保压　在保证塑件外观不出现缺陷的情况下，尽可能使用较高的注射速度，使熔料尽快填充模腔，这时熔料温度仍保持较高，有利于气体的穿透及充模。气体在推动熔料充满模腔后仍保持一定的压力，相当于传统注塑中的保压阶段，因此一般来讲气辅注塑工艺可省去用注塑机来保压的过程。但有些塑件由于结构原因仍需使用一定的注塑保压来保证产品表面的质量。但不可使用高的保压，因为保压过高会使气针封死，腔内气体不能回收，开模时极易产生吹爆。保压高亦会使气体穿透受阻，加大注塑保压有可能使塑件表面出现更大缩痕。

④ 气体压力及注气速度　气体压力与熔体的流动性关系最大。流动性好的材料（如 PP）采用较低的注气压力。几种常用塑料的推荐压力见表 10-8。

表 10-8　几种常用塑料推荐压力

塑料种类	熔体指数/(g/10min)	使用气压/MPa	塑料种类	熔体指数/(g/10min)	使用气压/MPa
PP	20～30	8～10	ABS	1～5	20～25
HIPS	2～10	15～20			

气体压力大，易于穿透，但容易吹穿；气体压力小，可能出现充模不足，填不满或塑件表面有缩痕；注气速度高，可在熔料温度较高的情况下充满模腔。对流程长或气道小的模

具，提高注气速度有利于熔胶的充模，可改善塑件表面的质量，但注气速度太快则有可能出现吹穿，对气道粗大的塑件则可能会产生表面流痕、气纹。

⑤ 延迟时间 延迟时间是注塑机射胶开始到气辅控制单元开始注气时的时间段，可以理解为反映射胶和注气"同步性"的参数。延迟时间短，即在熔胶还处于较高温度的情况下开始注气，显然有利于气体穿透及充模，但延迟时间太短，气体容易发散，掏空形状不佳，掏空率亦不够。

10.4.2 双色注塑模具

使用两个注射系统的注塑机，将不同品种或同一品种但不同颜色的塑料同时或先后注射入模具型腔内的成型方法称为双色注射成型。完成双色注射成型的模具称为双色注塑模具或双料注塑模具，见图 10-51。

图 10-51 双色注塑模具

在注塑生产时，两套模具同时进行注射成型，每个注射成型周期内都会有一个单色的半成品和一个双色的成品产生。

双色注塑模具必须采用专用注塑机，注塑生产时通过交换型腔来分别完成第一次注塑（第一色）与第二次注塑（第二色）的循环注塑动作。

10.4.2.1 双色注射成型的优点

比起普通的注射成型，双色注射成型有如下的优点。

① 塑件的主要塑料可以使用低黏度的材料来降低注射压力。

② 塑件的主要塑料可以使用回收的再生塑料，既环保又经济。

③ 可以满足某些产品的特殊要求，使塑件更加美观和丰富多彩，提高产品的附加值。如厚件成品表层料使用软质塑料，主要塑料使用硬质塑料，或者使用发泡塑料来降低重量。

④ 可以在塑件不重要的部位使用较轻或较便宜的塑料，以降低产品成本。

⑤ 可以在塑件重要的或有特殊要求的部位使用价格昂贵且性能特殊的塑料，如防电磁波干扰、高导电性等塑料。

⑥ 适当的表层料和核心料配合可以减少成型塑料的残余应力，增加机械强度或优化产品的表面性能。

⑦ 可以得到像大理石纹路那样的产品。

10.4.2.2 注射成型双色制品生产工艺特点

① 双色注塑机由两套结构、规格完全相同的塑化注射装置组成。喷嘴按生产方式需要应具有特殊结构，或配有能旋转换位的结构完全相同的两组成型模具。塑化注射时，要求两套塑化注射装置中的熔料温度、注射压力、注射熔料量等工艺参数相同，要尽量缩小两套装置中的工艺参数波动差。

② 双色注射成型塑料制品与普通注射成型塑料制品比较，其注射时的熔料温度和注射压力都要采用较高的参数值。主要原因是双色注射成型中的模具流道比较长，结构比较复杂，注射熔体流动阻力较大。

③ 双色注射成型塑料制品要选用热稳定性好、熔体黏度低的原料，以避免因熔料温度高，在流道内停留时间较长而分解。应用较多的塑料是聚烯烃类树脂、聚苯乙烯和 ABS 等。

④ 双色塑料制品在注射成型时，为了使两种不同颜色的熔料在成型时能很好地在模具中熔接、保证注塑制品的成型质量，应采用较高的熔料温度、较高的模具温度、较高的注射

压力和注射速率。

10.4.2.3 对双色注塑模具的一般要求

① 双色注塑模具的模架，分中尺寸一定要完全一致，导柱孔的位置也必须一致（导柱和导套不能偏置）。要求两套模架的动、定模能够自由互换，同时两套模架的总高度也要相同，还要使两套定模和两套动模分别等高。

② 模具的动、定模以模具中心旋转180°后，必须吻合。

③ 由于双色模具生产目前尚未形成规模，双色注塑机的数量目前还有限，所以在进行双色注塑模设计之前一定要清楚将要使用多大吨位的注塑机来生产，而且双色注塑机的锁模孔位置和大小等参数均不同于常规注塑机，所以必须注意双色注塑机的这些参数。

④ 对于双色注塑模具中成型的两个塑件，必须具有相同的尺寸基准以确保双色模具的两套模具在制造时不会出现基准不统一。

⑤ 顶棍孔的位置，在一般情况下最小距离210mm。大的模具须适当增加顶棍孔的数量。并且由于注塑机本身附带的顶棍不够长，所以模具中必须设计加长顶棍，顶棍长出模架底板150mm左右。动模底板上必须有2个定位圈。

⑥ 定模面板加A板的总厚度不能少于170mm。要校核注塑机的各个参数，比如最大容模厚度、最小容模厚度、顶棍孔距离等是否满足要求等。

⑦ 三板模的点浇口应设计成可以自动脱模，尤其要注意软胶浇口的脱模动作是否可靠。

⑧ 在第二次注射成型时，为了避免型腔插（或擦）伤第一次已经成型好的塑件表面，可以使一部分避空。但是必须慎重考虑定位的可靠性，保证在第二次注射过程中，不会被熔体强大的注射压力冲变形，导致第二次注射成型时产生飞边。

⑨ 所有插穿、碰穿面的斜度落差尽量大些，要在0.1mm以上。

⑩ 注塑时，第一次注射成型的塑件尺寸可以略大，以使它在第二次注射成型时能与另一个型腔压得更紧，以达到封胶的作用。

⑪ 在定模A板和动模B板合模前，定模侧向抽芯或斜顶不能先复位而压坏产品，如果有这种可能的话，必须保证使A、B板先合模，之后定模的侧向抽芯或斜顶才能复位。

⑫ 两个型腔和型芯的冷却水道布置尽量充分，并且均衡、相同。

⑬ 为了使两种塑料"粘"得更紧，要考虑材料之间的"黏性"以及模具表面的粗糙度。一般来说，模具表面越光滑，两次注射的塑料就"粘"得越紧。常用塑料之间的"黏性"见表10-9。

表10-9 常用塑料之间的"黏性"

项目	ABS	ASA	CA	EVA	PA6	PA66	PC	PE-HD	PE-LD	PMMA	POM	PP	PPO	PS-GP	PS-HI	PBTP	TPU	PVC	SAN	TPR	PETP	PVAC	PPSU	PC+PBTP	PC+ABS
ABS	+	+	+				+	×	×	+		×	×	×	+	+	+	+	+		+	○		+	+
ASA	+	+	+	+			+	×	×	×		×	×	×	+	+	+	+				○		+	+
CA	+	+	+	○				×	×													○			
EVA		+	○	+				+	+			+		+							+	×			
PA6					+	+		○	○			○		×	×		+								
PA66					+	+		○	○			○													
PC	+	+				○	+	×	×	(+)		×	×	+	+	+	+				+			+	+
PE-HD	×	×	×	+	○	○	×	+	+	○	○	+	×	×	×	×	×	○	×					×	×

213

项目	ABC	ASA	CA	EVA	PA6	PA66	PC	PE-HD	PE-LD	PMMA	POM	PP	PPO	PS-GP	PS-HI	PBTP	TPU	PVC	SAN	TPR	PETP	PVAC	PPSU	PC+PBTP	PC+ABS
PE-LD	×	×	×	+	○	○	×	+	+	○	○	+		×	×	×	×		×					×	×
PMMA	+	+					(+)	○	○	+		○		×	×			+	+						
POM								○	○		+	○		×	×										
PP	×	×	×	+	○	○	+	+	+	○	○	+	○	×	×	×	×	○	×	+				×	×
PPO	×	×	×									○	+	+	+	×	×	×	×					×	×
PS-GP	×	×	×	+	×	×	×	×	×	×	×	×	+	+	+	×	×	○	×					×	×
PS-HI	×	×	×		×	×	×	×	×	×	×	×	+	+	+	×	×	○	×					×	×
PBTP	+	+	+				+	×	×			×	×	×		+	+	+	+			+			
TPU	+	+	+		+	+	+	×	×			×	×	×		+	+	+	+			+			+
PVC	+	+	+	+			+	○		+		○	×	○	○	+	+	+	+						+
SAN	+	+	+				+	×	×	+		×	×	×	×	+	+	+	+		+	○		+	+
TPR												+								+					
PETP	+						+									+	+	+				+		+	+
PVAC	○	○																	○			+		+	+
PPSU							+																+		
PC+PBTP	+	+					+	×	×			×	×	×	×			+				+		+	
PC+ABS	+	+					+	×	×			×	×	×	×	+	+	+				+			+

注：表中"＋"表示黏性良好，"（＋）"表示黏性较好，"○"表示黏性差，"×"表示完全无黏性。

214

第11章 CHAPTER 11

注塑模具的安装和拆卸

11.1 模具在注塑机上的安装形式

　　注塑模具动模部分的底板和定模部分的面板或定模板，要分别通过定位圈、双头螺钉、螺母、码模铁、螺钉装配在注塑机的动模板和定模板上。模具在注塑机上的安装方法有以下三种。

　　(1) 用压块（又称码模铁）固定　　只要在模具固定板需安放压板的外侧附近有螺孔就能固定，因此，压块固定具有较大的灵活性。

　　(2) 用螺钉固定　　模具固定板与注塑机模板上的螺孔应完全吻合。

　　(3) 用压块＋螺钉对固定　　对于重量较大的模具（模宽大于 250mm），仅采用压块或螺钉直接固定还不够安全，必须在用螺钉紧固后再加压板固定，见图 11-1。

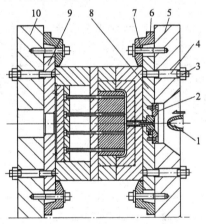

图 11-1　模具在注塑机上的安装

1—注塑机料筒；2—模具定位圈；3—螺母；4—双头螺钉（通常 8 个）；5—注塑机定模板；
6—码模铁（8 块）；7—螺钉；8—模具面板；9—模具底板；10—注塑机动模板

11.2 注塑模具的安装结构

11.2.1 定位圈

　　定位圈是注塑模具在注塑机上安装时在高度方向上初步定位零件，它的直径尺寸 D 等于注塑机定模板中心孔的直径尺寸，定位圈直径公差为−0.4～−0.2mm，凸出模面板高度最小为8～10mm。注塑模具标准定位圈及其尺寸见图11-2。

定位圈常用规格有ϕ100mm、ϕ120mm 和 ϕ150mm 三种，而 ϕ100mm 最常用。定位圈是标准件，可以外购，也可以按图11-3自制两用的定位圈。

定位圈一般用在二板模中，在三板模中浇口套常常兼起定位圈的作用。

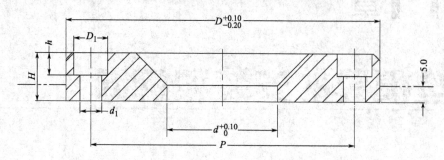

型号	D	d	H	d_1	D_1	h	P
100×30×12	100	30	12				
100×35×10	100	35	10				
100×35×12	100	35	12	7	11	7	85
100×35×15	100	35	15				
120×35×15	120	35	15				105
150×35×15	150	35	15	9.5	15	9	130

图 11-2　注塑模具标准定位圈及其尺寸（单位：mm）

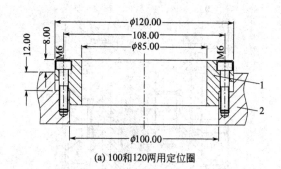

(a) 100和120两用定位圈

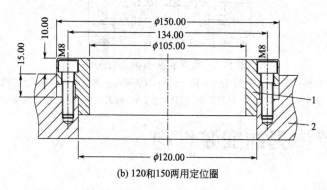

(b) 120和150两用定位圈

图 11-3　两用定位圈（单位：mm）

1—定位圈；2—定模固定板

11.2.2　码模螺孔

注塑模具的面板和底板都有码模螺孔,其作用是将注塑模具的动模紧固在注塑机的动模板上,将注塑模具的定模紧固在注塑机的定模板上。它的位置和大小取决于模具的大小和注塑机规格型号。公制和英制注塑机码模螺孔的位置和大小分别见图11-4(a)和图11-4(b)。

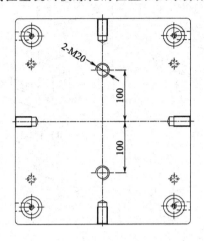

(a) 公制(单位:mm)

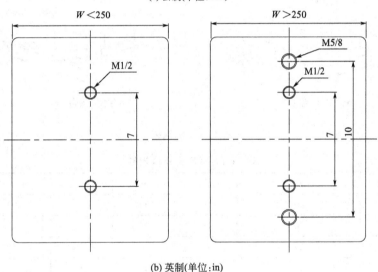

(b) 英制(单位:in)

图11-4　模具面板和底板上的码模螺孔

11.2.3　码模槽

直身模都要开码模槽,码模槽是将模具安装在注塑机上时用于装夹的槽。具体形状和尺寸见图11-5和表11-1。

11.3　注塑模具的安装

① 注塑模具装卸工人必须熟悉注塑机和行车设备的力学性能和结构,禁止超负荷使用。

② 经常检查行车运转是否有卡滞、异响及钢绳起毛等现象,如有,要及时修理或更换。

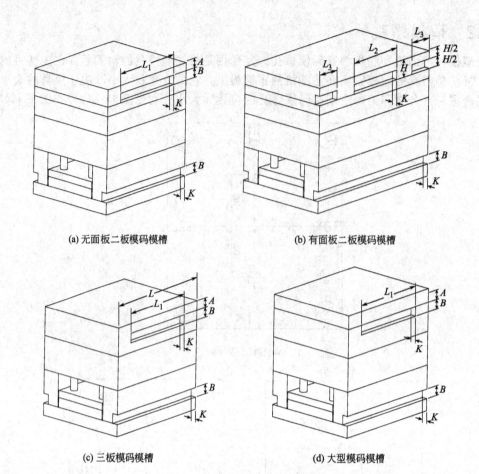

(a) 无面板二板模码模槽

(b) 有面板二板模码模槽

(c) 三板模码模槽

(d) 大型模码模槽

图 11-5　码模槽

表 11-1　标准码模槽规格　　　　　　　　　　单位：mm

模架规格	A	B	K	L_1	L_2	L_3
2020~2045	20	20	12	L-80	L-200	55
2323~2340	20	20	12	L-80	L-200	55
2525~2550	25	20	15	L-100	L-230	65
2730~2740	25	20	15	L-100	L-230	65
2930~2940	25	20	15	L-100	L-230	65
3030~3060		25	18	L-120	L-250	75
3335~3350	板厚≤110,A=25 板厚>110,A=30	25	18	L-120	L-250	75
3535~3545		25	20	L-120	L-260	75
3545~3570		25	20	L-120	L-260	85
4040~4070	板厚≤100,A=30 板厚>100,A=35	25	22	L-130	L-290	85
4545~4570	35	30	25	L-150	L-320	95
5050~5070	35	30	30	L-150	L-320	95
5555~5580	35	35	30	L-190		
6060~6080	35	35	30	L-190		

③ 起吊模具前必须保证模具和设备完好，特别要检查模具吊环螺钉是否牢固。

④ 注塑模具装卸工人工作时必须穿劳保服，戴安全帽、劳保手套等。

⑤ 准备好抹布、防锈剂、扳手等拆模工具和材料。

11.3.1　注塑模具安装前必须检查的内容

（1）对待装的模具进行检查

① 模具外观是否完好。

② 根据模具的外观尺寸，选择合适的注塑机（在一般情况下，都由车间计划指定好注塑机，无须自行选择）。

③ 模具的冷却水管接头是否安装完好，水路是否通畅（接通高压气体进行检查）。

④ 模具是否使用抽插芯功能，如有应准备好油管和油管接头，并对它们进行检查，发现螺纹丝口不好则不要使用，以免好的螺纹也被损坏，而且会有漏油现象。

⑤ 装好吊环（弯曲的吊环不用），吊环旋入模具的深度必须大于吊环直径的 1.5 倍，如吊环面与模具还未贴合必须使用垫片，防止吊环弯曲断裂。

⑥ 模具定位圈是否和注塑机定模板的定位孔直径一致，冷却水管、油管接头是否完好。

（2）对吊车进行检查　应检查吊车动作状况及各按钮功能是否健全正常，特别是急停按钮要进行测试，若发现有问题应立即停止，挂上"禁止使用"告示牌，通知班长报修。

（3）对钢丝绳、卸扣进行检查　使用的钢丝绳是否存在断股、打圈，所吊模具是否超重，如有应立即更换钢丝绳。

（4）配合起吊用的卸扣不得有弯曲变形，不得与起吊模具吨位不符。

（5）工艺卡是否符合规范、是否完整（初次试模例外）。

11.3.2　模具吊装注意事项

① 选用相应规格的钢带，并检查钢带是否有断丝现象，结合是否牢固。

② 选用和模具吊环孔一致的吊环，旋入深度不得低于吊环螺纹直径的 1.5 倍。

③ 吊环大端面必须与模具表面贴合，如不能贴合可加垫垫圈，但前提是必须满足第②条的条件。

④ 起吊时，行车钢索应与模具垂直，在一般情况下不允许行车斜拖。

⑤ 10t 以上的模具（包含 10t）能使用四只吊环的必须使用两根钢丝绳双吊四只吊环，配合使用的每只卸扣载荷量不得小于 10t。10t 以下的模具使用单根钢丝绳双吊环。

⑥ 装钩时，严禁一边挂钩一边操作吊车，防止手指被夹在吊钩与钢丝绳之间而受伤。

⑦ 模具起吊后检查是否水平，不得左、右或前倾斜，可允许微小的后倾斜。

⑧ 单只吊环起吊的必须使用锁模连接片，以防模具晃动，动、定模分离。起吊模具时，思想要集中，并要小心谨慎，看清按钮方向，以防按错按钮出现意外事故。

⑨ 模具起吊开始要慢慢吊起（不可快速突然起吊），高度离地要在 80mm 以下，待模具移到机器前，稳住不晃动后才可升高移到模板中间，进入格林柱之前必须有一人在机器定模板上方指挥稳住模具。严禁模具碰撞格林柱，导致格林柱被撞伤，损坏模板铜套。

⑩ 严禁站在被吊模具下方操作。起吊模具时，操作者应与模具保持 1m 以上距离（水平方向），装模具下方水嘴时，除手掌部位外，身体任何部位不准位于模具坠落区域。

⑪ 在起吊模具过程中，应通知过道中的人让开，严禁起吊的模具从人和机器上方经过。

⑫ 严禁模具在空中长时间（10min 以上）停留或起吊者离开现场。

⑬ 当吊车发生故障出现异常现象（如异响、焦味、被吊物自动下滑、有按键松后还能

短暂动作的）应立即把被吊物放下，停止使用该吊机，挂上"禁止使用"告示牌，并通知班长报修。

⑭ 在吊装过程中应随时提醒同伴，避免人员伤害事故的发生。行车使用注意事项见《行车操作规程》。

⑮ 待装模具或拆下模具不得直接放置在地上，必须垫有木块或胶板。

11.3.3 注塑模具的安装步骤及要点

由于注塑机生产厂家、机种、合模机构（曲臂式、直压式）的差异，模具的安装方法、操作方法也有差异，因此，有关各台注塑机的操作方法，应参考使用说明书。如果是一般曲臂式注塑机的大致程序，应注意以下事项。

① 作业时，首先考虑"安全第一"，并且必须"正确"、"切实"地履行。

② 要注意起重机的使用。使用自动式起重机时，必须确认是直行还是横行，以及东南西北的方位。不同的工厂，感觉会有偏差，因此，必须十分小心。

③ 在模具安装过程中，注塑机各动作应始终处于低速、低压的状态下。

④ 主要机种的模具安装时应注意以下要点。

a. 直压式。即使是切换到低速、低压模式，也必须错开恢复高压状态微调开关的位置（微调开关接近模具最小厚度）。并且，在模具开关画面中，输入模具接触位置的数据时，须输入接近"0"的数据。

如果忘记进行恢复高压状态的调整，进行手动合模时，有可能会造成模具损坏，特别要注意比以前的模具厚度小时。

模具接触后，须调整恢复高压状态的位置，安装模具。模具升温后，必须进行再次调整。

b. 曲臂式。须在展开曲臂状态（关闭模具）下，进行模具接触。

在比模具厚度大 10mm 宽度位置，使模具完成关闭，用模具厚度调整按钮使模具的厚度缩小（前进）。

在低速、低压模式下，使模具接触后，有时即使扩大模具厚度也打不开，这时操作按钮为"手动"，稍微打开模具打开按钮后，再次切换到"低速、低压"状态，继续下一步操作。

⑤ 模具安装时应清楚模具的结构及注意事项，如模具的安装是否有方向性，推杆、滑块、抽芯是否需要安装保护开关，是否需要安装电动机，产品用料是否要加玻璃纤维，定模是否需接模温机（一般产品要求定模模温比动模高）等。

⑥ 装吊环，应检查吊环与模具上的螺孔是否相符，吊环有无破损。大型模具需装两个吊环。

⑦ 吊起模具，用风枪确认冷却水连接方向，并注意冷却水管突出位置对操作是否有影响，朝上的水管是否会漏水到模腔内等。接好部分冷却水，注意吊模高度不要超过注塑机 50cm，操作工人的头、身体、脚不要放在模具底下。

⑧ 模具从注塑机后安全门吊入注塑机，应使模具贴紧固定模板或用手扶住，以免模具摆动。

⑨ 装顶棍时，应先检查模具的顶棍孔与注塑机顶棍的大小、位置、突出长度是否相符，并使顶棍进入模具推杆孔。

⑩ 主流道对喷嘴（有定位圈时不需对喷嘴）时，应先检查射台是否处于平衡状态，如不平衡则需进行调校。

⑪ 合模后关掉电动机，用梅花扳手拧紧码仔螺钉（用双头螺钉，不准使用杯头螺钉），如用加力杆，其长度为：大型注塑机不超过 0.8m，中型注塑机不超过 0.6m，小型注塑机不

超过 0.4m，螺钉旋入深度为螺钉直径的 1.5 倍，应注意三板模的定模压板（码模铁）不可接触到模具模板，以免流道推板（水口板）拉不开。检查螺钉的规格合适，无滑牙，以免损坏模板上的螺孔，大型模具要打 8～12 个压板。

⑫ 拆掉锁模块。

⑬ 取出吊环并移走吊车。

⑭ 开模，调整模具厚度、低压护模位置、压力。一般来说，位置一般在 1mm 以下，压力以动、定模板间放置 3 张复印纸（厚约 0.3mm）不能锁紧模为合格，起到保护模具作用。

⑮ 将各动作的速度、压力、位置调到正常状态，顶棍长度、速度、压力调校适当。

⑯ 设定顶进、顶退参数，手动调试各动作，进一步精调各参数；调整模厚使锁模力达最佳值。

⑰ 把机械安全杆调至安全保护状态。

⑱ 接好冷却水管并打开冷却水，检查冷却水道是否畅通，有无漏水现象。接模温机时，如模温要求超过 80℃，必须使用高温油管，不得用普通水管。

⑲ 如果是热流道模具，接好温控器接口及电源线，按作业指导书设定温度。

⑳ 检查模具导柱及推杆润滑是否良好。

㉑ 检查模具型腔，擦干净型腔防锈液。

㉒ 行车归位，填写相关记录，整理清扫现场。

11.3.4　注塑模具装夹时的注意事项

① 压板（码模铁或码仔）及螺栓选择，应以模具大小及机床安装孔位置为标准，原则上每个注塑机要使用固定的压板及螺栓。

② 适度紧固，紧固力度标准参照《注塑机说明书》。螺栓的旋入深度应不低于其直径的 1.5 倍，见图 11-6。

③ 压板应与机床模板平行，压板垫铁尽量与模具压模板等高，见图 11-6。

④ 压板安装位置应尽量对称、均匀，距离模具不能太远，见图 11-6。

⑤ 动、定模各 4 块，如果动模侧较厚、重量较重时，应适当增加 2～4 块。

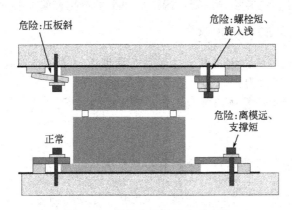

图 11-6　模具在注塑机上的安装

⑥ 在三板模或其他多分型面的模具中，开模后，有些模板的重量要负载在导柱上，如果导柱悬臂所承担的重量过重，就很容易变形，此时可以增加图 11-7 中的支架来承受模板的重量，以提高模具的精度和使用寿命。

⑦ 装模时应关掉油泵，需要油泵调模的除外。在机内调整模具位置时，不能强拉（拽）。模具闭合后需要掉转方向的必须由定位圈固定（适合 4 号机以下）。

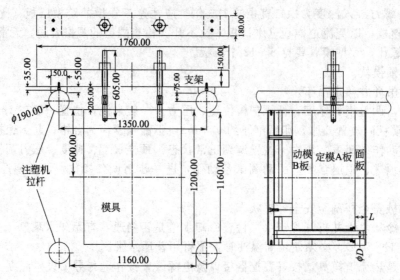

图 11-7　增加支架承受模板重量（单位：mm）

⑧ 模具没有定位圈需对中心时，严禁将手放在模具与射嘴之间的位置，观察"对模纸片"时必须关闭加热。

⑨ 不得使用开口扳手扳紧螺钉，弯曲的压板、打滑的螺帽和螺钉不得使用。

⑩ 为了防止螺钉受扭力过大，使用套管长度要求为：M16 螺钉用 25～30cm；M20 螺钉用 40～45cm；M24 螺钉用 50～55cm。

⑪ 吊钩卸扣在模具安装完毕时开模前取下，不能带动钢丝绳、卸扣开模。切记：锁模块开模前必须拆下。

⑫ 有热流道的模具定模必须先通冷却水再通电加热，防止内部密封圈老化、漏水。

⑬ 当有人在机内清理或检修模具时，禁止任何人启动电源或操作面板调整参数。

⑭ 模具装好后要打开模具（禁止让机器机铰长时间处于锁紧状态），调整好机械保险杆位置，接好水管，有抽芯的要接好油管，调试好动作，不能有漏油、漏水现象。

11.3.5　模具装夹后的调整

① 起始锁模力不应调得过大过紧，在注塑时根据生产塑件情况再进行调节，以塑件合格、无明显飞边的最小压力为好，其他压力调节标准亦同。

② 开合模速度调节应根据模具情况而定，基本标准如下。

开模：慢—快—慢。

合模：慢—快—慢。

③ 高压产生位置应尽可能短，有侧向抽芯的模具应特别注意。高压锁模一般压力不应超过 130MPa。

④ 模具在移动行程内应移动平滑顺畅，无爬行、无冲击现象。

⑤ 顶出距离调节应以能轻松取出塑件的最短位置为标准。速度以生产出合格塑件的最快速度为准。

⑥ 冷却水管装接应遵循下进上出及各腔（位置）进水均匀原则，并检查冷却水是否通畅或是否有泄漏。

⑦ 装接油管应注意密封问题，不得出现滴漏，拆卸时遵循先上后下，滤清余油。

⑧ 有装接油管并要求有抽芯顺序的模具，必须按照模具铭牌指示进行装配。

⑨ 去除模具型腔防锈剂时，普通模具使用棉纱；透明及表面要求较高模具应使用脱子棉花，并适当配合乙醇使用。

⑩ 清洗料筒，收拾工具，清洁机台，完成装模。

11.4 注塑模具的拆卸

① 在停机换模前，先将要安装的模具拉到注塑机旁，并准备好所需工具、材料。

② 检查吊车螺钉是否松动，吊环是否牢固。

③ 关掉冷却水，再注射 5～10 次，将模具型腔加热，清除型腔内的水汽，避免模具生锈，使用冻水（5℃以下冷却水）的模具更要重视。

④ 拆除模具冷却水管，先拆底部的水管，并用风枪吹干净水管内的水，避免模具生锈。

⑤ 清理模腔表面的杂物（如塑料、垃圾等），均匀地喷上防锈油。

⑥ 合模，让模具处于低压锁模状态，关掉电动机。

⑦ 装上锁模块。

⑧ 确认吊环规格正确及螺牙良好后，拧紧吊环，让其进入足够的深度以承受起模具的重量，一般旋入深度不小于吊环螺钉直径的 1.5 倍。

⑨ 移动吊车，挂住吊环，注意链条松紧应适当，太紧会将机台吊起或使链条断裂；太松会使模具下沉损坏顶杆。

⑩ 拆除压板（码模铁）、开模，需注意压板不可挂到模板，造成开模时拉开模具。

⑪ 启动设备油泵；慢速开模，模板打开距离一般大于模具对角线长度；用手晃动模具使模具定位圈离开注塑机定模板的定位孔，对于大型模具须借助注塑机喷嘴推动模具。

⑫ 模具起吊离开注塑机最高平面后，开动小车至模具通道；降下模具至离地 20～50cm；开动大车将模具移至规定区域。

⑬ 如前、后安全门各 1 人操作，应互相确认各自动作完成后才能进行下一步操作。

⑭ 模具不得堆放两层，按编号放入指定位置，新模具外来试模的暂放在修模区。

⑮ 行车归位，清理整顿现场，填写相关记录。

11.5 注塑车间快速装模、拆模技术

在一般情况下注塑车间切换两副模具需要 0.5～1h，对大型复杂模具甚至要用 2～3h，这样的装卸速度显然是不能适应现代企业"多品种，小批量"的生产要求。

（1）提高拆模、装模速度的准备工作

① 改造注塑机

a. 所有的注塑机改用液压块锁紧模具，不要用最原始的螺钉固定方式。

b. 在注塑机的动、定模板上，加上模具定位装置，专门用来放置模具，以节省模具定位时间。

② 改造模具

a. 模具上所有的接头用快速接头，插接方便。

b. 把模具上的所有冷却水管各接在动、定模一个总的分配器上，这样动、定模各接一个粗的水管和模具上的分配器相连接就可以了。

③ 找出注塑机的中心线，在这个地方专门接一个定位器。这样是为了在这个位置用于定位行车，免去了行车前后摆动，只要左右移动寻找合适的位置即可。

④ 如果是新工厂的话，最好买双梁行车，这样省去了把卸下来的模具吊过去，再把模

具吊过来的时间。

⑤ 把换模作业规范化、标准化。

⑥ 培训熟练的拆模、装模技术人员。

（2）快速装模技术

① 装模前要先检查模具的铭牌，特别是前面的五位数一定要与计划表上的完全一致。通知配料员把烘干的塑料准备好。

② 检查相关的资料如工艺卡、检验卡等。检查模具的定位圈、浇口套是否与注塑机匹配，冷却水管接头是否完好。在模具随行卡上面签好安装人的名字，并且查看上次有没有维修的记录，以便这次生产多加注意。

③ 用铜棒或卷尺量一下模具的厚度是否与拆下来的一样，如果太厚要先把肘臂伸直，再调模退到比要安装的模具的厚度多 1cm 左右。

④ 把吊环旋紧，用行车将模具吊起来，慢慢地放进锁模区，靠近注塑机的定模板，让定位圈进入到设备的孔以后再慢速合模。

⑤ 查看模具是否需要安装拉杆，要装拉杆的模具应先安装好定模，如果模具是三板模，压板要离流道推板 0.5cm 左右，否则流道推板会拉不开。螺钉的旋进深度不小于直径的 1.5 倍。定模两边都压紧以后再开模把拉杆安装好。

⑥ 拉杆不可以太长或者太短：标准是模具的拉杆插好以后平后模板或者是再短 0.5～1cm；顶杆油缸拉杆连接安装好以后，把拉杆插进去与设备动模板平或短 1cm 左右。

⑦ 拉杆长度确认好后，再慢速合模，当拉杆和连接装置快接触到的时候，要停下来，把拉杆连接装置旋出来一些，让拉杆稍微进入到里面以后再慢慢一边合模，一边调整连接装置。防止拉杆太长或者是没有进入到连接装置里面就合模把模具损坏。

⑧ 拉杆安装好以后，再把两边的螺钉都压紧，检查是否有锁模扣，如果有锁模扣要先拆掉锁模扣后才可以开模。

⑨ 水管的连接

a. 用气枪对准水喉孔吹气，以此检查哪一个水喉是同一组，再对号连接上模温仪。

b. 定模用前面的水管，动模用后面的水管，不可交叉使用，不用的水管要按规定放置好。

c. 按工艺卡要求设定相关的参数，打开水阀和模温仪的电源开关。

⑩ 注塑机顶棍的调整

a. 先把顶出的压力调低一些，速度慢一点，做顶出动作等到达可以插插片的位置时把插片安装好。顶出的位置要由少到多调整，以模塑件可以完全脱模为准，推出次数应比模塑件能够完全脱模多一次为宜。

b. 顶棍回退的压力不能太大，20～30Pa 就可以了，太大会把拉杆螺钉拉滑牙。回退的位置设定是比实际的多 0.5mm。

c. 接好顶出监控连接线，并做检测。在顶出状态用铜棒卡住模具的顶出动模板，让监控开关不与模具接触，再做关模动作看看是否可以合模。

（3）快速拆模技术

① 接班时先查看计划生产数量还差多少，下个产品的塑料是否一样，料筒温度相差大不大，在即将够数时要控制好塑料的加入量。

② 假如温度相差太大，塑料用完以后，应留下最后一次的注塑件，先把料筒用 PP 料清洗好，再把温度按照工艺卡设定到需要的数值，填写好模具随行卡和保养记录。模具需要维修的要描述产品的缺陷地方，并且把缺陷样品随着模具带走，再进行拆卸模具。

③ 塑料生产完以后要注意模具温度是不是太高，超过 80℃ 以上的要先把模温降低再去

洗料筒，否则模具防锈剂会被高温蒸发掉。

④ 模具的清洗方法是：先用气枪吹干净型腔内的料屑和粉末，再用模具清洗剂清洗模具，用气枪吹干以后再对准型腔喷上防锈剂。

⑤ 拆模的程序是：模具有拉杆的要先把后面的拉杆插片拿掉再拆动模的螺钉。定模的螺钉要等动模的拉杆拿掉以后才可以拆。

⑥ 拆掉水管或油管，并按规定放好。用气枪对模具的冷却水路进行吹洗，防止下次生产时有水垢产生水路堵塞。滑块上有水管连接的要在合模情况下拆水管。

⑦ 上述工作结束以后，用行车吊模具时要注意安全。在锁模区内一定要慢速，吊环的深度要旋到位，绝对不允许撞击到设备或者机械手。

第12章

CHAPTER 12

注塑模具试模

12.1 注塑模具在生产前调试的重要性

试模是模具制造过程中的重要环节,是技术、生产和经营管理的基础,它为生产的全过程提供原始数据。模具制作完成后,都应在交付前进行试模。

试模可以达到以下目的。

① 检查模具在制造上存在的缺陷,并查明原因加以排除。

② 对模具设计的合理性进行检验。模具设计师及制造技师有时也会有失误,在试模时若不提高警觉,可能会因小的错误而产生大的损失。

③ 调试并初步确定模具投入正常生产运行的最佳工艺参数。对最佳成型工艺条件进行探索,这将有利于模具设计和成型工艺水平的提高。

试模的结果是要保证以后生产的顺利,但如果在试模过程中没有遵循合理的步骤及做详细的记录,即无法为批量生产的顺利进行提供科学的依据。

12.2 试模的种类

试模有很多种,包括以下几种。

(1) 新模试模 新产品开发,新制造的模具为验证设计和制造是否合格以及产品的设计是否合理而试模。这种情况又根据产品开发的进程包括 Forst shoot(第一次试模)、装配 EP 样板(工程板)试模、装配 FEP 样板(最终工程板)试模和装配 PP 样板(生产样板,即验证能否大批量生产)试模。其中 Forst shoot 通常需要 16 套完整或不完整的塑件(第一次试模往往因模具问题较多而无法得到完全合格的塑件),其中工模部需要 4 套,客户或产品开发部需要 12 套。在一般情况下,Forst shoot 注塑时塑料不需要加色粉,模具不需要接通冷却水;Forst shoot 之后根据模具出现的问题以及塑件装配或测试后出现的问题进行改模,改模后试模装配 EP 样板。第二次试模塑料要加色粉,模具要接通冷却水,生产 50 套完整的塑件,其中送工模部 2 套存档,送客户或产品开发部 48 套做样板测试。EP 板之后通常还需要改模,改模后进行的第三次试模就是装配 FEP 样板,即最终工程样板。第三次试模完全按照生产要求接通冷却水,调配色粉,生产数量最少 75 套,其中 5 套送 PE 部做工装夹具,70 套送客户或产品开发部做样板测试及送客户签字确认。在大批量生产之前还要进行第四次试模,即最后一次试模,需要向生产部提供 300~500 套完好的塑件(具体数量需和客户或 PMC 商量确定）。

　　以上是一般情况，有时因为各种因素影响，EP 样板和 FEP 样板可能需要做几次，这样试模次数就不止 4 次了。所以新模试模最复杂，问题也最多。

　　（2）修模试模　模具在生产过程中出现故障需要拆模修理，修理后为验证是否合格而进行试模。修模后的试模应严格按照生产的要求，包括塑料加色粉，模具通冷却水，注塑工艺参数也要和批量生产时一致，生产数量不得少于 24 套，模具温度一定要达到生产时模具所需的温度。

　　（3）改模试模　因产品改良导致塑件结构的变化，模具型腔甚至结构需要更改。改模后试模应重点测试塑件尺寸及功能，注射工艺参数应严格按照生产的要求，包括模具通冷却水，生产数量不得少于 48 套，模具温度一定要达到生产时模具所需的温度。

　　（4）试料　因塑件更改材料而试模。此时重点是测试换料后收缩率的变化和注射工艺参数的变化，有颜色要求的一定要试色粉。生产数量不得少于 24 套，模具温度一定要达到生产时模具所需的温度。

　　（5）模具存放时间较长，重新生产之前试模　由于产品中止生产，模具在仓库存放时间较长，重新生产之前为测试模具是否依然完好而进行试模。这种试模之前一定要将模具先送工模部进行初步检测，首先打开模具，检查型芯、型腔是否生锈或变形，其次检查冷却水道是否畅通，是否需要除锈。对于非不锈钢制造的模具，冷却水道很容易生锈，不但是模具中止生产后重新生产之前要除锈，模具在生产过程中也要定期除锈。在试模时要严格按照批量生产的要求，包括各项注射工艺参数，尤其是模具温度一定要达到批量生产时模具的温度要求。

12.3　参与试模的单位或人员

　　试模是一件重要的事情，相关人员必须到场，并认真做好记录。如果出现问题，要同心协力找出解决办法，切忌互相推诿，甚至幸灾乐祸。试模次数与参与试模人员可参考表 12-1。

表 12-1　试模次数与参与试模人员

试模次数	模具设计负责人	跟模工程师	模具制造负责人	品保工程师	生产技术主管	产品设计主管	业务工程经理	模具经理	副总经理	总经理
第 1 次	*	*	*	*	*					
第 2 次	*	*	*	*	*	*				
第 3 次		*	*	*	*	*				
第 4 次		*		*	*		*	*		
第 5、6 次		*		*	*		*		*	
第 6 次以上		*		*	*	*	*	*	*	*

　　注：* 表示有此项。

12.4　参与试模人员的职责及准备工作

　　① 产品工程师在试模时需带上组装好的相关样品、2D 简图及模具履历总表。
　　② 品保工程师（QE）需带上量测工具、记录表、2D 产品图等。
　　③ 模具装配人员需带上模具装配图和扳手，装配人员应对模具的合模、插穿、碰穿等

情况进行确认。

④ 模具设计人员应对模具结构进行确认。

⑤ 试模技术人员试模时要确认以下内容。

a. 注塑机运作，模温机、除湿干燥机等设备工作是否正常。

b. 成型辅助设备是否按要求使用水路、油温、气辅等。

c. 模具结构运动是否正常。

d. 成型条件、原料干燥是否符合塑料性能要求。

e. 流道进料平衡是否有保障，冷却水孔（油孔）是否通畅。

f. 模具顶出系统，滑块运动是否平稳，顶出是否平衡。

g. 流道是否填充平衡，试模过程中要取三种样品做修模检讨用，即 1/3 饱满、2/3 饱满、全饱满。

h. 排气是否通畅，是否有填充不足和局部烧焦现象。

i. 开、合模具是否顺畅。

j. 塑件是否有填充不足、飞边、拉伤、顶白、烧焦、收缩凹痕、变形、变色等缺陷。

⑥ 对产品图纸的确认

a. 确认产品的形状，同时对产品的立体形状有一个整体印象。

b. 预测脱模情况，薄壁部分是否会有注射不足、收缩变形等成型不良情况。

c. 尺寸的确认。

ⅰ. 尺寸基准线的确认。有时在图纸上注明 "0" 线是否超出产品的外形，如何测量。

ⅱ. 重要装配尺寸等的确认。可以在图纸上注明。

ⅲ. 试模时，要先讨论一下尺寸的测量办法。当基准是产品内的结构时，如何用游标卡尺测量各重要尺寸。

⑦ 对模具规格、注塑机规格的确认

a. 是二板模，还是三板模。

b. 浇口规格，是侧浇口、潜伏式浇口，还是点浇口等。

c. 浇注道直径，流道直径。

d. 每模型腔数量。

e. 注塑周期。预设射出时间、保压时间、冷却时间和中间时间等。

f. 有无滑块、斜滑块或斜顶。

g. 注塑机规格。

ⅰ. 计算出 1 模的塑料质量，确认注射容量是否足够。即使是同一机种，也必须注意如果螺杆的直径不同，注射容量也有变化。

$$1 模质量(kg) = (产品的体积 \times 型腔数量 + 流道体积) \times 塑料密度$$

ⅱ. 计算出投影面积，确认锁模力是否充足。

锁模力（gf）≥成型面投影面积（cm^2）×模具内的平均压强（查表 6-1）

12.5 试模前的准备工作

（1）熟悉模具结构和塑料性能 试模之前要取得模具的设计图，详细分析模具的结构、所用塑料的性能，并邀请模具制作师傅参加试模工作。

（2）塑料干燥（俗称烘料） 领取塑料，并根据其性能做适度的干燥，消除塑料中水分。在一般情况下，PP 和 PE 可以不烘料（除非储存不当），其他塑料都要烘料，而且时间较长，需要提前准备。

（3）检查模具 检查模具型芯、型腔有否刮伤、有否缺少零件、零件有否松动，以及冷却水道及气管接头有无泄漏等现象，模具的开模行程若有限制的话，也应在模具图上标明。以上动作若能在装模前做到的话，就可避免在装模后才发现问题，再去拆卸模具所发生的工时浪费。

（4）确定注塑机 当确定模具各部件动作协调顺畅后，就要选择适合的试模注塑机，在选择时应注意以下事项。

① 注塑机的最大射出量是否满足要求。

② 注塑机拉杆之间是否放得下模具。

③ 动模板最大的移动行程是否符合模具的开模要求。

④ 其他相关试模用工具及配件是否准备齐全。

（5）吊装模具 一切都确认没有问题后，接着就是吊装模具，吊装时应注意：在锁上所有夹模板及开模之前吊钩不要取下，以免压模板松动或断裂使模具掉落。模具装好后应再仔细检查模具各部件的机械动作，如滑块、推杆、自动脱螺纹结构、定距分型机构及行程开关等的动作是否完好无损。并注意注塑机喷嘴与模具进料口（即主流道）是否对准。

模具安装完毕，拆除锁模块和吊环，移开行车，慢速打开模具，再慢慢进行合模，合模时应将锁模压力调低，在手动及低速的合模动作中注意看和听是否有任何不顺畅动作及异常响声等。

模具在慢速合上之后，要调好锁模压力，并运行几次，查看有无合模压力不均匀等现象，以免塑件产生飞边及模具变形。

吊装模具过程其实比较简单，比较困难以及需要仔细的地方主要是调校模具主流道中心，使其与注塑机喷嘴的中心重合，通常可以采用试纸的方式来调校中心。

（6）提高模具温度 依据塑件所用原料的性能及模具的大小，选用适当的模温控制机，将模具的温度提高至生产时所需的温度。等模温提高之后须再次检查各部分的动作，因为钢材受热膨胀之后可能会引起卡模现象，因此须注意各部件的活动，以免有拉伤和颤动的现象发生。

（7）设定并调整注塑工艺参数 若工厂内没有推行实验计划法则，我们建议在调整试模条件时一次只能调整一个条件，以便区分单一条件变动对模塑件的影响。

（8）二次加工 内应力等问题经常影响二次加工，应于试模后待塑件尺寸稳定后即进行二次加工，如调湿和退火处理。

以上步骤都检查过后再将合模速度和锁模压力调低，而且将安全扣杆和顶出行程调整好，再调整合模速度。如果涉及最大行程的限制开关时，应把开模行程调整稍短，而在此开模最大行程之前关掉高速开模动作。这是因为在装模期间整个开模行程之中，高速动作行程比低速动作行程要长的缘故。注塑机顶棍的顶出动作也必须在全速开模动作之后进行，以免推杆固定板或脱浇板受力而变形。

12.6 试模前的检查内容

在进行第一模注射前应再检查以下各项内容。

① 检查和调整注塑机，注塑机油泵、油阀、温度控制器等部件的不良都会引起注塑加工条件的波动，即使再好的模具也不能在功能不良的注塑机上发挥良好的工作效率。

② 检查锁模力是否足够。

③ 开模速度和锁模速度是否过快。

④ 顶针行程是否足够，顶出速度是否过快。

⑤ 注塑件料筒温度是否达到要求和稳定。

⑥ 注射量是否过小或过大。

⑦ 注射压力和锁模力是否过小或过大，以防止塑件填充不足、开裂、变形、飞边甚至伤及模具。

⑧ 注射速度是否过小或过大。

⑨ 注射时间和保压时间是否过长。

⑩ 保压压力是否过大。

⑪ 冷却时间是否足够或过长。

⑫ 加工周期是否太长或太短。若加工周期太短，推杆将顶穿塑件导致塑件粘模。这类情况可能需花费2～3h才能取出塑件。若加工周期太长，则模具型芯的细弱部位可能因塑料收缩包紧力太大而断裂。

⑬ 检查模具是否装夹牢固，是否与运动部件发生摩擦或碰撞。

⑭ 检查顶棍的设置是否正确。

⑮ 检查抽芯动作是否正确和到位。

⑯ 检查冷却水连接是否符合要求。

⑰ 检查料斗中塑料是否符合要求，是否按规定进行了干燥。

⑱ 料筒中是否已经清洗干净。

⑲ 针对不同塑料制品，采用不同的工艺参数和相应的工艺条件进行调试。

⑳ 要耐心等待注塑机油温稳定和模具温度稳定后，才算是注射条件稳定。

㉑ 注塑机料筒温度和模具温度稳定后，再合理调整各工艺参数。

当然不可能预料到试模过程所可能发生的一切问题，但事先周全的准备工作一定可以帮助避免不必要的损失。

12.7 试模工作要点

① 了解模具的相关资料、操作要求、历史状况。

② 了解所用塑料的品种、型号、性能。

③ 了解注塑件及产品的用途、尺寸、装配、外观等品质要求。

④ 模温的设定、测量。记录模温测量很重要，测量模温时必须接通冷却水，才能测量准确，同时还可以检查漏水情况。

⑤ 使用注射成型工艺卡。

⑥ 根据需要，对所采用的塑料做适度的干燥。

⑦ 切勿完全以次料试模，试模所用塑料应与将来批量生产时所用塑料相同。

⑧ 如有颜色需求，应一并安排试色。

⑨ 选用适当的注射成型工艺参数。

a. 多级分段控制注射。

b. 找准注射位置、保压切换位置：一模出二件以上的产品，必须确认进料是否平衡。

⑩ 装上冷却水试模，并对模温进行正确设定、测量、记录。

12.8 试模的一般流程

① 工模部做模、改模或修模完成。

② 工模部通知工程部，开《试模通知单》交 PMC 安排试模。

③ PMC 跟进原料、色粉。

④ PMC 通知注塑部安排试模。

⑤ 注塑部调机试出第一模样板。

⑥ 通知工模部、工程部派人到现场进行初试状态分析，如有问题，确认是注塑工艺问题、塑料问题还是模具问题。

⑦ 工程部或工模部确认是否继续试模。

⑧ 注塑部做出所需的样板。

⑨ 注塑部记录成型工艺条件、填写试模报告。

⑩ 注塑部将样板和试模报告交工程部。

⑪ 工程部检测样板、完成试模报告。

12.9　试模的详细步骤

① 清理料筒：料筒的清理务求彻底，以防降解塑料或杂料进入模具型腔，因为降解塑料及杂料可能会影响模具的型腔，而且会影响注塑件的尺寸收缩率和内部质量。

② 加料：查看料斗内的塑料和色粉是否正确无误，及有否依照规定进行了干燥。

③ 测试料筒的温度和模具的温度是否适合于进行注塑加工。

④ 模具在慢速合上之后，要调好锁模压力，并反复开、合几次，倾听有无异常响声，查看有无合模压力不均匀等现象，以免注塑件产生飞边，甚至模具变形。

⑤ 以上步骤都检查过后再将安全扣杆和顶出行程调整好。

⑥ 如果涉及最大行程的限制开关时，应把开模行程调整稍短，而在此开模最大行程之前切掉高速开模动作。因在装模期间整个开模行程之中，高速动作行程比低速动作行程要长。

⑦ 在第一次注射前应再检查以下各项。

a. 加料行程是否过长或不足。

b. 压力是否太高或太低，以防止塑件填充不足、断裂、变形、飞边，甚至伤及模具。

c. 充模速度是否太快或太慢。

d. 加工周期是否太长或太短。

e. 了解模具结构的特点，深腔结构或结构较为复杂的模具是否会出现粘模的可能，在最初调试注射前须向模具型芯和型腔喷洒适量的脱模剂，以防止塑件粘模。

⑧ 调整注射压力和注射量，以求生产出外观令人满意的塑件。

⑨ 要耐心地等到注塑件和模具的注塑条件稳定下来，一般要等 10min 以上。可利用这段时间查看塑件图纸，预计可能发生的问题。

⑩ 螺杆前进的时间不可短于闸口塑料凝固的时间，否则塑件重量会降低而影响产品的性能。而且当模具被加热时螺杆前进的时间亦需酌情加长以便压实成品。

⑪ 合理调整并尽量缩短注塑周期。

⑫ 让注塑机在调校好的成型工艺条件下至少运转 10min，然后至少连续注射 12 次全模样品，在其包装箱上标明日期、数量，并按模腔分别放置，以便测试模具注塑生产的稳定性和塑件尺寸的公差范围，这对多腔注塑模具尤其有价值。

⑬ 初步测量并记录连续生产的样品的重要尺寸（要准确地测量塑件尺寸应在注射成型48h 之后）。

⑭ 把每模样品测量所得的尺寸进行比较，并注意以下事项。

a. 尺寸是否稳定。

b. 是否某些尺寸有增加或降低的趋势，而显示注塑机的注射成型参数仍在变化，以及是否存在温度控制或油压控制不稳定现象等。

c. 尺寸的变动是否在设计图规定的公差范围之内。

⑮ 对于多腔模具，如果成品尺寸变化不大，成型加工条件亦属正常，则需检测是否每一腔的塑件质量都可以接受，其尺寸能否都在容许的公差范围之内。把测量得到的连续或大于或小于的尺寸平均值标上型腔编号，以便检查模具的尺寸是否正确。

⑯ 记录且分析数据以作为修改模具及生产条件的需要，并作为未来量产时的参考依据。

⑰ 如果模具尺寸没有问题，但模塑件的尺寸出现偏大或偏小，则是收缩率出了问题，应该首先调整注射成型工艺参数，如果调机无法改善，就是模具的问题，应该改善模具的浇注系统（如修正浇口或流道）或冷却系统（模具温度过高或过低，或模温不平衡）。

⑱ 注塑机如果出了故障，如油泵、油阀、温度控制器（料筒温度、干燥温度、模具温度）等，也会引起注射成型条件的变动。

⑲ 在检讨所有的记录数值之后，保留一套样品以便校对和比较已修正之后的样品是否改善。

⑳ 当模具或原料及色母（色粉）存在问题时，须保留存在问题的样品，并且此样品要最能反映出模具或原料及色母（色粉）的问题点。

㉑ 填写《试模报告》，一般要求如下。

a. 称单件塑件的重量和浇口的重量，小件塑件至少称10模取其平均值。

b. 详细填写注射压力、注射温度、注塑周期，以及原料干燥条件、料筒温度、热流道温度、模具结构、操作方式、冷却系统等相关问题，如有必要可单独填写《注塑工艺作业指导书》，以便更为详细地记录注射成型工艺条件。应保存所有有助于将来能顺利建立相同加工条件的数据，以便获得合乎质量标准的产品。

c. 详细记录模具、原料、色母（色粉）所存在的问题点。

d. 按照要求留取试模样品及数量，贴好标签，装在单独的包装箱里，放置在指定区域。

e. 试模人须签字确认并保留好《试模报告》，交注塑部办公室存档。

㉒ 将试模过程中产品上的油污及其他杂物擦拭干净，并做好标示，以便粉料员粉碎及管理物料。

㉓ 结束试模前，应提前关闭料闸，降低料筒温度，将残余塑料射出。对高温塑料必须用耐高温的软质PP或PE清洁后才能停机；对于POM、PVC、防火料、加玻璃纤维塑料等容易分解的塑料，必须在料筒清洗干净后才能停机。模具的型芯和型腔必须喷防锈油，冷却水道应该用气枪吹干后才能落模。

㉔ 试模之后，注塑部、工模部和产品设计部门相关人员应立即召开会议，互相交换意见，总结经验，对出现的问题提出修改方案，并确定完成日期。

12.10 试模时的各项成型工艺参数的确定

试模时各项成型工艺参数的调整除了要有经验，还要有耐心。表12-2所归纳的标准可供参考，以节省大家的摸索时间。

12.10.1 温度的确定

（1）料温确定 料温是成型塑件最重要的因素之一。若料温太低，塑料可能未完全熔化或黏度太高而无法流动。若料温太高，塑料可能会降解，特别是对POM和PVC树脂。

表 12-2　试模时的各项成型工艺参数的设定标准

序号	项　目	设　定　要　点
1	温度	如果是过去和现在使用过的树脂,加热筒温度、模具温度可参考以前的设定。对于新材料,可参考材料介绍等再设定温度
2	计量值	算出 1 模的质量,从该质量算出计量值 计量值(mm)=1 模质量×(1/密度)÷(最大注射容量/最大注射行程) 式中,最大注射容量/最大注射行程=平均 1mm 螺杆行程注射量,为了形成注射不足,计量值可设定为比计算值少 3～5mm 为了防止过于填充(过填充),通常用手动注射 1 模,依据该树脂量进行判断
3	保压切换位置	设定为 5mm 左右(为了不让螺杆前进到注塑机的前进界限,或者在保压状态下强行注射,确保残量,有时尽可能设定为 10mm 左右)
4	无背压后退位置	计量值加上 3～5mm
5	注射压力	设定得低一些(取最大注射压力的 30%～40%)
6	注射速度	设定得低一些(取最大注射速度的 20%～30%)
7	保压时间	将保压速度设定为 0,保压时间设定为 0。在保压时间中,由于注射时的惯性,有的注塑机螺杆会前进。如果这样,会不明白真正的计量完成的位置
8	保压速度	为了在保压过程中,不让螺杆前进,保压速度设定为 0(不前进)
9	最长注射时间	设定为 0.5～1.0s。控制注射时间(从注射开始到切换至保压为止的时间)。如果超出该时间的话,螺杆的位置即使不到切换位置,也转成保压。如果将该时间设定得过长,在注射不足状态下未转换到保压,将会变成本该是保压但仍以注射压力持续压入的状态,极端情况可能会造成脱模不良
10	注射时间、保压时间	注射时间设定为 2.0～3.0s。不设定保压时间,或者将时间控制在从成型开始直到保压第一段为止
11	螺杆冷却时间	为了在产品顶出时不出现脱模不良(拉伤、顶不出等),设定得长一点。根据产品的大小,标准是 10～20s
12	螺杆旋转速度	100r/min 左右。设定多段时,切换到小于 5mm 的计量值,慢 20% 左右
13	螺杆背压	实际压力 5kgf/cm² 左右。设定多段时,与回转数相同

　　大部分树脂产生熔化是因为在料筒内螺杆转动产生的摩擦热。料筒周围的电热片主要是辅助加热,并保持树脂在适当的温度。一般在料筒内有 3～5 个温度区域或加热片。设定加热片温度的原则为:最接近进料筒的温度设定最低,然后逐渐增加温度。接近料筒一半的加热片设定温度应该比计算的料温低 40～50℃。

　　在喷嘴区的加热片应设定为计算的料温,并保持温度均衡。设定不适当的加热片温度可能会导致喷嘴的垂滴现象,塑料降解或变色,特别是对 PA 材料。

　　真正的料温,或实际注塑温度,经常高于加热片控制器的设定温度,原因是背压及螺杆转动的摩擦热会使料温升高。真实的料温应当是当喷嘴退离模具,温度探针在原来喷嘴处测量得到的温度。一般来说,建议以可提供正确结果的最低料温进行设定,这样可以节省能源并得到最短的成型周期。

　　(2) 进料口温度确定　进料口温度有时亦被称为塑料入口区域温度。一些注塑机温度设定手册称它为区域零的温度。它是位于储料斗以下的料筒部分,塑料从进料口下跌至螺杆的螺坑。直至近期,此进料口温度在生产时都并没有被监控,它的内部只有一些冷却管道负责保持它的温度在一个低水平状态下。

　　其实进料口的温度对熔体的均匀性及塑件重量和尺寸稳定性都很重要,所以对注塑机来说,它是重要温度参数的第一关口,必须被监控。我们已知道为了获得塑件重量、尺寸的稳定性,每一周期从料筒内被传送到模具里熔体重量必须一样。很多从事注塑工作的人员都认为控制熔体输送量的最佳方法是监控"螺钉垫料"的长度变化。当改变进料口的温度时,可

233

以发现两种现象：①每个周期的螺杆复位（储料）时间随着温度的升高或降低而变得比较稳定或是比较不稳定；②螺钉垫料的长度变化亦变得比较稳定或是比较不稳定。一般来说，进料口的温度越高，螺杆的复位时间和螺钉垫料长度越稳定。可是要小心某些润滑性能特别好的尼龙-66（PA66），它们的常规进料口温度较一般的塑料低很多（例如30℃）。从一些没有控制进料口温度的实际例子中，可以在熔体内找到还未软化的粒状塑料，说明熔体的均匀度极差。这些未软化塑料的存在使螺钉垫料的长度发生很大程度的变化，甚至使生产人员错误地认为是料筒内的止流阀发生了问题。

最常用的进料口温度控制办法是把冷却液循环运行于围绕进料口的冷却管道，冷却液的流速用人工控制或自动控制的形式，人工控制的方法是生产人员依照水流标尺的指示来调节冷却液的流量阀。进料口的实际温度取决于冷却液的流量和冷却液的温度。

（3）模具温度确定　模温可以用温度传感器来测量。在生产时，模腔的平均表面温度将高于冷却液的温度。因此，冷却液温度应设定在低于所需模温10~20℃，假如模温是40~50℃或更高，考虑在模板与锁模板间加装绝热板，以节省能源及保持成型工艺的稳定性。

模温的范围：建议使用最低温度以达到最短成型时间。但较高的模具温度可以改善模塑件外观。较高的模温可用于生产光泽度较好以及结晶度更高的制品。

如果动模具有很长（深）的型芯时，应在动模型芯侧使用较低温度的冷却液，以降低动型腔面与定型腔面的温差。缩减两侧模板冷却液的温差可以缩短成型周期，有助于使用较低成本生产高品质的塑件。根据经验，固定侧与移动侧的冷却液温差应该小于20℃。温差太大会造成动、定模板热膨胀的差异，可能导致导柱导套的配合问题，大型模具的情况将更严重，有时还会锁死模具。

12.10.2　计量值的设定

试模时计量值（注射量）要稍小，在料温和模温达到要求后，让型腔填充不足，然后缓缓增加计量值，如果在注射不足的状态下发生变化，可稍微提高注射压力和注射速度。同时再次缓缓增加计量值。反复进行该操作，以测出合理的计量值。具体方法如下。

缓缓增加计量值：标准是每次5~10mm。

具体增加的量须根据注射量、注射不足的状态以及塑件的大小来判断。标准是每次增加5~10mm，小型注塑机每次增加1~2mm。

当塑件只注射到一半左右时，严禁一下子将注射量提高一倍。在初期设定时，由于注射压力设定得低一些，所以即使成倍增加，也有可能不能转换到保压成型位置。这时即使是注射不足，但因为压力集中在浇口附近，也可能会造成脱模不良。

在增加计量值的同时，可稍微提高注射速度：标准是每次5%~10%。

如果即使提高速度，注射不足的状态也不发生变化时，禁止继续提高注射速度。因为将速度设定得太高，可能会造成过填充，很可能造成脱模不良，甚至模具破损。

所谓注射不足的状态不发生变化，肯定还有其他原因。

这时再考虑提高注射（填充）压力：标准是每次3%~5%。

实际注射压力如果比设定压力低时，只有再增加注射量。

注射速度极慢时，实际注射压力应该比设定值低，此时，即使只提高注射压力也没有任何效果。这时再进行注射速度的调整。

除以上方法外，还可以延长最长注射时间：标准是每次0.3~0.5s。

解决问题不能只沿着一条路从早摸到黑，而要综合考虑，多处着手。如果所有方法都不能解决问题，那就不是调机问题了，而应该考虑是不是模具问题、塑料问题，抑或是注塑机选择不当的问题了。

12.10.3 保压时间的确定

原则是在获得合格产品时保压时间最短。

① 首先将保压时间设定延长到5～8s。由于在初期设定时，已将保压时间设定为0，所以要重新设定。根据浇口形状、直径，设定得比浇口封闭时间稍长。用300tf、400tf级注塑机生产的成型品，有时需要花费15s、20s的浇口封闭时间。

② 以最大压力的3%～5%为标准缓缓增加保压压力。必须一边注意塑件有没有脱模不良，或有没有拉伤、变形、缩水、飞边等不良情况，一边缓缓增加保压压力。

③ 确认浇口封闭时间，决定保压时间。在初期设定时，保压切换位置设定为5mm，保压状态下注射时，可能造成螺杆完全压入，残量为0。如果切换位置增加5mm，计量位置也要增加5mm，这时必须注意的是，须从最初的切换位置开始变更。例如，原来是40mm的计量值，最初变更为45mm时，增加5mm量的树脂，有可能会造成过填充，造成脱模不良，或者不能切换为保压。方法是：变更切换位置，成型一次之后，下一次，或者再下一次注射时变更计量值。或者中断成型，进行清洗，再变更位置。

$$保压时间(s) \geqslant 浇口封闭时间(s) \times 1.1$$

要提高模具的劳动生产率，必须设定最短的保压时间。但是由于浇口的冷却问题，有时设定得比所需更长。

保压时间必须在冷却时间、成型周期和塑件尺寸都达到稳定状态后，才能最终决定。

12.10.4 背压的确定

当螺杆在转动时，遇热软化（塑化）的塑料被推向前，经过止流阀到达螺杆的前面。由于熔体不断地推送向前，在此区域便产生了压力，并作用在螺杆和止流阀上，把它们推后，以便有更多的空间容纳更多的熔体。螺杆退后时同时亦把相连接的油压汽缸的活塞推后，在油压汽缸后室的压力油回流的速度下，则油压汽缸的后室将会产生一个压力（此压力提供了螺杆的退后阻力），回流压力油的速度限制越大，油压汽缸内所产生的压力越大，人们称此压力为背压。

背压可以有两种，它们分别被称为油路背压和熔体背压，通常人们说的背压大都是指油路背压，它的应用对成品质量的保证是必需的（压力范围可以调校至最高油路压力的25%）。油路背压产生自注射用的油压汽缸，它在储料阶段时作用在螺杆上，减慢了螺杆后退速度。所以油路背压越高，螺杆的复位时间越长，螺杆前面熔体所产生的压力必须大过油路背压才可以使螺杆向后移动。

在料筒前端不断增多的熔体产生了使螺杆后退的压力，被称为熔体背压，它与油路背压有着直接的关系；此关系和注塑机的构造有关（例如螺杆直径和注射油压汽缸的活塞直径），一般的设计习惯是油路背压为所产生的熔体背压的1/10。

背压的应用可以保证螺杆在旋转复位时，能产生足够的机械能量把塑料熔融及混合，背压还有以下的用途。

① 把挥发性气体，包括空气排出料筒外。

② 把附加剂（例如色粉、色种、防静电剂、滑石粉等）和熔体均匀地混合起来。

③ 有助于熔体的均匀化，向模具提供稳定的塑化材料，以便精确控制模塑件的重量。

12.10.5 螺杆旋转速度的确定

软化塑料所需的热能，部分来自螺杆的转动，转动越快，温度越高，虽然螺杆的旋转速度可以达到一个很高的数值，但这并不表示着应该使用这样高的旋转速度。较好的做法是按照施工塑料的种类和生产周期的长短来调节螺杆的旋转速度。

螺杆的旋转速度显著地影响注射成型过程的稳定程度和作用在塑料上的热量。当螺杆以高速旋转时，传送到塑料的摩擦（剪切）能量提高了塑化效率，但同时亦增加了熔料温度的不均匀度。这对生产的稳定来说是极其不利的，因为它可能使能源（电源）的消耗增大，相反地螺杆的旋转速度越低，熔体的温度均匀性越好，原因是没有了局部的过热现象；而且从经济角度来考虑，产品制造所需的能源较少，由此可知要达到某一注塑过程的生产能力规定，正确的螺杆旋转速度的选择是何等重要。这些设定的数值必须能够顾及生产时各成型参数的自然变化。当提及螺杆的旋转速度时，其实最重要的参数是螺杆表面的速度。不同的塑料所容许的最大螺杆表面速度也不一样，速度的单位是 mm/s，或是 m/s，或是英制的 ft/s，由于螺杆的旋转速度（r/min）和它的表面速度是线性关系，所以不同的塑料，它们所容许的最大旋转速度也不相等。

大型注塑机的螺杆旋转速度应比小型注塑机小，原因是在同等旋转速度情况下大螺杆所产生的剪切热能比小螺杆的高很多，在数学上可以用下列公式表示螺杆的表面速度与螺杆直径和螺杆每分钟转速的关系：

$$螺杆表面速度(mm/s) = 螺杆直径(mm) \times 螺杆转速(r/min) \times 0.0524$$

式中，0.0524 是关于 mm 和 r/min 的转换常数。

12.11 试模过程中必须记录的参数

12.11.1 模塑件尺寸

（1）记录尺寸 测量连续注射的样品，记录其重要尺寸。

注意：必须等样品冷却至室温时再测量，对于收缩率较大的塑料，零件的重要装配尺寸必须在放置 24~48h 以后，甚至需要退火处理后才能测量确定。

（2）比较尺寸 把每个模塑件测量所得的尺寸进行比较，连续目测和检查各个零件的外观和尺寸是否满足要求。在试模过程中，要注意以下几点。

① 取样之前，模具必须有足够的注塑时间，使温度达到塑料要求的范围。

② 尺寸是否稳定，某些尺寸是否有增加或降低的趋势。

③ 尺寸的变动是否在公差范围之内。

④ 如果塑件尺寸未曾变动，而且工艺条件也正常，则要注意一模多腔中每腔注射的塑件，其质量是否都可被接受，其尺寸变化都能在容许的公差之内。把测量出连续或大于或小于平均值的模腔号记下，以便检查模具型腔的尺寸是否正确。记录且分析数据以作为修改模具及生产条件的需要，为未来批量生产时提供参考依据。

⑤ 如果所有塑件的尺寸过大或过小，可调整工艺条件来改善；若尺寸收缩太大，塑件显得注射不足，也可作为参考来增加浇口尺寸。

⑥ 塑件尺寸如果不稳定，超出公差范围，又找不到模具方面的问题，就应该检查注塑机是否存在故障，如油泵、油阀、温度控制器等的不良都会引起加工条件的变动。

12.11.2 注塑工艺参数

注塑机经过调试，模具达到稳定注塑状态，塑件达到要求后，应认真记录所有注塑工艺参数，包括注塑周期、注射压力、料筒温度（包括前段、中段、末段和喷嘴温度）和模具温度等，以作为日后模具注塑生产时参考。

工厂试模时往往忽略模具温度，而在短时间的试模过程中模具温度往往最不易掌握，而不正确的模温足以影响塑料熔体的流动，进而影响塑件样品的尺寸收缩率、表面粗糙度，甚至产生流纹及填充不足等注塑缺陷，若不用模温控制器予以恰当控制模温，将来批量生产时就可能出现问题。

在检讨所有的记录数据之后，保留一套样品以便校对和比较日后已修正之后的样品是否做了改善。

12.11.3 填写《试模工艺卡》和《试模报告》

在记录所有的重要数据之后，根据试模要求注射所需的塑件数量，即使试模的塑件有问题，也要保留2～3套样品，以便比较日后经修正之后的样品是否得到改善。另外，必须在试模报告内填写试模所用注塑机的规格型号。

试模结束后填写《试模工艺卡》和《试模报告》，分析存在的问题，填写改进意见，并且至少保留2模完整样品作为本次试模的样品。

12.12 《试模报告》样板

《试模报告》是一份重要的文件，是模具验收或修模、改模的重要依据。不同的公司《试模报告》格式不尽相同，以下提供2份《试模报告》供读者参考（表12-3、表12-4）。试模报告附表（样板）见表12-5。

表12-3 注塑模具试模报告样板1

客户：						模具名称：						模具编号：				
试模日期：						塑料名称：						颜色：				
注塑机规格型号：[　　　]吨力						总周期：[　　　]秒						次数：				
塑料批号：						色粉编号：										
试模原因：新模[　　] 改模[　　] 修模[　　] 试料[　　] 旧模复产[　　]																

模具实况（如有以下现象打"×"）

开模困难		断推杆		塑件变形		合模不紧贴	
脱模困难		推杆固定板变形		背压压力大		擦穿位飞边	
粘定模		熔接痕		断浇口		颜色不对	
粘动模		收缩凹痕		纤维浮面		填充不满	
粘流道		烧焦		软胶脱胶		分型线不平	
粘加强筋		拖花		塑件变形		碰穿位飞边	
气纹严重		柱位飞边		顶白		推杆复位不良	
困气		分型面飞边		气泡		填充不良	
银纹		推杆飞边		表面光泽		塑件开裂	
流痕		侧抽芯飞边		加强筋发白		透明塑件缺陷	

试模注射成型条件记录

料筒温度/℃				注射压力/MPa							注射速度				计量	切换,残料量/mm			
NH	H3	H2	H1	P1	P2	P3	P4	HP1	HP2	HP3	V1	V2	V3	V4	S	S1	S2	S3	S4

回胶		注射时间/s			烘料		模温/℃		冷却水/油		试模结论：

速度 /(r/min)	背压/MPa			射胶		保压	冷却		
		中间	周期	时间/h	温度/℃		前模	后模	

试模员：	开发部（或客户）工程师：

237

表12-4 注塑模具试模报告样板2

模具编号＿＿＿＿　模具名称＿＿＿＿　图文规定的塑料型号＿＿＿＿　要求完成日期＿＿＿＿

模具情况　新模□　旧模□　申请人＿＿＿＿　申请试模日期＿＿＿＿

第＿＿次试模　客户＿＿＿＿　产品名称＿＿＿＿　图号＿＿＿＿

	喷嘴	I	II	III	IV	V	VI
料筒温度/℃							

注塑工艺参数		
注塑机型号		
塑料名称		
干燥(℃×h)	×	
锁模力	bar	
注射压力	bar	
背压	bar	
冷却时间	s	
注塑周期	s	
备注		

熔胶

	级数	I	II	III	IV
速度	压力				
	位置				
	流速				

射胶位置

开模合模参数	压力	速度	位置
	慢		
	快		
	慢		

抽胶位置			
位置	压力	流速	级数
I			
II			
III			
IV			

保压	级数	流速	压力	时间
I				
II				
III				

顶出	位置	时间	压力

试模中模具存在的问题(作返修参考)

模具返修项目或意见　模具返修记录

工艺技术部：　模具维修组：

试模员：

测试日期：　　　　　测试人：　　　　　样件测试记录：

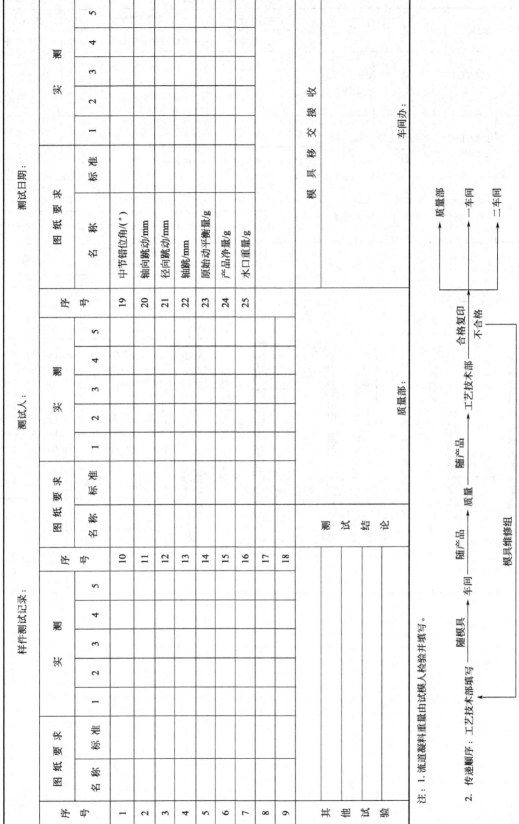

序号	图纸要求 名称	标准	实测 1	2	3	4	5	序号	图纸要求 名称	标准	实测 1	2	3	4	5
1								10							
2								11							
3								12							
4								13							
5								14							
6								15							
7								16							
8								17							
9								18							

序号	图纸要求 名称	标准	实测 1	2	3	4	5
19	中节错位角/(°)						
20	轴向跳动/mm						
21	径向跳动/mm						
22	轴跳/mm						
23	原始动平衡量/g						
24	产品净量/g						
25	水口重量/g						

测试结论

其他试验

模具移交接收

质量部：　　　　　车间办：

注：1. 流道凝料重量由试模人检验并填写。

2. 传递顺序：工艺技术部填写 → 随模具 → 车间 → 随产品 → 质量 → 随产品 → 工艺技术部 → 合格复印 → 合格 → 质量部 / 不合格 → 模具维修组

模具移交接收 → 质量部 / 一车间 / 二车间

表 12-5　试模报告附表（样板）　　　　　　　　　　单位：mm

序号	模具工号	图片	品名	位置	模具图(设计值) 尺寸	模芯(实测值) 量测值A	量测值B	缩水率	成品尺寸 图面要求
1	2007H21 AL0001		Center Top 上饰条	总长	90.15	90.111	90.140	5‰	89.8＋0.2 非重点尺寸
				总宽	10.51	10.474	10.485	5‰	10.50±0.05
2	2007H25 AL0001		DC Lid 卡盖	总长	11.49	11.486	11.501	5‰	11.62＋0.05
				总宽	10.47	10.436	10.440	5‰	10.50＋0 /－0.10
3	2007H27 AL0001		Center Left 左饰条	总长	37.87	37.870	37.880	5‰	37.93＋0.05 /－0.10
				总宽	10.45	10.447	10.438	5‰	10.50±0.05

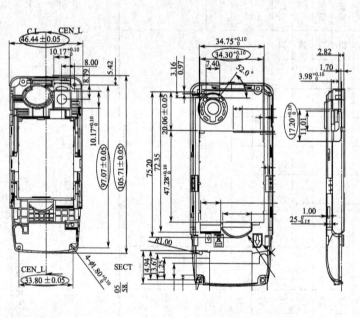

项目	规格值	实测值	判定
D_1	105.71＋/－0.05	105.789	NG
D_2	46.44＋/－0.05	46.423	OK
D_3	97.07＋/－0.05	97.181	NG
D_4	33.80＋/－0.05	33.853	NG
D_5	34.30＋0.1/－0	34.378	OK
D_6	17.20＋0.1/－0	17.217	OK
D_7	平行度	0.09	OK

第13章

CHAPTER 13

注塑模具的验收

13.1 模具制造与验收的一般要求

① 模具制造商在开发前需仔细研讨客户对注塑模具的具体要求和标准，并按该要求和标准进行模具的设计和制造。

② 模具开发意向书确认后，制造商需依据合同时间排出合理的制造进度，并于每周一17时前将上周的实际进度和进度照片发给客户，直至模具第一次试模完成。

③ 当设计确认完成后，在没有客户同意的情况下，不得擅自对模具的结构进行更改，不得擅自对模具进行烧焊。当模具制造商需要烧焊或更改结构的情况下，应将报告发给客户项目负责人确认，得到回复后才能进行。

④ 模具在客户验收前需由模具制造商依据标准逐条进行检查，将检查结果如实填入《模具验收报告》中"检查情况描述"栏，对不合格项目要进行整改。

⑤ 每组模具验收合格后，必须如实提供从设计到制造，再到试模的整个过程记录、表格和文件。

⑥ 模具相关的标准件（O形环、止水栓、水喉、推杆和螺钉等）需按各种型号的数量提供30％的备件。

⑦ 模具验收需由项目负责人、注塑工程师现场确认模具状况，按验收报告要求的内容进行逐一检查，如有不合格项目当场协商进行整改，并和模具制造商确认整改完成时间。

⑧ 为了保证整个制造和验收过程的顺利进行，所有模具制造部门必须严格按照合同要求的时间完成任务，如有模具结构等内容需要客户负责人确认时，客户项目负责人需在2个工作日内进行正式回复。

13.2 模具验收的工作程序

不同公司的模具验收程序不尽相同，但大致如下。

① 收到模具制造商送来的模具后，首先交由注塑部模具技工签收。模具技工对模具依据《模具验收报告》进行检查，并将验收情况详细登记于《模具验收报告》。必要时要对模具进行拍照保存。如有需要维修的项目，应在备注栏中注明，并与注塑主管、PMC协商是否维修及维修时间。

②《模具验收报告》填写完毕后，签名确认，并用书面形式送交注塑主管和模具制造商

负责人。

③ PMC 依据《模具验收报告》和工程部提供的资料开具《试模通知单》，如果模具需要再维修，需待修模完成后再发放《试模通知单》。

④ 注塑部依据《试模通知单》对模具进行调试，并将试模结果填入《试模报告》，签名确认后以书面形式送交相关负责人。

⑤ 工程部经理根据《模具验收报告》与《试模报告》，决定该模具是否需要再维修或是否能够接收。如果可以接收在《模具验收报告》上签名，并附上意见。

⑥ 模具技工将已被验收审核的模具转给注塑部，注塑部将已被验收合格的模具办理入仓或生产等级手续。

13.3　注塑模具验收时制造商必须向客户提供的资料

注塑模具验收时模具制造商必须向客户提供以下资料。

① 模具总装图，书面及电子档各一份。
② 模具零件明细表及零件图，书面及电子档各一份。
③ 模具 3D 图。
④ 动作较复杂模具的操作说明书，书面及电子档各一份。
⑤ 日常保养及维修说明书。
⑥ 易损件、易耗零件的图纸或规格型号。
⑦ 外购部件的整套说明书。
⑧ 需要接电或气的模具须提供电气原理图、电气配置图。
⑨ 模具精度自检报告。
⑩ 热处理工艺及检查报告。

13.4　注塑模具验收详细内容

13.4.1　模具材料

（1）不同的零件因其作用与功能不同，采用的钢材也不同

① 定模镶件材料　定模镶件的材料要优于动模镶件的材料，硬度也要比动模镶件高 5HRC 左右。

② 型芯材料　型芯材料与镶件材料一样，型芯硬度应低于镶件硬度 4HRC 左右。

③ 定位销材料　定位销使用材料为 SKD61（52HRC）。

④ 侧向分型与抽芯机构部分钢材

a. 侧向抽芯和内模镶件如果要相对滑动的话，在一般情况下不能与内模镶件同料；若需与内模镶件同料，滑动表面必须氮化，而且硬度要不一样，宜低 2HRC 左右。

b. 滑块使用材料为 P20 或 718。

c. 压块使用材料为 S55C（需热处理至 40HRC）或 DF2 淬火至 52HRC。

d. 耐磨块使用材料为 DF2 淬火至 52HRC。

e. 斜导柱使用材料为 SKD61（52HRC）。

f. 楔紧块使用材料为 S55C。

g. 导向块使用材料为 DF2（油钢需热处理至 52HRC）。

⑤ 斜顶钢材　斜顶应采用自润滑材料，导热性能要好。斜顶与内模镶件所用的钢材不

可相同，避免摩擦发热而被烧坏。斜顶材料见表 13-1。

斜顶氮化前，斜顶与斜顶配合孔之间应留有适当的间隙，斜顶的钢材硬度及是否氮化可参照表 13-1。

表 13-1　斜顶材料

内模镶件材料	斜顶材料
H-13(48～52HRC)	S-7(54～56HRC) 铍铜
S-7(54～56HRC)	H-13(48～52HRC,需氮化) 铍铜
420SS(48～50HRC)	H-13(48～52HRC,需气氮) 420SS(50～52HRC,需液氮) 440SS(56～58HRC,需液氮) 铍铜
P-20(35～38HRC)	H-13(48～52HRC,需气氮) 铍铜

⑥ 其他零件各部分材料

a. 标准浇口套部分材料按厂商标准。

b. 三板模浇口套部分材料使用 S55C 或 45 钢（需热处理至 40HRC）。

c. 拉杆、限位块、支撑柱、先复位机构等，使用材料为 S55C 或 45 钢。

d. 模架各模板所用钢材不低于 1050 钢（相当于我国的 50 钢或日本的黄牌钢）。

e. 其他零件如无特殊要求，均使用材料 S55C 或 45 钢。

（2）模具的寿命不同，选用的钢材也不同　模具是一个长寿命的生产工具，根据生产批量的大小，模具所用的钢材也不同。为讨论方便，可以把注塑模具按生产寿命的长短分为四个等级：注射次数 100 万次以上为一级；注射次数 50 万～100 万次为二级；注射次数 10 万～50 万次为三级；注射次数小于 10 万次为四级。生产批量 50 万次以上的模具，所选的钢材既要有较好的热处理性能（钢材热处理硬度要在 50HRC 左右），又要在高硬度的状态下有好的切削性能。生产批量 10 万～50 万次的模具用预硬钢较多，生产批量 10 万次以下的模具一般用 P20、718、738、618、2311、2711 等钢材，对于生产批量小于 1 万次的模具，还可以用到 S50C、45 等钢材，即直接在模架上加工型腔。详细情况参见表 13-2 和表 13-3。

（3）塑料的特性不同，选用的钢材也不同　有些塑料有腐蚀性，有些塑料因添加了增强剂或其他改性剂，如玻璃纤维，对模具的损伤较大，选材时均要综合考虑。有强腐蚀性的塑料（如 PVC、POM、PBT 等）一般选 S136H、2316、420 等钢材；弱腐蚀性的塑料（如 PC、PP、PMMA、PA 等）除选 S136H、2316、420 外，还可选 SKD61、NAK80、PAK90、718H 等钢材。不同塑料选择的模具钢材见表 13-4。

表 13-2　根据模具寿命选用非国产钢材

模具寿命	10 万次以下	10 万～50 万次	50 万～100 万次	100 万次以上
镶件钢材	P20/PX5 738 CALMAX 635	NAK80 718H	SKD61(热处理) TDAC(DH2F)	AIAS420 S136
镶件硬度/HRC	30±2	38±2	52±2	60±2
模架钢材	S55C	S55C	S55C	S55C
模架硬度/HRC	18±2	18±2	18±2	18±2

表 13-3　根据模具寿命选用国产钢材

塑料类别	塑料名称	生产批量/件			
		<10⁵	10⁵~5×10⁵	5×10⁵~1×10⁶	>1×10⁶
热固性塑料	通用型塑料 酚醛 蜜胺 聚酯等	45、50、55钢 渗碳钢 渗碳淬火	渗碳合金钢 渗碳淬火 4Cr5MoSiV1+S	Cr5MoSiV1 Cr12 Cr12MoV	Cr12MoV Cr12Mo1V1 7Cr7Mo2V2Si
	增强型塑料 （上述塑料加入 纤维或金属粉 等强化）	渗碳合金钢 渗碳淬火	渗碳合金钢 渗碳淬火 4Cr5MoSiV1+S Cr5Mo1V	Cr5Mo1V Cr12 Cr12MoV	Cr12MoV Cr12Mo1V1 7Cr7Mo2V2Si
热塑性塑料	通用型塑料 聚乙烯 聚丙烯 ABS等	45、55钢 渗碳合金钢 渗碳淬火 3Cr2Mo	3Cr2Mo 3Cr2NiMnMo 渗碳合金钢 渗碳淬火	4Cr5MoSiV1+S 5NiCrMnMoVCaS 时效硬化钢 3Cr2Mo	4Cr5MoSiV1+S 时效硬化钢 Cr5Mo1V
	工程塑料 （尼龙、聚 碳酸酯等）	45、55钢 3Cr2Mo 3Cr2NiMnMo 渗碳合金钢 渗碳淬火	3Cr2Mo 3Cr2NiMnMo 时效硬化钢 渗碳合金钢 渗碳淬火	4Cr5MoSiV1+S 5CrNiMnMoVCaS Cr5Mo1V	Cr5Mo1V Cr12 Cr12MoV Cr12Mo1V1 7Cr7Mo2V2Si
	增强工程塑料（工程塑料中加入增强纤维、金属粉等）	3Cr2Mo 3Cr2NiMnMo 渗碳合金钢 渗碳淬火	4Cr5MoSiV1+S Cr5Mo1V 渗碳合金钢 渗碳淬火	4Cr5MoSiV1+S Cr5Mo1V Cr12MoV	Cr12 Cr12MoV Cr12Mo1V1 7Cr7Mo2V2Si
	阻燃塑料 （添加阻燃 剂的塑料）	3Cr2Mo+镀层	3Cr13 Cr14Mo	9Cr18 Cr18MoV	Cr18MoV+镀层
	聚氯乙烯	3Cr2Mo+镀层	3Cr13 Cr14Mo	9Cr18 Cr18MoV	Cr18MoV+镀层
	氟化塑料	Cr14Mo Cr18MoV	Cr14Mo Cr18MoV	Cr18MoV	Cr18MoV+镀层

表 13-4　根据塑料特性选择模具钢材

塑料缩写名	模具要求			模具寿命	建议用材		应用硬度/HRC	抛光性
	抗腐性	耐磨	抗拉力		AISI	YE品牌		
ABS	无	低	高	长	P20	2311	48~50	A3
				短	P20+Ni	2738	32~35	B2
PVC	高	低	低	长	420ESR	2316ESR	45~48	A3
				短	420ESR	2083ESR	30~34	A3
HIPS	无	低	中	长	P20+Ni	2738	38~42	A3
				短	P20	2311	30~34	B2
GPPS	无	低	中	长	P20+Ni	2738	37~40	A3
				短	P20	2311	30~34	B2
PP	无	低	高	长	P20+Ni	2738	48~50	A3
				短	P20+Ni	2738	30~35	B2

塑料缩写名	模具要求			模具寿命	建议用材		应用硬度/HRC	抛光性
	抗腐性	耐磨	抗拉力		AISI	YE 品牌		
PC	无	中	高	长	420ESR	2083ESR	48～52	A2
				短	P20+Ni	2738 氮化	650～720HV	A3
POM	高	中	高	长	420MESR	2316ESR	45～48	A3
				短	420MESR	2316ESR	30～35	B2
SAN	中	中	高	长	420ESR	2083ESR	48～52	A2
				短	420ESR	2083ESR	33～35	A3
PMMA	中	中	高	长	420ESR	2083ESR	48～52	A2
				短	420ESR	2083ESR	32～35	A3
PA	中	中	高	长	420ESR	2316ESR	45～48	A3
				短	420ESR	2316ESR	30～34	B2

塑件的外观要求对模具材料的选择亦有很大的影响，透明塑件和表面要求镜面抛光，必须选用 S136、2316、NAK80 和 420 等钢材，透明度要求特别高的模具首选 S136，其次是 420。

13.4.2　模具的外观检查

① 模具铭牌内容要求完整，字符清晰，排列整齐。按如下标准进行编制，用铆钉安装于模具操作侧的方铁（即模脚）上，铭牌大小和内容见图 13-1。

② 模具冷却水路标示牌，标示牌格式和标准见图 13-2，型芯和型腔分开标示。如果冷却水路较为复杂可适当加大比例，但标示内容必须完整正确。

③ 所有模具必须装有锁模块，锁模块必须喷涂红色涂料，质量小于 500kg 的模具可在反操作侧设置 1 个锁模块。模具质量大于 500kg 时需要在操作侧和反操作侧各设置 1 个，H、W、L 和螺钉按模具大小和相关设计手册选用，见图 13-3(a)。锁模块旁边应有标示牌，用铆钉固定安装于模具操作侧锁模块附近，见图 13-3(b)。

④ 模具需在方铁（模脚）或动模板上用箭头标明安装方向，箭头旁应有"UP"字样，箭头和文字为红色，见图 13-4，安装位置见第⑦条。

⑤ 模具表面没有撞伤、锈斑等明显外观缺陷，并采取了防锈措施。

⑥ 对于热流道模具，需按各热流道供应商标牌标准制作标示牌，安装于型腔固定板侧面上部。

永诚模具编号：
产品名称：
产品编号：
模具尺寸：
模具重量：
模具制造时间：
塑胶材料：
材料缩水率：
模具穴数：
顶针板极限距离：
供应商模号：
供应商名称：

90.00

70.00

图 13-1　注塑模具铭牌大小和内容
（单位：mm）

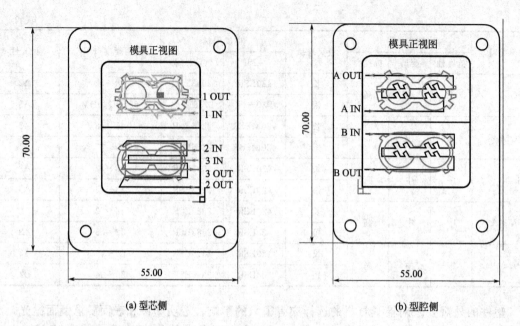

(a) 型芯侧   (b) 型腔侧

图 13-2　注塑模具冷却水路标示牌（单位：mm）

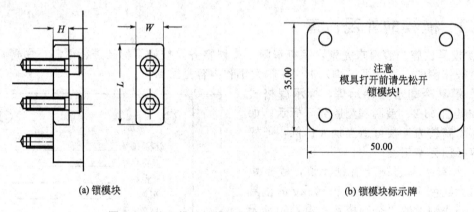

(a) 锁模块   (b) 锁模块标示牌

图 13-3　注塑模具锁模块及其标示牌（单位：mm）

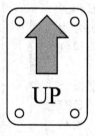

图 13-4　注明注塑模具安装方向

⑦ 相关铭牌放置在模具操作侧，见图 13-5。

⑧ 必须在模坯外侧面的方铁上用铣床加工模具编号，字高 40mm，深度 0.5mm，字体为宋体。每一块模板上均须用字码打上模具编号和阿拉伯数字编号，且方向统一。字高必须大于 8mm，位置见图 13-6。

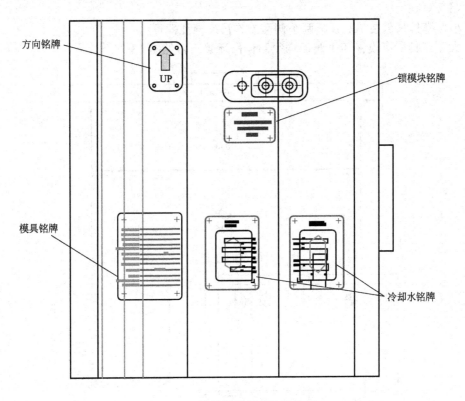

图 13-5　注塑模具相关铭牌位置

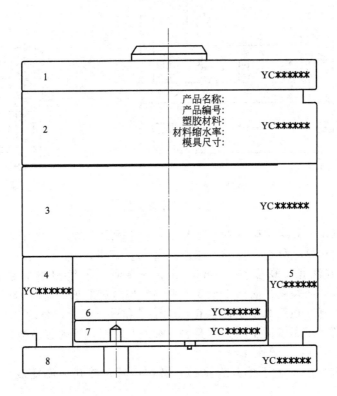

图 13-6　注塑模具模板序号

⑨ 吊环螺孔

a. 小型模具只需在 A、B 板两个侧面制作吊环螺孔即可。

b. 大型模具所有模板四个侧面均须制作吊环螺孔，见图 13-7。

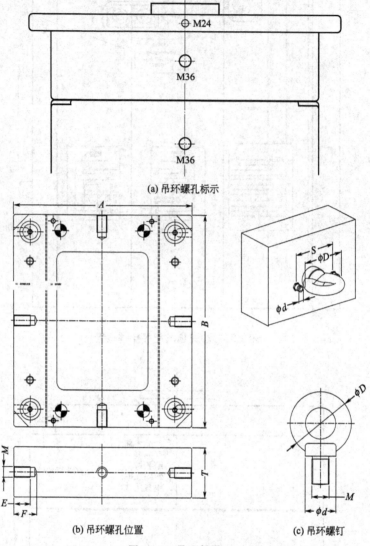

(a) 吊环螺孔标示

(b) 吊环螺孔位置　　　　(c) 吊环螺钉

图 13-7　吊环螺孔

c. 所有吊环螺孔下方需要有吊环螺孔大小标示，标示字高必须大于 8mm。

d. 吊环螺孔的规格型号见表 10-5，相应载重见表 10-6。

⑩ 模具吊装方法是：高度在 700mm 以下的模具，吊模斜角必须小于 3°；高度在 700mm 以上的模具，吊模斜角必须小于 5°，倾斜方向也有要求，见图 13-8。

⑪ 所有模具冷却水道接头位置需要有水路编号和进出标示，标示位于水路附件，字高需大于 8mm（水道标示尽量位于接头位置的上端或左右端，下端容易被冷却水腐蚀），模具喷漆后，也需要清晰可见，见图 13-8。

⑫ 模具安装方向上的上下侧开设水嘴，必须内置，并开导流槽或下方有支撑柱加以保护。

⑬ 进出油路、进出气路和冷却水路必须标示清楚，并在 IN、OUT 前空一个字符加 G

（气）或 O（油）。

⑭ 定位圈尺寸按照注塑机要求，定位圈安装孔必须为沉孔，不能直接贴在模具面板上，高出面板 10～15mm，并且使用至少 3 个 M6 的螺钉固定，定位圈使用标准一般如下。

a. 注塑机锁模力为 80～250tf：定位环直径 $D＝100$mm。

b. 注塑机锁模力在 250tf 以上：定位环直径 $D＝150$mm。

⑮ 模具配件应不影响模具的吊装和存放。如果有外露的油缸、冷却水嘴、先复位机构等，应有支撑柱（脚）保护，见图 13-9。

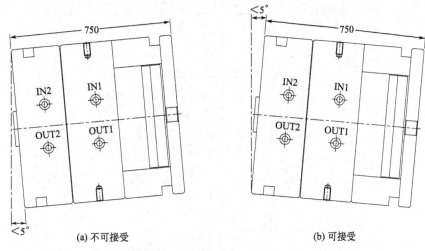

图 13-8　注塑模具吊装时倾斜方向（单位：mm）

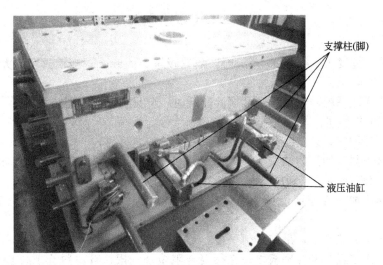

图 13-9　注塑模具外观保护零件

⑯ 模具非成型位置，须加工倒角，倒角须用机床加工，不得用手工加工。倒角尺寸为：模板、滑块倒角 C2，相关配件倒角 C1 或以上。

⑰ 模具滑块部位、热射嘴周围、模具插穿面以及分型面不得进行烧焊处理（这一点相当重要）。

⑱ 模具是否按图 10-31 的要求加工了撬模槽，是否按图 11-4 和表 11-1 的要求加工了码模槽。

⑲ 模具必须便于吊装、运输，吊装时不得拆卸模具零部件（油缸除外，需单独包装）。

吊环不得与水嘴、油缸、先复位杆等干涉，否则要更改吊环孔位置。

⑳ 每个质量超过 10kg 的模具零部件都要有合适的吊环螺孔，如没有，也需有相应措施保证零部件拆卸或安装方便。吊环螺孔的规格型号见图 10-44 和表 10-5。

㉑ 成型生产需要较高模温的模具或热流道模具都需要安装隔热板。隔热板使用平头螺钉固定，对于定模 A 板其他安装螺钉需要进行做避空，以方便安装，见图 13-10。隔热板要求如下。

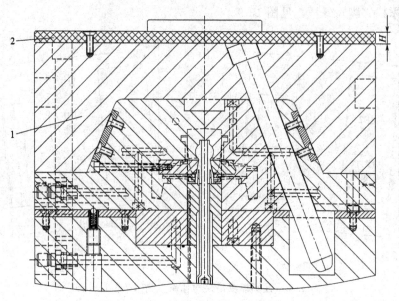

图 13-10　注塑模具隔热板
1—隔热板；2—定模 A 板

　　a. 当模具的宽度大于等于 300mm 时，隔热板厚 $H=6mm$；当模具宽度大于 300mm 时，隔热板厚 $H=8mm$。

　　b. 当模具浇注系统是热流道而又模温较低时，可只在定模加隔热板。

　　c. 隔热板的材料可用树脂。

㉒ 油缸液压抽芯、顶出必须由行程开关控制，安装可靠。

㉓ 连接分油器与油缸的油管必须用胶管，接头用标准件。模具所用标准件，如螺钉、吊环螺孔和推杆等必须是公制或英制规格，一般禁止自制。

㉔ 对于油路加工在模架上的模具，应将油路内的铁屑吹干净，防止损坏设备的液压系统。

㉕ 吊环必须能旋到底，吊装必须平衡。

㉖ 动模侧固定板与推杆底板之间必须要有限位环，限位环材料为 P20 或其他材质，并经过氮化处理。所有限位环需要高度一致。限位环一般用平头螺钉固定在模具底板上，限位环见图 13-11。

㉗ 自制模架应有一个导柱采取偏置 OFFSET（俗称防呆），防止装反装错。

㉘ 模具撑柱的面积应不小于推杆固定板面积的 25%。

㉙ 撑柱必须比方铁高出 0.10～0.20mm，且不与顶出零件或斜顶干涉。

㉚ 浇口套的球头 R_1 必须大于等于对应注塑机标准 R_2，而主流道最小头直径 D_2 也必须大于等于喷嘴直径 D_1，以免发生漏料，见图 10-17。

㉛ 分型面应保持干净、整洁，无手提砂轮打磨痕迹，封胶部分无凹陷。

图 13-11　限位环

图 13-12　定位块

㉜ 下列模具应该加定位块。

a. 塑件公差小于 0.05mm 的精密模具。

b. 内部有擦穿的场合，特别是擦穿多而且深的模具。

c. 动、定模成型的结构有同轴度或位置度要求的场合。

d. 模具型芯过小易变形的场合。

e. 擦穿面较多的模具。

定位块数量有 4 个并尽量对称安装。定位块见图 13-12。

㉝ 模具各零部件必须有编号并与零件 2D 图、模具 3D 装配图相对应。

㉞ 三板模应有安全可靠的定距分型机构，且安装锁模扣并加锁钉。

㉟ 模具应根据强度要求均匀分布撑柱，以防模具变形。

㊱ 导套底部应加排气口，以便将导柱插入导套时形成的封闭空腔内的空气排出，见图 13-13，图中 $W=2\sim3$mm。

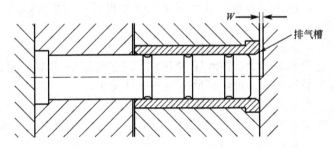

图 13-13　导套排气槽

13.4.3　模具的结构检查

13.4.3.1　成型零件与排气检查

① 对于一模多腔的相同产品，必须对型腔进行编号并打上标记。标记内容和标准需要客户项目工程师的认可。

② 一模数腔的模具，如果塑件是左右对称件，必须注明 L 或 R，标记内容、位置和标准需经客户项目工程师的认可。

③ 分型面必须高出模板面，通常镶件分型面高出 A、B 板 0.1～0.5mm，以保证分型面的接触不受模板的干涉。

④ 成型零部件的备品也要装配，并经试模验证。

⑤ 分型面封胶部分必须符合设计标准，中型以下模具 15～20mm，大型模具 30～50mm，其余部分避空。分型面为单向斜面及大型深型腔等模具，应设计可靠的自锁定位

结构。

⑥ 塑件表面要蚀纹或喷砂处理，型腔脱模斜度必须为 3°~5°或蚀纹越深斜度越大。蚀纹和喷砂必须与样板一致，并得到客户的书面认可。

⑦ 螺柱如有倒角，相应推管、镶柱也必须要倒角。

⑧ 插穿部分的斜度必须大于 2°，否则 FIT 模困难易造成漏胶，插穿部分应无薄弱结构。

⑨ 镶块、镶芯等必须可靠定位，圆形件须有止转结构。镶块下面不得垫铜片、铁片，如烧焊垫起，烧焊处形成大面接触并磨平。

⑩ 排气槽深度必须小于塑料的溢边值，排气槽须由机床加工，无手工打磨机打磨痕迹。

⑪ 定模型腔必须按图纸要求抛光。

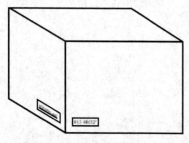

图 13-14　成型零件打标记

⑫ 定模和动模加强筋、柱等型腔表面必须抛光，不能有火花纹、刀痕。推管和型芯（司筒针）配合的内孔表面必须用铰刀精铰，无火花纹、刀痕。

⑬ 所有模具成型零件，需在基准角上刻上模具编号＋零件号和材质（非外购标准件），见图 13-14。

⑭ 超过 15mm 深筋需要做镶件拼接，保证加强筋部位的进料和脱模顺利。

⑮ 有外观要求的塑件自攻螺柱需要有防缩痕措施，如加工做"火山口"。

⑯ 动、定模成型部位必须无倒扣、倒角等缺陷。

⑰ 模具型腔胀型力中心应尽量与模具中心一致，其型腔胀型力中心偏离模具中心最多不超过模宽的 25%。

13.4.3.2　模具的冷却系统检查

① 冷却水道出入孔位置应不影响模具安装，喉嘴直径一般取 13mm。冷却水道必须充分、畅通，符合图纸要求。

② 密封必须可靠，无漏水，易于检修。

③ 试模前必须进行通水试验，在水压 5MPa 下，通水 5min 没有泄漏。

④ 密封圈安放时必须涂抹黄油，安放后高出密封面 0.5mm。

⑤ 水井隔水片必须采用不易受腐蚀的材料，一般用黄铜片。

⑥ 普通冷却水管接头选择规则：锁模力 360tf 以下的模具用 $\phi8$~10mm；锁模力 460tf 以上的模具用 $\phi10$~12mm，见图 13-15。

⑦ 对于成型 PC、PC＋ABS 等需要高模温的模具，冷却水管接头可选用快捷式仿 DME 水喉，见图 13-16，水喉型号选用 1/8 NPT、1/4 NPT、3/8 NPT，依据水路直径选用合适的型号。

图 13-15　水管接头

图 13-16　水喉

⑧ 冷却水堵头可用仿 DME 标准件或其他类似件，如 1/8 NPT、1/4 NPT、3/8 NPT。

依据水路直径选用合适的堵头，见图 13-17(a)。注意底孔不可以钻大，不能使用铜或其他材料直接进行封堵，便于今后水路的清理和保养，且必须易于更换。

⑨ 冷却水止水栓根据冷却水管直径的大小选用合适的标准件，止水栓必须安装锁紧，不可松动，见图 13-17(b)。

⑩ 冷却水道与冷却水道之间的中心距离通常在 35~50mm 之间，具体尺寸应视模具的大小确定，要保证模温的平衡。

(a) 冷却水堵头　　　(b) 止水栓

图 13-17　冷却水堵头和止水栓

⑪ 冷却水管接头不可以凸出模具表面，装上水喉后必须低于模具表面 3~5mm。

⑫ 冷却水的连接可以用密封圈。冷却水管接头尽量不采用直接接到内模镶件上。密封圈要用符合国家标准的 O 形密封圈，当注塑 PMMA、PC、PC＋ABS 等塑料需要较高的模温时，必须采用耐高温 O 形密封圈，密封圈固定槽的加工必须按照相关标准执行。

⑬ 冷却水喉避空沉孔直径 A 应该选 $\phi25$mm、$\phi30$mm、$\phi35$mm 三种规格，孔外沿有倒角 C，倒角大于 $1.5\times45°$，倒角必须一致，见图 13-18。

⑭ 当塑件较高，长型芯需要使用水井冷却时，必须使用铜片进行隔水，相关尺寸要求如下，水井到型芯表面必须在 15~20mm 之间，见图 13-19。

⑮ 模具冷却水道应不漏水，并在水道出入口标有 "OUT" 和 "IN" 字样。若是多股冷却水道还应加上组别号。

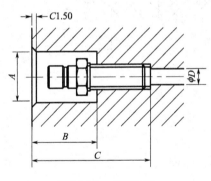

图 13-18　水喉沉孔

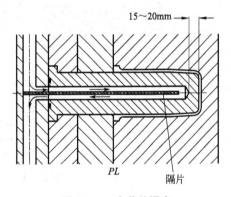

图 13-19　水井的深度

13.4.3.3　模具的脱模机构检查

① 塑件必须容易取出。

② 推杆上端面应低于型芯面 0.05~0.1mm。

③ 深度超过 20mm 的自攻螺柱需要推管（司筒）推出。

④ 需与定模面碰穿的动模推管型芯（司筒针）、推杆等活动部件以及 $\phi3$mm 以下的动模小镶柱，需要插入定模镶件里面。

⑤ 推杆必须布置在离侧壁较近处以及筋、凸台的旁边，并尽量使用较大的推杆。

⑥ 塑件推出时必须顺畅、无卡滞、无异响、无变形。

⑦ 推杆板的行程应由限位块进行限位，限位块材料为 45 钢，不能用螺钉代替，底面须平整。

⑧ 若塑件有粘定模的可能，动模侧壁应加蚀纹或保留火花纹，不能加工较深的倒扣，

不能手工打磨加倒扣筋或凸点。

⑨ 推杆大头的尺寸，包括直径和厚度不可擅自改动，或垫加垫片。

⑩ 所有上端面为弧面或斜面的推杆需要有防转结构，常用推杆防转形式见图 13-20。

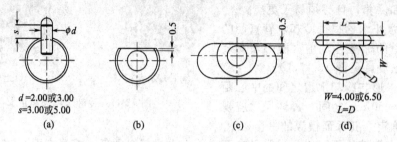

d=2.00或3.00
s=3.00或5.00
(a)   (b)   (c)   W=4.00或6.50 L=D (d)

图 13-20　推杆防转形式（单位：mm）

⑪ 推杆不可上下串动。推杆板沉头孔深度需比推杆沉头高度小 0.02mm 左右。

⑫ 塑件推出时易跟着斜顶走，推杆上应加槽或蚀纹，但不能影响塑件外观。

⑬ 固定在推杆上的推块必须可靠固定，四周非成型部分应加工 3°～5° 的斜度，下部周边倒角。

⑭ 推管与推管内型芯配合长度不得小于 40mm。

⑮ 推杆与型芯配合尺寸不得小于 12mm，后端避空，标准见图 13-21。

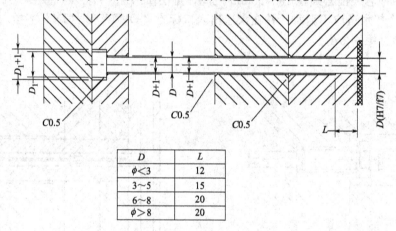

D	L
$\phi<3$	12
3～5	15
6～8	20
$\phi>8$	20

图 13-21　推杆装配（单位：mm）

⑯ 推杆、推块等顶出机构如可能与滑块等干涉，必须有强制先复位机构，推板有复位行程开关。

⑰ 推杆、推管和复位弹簧不可以烧焊。

⑱ 推杆孔、推管孔必须经铰削加工。

⑲ 推杆孔、推管内型芯固定沉孔底部必须做平底，轴向配合间隙不大于 0.15mm。

⑳ 推杆、推管与型芯配合公差为 H7/f7。

㉑ 推杆、推管与孔之间必须喷上耐高温推杆油。

㉒ 推杆固定板必须打上相应推杆的记号，记号应相同且在同一方向，以便修改模。

㉓ 有推板推出的情况，推杆应延迟推出，防止将塑件顶白变形。

㉔ 模具顶棍孔（又称顶出孔）必须符合指定的注塑机，除小型模具外，模具长度或宽度尺寸有一个大于 400mm 时至少要设计两个顶棍孔。顶棍孔直径应比注塑机顶棍直径大 10mm。顶棍孔的大小和位置见图 10-32。

㉕ 推杆固定板复位必须安全、顺利、彻底，不能有卡滞现象。

㉖ 复位弹簧必须选用标准件，两端不准打磨、割断。

㉗ 复位弹簧安装孔底面应为平底，安装孔直径比弹簧大5mm。

㉘ 直径超过ϕ20mm的弹簧内部如果不是套在复位杆上，则要有导向杆，导向杆比弹簧长10~15mm，见图10-40。

㉙ 在一般情况下，应选用矩形截面蓝色弹簧（轻负荷），重负荷用红色，较轻负荷用黄色。

㉚ 复位弹簧的压缩比取30%～40%；弹簧应有预压缩量，复位弹簧预压缩量为10~15mm。

㉛ 复位杆端面平整，不能点焊，大头底部不能垫片、烧焊。

13.4.3.4 模具的侧向抽芯机构检查

① 斜顶表面要抛光，粗糙度应和型芯表面一致。斜顶面应低于型芯面0.05~0.10mm。

② 斜顶应有导滑槽，内置在动模板内，用螺钉固定，定位销定位。

③ 斜顶、滑块的压板材料一般用P20、锡青铜或其他同等材质，硬度在50HRC以上。

④ 所有斜顶必须可以从一个通过底板和推杆底板，且其角度与斜顶角度一致的孔中拆卸。

⑤ 侧向抽芯中的滑块应有限位装置，小滑块限位用弹簧，在弹簧不便安装的情况下可用内藏滚珠弹簧的无头螺钉，液压油缸抽芯应有行程开关。

⑥ 滑动部件应有油槽（推杆除外），表面应进行氮化处理，硬度在50HRC以上。

⑦ 滑块一般用斜导柱拨动，斜导柱角度应比滑块锁紧面角度小2°~3°。如行程过大可用液压油缸抽芯。

⑧ 如液压油缸抽芯成型部分壁厚，油缸应加自锁机构。

⑨ 大的滑块不能设在模具安装方向的上方，若无法避免，应加大弹簧或增加弹簧数量并加大抽芯距离。

⑩ 滑块在每个方向上（特别是左右两侧）的导入角度应为3°~5°，以利于研配和防止出现飞边。滑块的滑动距离至少比抽芯距大2~3mm，在特殊情况下应大5~10mm。斜顶类似。

⑪ 滑块用弹簧限位，若弹簧在里边，弹簧孔应全出在动模板或滑块上；若弹簧在外边，弹簧使用垫圈加螺钉固定。

⑫ 与模具相对滑动的滑块，导向部位必须使用耐磨板，耐磨板必须使用H13或其他同等材质，验收试模前必须经过氮化处理，氮化后硬度在50HRC以上。

⑬ 宽度超过150mm的滑块，下面应设耐磨板，耐磨板材料用P20并经氮化处理，如用其他材质，硬度应在50HRC以上。耐磨板比大面高出0.5mm，耐磨板需要加工油槽。

⑭ 宽度超过250mm的滑块，在底面中间部位应增加一至数个导向块，材料为P20，氮化至50HRC以上。

⑮ 滑块、滑块导向块、耐磨板、斜顶、斜顶导向块、斜顶滑座等物件必须加工储油槽，并在验收试模前经过氮化处理，注意油槽不能与侧壁相通（防油泄漏），距离为2~5mm（周圈需倒角C1以上），见图13-22。

⑯ 斜顶、滑块上的型芯必须有可靠的固定方式。

⑰ 运动部件（滑块、斜顶、楔紧块）磨削后必须退磁，以免烧伤运动部位以及在磁性吸力的作用下，滑块离开后又滑回原来位置，这样当下一次合模时斜导柱或楔紧块就会撞坏滑块。

⑱ 滑块压板需要使用定位销定位。

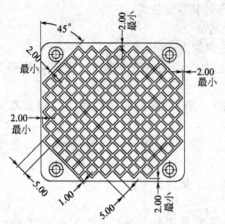

图 13-22　滑动面油槽（单位：mm）

⑲ 除非生产批量较小（如小于 30000 次）或零件已经过淬火，否则，成型零件和活动零件在所有机械加工全部完成后必须氮化，需要氮化的零件主要有以下三类：

a. 所有活动零件（包括滑块、斜顶、擦穿位、楔紧块）等，这些部件的摩擦面需要氮化。

b. 模具生产批量较大（如大于 300000 次），模具型腔表面需要淬火。

c. 模具生产批量虽然较小，但塑料对型腔的摩擦力大，如 PC、尼龙加玻璃纤维等工程材料，模具型芯、型腔面需要全部氮化。

13.4.3.5　浇注系统检查

① 浇口套内主流道表面须用 600# 砂纸抛光，流道必须用 400# 油石抛光。分流道在一般情况下不用抛光，但严禁在流道上打凹凸，以免影响熔体流动；对于流动性较差的塑料（如 PC 和 PVC 等）流道应该抛光，以减小熔体阻力，改善熔体流动；主流道长度在结构许可的条件下应小于 60mm，在特殊情况下也不宜大于 75mm。

② 浇口、流道必须按图纸尺寸用机床（CNC、铣床、EDM）加工，不允许手工用打磨机加工。

③ 点浇口处必须按浇口标准尺寸加工。

④ 点浇口处定模型腔面须有一个小凸起，动模型芯相应有一个凹坑，俗称"肚脐眼"。

⑤ 流道设置应保证入水平衡及减少流道凝料，流道转折处必须设置冷料穴。

⑥ 优先采用热流道或潜伏式浇口，以减少流道凝料，减少后加工工序，浇口的选择应优先保证塑件的质量。

⑦ 分流道内应有一段延长部分作为冷料穴。

⑧ 流道拉料杆 Z 形倒扣必须圆滑过渡。

⑨ 除推板推出外，分型面上的分流道截面应为圆形，动、定模镶件内各一半，并不能错位。

⑩ 做在推杆上的潜伏式浇口不能有表面收缩痕。

⑪ 流道凝料必须易于去除，塑件外观面应无浇口痕迹，塑件与其他零件装配处应无浇口或飞边干涉。

⑫ 圆弧潜伏式浇口（又称牛角浇口），两部分镶块应进行氮化处理或淬火处理，硬度在 50HRC 以上。

⑬ 热流道接线布局应合理，易于检修，接线有线号，并一一对应（同热流道铭牌、热流道图纸一致）。验收时要进行安全测试，以免发生漏电等安全事故。

⑭ 插座安装在电木板上，必须超出模板最大尺寸。

⑮ 热流道的插头插座必须同要求的一致。

⑯ 针点式热射嘴针尖必须伸出定模型腔表面。

⑰ 电线不能露在模具外面。

⑱ 集流板或模板所有与电线接触的地方必须用圆角过渡，以免损坏电线。

⑲ 在模板装上夹紧后，所有线路必须用万用表再次检查。

⑳ 如注塑机采用延伸喷嘴，定位圈内部必须有足够大的空间，以保证标准的注塑机加长喷嘴及加热圈可以伸入。

㉑ 三板模架中的流道推板（俗称水口板）必须能平稳拉开，行程合理，且有定距分型机构。

13.4.3.6 模具包装检查

① 模具验收完成，准备交付客户前，外观面必须喷涂天蓝色保护漆。

② 模具型腔必须喷防锈油。

③ 滑动部件必须涂黄油。

④ 浇口套进料口必须用黄油堵死。

⑤ 模具必须安装锁模块，并且规格符合设计要求。

⑥ 模具产品图纸、结构图纸、水路图纸、零配件及模具材料供应商明细表、使用说明书、装箱单、电子文档必须齐全。

⑦ 备品、备件、易损件必须齐全并附明细表，且有供应商名称。

⑧ 提供完整的试模报告。

13.4.3.7 模具不允许的结构

① 模具不允许有尖钢及高度大于2mm、厚度少于1mm的薄钢。

② 除推边等特殊情况，动模推杆一般不允许与定模接触。

③ 模具开合不允许有异常响声。

④ FIT模时，型腔边缘5mm范围内不允许红丹测试不到，并且分型面红丹测试不允许低于80%。

⑤ 所有紧固螺钉不允许出现松动现象。

⑥ 所有钩针不允许出现不同向现象。

⑦ 塑件不允许有粘模现象。

⑧ 模具装配不允许漏装或装错零件。

注塑模具结构检查的其他内容还可参照第10章注塑模具基本知识。

13.4.4 塑件的尺寸及质量检查

13.4.4.1 基本尺寸测量

(1) 塑件的基本要求　塑件的几何形状、尺寸大小精度应符合图纸（2D或3D文件）要求，未注公差的尺寸应满足装配要求。

(2) 通用结构尺寸标准

① 塑件一般要求做到壁厚均匀，非均匀壁厚应平稳过渡，并符合强度要求。

② 自攻螺柱根部直径：M3螺钉为 $\phi 6.0^{+0.2}$ mm，火山口直径 $\phi 10.0$ mm；M2.6螺钉为 $\phi 5.0^{+0.2}$ mm，火山口直径 $\phi 9.0$ mm。自攻螺柱顶部壁厚为 (1.2 ± 0.1) mm。

③ 产品面壳和底壳配合

a. 二级或三级止口配合要求分型面错位小于0.1mm，没有刮手现象。

b. 包止口配合单边间隙为0.1~0.3mm，外形复杂取大值。

④ 按钮的顶部、十字加强筋顶部厚度为 $0.9^{+0.1}$ mm。

⑤ 所有加强筋根部厚度为 $1.2^{+0.2}$ mm。

⑥ 电池箱动模拉杆扣位壁厚小于2.0mm。

⑦ 塑件分型面动、定模夹线处错位应小于0.05mm。

⑧ 电池门与电池箱之间水平方向单边间隙为0.2~0.3mm。

⑨ 钮与孔配合。一般几何形状钮与孔单边间隙为0.15~0.25mm；异形钮与孔单边间隙为0.3~0.4mm，喷油钮间隙应取大值；钮与孔配合时其配合情况能达到安全测试标准。

⑩ 插卡位配合。插卡门与面底壳的配合单边间隙为0.2~0.3mm；插口与插盒单边间

隙为 0.5mm。
⑪ 转轴的轴孔单边最小间隙为 0.1～0.2mm。
⑫ 锁扣（lock）与其配合枕位孔单边间隙为 0.2mm。
⑬ 支架与其配合孔单边间隙为 0.1～0.2mm，长度大于 150mm 的取大值。
⑭ 面盖等塑件与其配合孔单边间隙为 0.1mm。
⑮ 滚轴（roller）与其配合孔单边间隙为 0.5～1.0mm。

13.4.4.2 表面受限制缺陷及接受程度

表面受限制缺陷及接受程度见表 13-5。

表 13-5 塑件表面受限制缺陷及接受程度

序号	缺陷名称	接受程度
1	熔接痕	①熔接痕强度能通过功能安全测试。 ②一般碰穿孔旁熔接痕长度不大于 10mm，圆喇叭孔的熔接痕不大于 5mm ③多浇口融合处熔接痕长度不大于 15mm ④手腕处熔接痕不在手腕的中间或受力位置 ⑤柱位对应的塑件外表面无熔接痕 ⑥表面火花纹的按键支架没有熔接痕 ⑦产品内部塑件熔接痕在强度允许位置不受限制
2	收缩凹痕	①在塑件表面不明显位置允许有轻微收缩凹痕（手感觉不到凹痕） ②内部塑件在尺寸允许下可有轻微收缩凹痕 ③塑件的非外观面不影响尺寸、强度下的收缩凹痕不受限制
3	拖白	①塑件有火花纹或蚀纹侧面允许有轻微拖白，并能用研磨膏加工消除 ②塑件的外观在第一侧面不能有拖白
4	变形	①较大型底壳支承脚不平度应小于 0.3mm ②按键支架不平度应小于 0.5mm ③塑件在注塑后变形应用夹具调整控制 ④除上述几条外，塑件应无变形
5	气纹	①对 PE、PA、PVC、PC 等塑件，浇口处允许有轻微气纹，气纹不突出浇口 3.0mm ②对公仔类壁厚较厚且不均匀的塑件，浇口位置及雕刻凸出位置允许有轻微气纹 ③除上述两条外，塑件表面应无气纹
6	变色	①较大型且浇口在中间的底壳，浇口附近允许有轻微变色，变色程度应不影响塑件本色，只轻微改变颜色深度 ②塑件装配后不影响产品外观时，变色不受限制 ③除上述情况外塑件无变色
7	浇口残余物	①塑件浇口位置及残余物在装配时无干涉现象 ②浇口处无毛刺，无安全隐患 ③塑件装配后的外观面无浇口痕迹
8	蛇纹流痕	①塑件装配后的外观面无蛇纹流痕 ②内部件或装配后的非外观面在不能改善的情况下允许有蛇纹流痕
9	尖、薄塑件	除琴键类等塑件允许有特别设计的尖、薄结构外，一般其他塑件应无尖、薄壁结构

13.4.4.3 表面修饰要求

（1）表面高抛光

① 高抛光表面要平整，有镜面效果。

② 定模型腔面的非外观面及内部件允许表面有轻微的加工痕迹。

③ 高抛光表面不允许有划痕、锈迹、斑点等缺陷。

（2）表面饰纹（EDM 或蚀纹）

① 纹路符合设计要求，纹路要均匀，且侧面与表面一致。

② 互配件要求纹路一致（以旧件配合的除外）。

（3）表面字体

① 表面字体的高度符合设计要求，且要均匀一致。

② 字体宽度、大小、密度、字数、位置符合设计要求。

（4）型芯表面的修饰

① 一般型芯表面需抛光，无明显火花纹及加工刀痕，特殊要求的除外。

② 注塑透明塑件的模具型芯成型面要镜面抛光。

③ 装配后的外观面符合产品设计要求。

13.4.5 注射成型工艺部分

① 模具在一定的注塑工艺条件范围内，应具有一定的稳定性和工艺参数调校的可重复性。

② 模具注塑时的注射压力，一般不应超过注塑机额定最大注射压力的80%。

③ 模具注塑时的注射速度，其3/4行程的注射速度不低于额定最大注射速度的10%或超过额定最大注射速度的80%。

④ 模具注塑时的保压压力，一般不应超过实际最大注射压力的80%。

⑤ 模具注塑时的锁模力，不应超过适用机型额定锁模力的80%。

⑥ 在注塑过程中，塑件及浇口凝料的取出要安全、顺畅，时间一般各不超过2s。

13.4.6 注塑模具评分表

表13-6是某公司对注塑模具的评分表，供模具验收时参考。

表 13-6　注塑模具评分表

一、模具结构			满分:50　实际得分:		
1. 模具材料(满分8分)	满分	得分	—	满分	得分
模架材料	1		定模镶件材料	3	
动模镶件材料	3		侧向抽芯零件材料	1	
2. 模具应具备结构(26分)	满分	得分	—	满分	得分
吊环孔、码模槽、定位圈	1		扣机、定位销	1	
推杆行程	1		推杆复位	1	
曲面推杆、推管定位	1		钩针同向	1	
三板模定距分型机构强度及数量	2		浇口尺寸满足注塑后加工要求	1	
型腔压力中心与模具中心不应偏移	1		三板模A板与流道推板距离合理	1	
侧向抽芯运动顺畅	2		模具撑柱足够	1	
侧向抽芯润滑	1		侧向抽芯结构合理	2	
深筋骨位加走胶半圆胶柱	1		模腔排气顺畅	2	
流道与塑件重量比例合理	1		流道截面面积合理	1	
浇口位置设置满足充模要求	1		多型腔布置合理	1	
浇口尺寸满足充模要求	1		浇口形式合理	1	
3. 模具不允许结构(8分)	满分	得分	—	满分	得分
分型面贴合不良	2		粘模	2	
模具开合模不允许有异常响声	1		模具不允许有尖钢、薄钢	1	

一、模具结构			满分：50　实际得分：	
顶出平衡、顺畅	2		—	—
4. 模具冷却（或加热）系统(8分)	满分	得分	—	—
镶件冷却水道充分合理	2		动模型芯、型腔内模温均匀	2
定模型腔内模温均匀	2		侧向抽芯机构模温均匀	2
二、塑件质量			满分：30分　得分：	
塑件几何形状、尺寸及结构尺寸准确	5		无变形或可接受	1
塑件表面无不允许的缺陷	5		无变色或变色可接受	1
熔接痕强度符合要求	2		无蛇纹或蛇纹可接受	1
熔接痕位置符合要求	2		无气纹或气纹可接受	1
熔接痕长度符合要求	2		无尖薄塑件或可接受	1
无收缩凹痕或可接受	1		浇口残余毛刺符合要求	3
无拖白或可接受	1		塑件表面修饰符合要求	4
三、注塑工艺			满分：20分　得分：	
注塑参数稳定	4		注塑速度合适	1
注塑参数重复性高	4		注塑压力合适	1
锁模力合适	2		脱模、取件容易	2
保压压力合适	2		周期时间满足要求	4
四、模具缺陷说明				
评估人：				
部门：	签名：			日期：
部门：	签名：			日期：
备注：				

1. 本表仅提供注塑模具评分项目，其项目的合格与不合格判断标准为《注塑模具认可标准》。

2. 评分方法：

(1)对表中的各项，合格的在"得分"栏中给"满分"栏中的分数，对不合格的给"0"分。

(2)对表中某个项目中含有多个内容的，其中仅有某些内容不合格，则此项目不能得满分要扣分，扣分形式以"0.5"分为一挡。

(3)如果所评模具不具备此评分表中某些项目的结构，请在该栏"得分"栏中做"×"记号。

(4)本表设计的满分为 100 分，但考虑到某些模具并不完全具有本表中需评判内容，但这些内容又占一定的分数。为使所评出的分数真实反映模具状态，故设评分栏。

$$实际满分＝100－无对应考核项目之分数$$

(5)对不合格项和扣分项请在"模具缺陷"栏用文字做简要说明。

13.5　《注塑模具验收报告》的格式和内容

不同公司的《注塑模具验收报告》格式和内容往往不一样，表 13-7 是某公司的《注塑模具验收报告》，供参考。

表 13-7　注塑模具验收报告

产品编号		产品名称		制造商		
模具编号		模具名称		模具外形尺寸		
塑料		收缩率		验收日期		

检查项目	序号	标　准	检查情况描述	合格	不合格
	1	铭牌内容必须打印模具编号、模具质量（kg）、模具外形尺寸（mm），字符均用 1/8in 的字码打上，字符清晰、排列整齐			
	2	铭牌必须固定在模腿上靠近动模板和基准角的地方（离两边各有 15mm 的距离），用四个铆钉固定，固定可靠，不易剥落			
	3	冷却水嘴必须安装在模板上，φ10mm 管，规格可为 G1/8、G1/4、G3/8。如合同有特殊要求，按合同			
	4	冷却水嘴不得伸出模架表面，水嘴头部凹进外表面不超过 3mm			
	5	冷却水嘴避空孔直径必须为 φ25mm、φ30mm、φ35mm 三种规格，孔外沿有倒角，倒角大于 1.5×45°，倒角一致			
	6	冷却水嘴必须有进出标记，进水为 IN，出水为 OUT，IN、OUT 后加顺序号，如 IN1、OUT1 等			
	7	标识英文字符和数字必须大写（长、宽 8mm），位置在水嘴正下方 10mm 处，字迹清晰、美观、整齐，间距均匀			
	8	进出油嘴、进出气嘴必须同冷却水嘴分开，并在 IN、OUT 前空一个字符加 G(气)、O(油)字样			
	9	模具安装方向上的上下侧开设水嘴，必须内置，并开导流槽或下方有支撑柱加以保护			
	10	无法内置的油嘴或水嘴下方必须有支撑柱加以保护			
	11	模架上各模板必须有基准角符号，大写英文"DATUM"，字高 8mm，位置在离边 10mm 处，字迹清晰、美观、整齐，间距均匀			
	12	各模板必须有零件编号，编号在基准角符号正下方离底面 10mm 处，要求同第 11 条			
	13	模具配件必须不影响模具的吊装和存放，如安装时下方有外露的油缸、水嘴、预复位机构等，应有支撑柱保护			
模具外观	14	支撑柱的安装必须用螺钉穿过支撑腿固定在模架上，或过长的支撑柱车加工外螺纹紧固在模架上			
	15	模具顶棍孔必须符合指定的注塑机要求，当模具长度或宽度尺寸有一个大于 500mm 时，原则上不能只有一个顶棍孔，顶棍孔直径应比顶棍大 5~10mm			
	16	定位圈必须可靠固定（一般用三个 M6 或 M8 的内六角螺钉），直径一般为 φ100mm、φ120mm 或 φ150mm，高出顶板 10mm。如合同有特殊要求，按合同			
	17	定位圈安装孔必须为沉孔，不准直接贴在模架顶面上			
	18	质量超过 8000kg 的模具安装在注塑机上时，必须用穿孔方式压螺钉，不得单独用压板紧固。如设备采用液压锁紧模具，也必须加上螺钉紧固，以防液压机构失效			
	19	浇口套球 R 必须大于注塑机喷嘴球 R			
	20	浇口套入口直径必须大于喷嘴注射口直径			
	21	模具外形尺寸必须符合指定的注塑机			
	22	安装有方向要求的模具必须在定模或动模上用箭头标明安装方向，箭头旁应有"UP"字样，箭头和文字均用漏板喷黄色漆，字高 50mm			
	23	模架表面不许有凹坑、锈迹，多余不用的吊环、进出水、气、油孔等及其他影响外观的缺陷			
	24	模架各板必须都有大于 1.5mm 的倒角			
	25	模具必须便于吊装、运输，吊装时不得拆卸模具零部件（油缸除外，需单独包装）。吊环与水嘴、油缸、预复位杆等干涉，可以更改吊环孔位置			

检查项目	序号	标　　准	检查情况描述	合格	不合格
模具外观	26	每个质量超过10kg的模具零部件必须有合适的吊环螺孔,如没有,也需有相应措施保证零部件拆卸安装方便。吊环大小和吊环螺孔位置按相关企业标准设计			
	27	吊环必须能旋到底,吊装平衡			
	28	推杆、推块等顶出机构如与滑块等干涉,必须有强制先复位机构,推杆固定板有复位行程开关			
	29	油缸抽芯、顶出必须有行程开关控制,安装可靠			
	30	模具分油器必须固定可靠			
	31	连接分油器与油缸的油管必须用胶管,接头用标准件			
	32	推杆板下必须有限位螺钉(垃圾钉)			
	33	模具撑头面积必须为方铁间动模板面积的25%左右			
	34	撑头必须比方铁高出0.05～0.20mm,并不与顶出孔干涉			
	35	定位块(边锁)必须安装可靠,有定位销,对称安装,不少于4个(小模具可2个)			
	36	三板模定模板与浇口板之间必须有弹簧,以辅助开模			
	37	大型模具所有零配件安装完毕,合模不能有干涉的地方			
	38	如注塑机采用延伸喷嘴,定位圈内部必须有足够大的空间,以保证标准的注塑机加长喷嘴带加热圈可以伸入			
	39	所有斜顶必须都可以从一个通过底板和推杆底板且其角度与斜顶角度一致的孔拆卸			
	40	螺钉安装孔底面必须为平面			
	41	M12(含M12)以上的螺钉必须为进口螺钉			
	42	模具锁模块旁应有标示牌,并用铆钉固定安装于模具操作侧锁模块附近			
	43	相关铭牌放置于模具操作侧			
	44	模板需有序号和模号,以及常用信息,需要在模板上做凹字,字体尺寸必须大于8mm			
顶出复位、抽插芯、取件	1	塑件顶出时必须顺畅、无卡滞、无异响			
	2	斜顶必须表面抛光,斜顶面低于型芯面0.05～0.10mm			
	3	斜顶必须有导滑槽,材料为锡青铜,内置在动模模架内,用螺钉固定,定位销定位			
	4	推杆端面必须低于型芯面0～0.1mm			
	5	滑动部件必须有油槽(推杆除外),表面进行氮化处理,硬度700HV(大型滑块按客户要求)			
	6	所有推杆必须有止转定位,按企业标准的三种定位方式,并有编号			
	7	推杆固定板复位必须到底			
	8	顶出距离必须用限位块进行限位,限位材料为45钢,不能用螺钉代替,底面须平整			
	9	复位弹簧必须选用标准件,两端磨平			
	10	复位弹簧安装孔底面必须为平底,安装孔直径比弹簧大5mm			
	11	直径超过ϕ20mm的弹簧内部必须有导向杆,导向杆比弹簧长10～15mm			

检查项目	序号	标 准	检查情况描述	合格	不合格
	12	在一般情况下,必须选用矩形截面蓝色模具弹簧(轻负荷),重负荷用红色,较轻负荷用黄色			
	13	弹簧必须有预压量,预压量为 10~15mm			
	14	斜顶、滑块的压板材料必须为 638,氮化硬度为 700HV,或 T8A,淬火处理至 50~55HRC			
	15	侧向抽芯中的滑块必须有行程限位,小滑块限位用弹簧,在弹簧不便安装的情况下可用内藏滚珠弹簧的无头螺钉,液压油缸抽芯有行程开关			
	16	滑块一般用斜导柱拨动,斜导柱角度必须比滑块锁紧面角度小 2°~3°。如行程过大可用油缸抽芯			
	17	如油缸抽芯成型部分有壁厚,油缸必须加自锁机构			
	18	斜顶、滑块抽芯成型部分若有加强筋、柱等难脱模的结构,必须加反顶机构			
	19	大的滑块不能设在模具安装方向的上方,若不能避免,必须加大弹簧或增加数量并加大抽芯距离			
	20	滑块高与长的最大比值为 1,长度方向尺寸必须为宽度尺寸的 1.5 倍,高度为宽度的 2/3			
	21	滑块的滑动配合长度大于滑块方向长度的 1.5 倍,滑块完成抽芯动作后,保留在滑槽内的长度必须大于滑槽长度的 3/4			
顶出复位、抽插芯、取件	22	滑块在每个方向上(特别是左右两侧)的导入角度必须为 3°~5°,以利于研配和防止出现飞边			
	23	大型滑块(质量超过 30kg)导向 T 形槽,必须用可拆卸的压板			
	24	滑块用弹簧限位,若弹簧在里边,弹簧孔必须全出在动模上或滑块上;若弹簧在外边,弹簧固定螺钉必须两头带牙,以便滑块拆卸简单			
	25	滑块的滑动距离必须大于抽芯距 2~3mm,斜顶类似			
	26	大滑块下面必须有耐磨板(滑块宽度超过 150mm),耐磨板材料为 T8A,淬火至 50~55HRC,耐磨板比大面高出 0.05~0.1mm,耐磨板应加油槽			
	27	大型滑块(宽度超过 200mm)锁紧面必须比耐磨板面高出 0.1~0.5mm,上面加油槽			
	28	滑块压板必须用定位锁定位			
	29	宽度超过 250mm 的滑块,在下面中间部位必须增加一至数个导向块,材料为 T8A,淬火至 50~55HRC			
	30	若制品有粘定模的可能,动模侧壁必须加蚀纹或保留火花纹,不能有加工较深的倒扣,或手工打磨加倒扣筋或凹点			
	31	若推杆上加倒钩,倒钩的方向必须保持一致,并且塑件易于从倒钩上取下			
	32	推杆固定头的尺寸,包括直径和厚度不得私自改动,或垫垫片			
	33	推杆孔与推杆的配合间隙、封胶段长度、推杆孔的光洁度必须按相关企业标准加工			
	34	推杆不能上下松动			
	35	制品顶出时易跟着斜顶走,推杆上必须加槽或蚀纹,且不能影响制品外观			
	36	有推板顶出的情况,推杆必须延迟顶出,防止顶白			
	37	复位杆端面平整,无点焊;固定头底部无垫片、点焊			
	38	斜顶在模架上的避空孔不能因太大影响强度			

检查项目	序号	标　准	检查情况描述	合格	不合格
顶出复位、抽插芯、取件	39	固定在推杆上的顶块必须可靠固定,四周非成型部分应加工3°～5°的斜度,下部周边倒角			
	40	制品必须利于机械手取件			
	41	三板模在机械手取流道凝料时,限位拉杆必须布置在模具安装方向的两侧,防止限位拉杆与机械手干涉,或在模架外加拉板			
	42	三板模浇口板必须导向滑动顺利,浇口板易拉开			
	43	对于油路加工在模架上的模具,必须将油路内的铁屑吹干净,防止损坏设备的液压系统			
	44	油路、气道必须顺畅,并且液压顶出复位到位			
	45	用机械手取件,导柱是否影响机械手取件			
	46	自制模架必须有一个导柱采取 OFFSET 偏置,防止装错			
	47	导套底部必须加排气槽,以便将导柱进入导套时形成的封闭空腔的空气排出			
	48	定位销安装不能有间隙			
冷却	1	冷却水道必须充分、畅通,符合图纸要求			
	2	密封圈必须可靠,无漏水,易于检修,水嘴安装时缠密封纸			
	3	试模前必须进行通水试验,进水压强为 5MPa,通水 5min			
	4	放置密封圈的密封槽必须按相关企业标准加工尺寸和形状,并开设在模架上			
	5	密封圈安放时必须涂抹黄油,安放后高出模架面			
	6	水道隔水片必须采用不易腐蚀的材料,一般用黄铜片			
	7	定、动模必须采用集中通水方式			
一般浇注系统(不含热流道)	1	浇口套内主流道表面必须抛光至 1.6μm			
	2	浇口必须抛光至 3.2μm 或 320# 油石			
	3	三板模分流道出在定模板背面的部分截面必须为梯形或半圆形			
	4	点浇口必须做"肚脐眼",球头处直径 3mm,深 0.5mm			
	5	球头拉料杆必须可靠固定,可以压在定位圈下面,或用无头螺钉固定,也可以用压板压住			
	6	面板和流道推板间必须有 8～12mm 的开距			
	7	流道推板和定模板之间的开距必须适于取料把,在一般情况下,开距＝凝料长度＋(25～30),且大于 100mm 以上			
	8	三板模定模板限位要用限位拉杆			
	9	浇口、流道必须按图纸尺寸用机床(CNC、铣床、EDM)加工,不允许手工用打磨机加工			
	10	点浇口处必须按浇口规范加工			
	11	点浇口直径 φ0.8～1.5mm			
	12	分流道前端必须有一段延长部分作为冷料穴			
	13	拉料杆 Z 形倒扣必须圆滑过渡			
	14	分型面上的分流道截面必须为圆形,定、动模无错位			
	15	出在推杆上的潜伏式浇口不能存在表面收缩			
	16	透明制品冷料穴的直径、深度必须符合设计标准			
	17	浇口必须易于去除,制品外观面无浇口痕迹,制品装配处无残余浇口			
	18	圆弧潜伏式浇口,两部分镶块必须进行氮化处理,硬度为 700HV			

检查项目	序号	标 准	检查情况描述	合格	不合格
热流道系统	1	热流道接线布局必须合理,易于检修,接线有线号,并一一对应			
	2	必须进行安全测试,以免发生漏电等安全事故			
	3	温控柜及热喷嘴、集流板必须符合客户要求			
	4	主浇口套必须用螺纹与集流板连接,底面平面接触密封,四周烧焊密封			
	5	集流板与加热板或加热棒必须接触良好,加热板用螺钉或螺柱固定,表面贴合良好不闪缝;加热棒与集流板的配合间隙不大于0.05~0.1mm(h7/g6),便于更换、维修			
	6	必须采用 J 型热电偶并与温控表对应			
	7	集流板两头堵头处是否有存料死角,以免存料分解,堵头螺钉拧紧并烧焊、密封			
	8	集流板装上加热板后,加热板与模板之间的空气隔热层间距必须在 25~40mm 范围内			
	9	每一组加热组件必须有热电偶控制,热电偶布置位置合理,以精确控制温度			
	10	热流道喷嘴与加热圈是否过渡配合,上下两端高出尺寸符合要求;冷料段长度、喷嘴按图纸加工,上下两端的避空段、封胶段、定位段尺寸符合设计要求			
	11	喷嘴出料口部尺寸必须小于 ϕ5mm,以免因料把大而引起制品表面收缩			
	12	喷嘴头部必须用紫铜片或铝片作为密封圈,密封圈高度高出大面 0.5mm。喷嘴头部进料口直径大于集流板出料口尺寸,以免因集流板受热延长与喷嘴错位发生溢料			
	13	因受热变长,集流板必须有可靠定位,至少有两个定位销,或加螺钉固定			
	14	集流板与模板之间必须有隔热垫隔热,可用石棉网、不锈钢等			
	15	主浇口套正下方、各热喷嘴上方必须有垫块,以保证密封性,垫块用传热性不好的不锈钢制作或采用隔热陶瓷垫圈			
	16	如热喷嘴上部的垫块伸出顶板面,除应比顶板高出 0.3mm 以外,这几个垫块不能露在注塑机的定位圈之内			
	17	温控表设定温度与实际显示温度误差必须小于±2℃,并且控温灵敏			
	18	型腔必须与热喷嘴安装孔穿通			
	19	热流道接线必须捆扎,并用压板盖住,以免配装时压断电线			
	20	如有两个同样规格的插座,必须有明确标记,以免插错			
	21	控制线必须有护套,无损坏,一般为电缆线			
	22	温控箱结构必须可靠,螺钉无松动			
	23	插座安装在电木板上,必须超出模板最大尺寸			
	24	针点式热喷嘴,其针尖必须伸出定模面			
	25	电线不能露在模具外面			
	26	集流板或模板所有与电线接触的地方必须以圆角过渡,以免损坏电线			
	27	所有集流板和喷嘴必须采用 P20 材料制造			
	28	在模板装配之前,所有线路必须无短路现象			
	29	所有电线必须正确连接、绝缘			
	30	在模板装上夹紧后,所有线路必须用万用表再次检查			

检查项目	序号	标　准	检查情况描述	合格	不合格
	1	定、动模表面不能有不平整、凹坑、锈迹等其他影响外观的缺陷			
	2	镶块与模腔为过渡配合,但四圆角避空,间隙低于0.5mm(最大处)			
	3	分型面保持干净、整洁,无手提砂轮打磨避空,封胶部分无凹陷			
	4	排气槽深度必须小于塑料的溢边值,如PP小于0.03mm,ABS、PS等小于0.05mm;排气槽由机床加工,无手工打磨机磨痕迹			
	5	嵌件研配必须到位(应用不同的几个嵌件来研配,以防嵌件尺寸误差),安放顺利,定位可靠			
	6	镶件、型芯等必须可靠定位固定,圆形件有止转。镶块下面不垫铜片、铁片,如烧焊垫起,烧焊处形成大面接触并磨平			
	7	定模抛光到位(按合同要求)			
	8	定模及动模加强筋、柱表面,无火花纹、刀痕,并尽量抛光。推管孔表面用铰刀精铰,无火花纹、刀痕			
	9	推杆端面形状必须与型芯一致			
	10	插穿部位斜度必须为大于2°,以免起刺,插穿部分无薄弱结构			
	11	模具动模正面必须用油石去除所有纹路、刀痕、火花纹,如不影响外观和脱模可保留			
	12	模具各零部件必须有编号			
	13	定、动模成型部位必须无倒扣、倒角等缺陷			
成型部分、分型面、排气槽	14	深筋(超过15mm)必须镶拼			
	15	加强筋顶出必须顺利			
	16	一模数腔的制品,如是左右对称件,必须在型腔打上L或R字样,如客户对位置和尺寸有要求需按客户要求;如客户无要求,则应在不影响外观及装配的地方加工,字高为3mm			
	17	模架锁紧面研配必须到位,70%以上面积接触到			
	18	推杆必须布置在离侧壁较近处以及筋、凸台的旁边,并使用较大推杆			
	19	对于相同的零件必须注明编号1、2、3等			
	20	型腔、分型面必须擦拭干净			
	21	需与定模面碰穿的推管型芯、推杆等活动部件以及ϕ3mm以下的小镶柱,必须插入定模镶件内			
	22	各碰穿面、插穿面、分型面必须研配到位			
	23	分型面封胶部分必须符合设计标准(中型以下模具10～20mm,大型模具30～50mm,其余部分机加工避空)			
	24	蚀纹及喷砂必须达到客户要求			
	25	制品表面要蚀纹或喷砂处理,脱模斜度必须为3°～5°或蚀纹越深斜度越大			
	26	透明件脱模斜度必须比一般制品大,在一般情况下PS脱模斜度大于3°,ABS和PC大于2°			
	27	有外观要求的制品螺柱必须有防缩措施			
	28	定模有孔、柱等要求根部清角的制品,孔、柱必须定模镶拼			
	29	深度超过20mm的自攻螺柱必须用推管推出			
	30	螺柱如有倒角,相应推管、推管型芯必须倒角			

检查项目	序号	标　准	检查情况描述	合格	不合格
成型部分、分型面、排气槽	31	制品壁厚尽量均匀			
	32	筋的宽度必须为外观面壁厚的75％以下(客户要求除外)			
	33	斜顶、滑块上的镶芯必须有可靠的固定方式(螺钉紧定或有固定头从背面插入)			
	34	定模插入动模或动模插入定模,四周必须斜面锁紧或机加工避空			
	35	透明塑件布置推杆时不能影响外观,尽量采用推板顶出			
	36	模具材料包括型号和处理状态必须按合同要求			
	37	必须打上专用号、日期码、材料号、标志、商标等字符(日期码按客户要求,如无用标准件)			
	38	透明件标识方向必须打印正确			
	39	透明件定、动模成型面必须抛光至镜面			
包装	1	模具型腔必须喷防锈油			
	2	滑动部件必须涂黄油			
	3	浇口套进料口必须用黄油堵死			
	4	模具必须安装锁模块,并且规格符合设计要求,数量至少两块			
	5	模具产品图纸、结构图纸、水路图纸、零配件及模具材料供应商明细、使用说明书、装箱单、电子文档必须齐全			
	6	模具外观必须喷蓝漆(客户如有特殊要求,按合同及技术要求)			
	7	制品必须有装配结论			
	8	制品不能存在表面缺陷、精细化问题			
	9	备品、备件、易损件必须齐全并附明细,并提供供应商名称			
	10	必须有市场部放行单			
	11	模具必须用薄膜包装			
	12	用木箱包装必须用涂料喷上模具名称、放置方向			
	13	木箱必须固定牢靠			

其余见客户特需BOM

检验结论:
　合格[　　]　　　　　　不合格[　　]

　　　　签字:　　　　　　　日期:

质检部/顾客服务部	意见/出厂原因: 　　　　签字:　　　　　　日期:
制造部	意见: 　　　　签字:　　　　　　日期:

C3P 中心 （可求助高校）	意见： 签字： 日期：
市场部	意见： 签字： 日期：
客户	意见： 签字： 日期：

13.6　售后服务要求

　　模具验收后，因模具的设计及制作上的不良而发生故障，制造厂家有责任及诚意给予解决，因此验收报告必须注明保修期和保修内容。

第14章 CHAPTER 14

注塑模具的维护保养

模具的使用寿命一方面取决于模具的结构设计、模具用材的选择、热处理工艺、加工精度，另一方面也取决于模具在长时间使用过程中的维护及保养。

注塑模具作为塑件加工最重要的成型工具，其质量优劣直接关系到塑件质量优劣。而且，由于注塑模具在注塑加工企业生产成本中占据较大的比例，其使用寿命直接影响产品的成本。再加上注塑模具同其他模具相比，结构更加复杂和精密，对操作和维护保养的要求也就更高，因此在整个生产过程中，正确的操作使用和精心的维护保养对维持企业正常生产，提高企业效益，具有十分重要的意义。

模具从上一次生产到下一次生产往往需要间隔一段时间，其间隔时间的长短取决于生产计划的安排。这期间若对模具的维护保养不当，将直接影响模具的使用寿命及再次注射成型的质量。目前，大多数注塑企业采用的是事后处理策略，即待到成型作业出现故障时再进行修理，也称之为"救火式"。这种方式是模具成型结束后直接运到模具仓库保管，期间没有对模具的各种结构（如浇注系统、顶出系统、冷却系统等）进行全面的维护与保养，直到模具运出仓库，再次上机生产时，才发现模具已经生锈，模具功能已经下降，这样必定会影响生产计划的完成，甚至导致前方工厂停产。在现代工业社会，塑件成型的趋势是多品种少批量，模具更换频繁，因此，更应养成定期或不定期维护保养模具的习惯，从而提高模具的成型效率，保证模具的精度，达到模具的预期寿命。

14.1 注塑模具保养内容

注塑模具维护保养内容主要包括以下几个方面。

（1）防水防潮、防锈除锈　注塑模具的外观、分型面、型腔、型芯、顶出系统、滑块和侧向抽芯等必须定期防锈，尤其是型芯、型腔一旦生锈，后果不堪设想。另外，对于非不锈钢或铍铜等制作的模板和内模镶件，其冷却水道必须定期除锈，否则冷却效果会越来越差。

（2）加油润滑　模具上的滑动零件，如滑块、侧向抽芯、斜顶、导柱、导套和顶出机构等，都必须天天加油润滑。

（3）更换磨损件　注塑模具上的各种弹簧，频繁受到轴向冲击力或径向剪切力的螺栓等必须定期更换，防患于未然。如果等出了问题再去更换，可能会对模具造成灾难性的后果。

（4）缺陷诊断　时刻关注注塑制品的质量，一旦出现飞边、顶白、拖伤、填充不良、塑件粘模等注塑缺陷，必须及时处理。

（5）清理积屑积粉　注塑模具以下地方必须定期或不定期清理。

① 模具活动零件滑动接触面。

② 碰穿面、插穿面。

③ 分型面。

④ 需要排气的镶件结合面。

（6）定期培训　应定期培训，以提高注射成型工程技术人员维护保养模具的知识水平和责任意识。

14.2　注塑模具保养分类

14.2.1　按保养频率分类

按保养频率注塑模具保养可分为日常保养和定期保养。定期保养又分为每周保养、每月保养和每季保养，见表 14-1。

表 14-1　日常保养和定期保养

序号	时间	保养内容	保养方法
1	每天	所有镶件的圆锥定位面	清理并加润滑油
2		滑动零件及复位件	清理并加润滑油
3		滑块、斜顶	清理并加润滑油
4		导柱、导套	加润滑油
5		推杆	加润滑油
6		模具分型面	清理
7	每三天	排气槽	清理
		限位开关、行程开关	防松、防失效
8	每周	所有连接螺钉	检查并锁紧
9	每月	冷却水管	防堵、防漏、除锈
		弹簧	更换
10	每季	主要是对放置两个月以上没有使用的模具进行清理维护	清洁、防锈

为了达到最佳润滑效果，润滑油的选用可参考表 14-2。

表 14-2　注塑模具润滑油的选用

润滑部位	润滑脂（油）供应商	特　　性
圆锥定位面 哈夫块 型腔 型芯锥面 阀针	摩力克 D 型润滑脂	适用温度范围为 −25～250℃
导柱 导套 滑块驱动块	摩力克 DX 型润滑脂	适用温度范围为 −25～250℃
滑块	美国胜牌润滑脂	适用温度范围为 −25～250℃
滑块导轨	常用机油	

14.2.2　按注塑模具的不同阶段分类

按注塑模具不同的阶段来分，可分为生产前模具的保养、生产中模具的保养和停产时模具的保养。

（1）生产前模具的保养

① 选择合适的成型设备，确定合理的工艺条件，若注塑机太小则满足不了要求，太大又浪费能源，并且会因合模力调节不合适而损坏模具或模板，同时还使效率降低。选择注塑机时，应按最大注射量、拉杆有效距离、模板上模具安装尺寸、最大模厚、最小模厚、模板行程、顶出方式、顶出行程、注射压力、合模力等各项进行核查，满足要求后方可使用。工艺条件的合理确定也是正确使用模具的内容之一，锁模力太大、注射压力太高、注射速率太快、模温过高等都会对模具使用寿命造成损害。在能够保证塑件成型质量的条件下，对模具的应用，应选用最小合模及锁模力、最小注射力、最低模具温度和较小的熔料流速。

② 模具安装前，应清理与清洗模具和注塑机的动、定模板。

③ 模具安装完成后，应首先调试好各相关工艺参数，并进行以下检查。

a. 模具的固定模板的螺钉和锁模夹是否拧紧等。

b. 模具生产之前，要先进行空模运转。观察其各部位运行动作是否灵活，是否有不正常现象，顶出行程、开启行程是否到位，合模时分型面是否吻合严密等。

c. 对模具表面的油污、铁锈清理干净，检查模具的冷却水孔是否有异物，是否有水路不通。

d. 检查模具浇口套中的圆弧面是否损伤，是否有残留的异物。

（2）生产中模具的保养

① 定期检查模具的水路是否畅通，并对所有的紧固螺钉进行紧固。模具使用时，要保持正常温度，不可忽冷忽热。在正常温度下工作，可延长模具使用寿命。

② 定期检查模具的限位开关是否异常，斜顶是否异常，检查模具所有导向的导柱、导套、复位杆、推杆、滑块、型芯等是否损伤。要随时观察，定时检查，适时擦洗，并要定期对其加油保养，每天上下班保养两次，以保证这些滑动件运动灵活，防止紧涩咬死。

③ 每次锁模前，均应注意，型腔内是否清理干净，绝对不准留有残余塑件，或其他任何异物，清理时严禁使用坚硬工具，以防碰伤型腔表面。

④ 在生产中听到模具发出异声或出现其他异常情况，应立即停机检查。模具维修人员对车间内正常运行的模具要进行巡回检查，发现有异常现象时，应及时处理。

⑤ 定期清洁模具分型面和排气槽的胶丝、异物、油污等，分型面、流道表面每日清扫两次。注塑模具在成型过程中往往会分解出低分子化合物腐蚀模具型腔，使得光亮的型腔表面逐渐变得暗淡无光而降低塑件质量，因此需要定期擦洗，擦洗可以使用醇类或酮类制剂，擦洗后要及时吹干。

⑥ 注塑件的脱模推出动作的行程、速度和压力的调整，应从低到高调节试运行，以使塑件能顺利脱模，不损伤塑件为原则，各值要尽量取小些。

⑦ 成型模具的开闭动作速度一定要按照慢—快—慢三段速度运行，以防止模具间出现撞击现象，损坏模具。注意合模时的接触前动作，系统压力应是最低值，同时要有设备低压保护功能。

⑧ 清理模具时，要用铜质刀具或竹具清理，防止刮伤模具型腔表面，对于型腔表面粗糙度 $R_a \leqslant 0.2\mu m$ 的模具，绝对不能用手抹或棉丝擦，应用压缩空气吹，或用高级餐巾纸和高级脱脂棉蘸上乙醇轻轻地擦抹。

⑨ 工作中应认真检查各控制部件的工作状态，严防辅助系统发生异常，加热、控制系

统的保养对热流道模具尤为重要。在每一个生产周期结束后，都应对棒式加热器、带式加热器、热电偶等用万用表进行测量，并与模具的技术说明资料相比较，以保证其功能完好。与此同时，控制回路可以通过安装在回路内的电流表测试。抽芯用的液压缸中的油尽可能排空，油嘴密封，以免在储运过程中液压油外泄或污染周围的环境。

（3）停产时模具的保养

① 操作人员离开，临时停产时，应把模具闭合上，不让型腔和型芯暴露在外，以防意外损伤。

停产时间预计超过 24h，要在型腔、型芯表面喷上防锈油或脱模剂，尤其在潮湿地区和雨季，时间再短也要做防锈处理。空气中的水汽会使模腔表面质量降低，塑件表面质量下降。模具再次使用时，应将模具上的油去除，擦干净后才可使用，有镜面要求的应用压缩空气吹干后再用热风吹干，否则会在成型时渗出而使塑件出现缺陷。

② 临时停产后开机，打开模具后应检查滑块限位是否移动，未发现异常才能合模。总之，开机前一定要小心谨慎，不可粗心大意。

③ 为延长冷却水道的使用寿命，在停产时，应立即用压缩空气将冷却水道内的水清除，用少量机油放入水嘴口部，再用压缩空气向内吹，使所有冷却管道有一层防锈油层。

④ 工作中应认真检查各控制部件的工作状态，严防辅助系统发生异常，加热、控制系统的保养对热流道模具尤为重要。在每一个生产周期结束后，都应对棒式加热器、带式加热器、热电偶等用万用表进行测量，并与模具的技术说明资料相比较，以保证其功能完好。与此同时，控制回路可能通过安装在回路内的电流表测试。抽芯用的液压缸中的油尽可能排空，油嘴密封，以免在储运过程中液压油外泄或污染周围的环境。

⑤ 交接班临时停产时，除了交接生产、记录成型工艺外，对模具的使用状况也要有详细的交代。

⑥ 当模具完成塑件生产数量，要停机更换其他模具时，应在模具型腔内喷

图 14-1　模具仓库必须干净整洁

涂防锈剂，将模具及其附件送交模具保管员，并附上最后一次生产合格的塑件作为下一次生产的样板。此外，还应送交一份模具使用清单，详细填写该模具在什么注塑机上，从某年某月某日共生产多少塑件，以及现在模具是否良好。若模具有问题，要在使用清单上填写该模具存在什么问题，提出修改和完善的具体要求，并附上一件有问题的样品给保管员，给模具师博修模时参考。

⑦ 停产后须检查模具的表面是否有残留的胶丝、异物等，将其清理干净后均匀喷上防锈剂，准确填写相关记录。

⑧ 模具仓库要干净整洁，防止模具在存放过程中损坏，见图 14-1。

14.3　热流道注塑模具的维护保养

对于热流道模具，使用中定期进行热流道元件的预防性保养是十分重要的，这项工作包

括电气测试、密封元件、连接导线的检查，以及零件的清理工作等。

(1) 阀针的清理与更换　3 个月内，如果有两个以上的阀针不能正常工作，必须对阀针进行清理与更换，步骤如下。

① 关闭动模区的冷却水。

② 将热射嘴温度设置为 180℃。

③ 热射嘴温度降到 180℃后，关闭定模区的冷却水。

④ 合模。

⑤ 通过锁模块将动、定模部分连接。

⑥ 卸下定模板上的码模螺钉。

⑦ 通过点动，慢慢使模具与机器定模板分离，分离距离应不小于 230mm。

注意：移动时，需小心操作，以免损坏电线及气喉，如有必要，应将其拆下。

⑧ 卸下螺钉，通过两个 M6 的螺钉将汽缸盖板从定模板取出。

注意：拆卸位于浇口套附近的汽缸盖板之前，须先将定位圈卸下。

⑨ 通过拆卸工具，用两个 M14 或 M16 的螺钉将汽缸活塞取出。

⑩ 将热射嘴温度设置为 0℃。

⑪ 彻底清理汽缸、汽缸活塞和阀针，如有必要，将其更换。

⑫ 检查位于汽缸活塞上的密封圈，如有必要，将其更换。

⑬ 在汽缸活塞的运动表面涂一层摩力克 D 型润滑脂。

⑭ 检查位于汽缸盖板上的密封圈，如有必要，将其更换。

⑮ 检查阀针，如有损坏，则卸下堵头，将阀针从汽缸活塞中取出更换。

⑯ 按相反的顺序进行安装。

(2) 热射嘴的清理与更换

① 取出热射嘴之前，须先将阀针取出。

② 将型腔固定板与热流道固定板分离。

③ 将需取出热射嘴的温度设定为 150℃，进行加热。

④ 从热射嘴套中卸下热射嘴。

⑤ 彻底清理热射嘴和热射嘴套与热射嘴之间的配合面，如有必要，将其更换。

⑥ 热射嘴螺纹部分涂上一层摩力克 HSC 型润滑脂。

⑦ 按相反的顺序进行安装。

(3) 加热线圈的更换

① 将型腔固定板与热流道固定板分离。

② 拧松热射嘴加热线的锁紧螺钉，将加热线圈从热射嘴上取下。

③ 如有损坏，分离热射嘴与电线插座之间的电线连接，将其更换。

④ 按相反的顺序进行安装。

(4) 浇口套加热线圈的更换

① 合模。

② 通过锁模块将动、定模连在一起。

③ 卸下定模板上的螺钉，通过锁模机构将模具与机器定模板分离。

④ 卸下螺钉，将定位圈取出。

⑤ 取出浇口套的加热线圈。

⑥ 如有损坏，分离加热线与电线插座之间的电线连接，将其更换。

⑦ 按相反的顺序进行安装。

注意：更换加热线圈时，必须将其导线从相应的电线插座上拆下，在拆卸过程中，需注意导线的颜色和编号。

（5）热流道板上热电偶的更换　原则上说，必须保证每个热电偶的正常工作，发现有坏的，应及时更换。另外，温控箱之间的电线连接应由专业人员操作。

① 将型腔、固定板与热流道固定板分离。

② 卸下螺钉，取出热电偶固定板，将热电偶从热流道板中取出。

③ 如有损坏，分离热电偶与电线插座之间的电线连接，将其更换。

④ 按相反的顺序进行安装。

注意：更换热电偶时，必须将其电线从相应的电线插座上拆下，在拆卸过程中，需注意电线的颜色和编号。

（6）型芯镶件的清理与更换

① 合模。

② 停止加热。

③ 关闭动模区的冷却水。

④ 拆下动模开模块螺钉 M16，将开模块取出。

⑤ 拆下连接顶杆与顶出板的螺钉。

⑥ 通过锁模板将顶出板与型腔固定板连接。

⑦ 通过锁模机构使型芯固定板与顶出板分离，分离距离必须大于型芯的长度。

注意：小心操作，不要使冷却水管路损伤。

⑧ 拆下螺钉，将整个型芯从型芯固定板上小心取出。

⑨ 将冷却管从型芯中拔出。

⑩ 彻底清理并检查型芯和冷却管，如有必要，将其更换。

⑪ 检查型芯上的密封圈，如有必要，将其更换。

⑫ 按相反的顺序进行安装。安装时，先不要将螺钉完全锁紧，待合模、型芯对正位置后再锁紧。

（7）型腔镶件的清理与更换

① 开模。

② 停止加热。

③ 关闭动模区的冷却水。

④ 当热射嘴温度低于 150℃时，关闭定模区的冷却水。

⑤ 拆下螺钉，通过两个 M8 的螺钉将型腔镶件从型腔固定板上拔出。

⑥ 彻底清理并检查型腔镶件，如有必要，将其更换。

⑦ 检查型腔镶件上的密封圈，如有必要，将其更换。

⑧ 按相反的顺序进行安装。

（8）哈夫块的清理与更换

① 开模。

② 停止加热。

③ 用丁字扳手将哈夫块固定螺钉取出。

④ 小心将哈夫块取出，彻底清理并检查哈夫块，如有必要，将其更换。

⑤ 安装时，哈夫块螺钉不能用力拧紧，开合模定位后，方能拧紧所有螺钉。

⑥ 按原有顺序进行安装。

注意：在拆卸过程中，不必卸下瓶口镶件。

（9）滑块导轨的清理与更换

① 开模。

② 停止加热。

③ 关闭动、定模区的冷却水。

④ 彻底清理并检查滑块导轨，如有必要，将其更换。

⑤ 涂上一层摩力克 D 型润滑脂后，按相反的顺序进行安装。

14.4 特殊注塑模具的维护保养

特殊注塑模具包括：型腔为镜面抛光的模具；生产防火料、生产 POM/PVC 的模具；有侧向抽芯的模具；个别型腔塞住不用的模具。

（1）型腔为镜面抛光的模具　生产透明塑件（图 14-2）的模具，型腔、型芯表面须镜面抛光，这种模具要重点保护型腔面，预防型腔面损伤，不可用以下任何方式触碰型腔表面。

① 手及身体部位。

② 任何布类织物。

③ 任何硬物。

（2）生产防火料的模具　因防火塑料加热产生酸性气体，对模具有腐蚀作用，故卸模时有以下特殊要求。

① 完成生产任务后先清洗型腔表面，再换用普通 ABS 料（可用 ABS 再生料）注射约 20 次。

② 对有深加强筋的特殊模具，需送工模部清洗抛光。

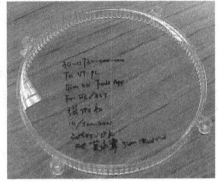

图 14-2　透明塑件

（3）有侧向抽芯的模具　有侧向抽芯机构模具使用不当极易撞坏，需特别注意以下事项。

① 模具有限位开关的，一定要正确接线。

② 侧向抽芯进退的动作与开合模动作的配合设定要正确，无关人员不得调整。

（4）个别型腔塞住不用的模具　这种情况应该避免不用的型腔生锈。

① 堵住的型腔要喷防锈油。

② 经过堵住型腔的冷却水要尽量卸掉。

③ 堵型腔时不可采用 AA 胶粘流道凝料塞流道的方法。

（5）用 POM 塑料注射的模具　POM 俗称赛钢，高温下极易分解产生酸性气体，对模具钢材造成腐蚀，生产时应注意以下几个方面。

① 料温不可过高。

② 注射速度不可过高。

③ 卸模前要用洗模水冲洗模腔，再用 ABS 料注射至少 10 次以清洁模腔。

14.5 不同状态下注塑模具的维护保养要点

（1）连续多日不停地开机生产

① 每天加润滑油，尤其是导柱导套、推杆、斜顶和滑块等摩擦面。

② 每班清理分型面，每班不少于四次清洁分型面。

③ 每班吹水，发现模具经常有冷凝水要及时吹干。

④ 定期向型腔喷射脱模剂，清洗型腔表面的塑料挥发物（俗称胶粉）。

（2）完成生产任务后模具入仓

① 完成任务后模具依然保持良好状态。

② 卸除冷却水后要吹干净模具。

③ 卸模前型腔喷防锈油，滑动部件的摩擦面处加黄油。

④ 型腔镜面抛光的模具中，分型面缝外要封胶纸防水、防尘。

（3）周末停机不卸模　主要避免模具生锈。

① 关闭水阀，吹干净模具内外、上下的残留水。

② 注射数次使模具温度升高，将模具内外的水蒸发掉。

③ 型腔内喷足量的油性脱模剂。

（4）卸模送修　主要避免碰伤和淋雨。

① 拆除并吹干冷却水后，再注射数次将模具加热，并向型腔喷少量脱模剂。

② 如果只拆卸半边模时要用塑件罩住型芯或型腔。

③ 保证平稳，不会晃倒。

④ 雨天应罩大胶袋防湿。

（5）短时停产待处理　短时是指停产 0.5～4h。主要考虑当模具温度太低时，空气中的潮气会再在模具表面产生冷凝水珠，时间过长会导致模具钢材生锈，所以此时应采取以下措施。

① 关掉冷却水，如果是热水或热油则不用关。

② 注射数次使模具温度升高，喷少量油性脱模剂。

③ 将推杆退回原位，保护弹簧。

（6）交接班或顶班　此时主要应避免交接班中模具有人为损坏出现扯皮的现象，所以要进行以下检查工作。

① 对照塑件检查模具型腔表面有无划痕、裂纹或锈迹。

② 塑件圆柱下有无断针，若有缺陷要及时通知相关人员确认。

（7）待出厂的模具　此时要保证送到客户手里的模具外观与结构良好，无锈蚀，无缺损，因此必须做到以下事项。

① 拆除冷却水管，里外吹干净残留水迹。

② 注射数次使模具温度升高，喷涂防锈油。

③ 推杆、导柱导套、滑块要抹黄油。

④ 有生锈等情况要送工模部维修。

⑤ 以上工作要由主管等以上职位的人员监督进行。

14.6　模具保养及维护的经验总结

14.6.1　三板模的保养

三板模开模机构中一般都有成对的拉板、拉杆、扣机等定距分型机构组件，由于它们经常受到很大的冲击力，两边受力不平衡，其固定螺栓常常会断裂，见图 14-3。一边断裂后另一边受力更大，不久也会相继断裂，最终不能生产，要卸模修理。所以在日常生产中，每班都要定期检查固定螺栓，发现松动时立即拧紧，缺少的螺钉要立即补装上。

14.6.2　模具的热膨胀及其对策

当模具温度改变时，钢材就会发生膨胀或收缩。当整体的模温相近或相同时，一般不会发生问题。但是，当我们调节半边模具的温度来解决成型问题时，由于出现两边模具的不对中问题，将会导致塑件尺寸变化，或使导柱、对插镶件和滑块损坏等。如果冷却系统没有对热平衡进行适当补偿的话，过热的分流道也会出现同样的问题。

模具产生热膨胀的对策如下。

① 如果塑件没有特殊的问题，一般不要使动、定模之间的温差过大。

② 确实因为塑件的某些缺陷，必须要使单边模温升高，也要在模具闭合时进行升温；停机时一定要把模具合上。

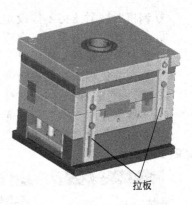

拉板

图 14-3　三板模定距分型结构

③ 在停机时，要使注塑机的喷嘴离开定模。

④ 修模或处理塑件缺陷时，避免对模具的局部进行强制加热，尤其不能用明火加热型腔、型芯。

⑤ 规范热处理工艺。通过热处理可改变材料的金相组织，保证必要的强度、硬度、高温下尺寸稳定性、抗热疲劳性能和材料切削性能。使用正确的热处理工艺，才会得到最佳的模具性能，而钢材的性能是受淬火温度和时间、冷却速度和回火温度控制。

14.6.3　防止模具损坏的措施

（1）规范操作行为

① 严格按注塑机操作规范作业。

② 锁模力的设定：不可超过额定锁模力的 80%。

③ 低压保护压力的设定：用样条测试。

（2）良好的塑件结构设计　塑件壁厚尽可能均匀，避免过大壁厚，以减少模具局部热量集中产生的热疲劳。塑件的转角处应有适当的圆角过渡，以避免模具上有尖角位导致应力产生。

（3）合理的模具结构设计

① 模具中零件应有足够的刚度、强度，以承受压力而不变形。模具壁厚要足够，才能减少变形。

② 浇注系统设计尽量减少对型芯冲击、冲蚀。

③ 正确选择各零件的公差配合和表面粗糙度。

④ 保持模具热平衡。

（4）生产过程的措施

① 半自动生产时，严禁手持尖锐的工具取塑件。

② 设计、制作机械手工具。调试机械手时，应特别注意防止碰到模具。

③ 模具型腔面的异物要定期清理。

④ 不能使用过大的锁模力。

锁模力＝1.25×胀型力

胀型力＝塑件在分型面上的投影面积×塑料熔体对型腔的压强

常用塑料熔体对型腔的压强见表 6-1。

⑤ 定期检查注塑机的锁模系统是否平衡。

⑥ 使用推杆复位开关，切实防止撞模。

⑦ 粘模时的正确处理：不得用强制合模的方法取出塑件。

⑧ 调机时注射压力不能设定过大。

⑨ 低压护模压力设定要合理。

⑩ 模具有断镶件、断针时，不能关安全门锁模，以免压伤模具。

⑪ 避免在模温未达到规定值时，就进行注射动作。

⑫ 塑件有飞边时，应及时修模。

⑬ 不能随意对模具进行抛光、打磨。

⑭ 尽可能用全自动方式生产，并采用机械手和模具质量监控系统。模具质量监控系统见图 14-4。

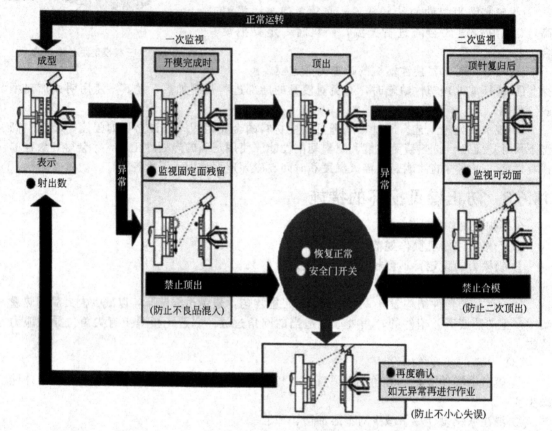

图 14-4　模具质量监控系统

另外，公司应成立模具监察小组，监察小组由生产工程部、注塑部和工模部三大部门主要负责人组成，对模具的使用、维护、保养情况，每周进行不定期巡查，对不合格项进行及时的通报，限期整改。目的在于通过监察提高各员工对模具的正确使用与维护意识；提高模具的有效使用率，防止因使用不当导致模具有效使用率的下降；促使模具操作规范化。

14.6.4　扣机的改进

扣机是多分型面模具（尤其是三板模）中常用的定距分型机构。图 14-5(a) 是一款常用的扣机标准件，在生产实践中，发现这种结构的扣机寿命不高，容易损坏，后来改用一款钢板弹簧扣机就很少损坏，见图 14-5(b)。

14.6.5　拉板的改进

VT-PL 原用拉板装配后因内部不可见，在两边加工不对称，受力不平衡时单边极易拉

(a) 旧扣机 　　　　　　　　　　(b) 新扣机

图 14-5 　扣机的改进

断螺栓，因此建议将螺钉槽挖穿，改用高强度螺钉，并在螺钉上安装钢套进行缓冲，见图 14-6 和图 14-7。

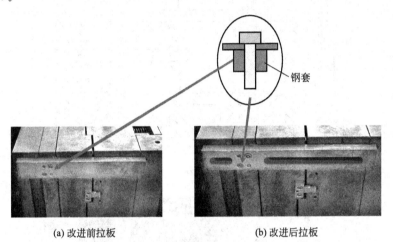

(a) 改进前拉板 　　　　　　　　　(b) 改进后拉板

图 14-6 　拉板的改进（实物图）

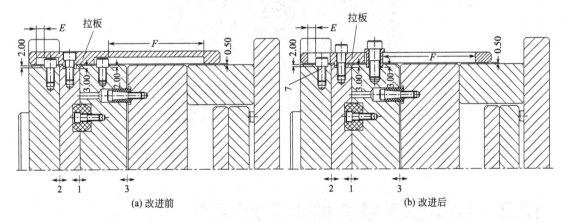

(a) 改进前 　　　　　　　　　　　　(b) 改进后

图 14-7 　拉板的改进（结构图）（单位：mm）

14.6.6 　拉杆的改进

原来的拉杆因螺钉小，极易断，改进后的拉杆如图 14-8 所示。改进后的拉杆因螺栓尺寸大，所以强度要高许多，比较耐用，建议再进行淬火处理，效果将会更好。

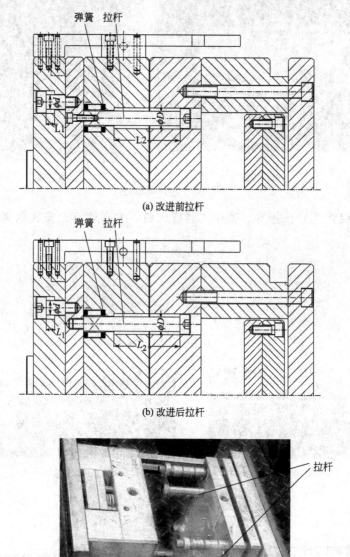

(a) 改进前拉杆

(b) 改进后拉杆

(c) 模具实物图

图 14-8 拉杆的改进

14.7 注塑模具维护保养注意事项

① 一般的公司都是每年的 9～10 月份进行模具、注塑机大修及职工培训等，其余时间大多是连续生产，这就决定了模具投入正常生产是连续工作（三班制），其工作周期比较长。这期间为了保证生产计划的及时完成、模具的正常运转，模具的及时维护、保养及维修就显得尤为重要。操作者交接班时，除了对生产塑件的数量情况进行交代外，也要对模具的使用

情况做一个详细的交代。对模具上的滑动部件、导向部件、型芯等要随时观察，定时检查，并在交班记录上加以说明。接班者要对滑动部件的工作面加油，尤其在夏季温度高的情况下，每班应上油两次，以防止发生干摩擦而导致工作面拉伤。在正常的运转中短时间停机，预计超过半天以上，要对模腔表面涂防锈油，尤其在雨季和空气潮湿时，即使时间短也要做相应的处理，以防空气中的水分使模腔表面锈蚀，影响塑件质量。

② 模具的防锈及去油处理。模具在使用过程中常留有脱模时的残渣、料屑、油类等杂物，若不及时清理会影响模具的成型。清除这些杂物后使用黄油防锈，但黄油氧化后容易吸收空气中的水分，与模具的黏合力不强，油脂与模腔表面的间隙中进入水分，从而产生锈蚀，因此，应用专用的防锈油进行保养。在使用经过一段时间保管的模具之前，必须要除油，否则进入模腔表面、镶拼部位及顶杆等部位的油，往往会在成型时渗出，使塑件存在缺陷。尤其对于透明塑件等表面质量要求较高的塑件，除油很重要。除油的方法是先拆开模具，接着用煤油等溶剂擦洗杆类及型芯镶拼部位。对无法拆开的部分，可注入溶剂，一边擦洗一边用压缩空气吹。模腔除油可用药棉蘸乙醇或丙酮等溶剂进行清洗。

③ 加热、控制系统的保养对热流道模具尤为重要。在每一个生产周期结束后，都应对棒式加热器、热电偶等用万用表进行测量，发现故障及时排除。

④ 操作工应及时清除残余物料，保持注塑机、模具内外整洁，并做好安置管理和文明生产。连续工作时，应定期清除杂物。对于塑件表面质量要求较高的、模腔表面做皮纹处理的更应增加清理的频率，保证模腔表面光亮清洁。

⑤ 加强模具的生命周期管理，严格执行模具履历卡制度。此卡作为模具制造、试模、使用、维修、改进和报废各过程的随模记录，详细记载上述过程中的信息。此卡的内容包括制造记录（模具本身的属性描述，如模具名称、模具编号、模具尺寸等）、初次试模的情况、模具顶出机构和冷却回路描述、批量生产时的工艺调整要点、使用及维修记录、对模具改进情况记录、模具报废记录等。模具履历卡在模具维修时由成型车间到机模车间传递信息，并记录模具的情况。模具大修时的依据来自三个方面：模具履历卡记载的内容（根据记载的数据分析模具最常见的损伤有哪些、哪些部分最易受模具损伤的影响、哪种模具最易损坏、模具损伤的最常见原因有哪些、哪种损伤的后果最严重）、一线工艺员及操作工对塑件成型时可能出现的问题汇总以及工艺科根据前方厂要求改变塑件结构的问题汇总。模具履历卡主要用于两个方面：一是用于监控产生的直接或间接费用；二是用于模具问题的特别分析。人们感兴趣的当然不仅是模具的损伤，还要查清其原因，找到解决办法，尽量杜绝类似问题的发生。

⑥ 注塑模具专职维护保养人员应编制模具维护计划，并按计划对模具进行维护保养。维护保养内容包括：清理、清洗模具内异物，并重新涂上防锈剂；检查各附件是否能正常使用，如不能应及时进行处理（部分工作需由模具部协同完成）。

⑦ 应设立模具库，设专人管理，并建立模具档案，在条件允许的情况下对模具实行计算机管理。模具库应选择潮气小且通风的地方，湿度应保持在70%以下，若湿度超过70%，则模具很容易生锈。模具应上架存放，注意防腐蚀、防尘等。

⑧ 成型模具的存放和取用，应尽可能使用专用工具（如电动叉车），使模具平顺移动，严禁随意翻转搬动或将模具从高处跌放在较低推车上。

14.8　关于模具保养及维护的几点建议

① 模具的保养要有计划进行，积极采取预防式保养策略，对模具定期进行保养，使模具始终以良好的状态服务于生产。

② 注意搜集模具故障与报废等方面的数据并对其进行联合分析，用这些数据来改善有关的工作计划和技术设计。

③ 模具发生故障的主要原因首先是磨损，其次是模具的装拆与使用不当，模具的设计缺陷也会造成模具损伤。因此，必须加强模具保养人员与设计人员的沟通，将有关信息及时反馈给模具设计人员，积累经验以便今后改进模具的结构设计。建议模具设计时由模具保养维护方面的人员参与评审。

④ 粘模的处理方法是：在生产过程中出现塑件全部或部分粘模时，应由熟练的技术人员进行处理，操作工人不得自行处理，并视情况采取机上取出或卸模送修。当在机上处理时，注意工具不得直接接触模具型腔，要在工具下垫塑件或流道凝料，以免压伤或钳伤模具型腔。

还有一点要特别注意：塑件粘模时，经常用钩针或用锯片磨制的钩片用火枪加热后插入塑件，待冷却后一同拔出。在这种情况下一定要注意不要损坏型腔面，另外，千万不能用火枪的明火直接对着型芯或型腔表面加热，因为这样会使镶件表面退火，影响模具的使用寿命。

⑤ 完善模具履历卡制度，为今后修模、制作模具、设计模具提供第一手资料。从履历卡中可以统计出推杆的折损、咬死、模腔面的抛光、滑动部位的磨损等情况，给模具改进、备品计划、选择模具材料、表面处理等提供帮助，有利于提高模具制造质量、提高成型效率。

14.9　模具更换和保养日报表

当天换下来的模具应立即进行保养，并填写《模具更换一览表》和《模具保养一览表》，见表 14-3 和表 14-4，此记录可作为问题追溯的依据。

表 14-3　模具更换一览表

机号	原来成型模具	换上的模具	有无提前准备模具	作业者	保养日期	保养内容	确认
1			有　无		月　　日		
2			有　无		月　　日		
3			有　无		月　　日		
4			有　无		月　　日		
5			有　无		月　　日		
6			有　无		月　　日		

表 14-4　模具保养一览表

机号	部品号码	模芯损坏	模芯清洗	行位	行位损伤	顶针	顶针损伤	导柱润滑	尼龙拉扣	拉杆螺钉	模具漏水	水口拉针	对策	担当
1		有/无	有/无	松/紧	有/无	松/紧	有/无	好/差	松/紧	松/紧	有/无	好/坏		
2		有/无	有/无	松/紧	有/无	松/紧	有/无	好/差	松/紧	松/紧	有/无	好/坏		
3		有/无	有/无	松/紧	有/无	松/紧	有/无	好/差	松/紧	松/紧	有/无	好/坏		
4		有/无	有/无	松/紧	有/无	松/紧	有/无	好/差	松/紧	松/紧	有/无	好/坏		
5		有/无	有/无	松/紧	有/无	松/紧	有/无	好/差	松/紧	松/紧	有/无	好/坏		
6		有/无	有/无	松/紧	有/无	松/紧	有/无	好/差	松/紧	松/紧	有/无	好/坏		

从理论上讲，一副设计合理、制造精细、保养良好的模具使用寿命是很长的，通常其寿命比模塑制品生产要求的要长。如果生产批量很小，就应当简化模具的结构，采用某些便宜材料，以降低模具成本。模具寿命的临界极限值是指满足生产需求的循环周期数，而不是指模具生产塑件的数目。为了达到模具的预期寿命，各企业应根据自身的实际情况，制定相应的管理制度，加强对模具使用过程中的维护及保养过程的控制，使模具在生产中一直处于良好的状态，以便创造更大的经济效益。

如果对注塑机、模具及辅助设备进行长期有规律的保养，并及时排除故障，就可以减少停机修理时间，延长模具寿命，提高模具的劳动生产率。这样就可以更好地利用设备的生产能力，并能保证所需塑件的质量。

总之，模具的维护保养，其目的是为了增加生产能力，具体表现为：降低停机维修时间，减少塑件的废、次品率，及时完成生产计划。所以模具设计时应选用优质的塑料模具钢，提高模具的制造精度，运用适当的热处理方式，采用先进的模具结构，确保模具的可靠性、经济性。模具使用者也应加强模具的保养和维护，使模具始终以良好的工作状态服务于生产。

第15章

CHAPTER 15

注塑模具的维修

模具在正常使用过程中，由于磨损、疲劳失效以及意外事故，都需要及时修理，以保证生产计划的顺利完成。

15.1 注塑模具维修的一般流程

① 模具维修人员在接到注塑部的口头或书面的通知后，应在第一时间赶到现场，向发现故障的相关人员详细了解故障的情况，然后根据模具及塑件的情况初步判断故障发生的原因。

模具维修人员在现场了解情况时应注意以下情况。

a. 弄清模具损坏的程度。

b. 分析缺陷样板及模具结构，初步确定维修方案。

c. 测量：在对模具进行维修时，经常是在无图纸条件下进行的，但模具维修的第一原则是"不影响塑件的结构和尺寸"。这就要求修模技工在涉及尺寸改变时必须先测量数据再做下一步的工作。

② 在注塑故障原因不明朗的情况下，首先应从塑料着手查找原因，其次再对注塑机和注塑工艺参数进行调试、改善。采用排除法确定是模具的问题后，应对模具故障的原因进行分析，最后确定维修解决方案。

③ 如果模具能在注塑机上修理的，则在注塑机上进行维修；如果修理需要较长时间或在注塑机上无法修理，则必须通知注塑部卸模送工模部维修。

④ 如果维修时间会超过 2h 以上的，必须立即通知上级主管，并通知生产计划人员(PMC)，且告知确切的修复时间，以便生产计划人员及时地调整生产进度。

⑤ 在进行模具维修时，必须对拆卸下来的模具部件妥善放置，并做好标记，防止损坏和遗失，模具修复后进行模具装配时，应检查各部件的安装是否正确，是否按照对应的位置，防止错位、少装或漏装零件。

⑥ 模具修复后，应立即通知注塑部试模。开机试模时，模具维修人员必须在现场观察模具维修后的生产情况，在确定模具问题已全部解决后通知生产计划人员及生产部门，模具可交付注塑部生产。

⑦ 对于修理后暂时还没有生产任务的模具，应放置到待试模区，并将修模后的结果通知生产计划人员，以便在适当时间安排试模。

⑧ 模具修好后，工模维修部门和生产部门应在开出的模具维修单上进行签字确认。

⑨ 模具维修人员需要填写的相关表单，如下。

a. 模具维修交接单。

b. 模具维修人员交班记录。

c. 模具维修保养记录。

注塑模具维修的一般流程表和流程图分别见表 15-1 和图 15-1。

表 15-1 注塑模具维修流程表

序号	项目	实施说明
1	注塑生产异常	将异常情况通知相关技术人员和 PMC
2	技术分析判定	判定异常情况是模具问题还是调机问题
		如果是调机问题,由调机技术员重新调试至正常状态
		如果是模具问题,提出维修申请
3	模具异常	向模具维修部门发出《模具维修通知书》
		填写《模具维修通知书》应考虑到生产计划和实际需要,内容和状况的描述要详细、具体且真实
		PMC 根据模具维修计划变更和调整生产计划
4	模具检修	维修部门依据《模具维修通知书》的要求和维修实际情况,制定可行的维修计划,并跟进落实
		维修部门评估《模具维修通知书》时不能满足的事项一定要反馈回生产部门和 PMC,并说明原因,以便及时调整
5	试模	模具维修完毕,模具维修部门首先要自行试模,确认维修效果(参照样板),如果达不到要求,模具应重新检修;若能满足要求,做好成型记录表,向生产部门和 PMC 发出《试模通知单》。相关部门现场确认试模效果(参照样板),并做成《试模报告单》,签字确认
		《试模报告单》确认模具维修为合格状态后,生产部门应及时将模具收回,安排生产
		如果《试模报告单》确认模具维修为不合格状态,维修部门须继续检修,直至合格

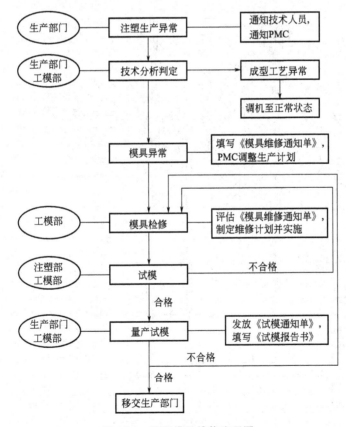

图 15-1 注塑模具维修流程图

285

15.2 注塑模具常见故障分析及维修措施

(1) 导向定位零件因磨损而发生故障 注塑模的导向定位机构包括导柱、导套和定位块、定位柱等,有侧向力的时候必须采用定位块或定位柱。这些零件在生产中起导向定位作用,开、合模时具有相对运动,在成型过程中承受一定的压力、摩擦力或偏载负荷。

① 小型模具以导柱、导套作为动、定模间导向定位零件,在长期使用的过程中,模具的反复开合导致导柱和导套之间的磨损。导柱(套)磨损时应仔细分析原因。导柱、导套周边磨损均匀时,可换掉导套,重新配置,以达到精度要求;导柱(套)有拉毛现象,可能是由于其配合间隙过小或有杂物,也有可能因导柱、导套不同轴。

例如,某公司于1997年从日本某公司引进一套柜机模具,模具是三板模结构,在注塑生产过程中,其中定模面板内一个拉杆(即长导柱)与定模板导套发生严重拉毛,影响模具二次开模动作的完成。其原因是该导柱固定部位因弥补尺寸超差而镀了一圈,装配后该导柱与定模固定板不垂直,导致导柱、导套局部摩擦严重。重新更换导柱后这一现象立即消除。导柱、导套发生"咬死"(又称"烧死")时,根据损伤的程度可用电(气)动工具或油石、砂布等对"咬死"部位进行打磨、抛光等修理。导柱、导套一般采用GCr15、T8A、T10A等,采用高频淬火或渗碳淬火,硬度为50~60HRC。拉毛比较严重时考虑更换导柱(套),重新校核定位精度。

② 大中型模具为了保证模具型腔和型芯、滑块和型芯的精确定位及滑块本身的精确导向,常采用定位块、定位止口、减少摩擦垫块或耐磨块等,见图15-2。耐磨块磨损时可在A

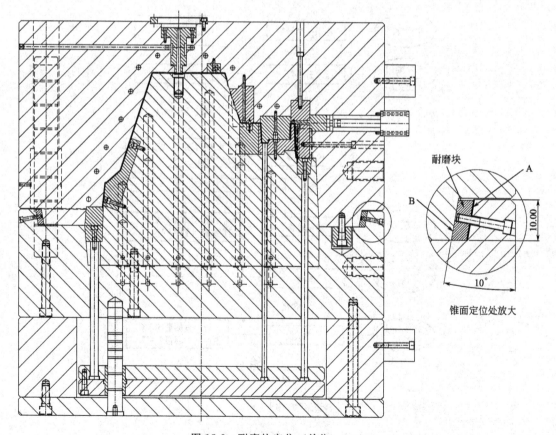

图 15-2 耐磨块定位(单位:mm)

面间垫 n 层厚的铜皮或不锈钢皮，将 B 面磨去相应的尺寸即可恢复原来的尺寸。n 视具体情况而定，铜皮厚度为 $0.1 \sim 0.5mm$，不锈钢皮的厚度为 $0.05 \sim 1.0mm$。定位柱、定位块磨损时，可在 E 面或 F 面下垫 n 层铜片，即可达到预期的目的，见图 15-3。为了预防定位件的磨损，定位柱宜采用 Cr12MoV，硬度为 $58 \sim 62HRC$，精密定位件采用 CrVMn、Cr12MoV、GCr15，硬度为 $58 \sim 60HRC$。

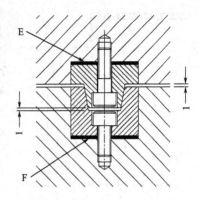

图 15-3　锥面定位柱或
定位块（单位：mm）

(2) 碰合面因磨损或意外事故而出现飞边、毛刺　模具经过长时间使用，或分型面定位止口由于受到磕碰，原来尖角的分型面变成钝角，成型时塑件产生飞边、毛刺，需要进行修剪，增加了制品的成本。产生这种现象主要有以下原因。

① 在使用过程中，合模前未能及时清除粘在分型面上的料屑，以致将分型面压塌。特别是三板模取塑件时往往忘记将主流道、分流道冷料取出，结果将脱浇板压出凹坑。解决方法是：清理并磨削分型面。磨削时将该分型面磨平为止，磨削深度为 $0.2 \sim 0.4mm$，同样考虑其他碰合面的碰合程度，并适当进行调整。

② 型芯和模腔的碰合面，由于反复碰撞，造成端面磨损或凹陷，使得通孔不通。图 15-4 是塑件孔常用的几种成型方法，如果采用碰穿，注射成型时，型芯经常折断。解决方法是：更换成型该孔的型芯，在调整型芯的高度时要把握其碰合的尺度，碰得太轻，则孔可能不通，有飞边；碰得太重，则在使用过程中疲劳失效，易折断。碰合时，可在分型面间垫一层纸（厚度为 $0.1 \sim 0.2mm$），此时以型芯和模腔面刚好碰到为止。也可将其结构改为图 15-4 中的插穿或对插结构，但这种结构加工精度要求较高。

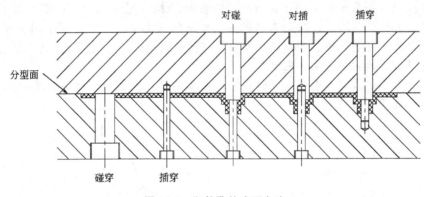

图 15-4　塑件孔的成型方法

③ 分型面因意外事故受损而产生飞边，面积小时，可采用挤胀法，即用手锤敲打其四周来弥补塌陷的部位；面积大时，采用堆焊法（TIG 氢弧焊），然后再碰合分型面。

(3) 脱模机构因磨损而出现故障　常见的故障有以下几种。

① 推杆因长时间相对运动，使得推杆孔扩大而产生飞边。解决办法是：空间位置允许时，采用扩孔法更换大一号的推杆；也可采用堆焊法，将推杆孔周边焊接后用 EDM 加工。

② 推杆不能正常回退，其原因如下。

a. 由于推杆和推杆孔的配合间隙太小，可用铰刀铰削推杆孔（为避免出现喇叭口，应从型芯背面铰孔），并减少其配合长度以减小摩擦阻力，从而使得每根推杆通行顺畅。间隙过小，限制推杆移动，导致推杆断裂或加速推杆和孔的磨损；间隙过大，将导致溢料。推杆

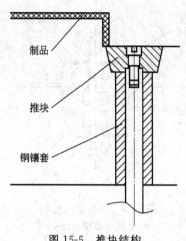

图 15-5　推块结构

和型芯的配合长度一般取推杆直径的 3 倍左右，但最长不宜超过 20mm，最短不宜小于 10mm。如果配合面过长，会加大磨损，并增加排气阻力，导致排气不良。如果配合面过短，则导向性差，会加速配合孔的磨损。另外，当注射压力高时，塑料很热且流速很慢时，易产生飞边。

b. 推杆"咬死"、严重拉毛或折断。由于模具材料、热处理硬度及加工精度等原因使得推杆变形扭曲。解决方法是：将推杆多余部分切除，并将推杆从反面敲出，然后将推杆孔进行铰削（先用锉刀或电动、气动工具去除孔内的积瘤）或扩孔处理。配合孔必须光滑，没有磨削痕迹，否则磨痕会像锉刀一样磨损推杆。建议粗糙度值为 R_a 0.4μm 或更低的 R_a 0.0254μm。为保证较长的磨损寿命，应采用 H13 或类似钢材制造推杆，进行表面淬火或氮化，使硬度达到 70HRC，然后进行高抛光，再用固体润滑剂覆盖其表面。采用顶出块顶出时，用镶套结构，材料为锡青铜，见图 15-5。

c. 复位弹簧易断，致使推杆不能自动回退。弹簧不一样长，其受力不均匀，或者由于注塑机顶出行程过大，超过弹簧的压缩极限，使其疲劳破坏。解决方法是：更换弹簧，并增设限位柱，如果行程较大，弹簧必须加导向杆。

d. 深腔类模具顶出时，采用一根顶棍，会使顶出不平衡，造成推杆回退不顺。解决方法是：增设注塑机顶棍数量，注塑机顶棍最好为两根或更多，视具体情况而定。对于小型模具，允许只使用一根顶棍。

e. 推板导柱（套）、复位杆间隙过小。解决方法是：调整其间隙。

③ 复位后推杆发生转动，由于其顶部形状与型腔表面相配，再次合模时将型腔表面撞坏。解决方法是：更换推杆，并在推杆头部加防转结构（图 13-20），将模腔压塌的部位进行焊接处理。补焊模具时，采取适当的措施，如采用 TIG 缸弧焊时，预热模具并采用适当的焊丝，可得到良好的效果。如模具补焊后需进行抛光或刻花，则应选用化学成分与模具用钢相同的焊丝，焊接后及时回火去应力。

（4）滑动件出现故障　滑动件（型腔内、外抽芯块）因磨损、疲劳破坏、强度降低等，导致动作失灵而损坏型腔。

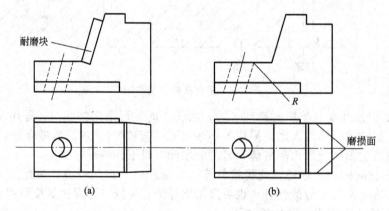

图 15-6　滑块不同的磨损方式

① 滑块因耐磨块磨损（图 15-6），塑件出现飞边。解决方法是：挤胀法或采用 TIG 补焊，如该塑件批量较大且条件允许，考虑将其结构图 15-6(a) 改为图 15-6(b) 的形式。斜

滑块采用 CrWMn、P20、40CrNiMo，硬度为 35～40HRC；楔紧块可采用 CrWMn、T8A，硬度为 50～55HRC。

② 滑块限位螺钉位置不准或断裂，合模时斜导柱未进入滑块上斜导柱孔而折断或弯曲。解决方法是：重新确定限位螺钉的位置，并在滑块上斜导柱入口处倒 R 角（图 15-6）。开模后滑块可用弹簧加螺钉或用滚珠进行定位，要考虑定位的可靠性，否则会导致斜导柱折断而损坏模腔。抽芯距较长时复位弹簧要增设导杆，防止合模时因弹簧压碎而损坏模腔。

③ 图 15-7 是斜顶内侧抽芯结构实例，因尾部固定块吊紧螺钉断裂，没有正常回退，合模时将型腔压损。解决方法是：更换螺钉并加弹簧垫圈，型腔压损部位采用 TIG 补焊，或采用如图 15-7(b) 所示的结构。

④ 图 15-8 是一款日本挂机面板模具，生产塑件数量已达上百万，后筋栅因疲劳损坏（频繁碰撞所致），导致局部断裂。解决方法是：采用镶块处理。用 EDM 机床加工修理损坏部位，然后制作新的镶件镶入该部位，并用螺钉或销固定。

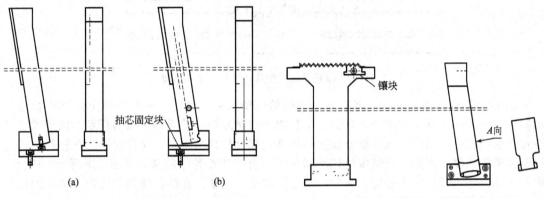

图 15-7　斜顶抽芯结构（一）　　　　　　　图 15-8　斜顶抽芯结构（二）

（5）浇注系统常见故障分析

①注塑机喷嘴与浇口套频繁碰撞致使浇口套进料口处形成反喇叭口，使得主流道取出困难。解决方法是：将浇口套与喷嘴碰撞处球面重新车制。

② 三板模浇口套与脱浇板严重拉毛、漏料，不能实现脱料动作，见图 15-9。解决方法是：将浇口套配合部分进行研磨，清理脱浇板孔的积屑并重新修配，或采用如图 15-9(b)所示的结构，可避免此类现象发生。

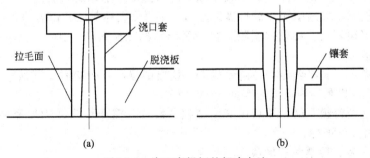

图 15-9　浇口套损坏的解决办法

③ 与冷流道模具相比，热流道模具操作和维修比较复杂。如使用操作不当极易损坏热流道零件，使生产无法进行，造成巨大经济损失。对于热流道模具的新用户，需要较长时间来积累使用经验。

④ 在三板模中，经常有未将浇注系统的冷料拿掉就合模的情况（尤其在晚上后半夜生

289

产时），结果脱浇板被压变形，有时还会导致其他零件受损。解决方法是：采用 TIG 补焊后重新配模，或改善定距分型机构，保证浇注系统冷料安全可靠地掉落。

（6）冷却系统常见故障分析

① 图 15-10 是一个摩托车配件模具动模型芯冷却系统，注塑生产过程中该型芯局部冷却效果欠佳，而该处已设置了冷却水道，且其深度比较合理。检查后发现隔板与模板间有一段距离，水流直接从此间隙流过，而未经过型芯的顶部。解决方法是：加长隔片，使隔片底面与模板面平齐。

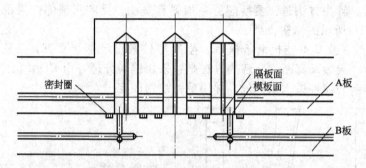

图 15-10 摩托车配件模具动模型芯冷却系统

② 随着时间的推移，冷却水道的表面容易沉积水垢或生锈，冷却管道上的沉积物或铁锈对冷却系统构成双重的影响。首先，沉积物或铁锈减小了管道的横截面面积，因而减缓了冷却介质的流动；其次，沉积物或铁锈热导率比模具材料低得多，从而减少了从塑料传递给冷却介质的热量，因此，应经常清理冷却系统。由于冷却管道的清理受到几何形状的限制，因此，无法用机械的方法进行，只能用清洁剂冲洗。注意：在模具停用储存前，必须用压缩空气将冷却管道内的水清除干净。

③ 漏水（图 15-10），由于 A、B 板间密封件磨损或 A、B 板间紧固螺钉松动，也可能由于型芯疲劳损坏而产生裂纹。解决方法是：更换新的密封圈（自然状态下应高出 B 板平面0.4～0.6mm），如还漏水则应在密封圈附近加紧固螺钉。若镶件产生裂缝则应考虑更换镶件。

15.3 模具维修中的注意事项

① 生产过程出现小的故障，调机技术人员可根据情况加以解决。

a. 进料口粘模，应用铜棒在进料嘴处敲出，不可用钢棒等硬物敲打模具。

b. 型腔有轻微划痕，可根据型腔的粗糙度选择抛光材料和方式，必要时可通知抛光技术人员上机处理。

c. 塑件粘模，一般用热的塑料包覆塑件及顶出部位，待冷却后拉（顶）出。如用火烧，留意明火不要烧及模具型腔或型芯表面。

② 专业人员维修模具时，不可随意更改模具结构，需要更改结构须经模具工程师和产品工程师同意后方可进行。

③ 注塑模具装、拆模注意事项

a. 标示清楚：拆卸导柱、司筒、顶针、镶件、压块等零件时，一定要看清在模架上的对应标示（特别是有方向要求的），以便在装模时对号入座。在此过程中，须留意两点：第一，标示符必须唯一，不得重复；第二，未有标示的模具镶件，必须打上标示字符。

b. 防呆：在易出现错装的零部件做好防呆工作，保证在装反的情况下装不进去。

c. 摆放：拆出的零部件需摆放整齐，螺钉、弹簧、密封胶圈等应用胶盒装好。

d. 保护：对型芯、型腔等精密零件要做好防护措施，以防他人不小心碰伤。

④ 在模具吊装过程中应注意安全，做到不被伤害同时不伤害他人。在吊装模具时，保证不使用存在隐患的吊环，不要超过吊环螺栓的承载能力，保证吊环螺栓完全旋下去，且处于正确的位置。在运行的基础上，应建立和执行吊环螺栓的检查程序，要保证安全。所有这类设备都要进行检查，从而发现可能存在的应力迹象（裂纹）和磨损。出现问题的螺栓必须丢弃和破坏，不要维修和焊接。谨防意外事故的发生。

⑤ 制品出现缺陷时要先分析原因，是模具问题还是工艺问题，必要时运用 CAE（MOLDFLOW 软件）进行模流分析，以减少修模的次数，提高生产效率。模具发生故障不能正常工作时，应做全面检查，发现可能存在的隐患并及时排除，切忌头痛医头脚痛医脚，确保一次修模成功率达 90％以上。

⑥ 在生产任务较紧时，为了争取时间，小的问题（如浇注系统调整、局部加壁厚等）可在机台上解决，修模时应将注塑机液压泵关闭，防止意外事故的发生。修模结束后清理现场，特别是将模具上及周围放置的物品包括扳手、铜棒等修模工具拿掉，检查完毕后再合模。

⑦ 在模腔锈蚀或划伤需抛光时，严格按照抛光的顺序进行，注意工作环境的整洁，用金刚石抛光膏研磨时，所用工具应该每种粒度专用不能混用。抛光时换用不同粒度的研磨膏前必须小心地用软布、软纸或煤油将工件清理干净，以免前道工序的磨屑混入细粒度研磨膏而将工件划伤。研磨结束应将工件及周围环境清理干净，同时应将研磨剂、抛光剂和工具依据等级、材质分类并妥善保管。抛光时要一道工序一道工序进行，不可存在侥幸心理，以确保塑件品质。

⑧ 堆焊在模具使用过程中可用来进行局部修整，但由于堆焊会使模具产生热应力，若焊接不当，会引起模具的变形、开裂，从而影响模具的功能。因此，采用堆焊时应根据材料的特点，严格执行其工艺程序。有关焊接的基本原则如下。

a. 焊丝材料必须与所焊接的模具材料成分相同或至少相近，焊前要预热，焊后立即对焊区进行热处理，以使模具硬度和结构均匀一致。

b. 电流强度应控制得很小，这样可以防止模具硬化以及产生粗糙结构。

c. 模具预热必须达到马氏体形成温度以上。这个温度可从有关金属的温度相态图中获取，也可由材料供应商提供，但加热温度不能太高，否则将增大熔焊深度。

d. 模具在整个焊接过程中，必须保持预热温度。若模具同时焊接几种材料，那么对温度的控制尤其应该加以注意。

e. 工具钢焊接后必须冷却到 80～100℃，然后进行回火或正火。

⑨ 维修蚀纹面时的注意事项

a. 在注塑机上抛光型腔。当模塑件有粘模、拖花等需抛光型腔时，应保护好有纹面的部位。在注塑机上抛光型腔切忌将纹面抛光，如果操作不方便，或没有把握保护好纹面时应要求拆模维修。

b. 烧焊。若对蚀纹面进行烧焊，应留意：焊条必须与模具的镶件材料一致；焊接后需做好回火工作，以消除内应力。

c. 补纹。当模具维修好需出厂补纹时，维修者需用纸皮将纹面保护好，并标示好补纹部位，附带补纹样板。蚀纹回厂时，应认真检查蚀纹面的质量，确认合格后方可进行装模。若对维修效果把握不大，应先试模确认，方可出厂补纹。

⑩ 模具维修结束后，将模具各部位用压缩空气清理干净，导柱（套）、滑块等运动件涂抹黄油，若隔一段时间后再生产，模腔应喷涂防锈油。合模后运至指定存放场所，同时清理现场，将吊环、螺钉等工具放回原处。

第16章

CHAPTER 16

注塑模具质量控制制度

模具质量控制的目的是确保对模具的制作、验收、使用、维护、保养直至报废整个过程的有效管理，保证模具的品质和寿命满足生产需求。

16.1 注塑模具质量控制职责

（1）模具工程师

① 参与新产品的模具设计与开发。针对产品及塑件的结构、尺寸、强度、工艺方面等进行分析，对不合理的地方提出改良措施。对现有的产品及模具进行分析和改进，确定模具结构（包括模具型腔数量、分型面、流道、顶出机构等）方面的要求，确保新开模具的制造质量与进度，与旧模具相比应有明显的改善和提高。

② 协助模具的外协制作。

③ 协助采购部对模具外协制作厂进行选择、考核、提供技术支持等。

④ 负责组织模具使用单位进行模具验收，并对试模不合格的模具结构进行分析改进。

⑤ 负责模具的保养与维修工作。

（2）注塑工艺师

① 协助模具工程师完成注塑模具的维护与保养。

② 协助模具工程师完成注塑模具的维修与维修记录。

③ 协助模具工程师完成注塑模具的维修费用预算与呈报。

（3）生产部工程师

① 参与模具的验收工作，记录存在的问题。

② 负责模具入/出库的控制，标识的维护。

③ 负责模具的保养、维护及生产过程记录。

④ 负责提供汇总注塑模具使用状况。

⑤ 负责注塑模具的建档管理。

⑥ 负责注塑模具的协调工作。

（4）质管部工程师　协助模具的验收工作。

16.2 注塑模具质量控制程序

16.2.1 注塑模具的设计与制作

① 模具工程师根据产品图纸或造型的要求设计模具，经部门主管审签、总经理批准后交工模部或外发模具制造商。

② 开模依据为公司项目计划书及《生产模具配置申请单》，由工模部经理或采购部经理核定开模价格或投标确定并确定开模单位，经总经理批准后正式开模。

③ 模具工程师要求制作厂家对所有模具刻上模具编号，并贴上铭牌。

④ 模具的编码原则是：每副模具均有相应的编码，标示位置在模具工作时正前方的侧面上，字体应平整、清晰。

⑤ 根据公司要求刻字标示与制作铭牌。

16.2.2 模具的验收

① 新模具移交时，生产部负责对模具的试用情况如实填写《试模报告》，模具工程师会同注塑工艺师与模具制造单位解决存在的问题。

② 由模具工程师组织生产部主管、注塑工艺师、质管部主管、质量工程师、技术部及模具项目负责人验收，填写《模具验收单》。

③ 模具试模与新品打样，注塑工艺师负责安装调试，并协同技术研发人员、质量工程师进行验证，生产部填写《试模报告》。模具工程师负责收集有关注塑技术质量资料，以及技术准备工作。

16.2.3 模具的存放管理

① 生产部模具管理人员根据模具《模具调入/调出记录表》检查模具是否良好、标示是否正确清楚，然后办理"入库"手续，并录入计算机模具明细表。

② 由外单位调入的模具，需按照相关检查内容逐一检查，并填写《模具验收单》。

③ 模具的存放分三个区域："模具存放区"、"待修模具区"、"待试模具区"。

④ 模具须按不同型号、不同厂家，分类整齐摆放，模具摆放时按模具从大到小依次堆放，堆放高度不能超过 2m，存放时绝对不能将模具叠放在模具上。

⑤ 经生产使用后的模具，"入库"前必须全部经过保养，如有锈迹必须及时清理，模具附件须搭配齐全，水管内的水必须放干净，并用高压气体吹干，否则不得入库。

⑥ 模具管理员负责对每一副模具做好发放、入库、借用、维修、报废等过程记录。

⑦ 注塑工艺师协同模具工程师做好库存模具的日常维护、保养及检查。

16.2.4 模具的领用调拨

（1）模具的领用

① 生产领用模具由注塑工艺师根据生产部主管确认的计划下达的《生产任务通知单》办理模具领取手续，再由装卸模技师将找出的模具安装至所安排的注塑机上，暂不立即生产的，标示"待用"放在指定区域。并在模具履历表中填写使用记录，包括领用时间，开始生产时填写作业时间等。

② 每批订单生产完毕，生产部注塑班、组长须及时向模具管理员报告模具状态。若模具合格，进行维护保养；不合格的模具须由生产部模具管理员开《模具检修计划单》给模

工程师，模具工程师收到修理单后及时将所需修改的模具送修。修好的模具由负责人安排拉回试模，开出模具接收记录表，试模合格后由模具管理员签收入库。

（2）模具外发

① 外发模具由申请调拨单位填写《模具调入/调出记录表》，经生产部审签、总经理批准后，生产部模具管理员方可发放模具。

② 委托模具修改/试模由模具调入单位填写《模具调入/调出记录表》，修模完成后必须办理模具调拨手续。外厂调入修改模具，修改完成后由模具工程师通知相关部门在一个工作日内办理模具外发/调入手续，并将模具调离生产部，由调入单位到生产部拉模具。

（3）外部模具调入调出制度

① 因生产的需要，外部模具调入调出，由模具管理员办理《模具调入/调出记录表》，由生产部模具工程师审核主管核签后，由生产部模具管理员接收。接收单位需检查模具附件是否齐全，并将试模样板交模具工程师及质量工程师验收注塑件是否合格。调入模具必须注明零件名称及产品名称，否则不予接收，物流部采购人员在两日内提供调入模具生产的注塑件图纸。

② 因需修模、改模等原因调出生产部模具须由模具工程师办理《模具调入/调出记录表》，并开出《模具检修计划单》，由生产部主管审核、总经理批准后，方可外协模具，并由模具外协单位签收。

16.2.5　模具的维护、维修与报废

（1）模具的维护　模具在生产过程中的维护保养由注塑部安排专人负责，停产入仓模具的维护保养由仓库管理员负责。

（2）模具的维修

① 一般性修模包括以下原因引起的修模。

a. 由于模具结构不合理导致产品缺陷的。

b. 由于模具精度达不到产品设计要求的。

c. 设计更改导致零件形状或尺寸变化。

d. 由于材料的变更及经注塑工艺调整仍达不到产品设计要求的。

② 因①中a、b和d条引起的修模可由模具工程师会同注塑工程师直接开修模单。

③ 设计阶段因形状或尺寸更改引起的修模，需由产品负责人通知方可修模，由设计部门通知修理模具。

④ 凡由于操作者使用不当造成非正常损坏或丢失，由生产部主管填写《模具损伤处理报告》报总经理批准，模具工程师才能维修。生产紧急情况下可以先修后审批。

（3）模具的一般修理　抛光、修飞边、损伤性修复，需由模具管理员开具《模具检修计划单》，由模具工程师或注塑工艺师执行，并填写《模具检修记录》。

（4）模具的报废

① 对于满足以下条件之一的应申请报废。

a. 因设计、制造问题不能保证产品质量，也不能修复或无修理价值的。

b. 使用时发生正常的磨损及消耗使模具精度、性能不能保证产品要求又不可修复的。

c. 产品过期淘汰而丧失使用价值的。

d. 产品设计更改或工艺更改而丧失使用价值的。

② 模具的报废应由生产部填写《模具报废单》，经生产副总确认呈报总经理批准后才能报废，报废单由生产部转交物流部。

16.2.6　相关文件

相关文件包括：《质量记录控制程序》；《设施和工作环境控制程序》；《设计和开发控制程序》。

16.2.7　相关记录

相关记录包括：《生产设施配置申请单》；《模具验收单》；《模具管理档案》；《生产设置一览表》；《模具日常保养项目表》；《模具/注塑机报修单》；《模具报废单》；《模具检修记录》；《试模报告》；《模具批量生产检验表》；《模具调入/调出记录表》；《模具损伤处理报告》。

第17章

CHAPTER 17

注射成型常见问题分析与对策

17.1 评价塑件质量的三个指标

17.1.1 质量

塑件质量包括内部质量和外观质量。

内部质量包括组织是否疏松，以及内部是否有气泡、裂纹及烁斑、银纹等缺陷。

外观质量包括完整性、颜色和光泽。完整性是指模具注射成型得到的塑料制品，要和产品的设计图纸中要求的结构形状完全相符，并且不能有熔接痕、填充不足和收缩凹陷等缺陷。颜色是指成型塑件的颜色必须和客户的色板一致，对于透明塑件，透明度要很好，不能有白雾、黑点黑斑、银纹震纹等缺陷。光泽是指成型塑件表面的粗糙度要符合客户的要求，蚀纹和喷砂都要符合客户要求的规格。

17.1.2 尺寸及相对位置的准确性

成型塑料制品的尺寸必须符合设计图纸的公差要求，产品装配后必须达到客户的功能要求。

17.1.3 与用途相关的力学性能、化学性能

力学性能包括承受拉力和压力的性能、承受冲击力的性能等；化学性能包括耐酸耐腐蚀性能、抗辐射性能、耐特殊环境的性能等。

17.2 造成塑件缺陷的原因

塑件出现不良现象的种类很多，原因也很复杂，有模具方面的问题，也有塑料方面的问题，还有成型工艺方面的问题。

（1）塑料问题　塑料问题包括塑料质量、配料及干燥等。塑料品种如果不良不纯、共混比例不当或者应该干燥的塑料（如 PC、ABS、PA 等）没有干燥，都会造成诸如内部组织疏松、强度差、内部气泡、表面有银纹等质量问题。

（2）成型工艺问题　成型工艺三要素包括注射压力、温度和周期等。调机就是在这三者之间找到一组合适的值，使模具能够在最短时间内，成型出合格的制品。但调机是一门细

致而复杂的技术，很多缺陷都是因调机不当造成的。

（3）模具问题　即使是模具设计高手，再加上高水平的做模师傅，也难以保证模具在试模和生产时没有任何问题。模具问题包括模具设计、制造及磨损。这里有一点要注意，塑件结构不合理，也会造成塑件出现缺陷。但塑件结构问题直接导致模具问题，作为一个模具设计工程师，必须对塑件结构不合理可能带来的问题有先知先觉，并及时和客户或产品设计工程师沟通，将问题杜绝在模具制造之前。

在以上所有问题中，塑料问题最易解决，成型工艺参数的调整对于有经验的调机师傅来说也不难；最复杂、最难解决的问题是模具问题，如果是模具结构设计不合理，或者制造精度差，则必须卸模修理，从而导致试模失败或影响生产任务的完成。

17.3　塑件常见缺陷原因分析与对策

17.3.1　塑件尺寸不稳定

塑件尺寸变化，本质上是塑料不同收缩程度所造成的。料温、模具温度、注射压力、注塑周期的波动都会导致塑件尺寸的变化，尤其是结晶度较大的 PP、PE、PA 等更是如此。

主要原因分析如下。

（1）注塑机方面

① 塑化容量不足，应选用塑化容量大的注塑机。

② 供料不稳定，应检查注塑机的电压是否波动，注射系统的组件是否磨损或液压系统是否有问题。

③ 螺杆转速不稳定，应检查电动机是否有故障，螺杆与料筒是否磨损，液压阀是否卡住，电压是否稳定。

④ 温度失控，比例阀、总压力阀工作不正常，背压不稳定。

（2）模具方面

① 模具强度和刚性不足，型芯、型腔材料耐磨性差。

② 一模多腔的模具浇注系统不合理。尺寸精度要求很高时，模具型腔的数量不宜超过 4 腔，而且应采用平衡布置。

③ 模具冷却系统设置不平衡，模具各处温差大，导致塑件各处的收缩率不一致。

（3）塑料方面

① 再生料的使用量太大。一般来说，再生料所占比例不能超过 30%，透明塑件的再生料比例不能超过 20%，而精度要求很高的塑件则不能使用再生料。

② 干燥条件不一致，颗粒不均匀。

（4）成型工艺方面

① 塑料加工温度过低，应提高温度，因为温度越高，尺寸收缩越小。

② 对结晶型塑料，模具温度要低些。

③ 成型压力、成型温度和成型周期要保持稳定，不能有过大的波动。

④ 注射量不稳定。

17.3.2　塑件成型不完整

塑件成型不完整是一个经常遇到的问题，但也比较容易解决。当调整注射成型工艺条件解决不了时，可从模具设计制造上进行改进，一般都是可以解决的。

（1）注塑机方面

① 注塑机塑化容量小　当制品质量超过注塑机实际最大注射量时，供料量就入不敷出。若塑件质量接近注塑机实际注射量时，就有一个塑化不够充分的问题，塑料在料筒内受热时间不足，结果不能及时地向模具提供合格的熔体。这种情况只有更换注射量更大的注塑机才能解决问题。有些塑料如尼龙（特别是尼龙-66）熔融温度范围窄，比热容较大，需用塑化容量较大的注塑机才能保证塑料熔体的供应。

② 温度计显示的温度不真实，明高实低，造成料温过低　这是由于温控装置如热电偶及其线路或温差毫伏计失灵，或者是由于远离测温点的电热圈老化或烧毁，以及加温失效而又未曾发现或没有及时修复更换造成的。

③ 喷嘴内孔直径太大或太小　太小，则由于流通直径小，料流的比容增大，容易冷凝，堵塞进料通道或消耗注射压力；太大，则流通截面面积大，塑料熔体进入型腔的单位面积压力低，导致注射压力小，熔体流动速率慢，温度很快降低。

对于非牛顿型塑料熔体，因没有获得大的剪切热而不能使黏度下降也会造成充模困难。

喷嘴与主流道入口配合不良，常常发生模外溢料、模内充不满的现象。

喷嘴本身流动阻力很大或有异物、塑料炭化沉积物等堵塞；喷嘴或主流道入口球面损伤、变形，影响与对方的良好配合；注塑机机械故障或偏差，使喷嘴与主流道轴心产生偏移或轴向压紧面脱离；注塑机喷嘴球头直径比模具浇口套头部凹形圆球直径大，因边缘出现间隙，在溢料挤迫下逐渐增大喷嘴轴向推开力，从而造成塑件填充不良。

④ 塑料块堵塞加料通道　由于塑料在料斗干燥器内局部熔化结块，或注塑机料筒进料段温度过高，或塑料等级选择不当，或塑料内含的润滑剂过多，都会使塑料在进入进料口或螺杆起螺端深槽内时过早地熔化，粒料与熔料互相黏结造成"搭桥"，堵塞通道或包住螺杆，随同螺杆旋转作圆周滑动，不能前移，造成供料中断或无规则波动。这种情况只有在疏通通道、排除料块后才能得到根本解决。

⑤ 喷嘴冷料入模　注塑机通常都因顾及压力损失而只用直通式喷嘴。但是如果料筒前端和喷嘴温度过高，或在高压状态下料筒前端储料过多，产生"流延"，使塑料在未开始注射而模具敞开的情况下，意外地抢先进入主流道入口并在模板的冷却作用下变硬，从而妨碍熔体顺畅地进入型腔。这时，应降低料筒前端和喷嘴的温度以及减少料筒的储料量，降低背压压力，避免料筒前端熔料密度过大。

⑥ 注塑周期过短　由于周期短，型腔还没有充满注塑机就停止供料造成缺料，在电压波动大时尤其明显。要根据供电电压对周期做相应调整。调整时一般不考虑注射时间和保压时间，主要考虑调整从保压完毕到螺杆退回的那段时间，既不影响充模成型条件，又可延长或缩短粒料在料筒内的预热时间。

（2）模具方面

① 模具浇注系统设计不合理　流道太小、太长，以及截面非圆形或浇口太小，增加了熔体的流动阻力。但流道或浇口太大，导致注射压力不足也会导致填充不良；流道、浇口有杂质、异物或炭化物堵塞；流道、浇口粗糙有伤痕，或有锐角，表面粗糙度不良，使料流不畅；流道没有开设冷料井或冷料井太小，或开设方向不对；对于多型腔模具要尽量采用平衡流道，否则会出现只有主流道附近或者浇口粗而短的型腔能够注满而其他型腔则填充不良。

② 模具结构设计不合理　模具过分复杂，流道转折多，浇口选择不当，浇口数量不足或位置不当；塑件壁厚局部很薄，则熔体填充困难，应增加整个塑件或局部的壁厚，或在填充不足处的附近设置辅助流道或浇口；模腔内排气不充分造成塑件填充不良的现象是屡见不鲜的，这种缺陷大多发生在型腔的转弯处、远角、深凹陷处、被厚壁部分包围着的薄壁部分以及用侧浇口成型的薄底壳的底部等处。消除这种缺陷的设计包括开设有效的排气孔道，选择合理的浇口位置使空气容易预先排出，必要时特意将型腔的困气区域的某个局部制成镶件

或加排气针，使空气从镶件缝隙溢出；对于多型腔模具容易发生浇口分配不平衡的情况，必要时应减少注射型腔的数量，以保证其他型腔塑件合格。

（3）成型工艺方面

① 进料调节不当，缺料或多料　加料计量不准或加料控制系统操作不正常、注塑机或模具操作条件所限导致注射周期反常、预塑背压偏小或料筒内料粒密度小都可能造成缺料。对于颗粒大、空隙多的粒料和结晶性的比容变化大的塑料如聚乙烯、聚丙烯、尼龙等，以及黏度较大的塑料如 ABS 应调小注射量，料温偏高时应调大注射量。

当料筒端部存料过多时，注射时螺杆要消耗额外的注射压力来压紧、推动料筒内的超额囤料，这就大大地降低了进入模腔的塑料熔体的有效射压而使型腔难以充满。

② 注射压力太低，注射时间短，柱塞或螺杆退回太早　熔融塑料在偏低的工作温度下黏度较高，流动性差，应以较大的压力和速度注射。比如在注塑 ABS 彩色塑件时，着色剂的不耐高温限制了料筒的加热温度，这就要以比通常高一些的注射压力和延长注射时间来弥补。

③ 注射速度慢　注射速度对于一些形状复杂、厚薄变化大、流程长的塑件，以及黏度较大的塑料如增韧性 ABS 等具有十分重要的意义。当采用高压尚不能注满型腔时，应考虑采用高速注射才能克服填充不良现象。

④ 料温过低　料筒前端温度低，进入型腔的熔料由于模具的冷却作用而使黏度过早地上升到难以流动的地步，妨碍了对远端的充模；料筒后段温度低，黏度大的塑料流动困难，阻碍了螺杆的前移，造成看起来压力表显示的压力足够而实际上熔体在低压低速下进入型腔；喷嘴温度低则可能是固定加料时喷嘴长时间与冷的模具接触散失了热量，或者喷嘴加热圈供热不足或接触不良造成料温低，可能堵塞模具的进料通道；如果模具不带冷料井，用自锁喷嘴，采用后加料程序，喷嘴较能保持必需的温度；刚开机时喷嘴太冷有时可以用火焰枪做外加热以加速喷嘴升温。

（4）塑料方面　塑料流动性差。塑料厂常常使用再生碎料，而再生碎料往往会反映出黏度增大的倾向。实验指出，由于氧化降解生成的分子断链单位体积密度增加了，这就增加了在料筒和型腔内流动的黏滞性，再生碎料引起了较多气态物质的产生，使注射压力损失增大，造成充模困难。为了改善塑料的流动性，应考虑加入外润滑剂如硬脂酸或其盐类，最好用硅油（黏度 $300\sim600cm^2/s$）。润滑剂的加入既可提高塑料的流动性，又可提高其稳定性，减少气态物质的阻力。

17.3.3　塑件翘曲变形

塑件变形、弯曲、扭曲现象的发生主要是由于塑料成型时流动方向的收缩率比垂直于流动方向的大，使塑件各向收缩率不同而造成的。另外，注射充模时由于塑件结构复杂，塑件冷却至室温后不可避免地会在塑件内部留有较大的残余内应力，这些应力有时会使塑件在成型后 2h 内变形，有的会在 7d 后甚至 30d 后缓慢变形。所以从根本上说，模具设计决定了塑件的翘曲倾向，要通过变更成型条件来抑制这种倾向是十分困难的，最终解决问题必须从塑件结构和模具结构的改良着手。这种现象主要由以下几个方面的原因造成。

（1）模具方面

① 塑件结构不合理　塑件壁厚不一致，结构严重不对称，塑件成型后极易变形。塑件厚薄的过渡区必须平缓、圆滑过渡，否则不但影响熔体流动，而且会导致塑件变形开裂。对于结构不合理但因产品功能或外形要求又不能改变时，可以增加塑件壁厚或增加抗翘曲结构，比如加强筋来增强塑件抗翘曲能力。

② 模温不均衡　冷却系统的设计要使模具型腔各部分温度均匀，尽量消除型腔内的温

度差。塑件出模时各处温度一致，则收缩率也一致，结构就不容易变形。

③ 浇注系统不合理　大型塑件、平板类塑件、深腔类塑件都应该采用点浇口浇注系统，否则容易变形。浇口位置应对着型腔宽敞部位，否则也容易变形。另外，浇注系统尺寸设计要合理，尽量消除型腔内的密度差、压力差。

④ 顶出系统不合理　顶出件布置不平衡，脱模斜度过小，型芯、型腔表面的粗糙度差，抛光的方向不对，导致脱模力不平衡，都会使塑件脱模时就变形开裂。

⑤ 排气系统不合理　脱模时塑件和型芯或型腔接触的局部产生真空，导致推出不平衡而变形。

⑥ 模具所用的材料强度不足　镶件或型芯在成千上万次的高温、高压熔体的作用下变形，导致模塑件也变形。

（2）塑料方面　结晶型塑料各向异性显著，内应力大。脱模后未结晶化的分子有继续结晶化倾向，处于能量不平衡状态，易发生翘曲变形。另外，收缩率较大的塑料通常比收缩率小的塑料变形大。

（3）成型工艺方面

① 注射压力太高、保压时间不够、熔体温度太低、速度太快会造成内应力增加而出现翘曲变形。

② 模具温度过高、冷却时间过短、脱模时的塑件过热而出现顶出变形。

③ 在保持最低限度充料量下，减少螺杆转速和背压，以及降低密度来限制内应力的产生，可改善塑件变形。

需要注意的是，在实际工作中，塑件的结构和所采用的塑料往往是不能轻易改变的，对付塑件翘曲变形的办法通常只有针对性的模具设计和注射成型工艺参数，必要时还可对容易翘曲变形的塑件进行夹具软性定型或脱模后立即进行退火处理，以消除内应力。

另外，当产品的翘曲变形可以利用调整浇口位置、流道配置以及改变成型工艺条件等方式降低到可接受的范围时，冷却设计可以单纯地仅就均衡冷却来加以考虑。利用不均衡冷却使得现有的翘曲反向扳回，是削足适履、似是而非的做法，因为这样生产的产品质量并不稳定。

17.3.4　填充不良

造成塑件填充不良的主要原因是缺料和注射压力与注射速度不足（包括熔体在型腔内阻力过大造成熔体能量的损耗）。

（1）注塑机原因

① 注塑机的塑化量或加热功率不稳定，应选用塑化量与加热功率大的注塑机。

② 螺杆与料筒或过胶头等的磨损造成回料而出现实际注射量不足。

③ 热电偶或发热圈等加热系统故障造成料筒的实际温度过低。

④ 注射油缸的密封组件磨损造成漏油或回流，不能达到所需的注射压力。

⑤ 喷嘴内孔过小或喷嘴中心调节不当造成阻力过大而使压力消耗。

（2）注塑模具原因

① 模具局部或整体的温度过低造成进料困难，应适当提高模温。

② 模具型腔的分布不平衡。塑件壁厚过薄造成压力消耗过大，应增加整个塑件或局部的壁厚，或者在填充不足处或附近设置辅助流道或浇口解决。

③ 模具的流道过小会造成压力损耗；过大又会使注射速度变慢；流道过于粗糙有时也会造成填充不良。除了应适当设置流道的大小，主流道与分流道，浇口之间的过渡或本身的转弯处还应当采用圆弧过渡。

④ 模具的排气不良。进入型腔的熔体受到来不及排走的气体的阻挡而造成填充不良，可以充分利用螺杆的缝隙排气或降低锁模力利用分型面排气，必要时要开设排气槽或排气孔。

17.3.5　塑件产生飞边

飞边又称溢边、披锋、毛刺等，大多发生在模具的分型面、镶件结合面或顶出件和镶件型芯配合面上，飞边在很大程度上是由于模具制造精度差、零件变形或注塑机锁模力不足造成，具体分析如下。

（1）注塑机方面

① 注塑机锁模力不足。选择注塑机时，注塑机的额定锁模力不能低于注射时型腔胀型力的 1.25 倍，否则将造成胀模，出现飞边。

② 合模装置调节不佳，肘杆机构没有伸直，动、定模合模不均衡，模具平行度不能达到要求，造成模具单侧一边被锁紧而另一边贴合不良的情况，注射时将出现飞边。

③ 注塑机动、定模板平行度差，或模具安装得不平行，或拉杆受力分布不均匀、变形不均匀，都将造成合模不紧密而产生飞边。

④ 止回环磨损严重；弹簧喷嘴的弹簧失效；料筒或螺杆的磨损过大；进料口冷却系统失效造成"架桥"现象；料筒调定的注射量不足、缓冲垫过小等都可能造成飞边反复出现，必须及时维修或更换配件。

⑤ 锁模机铰磨损或锁模油缸密封组件磨损出现滴油或回流而造成锁模力下降。加温系统失控造成实际温度过高应检查热电偶、加热圈等是否有问题。

（2）塑料方面

① 塑料黏度太高或太低都可能出现飞边。黏度低的塑料如聚乙烯、聚丙烯、尼龙等，流动性好，易产生飞边，则应提高锁模力；吸水性强的塑料或对水敏感的塑料在高温下会大幅度地降低流动黏度，增加出现飞边的可能性，对这些塑料必须彻底干燥；掺入再生料太多的塑料黏度也会下降，再生料的比例要严格控制，否则会形成恶性循环。塑料黏度太高，则流动阻力增大，产生大的背压使模腔压力提高，造成合模力不足而产生飞边。有时塑料中加入太多的润滑剂，也容易造成塑件产生飞边。

② 塑料原料粒度大小不均匀时会使加料量变化不定，造成塑件或不满，或飞边。

（3）模具方面

① 模具分型面制造精度差　活动模板（如中板）变形翘曲；分型面上沾有异物或模框周边有凸出的撬印毛刺；旧模具因早先的飞边挤压而使型腔周边疲劳塌陷等。

② 模具设计不合理

a. 模具型腔分布不平衡或平行度不好导致受力不平衡而造成局部飞边、局部填充不足，应在不影响塑件完整性的前提下使流道应尽量平衡布置。

b. 模具中活动构件、滑动型芯受力不平衡时会造成飞边。

c. 模具排气不良，在模具的分型面上没有开设排气槽，或排气槽太浅或太深过大，或受异物阻塞都将造成飞边。

d. 当塑件壁厚不均匀时，应在制品壁厚尺寸较大的部位进料，可以防止一边缺料一边出飞边的情况。

e. 当制品中央或其附近有较大成型孔时，习惯上在孔内侧开设侧浇口，在较大的注射压力下，如果合模力不足，模具的这部分支承作用力又不够时，就容易发生轻微翘曲变形造成飞边。

f. 如模具侧面带有活动构件时，其侧面的投影面积也受成型压力作用，如果支承力不够也会造成飞边。

g. 活动型芯配合精度不良，或固定型芯与型腔安装位置偏移也会产生飞边。

h. 对多型腔模具应注意各分流道和浇口的合理设计，否则将造成充模受力不均匀而产生飞边。

(4) 成型工艺方面

① 注射压力过高或注射速度过快。由于高压高速，对模具的胀开力增大导致溢料。要根据制品厚薄来调节注射速度和注射时间，薄制品要用高速迅速充模，充满后不再注射；厚制品要用低速充模，并让表层在达到终压前大体固定下来。另外，注射时间、保压时间过长也容易造成飞边。

② 调机时，锁模机铰未伸直，或开、锁模时调模螺母经常会动而造成锁模力不足出现飞边。

③ 料筒、喷嘴温度太高或模具温度太高都会使塑料黏度下降，流动性增大，在高压下进入型腔造成飞边。

④ 加料量过大造成飞边。值得注意的是，不要为了防止收缩凹陷而注入过多的熔料，这样凹陷未必能"填平"，而飞边却会出现。这种情况应延长注射时间或保压时间来解决。

如果飞边和塑件填充不良反复出现，其原因可能如下。

① 塑料原料粒度大小不均匀时会使加料量不稳定。

② 螺杆的过胶头、过胶圈及过胶垫圈的磨损过大，使熔料可能在螺杆与料筒之间滑行或回流，造成飞边或填充不足。

③ 料筒设定的注料量不足，即缓冲垫过小会使注射量时多时少而出现飞边或填充不良。

17.3.6　塑件收缩凹陷

"凹痕"是由于浇口封口后或者缺料注射引起的局部内收缩造成的。塑件表面产生的凹陷或者微陷是注射成型过程中的一个老问题。凹痕一般是由于塑料制品壁厚增加引起制品收缩率局部增加而产生的，它可能出现在外部尖角附近或者壁厚突变处，如凸起、加强筋或者支座的背后，有时也会出现在一些不常见的部位。产生凹痕的根本原因是材料的热胀冷缩，因为热塑性塑料的热膨胀系数相当高。膨胀和收缩的程度取决于许多因素，其中塑料的性能，最大、最小温度范围以及模腔保压压力是最重要的因素，还有塑件的尺寸和形状，以及冷却速度和均匀性等也是影响因素。

塑料成型过程中膨胀和收缩量的大小与所加工塑料的热膨胀系数有关，成型过程的热膨胀系数称为"模塑收缩"。随着模塑件冷却收缩，模塑件与模腔冷却表面失去紧密接触，这时冷却效率下降，模塑件继续冷却后不断收缩，收缩量取决于各种因素的综合作用。模塑件上的尖角冷却最快，比其他部件更早硬化；接近模塑件中心处的厚的部分离型腔冷却面最远，成为模塑件上最后释放热量的部分；边角处的材料固化后，随着接近塑件中心处的熔体冷却，模塑件仍会继续收缩，尖角之间的平面只能得到单侧冷却，其强度没有尖角处材料的强度高。塑件中心处塑料的冷却收缩，将部分冷却的与冷却程度较大的尖角间相对较弱的表面向内拉。这样，在塑件表面上产生了凹痕，凹痕的存在说明此处的收缩率高于其周边部位的收缩率。如果模塑件在一处的收缩高于另一处，那么模塑件就会产生翘曲。模内残余应力会降低模塑件的冲击强度和耐温性能。在有些情况下，调整工艺条件可以避免凹痕的产生。例如，在模塑件的保压过程中，向模腔额外注入塑料熔体，以补偿成型收缩。在大多数情况下，浇口比塑件其他部分薄得多，在塑件仍然很热而且持续收缩时，小的浇口已经固化，固化后，保压对型腔内的模塑件就不起作用了。

半结晶型塑料的模塑件收缩率高，这使得凹痕问题更严重；非结晶型塑料的模塑件收缩较低，会最大限度地减小凹痕；加入玻璃纤维增强的塑料，其收缩率更低，产生凹痕的可能性更小。

现将造成收缩凹陷的主要原因与对策归纳如下。

（1）注塑机方面

① 喷嘴孔尺寸太大或太小，太大会造成熔料回流而出现收缩；太小又会因阻力大注射量不足而出现收缩。

② 锁模力不足。锁模力不足会造成飞边，使型腔内熔体减少也会出现收缩，应检查锁模系统是否有问题。

③ 塑化量不足。应选用塑化量大的注塑机，检查螺杆与料筒是否磨损。

（2）模具方面

① 塑料制品设计要做到壁厚均匀，保证收缩一致。厚的塑件冷却时间长，会产生较大的收缩，因此厚度大是凹痕产生的根本原因，设计时应加以注意，要尽量避免厚壁部件，若无法避免，应设计成空心的。厚的部件应平滑过渡到公称壁厚，用大的圆弧代替尖角，可以消除或者最大限度地减轻尖角附近产生的凹痕。

② 模具的冷却、加热系统要保证型腔各处的温度基本一致。

③ 浇注系统要保证熔体通畅，阻力不能过大，如主流道、分流道、浇口的尺寸要适当，粗糙度要合理，分流道拐弯时要圆弧过渡。

④ 对薄壁塑件应提高温度，保证料流顺畅，对厚壁塑件应适当降低模温。

⑤ 浇口要对称开设，尽量开设在塑件厚壁部位，应增加冷料井容积。

（3）塑料方面　结晶型塑料比非结晶型塑料收缩率高，加工时要适当增加注射量，或在塑料中加成核剂，以加快结晶，减少收缩凹陷。成核剂是适用于聚乙烯、聚丙烯等不完全结晶型塑料，透过改变树脂的结晶行为，加快结晶速率、增加结晶密度和促使晶粒尺寸微细化，达到缩短成型周期、提高制品透明性、表面光泽、拉伸强度、刚性、热变形温度、抗冲击性、抗蠕变性等物理机械性能的新功能助剂。

（4）成型工艺方面

① 料筒温度过高，容积变化大，易出现收缩凹陷。但对流动性差的塑料应适当提高温度，特别是前段温度，可提高熔体的流动性。

② 注射压力、注射速度、背压过低，注射时间过短，使注射量或密度不足而出现收缩凹陷；注射压力、注射速度、背压过大，注射时间过长，造成飞边也会出现收缩凹陷。

③ 注射量过大时，会消耗注射压力；注射量过小时，填充不足，又会出现收缩凹陷。

④ 对于不要求精度的塑件，在注射保压完毕，外层基本冷凝硬化而内部尚柔软但又能顶出的塑件，可及早脱模，让其在空气或热水中缓慢冷却，这样可以使收缩凹陷平缓而不那么明显，而且不会影响使用。

17.3.7　塑件开裂

开裂包括塑件表面丝状裂纹、微裂、顶白、开裂及因塑件粘模、流道粘模而造成创伤性开裂。开裂按开裂时间分为脱模开裂和应用开裂，主要由以下几个方面的原因造成。

（1）成型工艺方面

① 加工压力过大、速度过快、充料过多、注射保压时间过长，都会造成内应力过大而开裂。

② 调节开模速度与压力，防止快速强拉塑件造成脱模开裂。

③ 适当调高模具温度使塑件易于脱模，适当调低料温防止降解。

④ 预防由于熔接痕、塑料降解造成机械强度变低而出现开裂。

⑤ 适当使用脱模剂，注意经常消除模面附着的气雾等物质。

⑥ 塑件残余应力，可通过在成型后立即进行退火热处理来消除内应力而减少裂纹的生成。

（2）模具方面

① 顶出要平衡，如推杆数量、截面面积要足够，脱模斜度要合理，型腔面要足够光滑，这样才能防止由于外力导致顶出残余应力集中而开裂。

② 塑件结构不能太薄，过渡部分应尽量采用圆弧过渡，避免尖角、倒角造成应力集中。

③ 尽量少用金属嵌件，以防止嵌件与塑件收缩率不同造成内应力加大。

④ 对深腔塑件应设置适当的脱模进气孔道，防止形成真空负压而影响脱模。

⑤ 主流道要足够大使浇注系统凝料未来得及固化时就脱模，这样易于脱模。

⑥ 浇口套内的主流道与喷嘴应吻合对正，主流道凝料应易于和料筒内的料分离，防止冷硬料的拖拉而使塑件粘在定模上。

（3）塑料方面

① 再生料含量太多，造成塑件强度过低。

② 湿度过大，造成一些塑料与水汽发生化学反应，降低塑件强度而出现顶出开裂。

③ 塑料本身不适宜加工的环境、质量欠佳、受到污染都会造成开裂。

（4）注塑机方面　注塑机塑化容量要适当，过小时塑化不充分，未能完全混合而变脆；过大时又会降解。

17.3.8　塑件表面熔接痕

熔融塑料在型腔中由于遇到嵌件或碰穿孔，或浇口数量为两个以上而导致型腔某处以多股熔体汇合时，因熔体前锋温度下降不能完全融合而产生线性的熔接痕。此外，在浇口处若产生喷射充模现象也会生成熔接痕，熔接痕处的强度很差，易断裂。熔接痕形成的主要原因及对策如下。

（1）成型工艺方面

① 注射压力、速度过低，料筒温度、模温过低，造成进入模具的熔体过早冷却而出现熔接痕。

② 注射压力、速度过高时，会出现喷射而出现熔接痕。

③ 应增加料筒内螺杆转速，增加背压压力，使塑料黏度下降，密度增加。

④ 塑料要干燥好，再生料的使用比例要严格控制，脱模剂用量太多或质量不好也会出现熔接痕。

⑤ 降低锁模力，方便排气。

（2）模具方面

① 同一型腔浇口过多。应减少浇口数量或对称布置，或让浇口尽量靠近熔接痕设置。

② 熔接痕处排气不良。应开设排气系统。

③ 浇道过大、浇注系统尺寸不当。浇口位置尽量避免熔体在嵌件或碰穿孔周围流动，或尽量少用嵌件。

④ 壁厚变化过大，或壁厚过薄。壁厚均匀是塑件设计的第一原则。

⑤ 必要时应在熔接痕处开设冷料穴使熔接痕脱离塑件。

（3）塑料方面

① 对流动性差或热敏性的塑料应适当添加润滑剂和稳定剂。

② 塑料含的杂质多，必要时要换质量好的塑料。

17.3.9　塑件表面银纹

塑件银纹包括表面气泡和内部气孔。造成此缺陷的主要原因是气体（主要有水汽、分解气、溶剂气、空气）的干扰。具体原因分析如下。

（1）注塑机方面

① 料筒、螺杆磨损或过胶头、过胶圈存在料流死角，长期受热而降解。

② 加热系统失控，造成温度过高而降解。应检查热电偶、发热圈等加热组件是否有问题。螺杆设计不当，也会造成塑料降解或容易带进空气造成银纹。

（2）模具方面

① 排气不良。

② 模具中流道、浇口、型腔的摩擦阻力大，造成局部过热而出现塑料降解。

③ 浇口、型腔分布不平衡，冷却系统不合理，都会造成受热不平衡而出现局部过热或阻塞空气通道。

④ 冷却水道漏水进入型腔。

（3）塑料方面

① 塑料湿度大，添加再生料比例过多或含有有害性屑料（屑料极易降解），应充分干燥塑料及消除屑料。

② 塑料在大气中回潮或从着色剂中吸入水分，应对着色剂也进行干燥，最好在注塑机上装干燥器。

③ 塑料中添加的润滑剂、稳定剂等的用量过多或混合不均匀，或者塑料本身带有挥发性溶剂。混合塑料受热程度难以兼顾时也会出现降解。

④ 塑料受污染，混有其他塑料。

（4）成型工艺方面

① 设置的温度、压力、速度、背压、熔胶马达转速过高造成塑料降解，或压力、速度过低，注射时间、保压不充分、背压过低时，由于未能获得高压而密度不足，无法溶解气体而出现银纹，应设置适当的温度、压力、速度与时间及采用多段注射速度。

② 背压低、转速快，易使空气进入料筒，随熔料进入模具，周期过长时熔料在料筒内受热过长而出现降解。

③ 注射量不足，加料缓冲垫过大，料温太低或模温太低，都影响熔体的流动和成型压力，促使气泡的生成而出现银纹。

17.3.10　震纹

PS 等刚性塑料制品在其浇口附近的表面，以浇口为中心形成密集的波纹，有时称为震纹。产生原因是熔体黏度过大而以滞流形式充模时，前端的熔体一接触到型腔表面便很快冷凝收缩，而后来的熔体又推动已收缩的冷料继续前进，这一过程的不断交替，使料流在前进中形成了表面震纹。

震纹的解决方法如下。

① 提高料筒温度特别是喷嘴温度，还应提高模具温度。

② 提高注射压力与注射速度，使其快速填充型腔。

③ 改善流道、浇口尺寸，防止对熔体的阻力过大。

④ 模具排气要好，要设置足够大的冷料井。

⑤ 塑件壁厚不要设计得过于薄弱。

17.3.11　塑件白边

白边是改性聚乙烯和有机玻璃特有的注塑缺陷,大多出现在靠近分型面的塑件边缘上。白边是由无数与料流方向垂直的拉伸取向分子和它们之间的微细距离组成的集合体。在白边方向上尚存在高分子连接相,因而白边还不是裂缝,在适当的加热下,有可能使拉伸取向分子回复自然卷曲状态而使白边消退。

白边的具体解决措施如下。

① 生产过程注意保持模板分型面的紧密吻合,特别是型腔周围区域,一定要处于真正充分的锁模力下,避免纵向和横向胀模。

② 降低注射压力、注射时间和注射量,减少分子的取向。

③ 在模具白边位置涂油质脱模剂,一方面使这个位置不易传热,高温时间维持多一些,另一方面使可能出现白边的现象受到抑制。

④ 改进模具设计。如采用弹性变形量较小的材料制作模具,加强型腔侧壁和底板的机械承载力,使之足以承受注射时的高压冲击和工作过程温度的急剧升高,对白边易发区给予较高的温度补偿,改变料流方向,使型腔内的流动分布合理。

⑤ 如果模具和成型工艺参数都没有问题,则应考虑换料。

17.3.12　塑件白霜

有些聚苯乙烯类塑件,在脱模时会在靠近分型面的局部表面发现附着一层薄薄的白霜样物质。这些白霜样物质大多经抛光后能除去,但同样会附着在型腔表面,这是由于塑料原料中的易挥发物或可溶性低分子量的添加剂受热后形成气态,从塑料熔体释出,进入型腔后被挤迫到靠近有排气作用的分型面附近,沉淀或结晶出来。这些白霜状的粉末和晶粒黏附在型腔面上,不单会刮伤下一个脱模塑件,次数多了还将影响型腔面的粗糙度。但不溶性填料和着色剂大多与白霜的出现无关。

白霜的解决方法是:加强原料的干燥,降低成型温度,加强模具排气,减少再生料的使用比例等,在出现白霜时,特别要注意经常清洁模具的型腔表面。

17.3.13　塑件变色焦化出现黑点

造成塑件变色焦化出现黑点的主要原因是塑料或添加的紫外线吸收剂、防静电剂等在料筒内过热降解,或在料筒内停留时间过长而降解、焦化,再随同熔体注入型腔形成。

其原因分析如下。

(1) 注塑机方面

① 由于加热控制系统失控,导致料筒过热造成降解变黑。

② 由于螺杆或料筒的缺陷造成熔体卡滞,经长时间加热造成降解。应检查螺杆及其配件是否磨损或里面是否有金属异物。

③ 某些塑料如 ABS 在料筒内受到高热而交联焦化,在几乎维持原来颗粒形状情形下,难以熔融,被螺杆压碎后夹带进入塑件。

(2) 模具方面

① 模具排气不良,困气处易烧焦,或浇注系统的尺寸过小,剪切产生高温造成塑料焦化。

② 模内有不适当的油类润滑剂、脱模剂。

(3) 塑料方面　塑料挥发物过多,湿度过大,杂质过多,再生料过多,受污染严重。

(4) 成型工艺方面

① 压力过大、速度过高、背压过大、转速过快都会使塑料降解。

② 应定期清洁料筒，清除比塑料耐热性还差的添加剂。

17.3.14 塑件表面光泽差

造成注塑件表面光泽差，主要有两个原因：一是模具型腔表面抛光不好；二是熔体过早冷却。具体解决方法如下。

① 增加料温，以及注射压力与注射速度，特别是模温。模温对光泽有显著的影响。

② 改善浇口的位置，注意料流通畅。

③ 防止塑料的降解或塑化不完全。

④ 增加模内冷却时间，保压时间也应加长一些。

⑤ 加强排气，防止气体的淤积。

17.3.15 塑件色条色线色花

这种缺陷是采用色母粒着色的塑料较常出现的问题。虽然色母粒着色在色型稳定性、色质纯度和颜色迁移性等方面均优于干粉着色、染浆着色，但其分配性，亦即色粒在稀释塑料的混合均匀程度上却相对较差，制成品自然就带有区域性色泽差异。

这种缺陷的具体解决办法如下。

① 提高加料段温度，特别是加料段后端的温度，使其温度接近或略高于熔融段温度，使色母粒进入熔融段时尽快熔化，促进稀释与均匀混合，增加液态融合机会。

② 在螺杆转速一定的情况下，增加背压压力使料筒内的熔料温度、剪切作用都得到提高。

③ 修改模具，特别是浇注系统。如果浇口过宽，熔体通过时，形成紊流，效果差，温度提升不高，于是就不均匀，形成色线，应将浇口尺寸改小。

17.3.16 塑件颜色不均匀

造成塑件颜色不均匀的主要原因及解决方法如下。

① 着色剂扩散不良，这种情况往往使浇口附近出现花纹。

② 塑料或着色剂热稳定性差，要稳定塑件的色调，一定要严格控制生产条件，特别是料温、注射量和注塑周期。

③ 对结晶型塑料，尽量使塑件各部分的冷却速度一致。对于壁厚差异大的塑件，可用着色剂来掩蔽色差；对于壁厚较均匀的塑件，要使料温和模温做到相对稳定。

④ 塑件的结构和模具的浇口形式、位置对塑料填充情况有影响，可能会使塑件局部产生色差，必要时必须进行修改。

17.3.17 添加色母后注射成型常见问题

① 在阳光照射下，塑件中有条纹状的颜色带。这个问题需从塑料物理机械性能和塑料成型工艺两个方面分析。

a. 注塑设备的温度没有控制好，色母进入混炼腔后不能与树脂充分混合。

b. 注塑机没有加一定的背压，螺杆的混炼效果不好。

c. 色母的分散性不好或树脂塑化不好。

成型工艺方面可做如下调试。

a. 将混炼腔靠落料口部分的温度稍加提高。

b. 给注塑机施加一定背压。

如经以上调试仍不见好，则可能是色母、树脂的分散性或匹配问题，应与色母粒制造厂商联系解决。

② 使用某种色母后，塑件显得较易破裂。这可能是由于生产厂家所选用的分散剂或助剂质量不好造成的扩散互溶不良，影响制品的物理机械性能。

③ 按色母说明书上的比例使用后，颜色过深或过浅。这个问题虽然简单，却存在很多可能性，具体原因如下。

a. 色母未经认真试色，颜料过多或过少。

b. 使用时计量不准确，国内企业尤其是中小企业随意计量的现象大量存在。

c. 色母与树脂的匹配存在问题，这可能是色母的载体选择不当，也可能是厂家随意改变树脂品种。

d. 注塑机料筒温度不当，色母在料筒中停留时间过长。

处理程序是：首先检查树脂品种是否与色母匹配、计量是否准确；其次调整机器温度或转速，如仍存在问题应与色母粒生产厂家联系。

④ 同样的色母、树脂和配方，不同的注塑机做出的产品为何颜色有深有浅？

这往往是由注塑机引起的。不同的注塑机因制造、使用时间或保养状况的不同，造成机械状态的差别，特别是加热元件与料筒的紧贴程度的差别，使色母在料筒里的分散状态也不一样，上述现象就会出现。

⑤ 换另一种牌子的树脂后，同样的色母和配方，颜色却发生了变化，这是为什么？

不同牌号的树脂其密度和熔体指数会有差别，因此树脂的性能就会有差别，与色母的兼容性也会有差别，从而发生颜色变化。一般来说，只要其密度和熔体指数相差不大，那么颜色的差别也不会太大，可以通过调整色母的用量来校正颜色。

⑥ 色母在储存过程中发生颜料迁移现象是否会影响制品的质量？

有些色母的颜料（或染料）含量很高，在这种情况下，发生迁移现象属于正常。尤其是加入染料的色母，会发生严重的迁移现象。但这不影响塑件的质量，因为色母注射成型塑件后，颜料在塑件中处于正常的显色浓度。

⑦ 为什么有的模塑件光泽不好？

模塑件光泽不好可能有以下原因。

a. 注塑机的喷嘴温度过低。

b. 注塑机的模具表面粗糙度不好。

c. 模塑件成型周期过长。

d. 色母中所含钛白粉过多。

e. 色母的分散不好。

⑧ 一段时间后，为什么有的塑料制品会发生褪色现象？

生产厂家所采用的基本颜料质量不好，发生漂移现象。

⑨ 为什么 ABS 色母特别容易出现色差？

各国生产的不同牌号 ABS 色差较大，即使同一牌号的 ABS，不同批号也可能存在色差，使用色母着色后当然也会出现色差。这是由于 ABS 的特性引起的，在国际上还没有彻底的解决办法。但是，这种色差一般是不严重的。

用户在使用 ABS 色母时，必须注意 ABS 的这一特性。

17.3.18　塑件浇口区产生光芒线

在点浇口进料的模具中，注塑时塑件表面出现了以浇口为中心的由不同颜色深度和光泽组成的辐射系统，称为光芒线。光芒线大体有三种表现，即深色底暗色线、暗色底深色线及在浇口周围暗色线密而发白。这类缺陷大多在注射聚苯乙烯和改性聚苯乙烯混合料时出现，与下列因素有关：两种塑料在流变性、着色性等方面有差异，浇注系统的平流层与紊流层流速和受热状况有差异；塑料因热降解而生成烧焦丝；塑料进模时气态物质的干扰。

光芒线的解决办法如下。

① 采用两种塑料混合注射时，塑料要混合均匀，塑料的颗粒大小要相同与均匀。

② 塑料和着色剂要混合均匀，必要时要加入适当分散剂，用机械搅拌。

③ 塑化要完全，注塑机的塑化性能要良好。

④ 降低注射压力与注射速度，缩短注射时间和保压时间，同时提高模温和喷嘴温度，降低前炉温度。

⑤ 防止因塑料的降解而生成黏性增大的熔料及焦化物质，如注意螺杆与料筒是否因磨损而存在死角，或加温系统失控、加工操作不当造成塑料长期加热而降解。可以通过抛光螺杆和料筒前端的内表面来解决。

⑥ 改进浇口设计，如加大浇口直径、改变浇口位置，或将浇口改成圆角过渡，尝试对浇口进行局部加热，在流道末端添加冷料井等。

17.3.19　塑件浇口区冷料斑

冷料斑主要是指塑件近浇口处带有雾色或亮色的斑纹，或从浇口出发的宛若蚯蚓贴在上面的弯曲疤痕，它们由进入型腔的塑料前锋或因过分的保压作用而后来挤进型腔的冷料造成。前锋料因为喷嘴或流道的冷却作用传去热量，在进入型腔前部分被冷却固化，当通过狭窄的浇口而扩张进入型腔时，形成熔体破裂，紧接着又被后来的热熔料推挤，于是就成了冷料斑。

冷料斑的解决方法如下。

① 冷料井要开设好，还要考虑浇口的形式、大小和位置，防止熔体的冷却速度悬殊。

② 喷嘴中心要调好，喷嘴与模具主流道的配合尺寸要设计好，防止漏料或造成有冷料被带入型腔。

③ 模具排气系统要良好。气体的干扰会使浇口出现浑浊性的斑纹。

④ 提高模温，减慢注射速度，增大注射压力，缩短保压时间与注射时间，降低保压压力。

⑤ 干燥好塑料。少用润滑剂，防止粉料被污染。

17.3.20　塑件出现分层剥离

造成塑件出现分层剥离的原因及排除方法如下。

① 料温太低、模具温度太低，造成内应力与熔接痕出现。

② 注射速度太低，应适当减慢速度。

③ 背压太低。

④ 原料内混入异料杂质，应筛除异料或换用新料。

17.3.21　注塑过程出现气泡现象

根据气泡的产生原因，解决对策有以下几个方面。

① 在塑件壁厚较大时，其外表面冷却速度比中心部位的快，因此，随着冷却的进行，中心部位的树脂边收缩边向表面扩张，使中心部位产生填充不足，这种情况被称为真空气泡，主要有以下解决方法。

a. 根据壁厚，确定合理的浇口和流道尺寸。一般浇口厚度应为制品壁厚的 $50\% \sim 60\%$。

b. 至浇口封闭为止，留有一定的补缩塑料。

c. 注射时间应较浇口固化闭合时间略长。

d. 降低注射速度，提高注射压力。

e. 采用熔体黏度等级高的塑料。

② 由于挥发性气体的产生而造成的气泡，主要有以下解决方法。

a. 充分进行预干燥。

b. 降低树脂温度，避免产生分解气体。

③ 流动性差造成的气泡，可通过提高树脂及模具的温度、提高注射速度予以解决。

④ 困气产生的气泡应通过改善模具排气状况来解决。

17.3.22　塑件肿胀和鼓泡

有些塑件在成型脱模后，很快在金属嵌件的背面或在特别厚的部位出现肿胀或鼓泡。这是因为未完全冷却硬化的塑料在内压力的作用下释放气体膨胀造成的。

塑件肿胀和鼓泡的解决措施如下。

① 有效的冷却，如降低模温，延长开模时间，降低塑料的干燥温度与加工温度等。

② 降低充模速度，缩短注塑周期，减少流动阻力。

③ 提高保压压力和保压时间。

④ 改善塑件壁厚太大或厚薄变化大的状况。

17.3.23　透明塑件缺陷

（1）熔斑、银纹、裂纹　聚苯乙烯、有机玻璃等透明塑件，有时候透过光线可以看到一些闪闪发光的细丝般的银纹。这些银纹又称烁斑或裂纹。这是由于在拉应力的垂直方向产生了应力，使用聚合物分子发生流动取向而与未取向部分折射率差异表现出来。

熔斑、银纹、裂纹的解决方法如下。

① 消除气体及其他杂质的干扰，对塑料充分干燥。

② 降低料温，分段调节料筒温度，适当提高模温。

③ 增加注射压力，降低注射速度。

④ 增加或减少预塑背压压力，减少螺杆转速。

⑤ 改善流道及型腔排气状况。

⑥ 清理喷嘴、流道和浇口可能的堵塞。

⑦ 缩短成型周期，脱模后可用退火方法消除银纹。对聚苯乙烯在 78℃时保持 15min，或 50℃时保持 1h；对聚碳酸酯加热到 160℃以上保持数分钟。

（2）白烟　在 PS 透明塑件上，透过光线时会显现一缕白烟状物，位置与大小飘忽不定。这主要是由于塑料在料筒中局部过热降解形成，有时白烟会变焦黄，甚至成为黑斑。

白烟的解决方法如下。

① 降低料温，缩短料在料筒里停留的时间，降低转速与背压。

② 注意检查螺杆与料筒的配合精度，检查过胶头等是否磨损。

③ 少用再生料，筛除有害性的屑料，消除料筒及原料中异种塑料的污染。

（3）泛白、雾晕　这是由于受气体或空气中杂质的污染而出现的缺陷。

泛白、雾晕的主要解决方法如下。

① 消除气体的干扰，防止杂质的污染。

② 提高料温与模温，分段调节料筒温度，但要防止温度过高而使塑料降解。

③ 增加注射压力，延长保压时间，提高背压。

(4) 透明产品有白点的原因及解决方法　透明产品有白点是因为产品内进入冷胶，或料内有灰尘造成的。其解决方法为：提高射嘴温度；加冷料井；原料应注意保存，防止灰尘进入等。

17.3.24　注射成型时主流道粘模

注射成型时主流道粘模的原因及排除方法如下。

① 冷却时间太短，主流道尚未凝固。

② 主流道斜度不够，应增加其脱模斜度。

③ 浇口套与注塑机喷嘴的配合尺寸不当造成漏料。

④ 主流道粗糙，主流道无冷却井和拉料杆。

⑤ 喷嘴温度过低，应提高温度。

17.3.25　塑件脱模困难

(1) 注塑机方面　顶棍顶出力不够。

(2) 模具方面

① 脱模机构不合理或位置不当，推杆过小或过少。

② 脱模斜度不够，甚至存在倒扣。

③ 模温过高或进气不良，脱模时局部产生真空。

④ 流道壁或型腔表面粗糙，抛光不够或方法不对（应沿脱模方向抛光）。

⑤ 喷嘴与模具进料口吻合不好或喷嘴直径大于进料口直径。

(3) 成型工艺方面

① 料筒温度太高或注射量太多。

② 注射压力太高或保压时间及冷却时间过长。

(4) 塑料方面　润滑剂不足。

17.3.26　注射成型时生产速度缓慢

(1) 模具方面

① 模具温度高，影响了定型，又造成卡、夹塑件而停机。要有针对性地加强水道的冷却。

② 模具的设计要方便脱模，尽量设计成全自动操作。

③ 塑件壁厚过厚。应改进模具，减少壁厚。

(2) 注塑机方面

① 料筒供热量不足。应采用塑化能力大的机器或加强对料的预热。

② 模塑时间不稳定。应采用自动或半自动操作。

③ 喷嘴流延，妨碍正常生产。应采用自锁式喷嘴，或降低喷嘴温度。

④ 改善注塑机生产条件，如油压、油量、合模力等。

⑤ 注塑机的动作慢。可从油路与电路调节使之适当加快。

(3) 成型工艺方面

① 塑料熔体温度高，塑件冷却时间长。应降低料筒温度，减少螺杆转速或背压压力，调节好料筒各段温度。

② 塑料熔化时间长。应降低背压压力，少用再生料防止"搭桥"，送料段冷却要充分。

③ 注射压力小，造成注射速度慢。

17.3.27 塑件内应力的产生及解决对策

一般塑件定型前，存在于内部的压力约为 $300 \sim 500 kgf/cm^2$，如因调整不当造成注射压力过高，熔体经过流道、浇口进入型腔，在型腔内逐渐冷却，压力逐渐下降，而存在塑件内部进胶口及远端压力不同，塑件经过一段时间后内应力渐渐释放出来，会造成塑件变形或破裂。内应力太高时，可实施退火处理解决。

(1) 内应力的产生

① 过度填充。

② 塑件结构不合理，如严重不对称，存在尖角锐边，壁厚不均匀等。

③ 注射压力太高，导致塑件密度太高，使脱模困难。

④ 嵌件周围应变所致，易造成龟裂及冷热差距过大而使收缩不同所致，欲使埋入件周围填充饱满，需施加较大的注射压力，形成过大的残余应力。

⑤ 直接浇口周围极易留下残余应力。

⑥ 对于结晶型塑料，其冷却太快内应力不易释放出来。

(2) 解决对策

① 提高料温、模温。

② 缩短保压时间。

③ 对于非结晶型塑料，其保压压力不需太高，因为这种塑料收缩率较小。

④ 塑件壁厚设计要均匀，模具浇口开设在壁厚处。

⑤ 顶出力要均匀。

⑥ 嵌件要预热（用夹子或手套塞入）。

⑦ 避免用新、次料混合，吸湿性强的塑料要彻底干燥。

⑧ 加大主流道、分流道、浇口等，以减少流动阻力，使型腔远处易于充满。

⑨ 工程塑料及加玻璃纤维者成型模温必须达 60℃ 以上。

⑩ 加大喷嘴直径，长喷嘴需加热控制温度。

⑪ 已产生的内应力可实施退火处理，见 17.6。

17.3.28 薄壁注塑件常见缺陷分析与对策

薄壁注塑件常见缺陷分析与对策见表 17-1。

表 17-1 薄壁注塑件常见缺陷分析与对策

序号	缺陷名称	缺陷成因	模具修正	成型改善
1	填充不足	塑件结构不合理,壁厚不均匀,细小部位、角落处无法完全填满;模具型芯、型腔表面粗糙或排气不畅;注射量或注射压力不够等	改善塑件结构及模具排气,重新检讨浇口的形式、数量、大小和位置	增加注射量;增加注射压力等
2	收缩凹陷	常发生于塑件壁厚或壁厚不均匀处,因熔体冷却或固化收缩不同而致,如加强筋的背面、有侧壁的边缘、BOSS柱的背面	减胶,但至少保留 2/3 的壁厚;加粗流道、加大浇口;改善排气	升高料温;加大注射压力;延长保压时间等
3	表面影像	常发生于经过减胶的 BOSS 柱,或加强筋的背面,或是由于型芯、推杆设计过高造成应力痕	降低火山口;修正型芯、推杆;定模型腔表面喷砂处理;降低型腔的亮度	降低注射速度;减小注射压力等
4	气纹	发生于进浇口处,多由于模温不高,注射速度、注射压力过高,进浇口设置不当,进浇时熔体碰到扰流结构	变更进浇口,流道抛光,流道冷料区加大,进浇口加大,表面加咬花(通过调机或修模改善熔接痕亦可)	升高模温;降低注射速度;减小注射压力等

序号	缺陷名称	缺陷成因	模具修正	成型改善
5	熔接痕	发生于两股料流汇合处,如两个进浇口的料流汇合,绕过型芯的料流汇合;料温下降、排气不良	变更进浇口,加冷料井,开排气槽或动模面咬花等	升高料温;升高模温等
6	飞边	常发生在动、定模分型面的结合处,由于合模不良所致;型腔表面边角处加工不当,镶件配合面精度不够;锁模力不够,料温、压力过高等	修正模具,重新试模	增加锁模力(检查注塑机吨位是否足够);降低料温;减小注射压力;减少保压时间;降低保压压力等
7	变形	细长件、面积大的薄壁件,或是结构不对称较大的塑件,由于成型时冷却应力不均匀或顶出受力不一致	改善顶出系统;设置起张紧作用的拉料销等;必要时动模加倒扣平衡脱模力	调整模温,降低保压压力等(小件变形的调节主要靠压力大小及时间,大件变形的调节一般靠模温)
8	表面光泽度差	模具表面粗糙,对于PC料,有时由于模温过高,模面有残胶、油渍	清理型腔表面,必要时重新抛光	降低模温等
9	拉白	易发生于成型塑件薄壁转角处或是薄壁加强筋根部,由于脱模时局部受力过大、推杆设置不当或是脱模斜度不够等造成	加大转角处 R 值;增大脱模斜度;增加推杆或是加大其截面面积;型腔表面抛光;推杆或斜顶抛光	降低注射速度;减小注射压力;降低保压压力及保压时间等
10	拉模	表现为脱模不良或划伤、拉花,主要由于脱模斜度不够或型腔表面粗糙;成型条件不当	增大脱模斜度;型腔表面抛光;粘定型腔时可以在动模侧增加拉料销;牛角进料时注意牛角直径;动模加倒扣	减小注射压力;降低保压压力及保压时间等
11	气孔	透明塑件PC料成型时容易出现。原因是注塑过程中气体未排尽,模具设计不当或是成型条件调节不当等	改善排气;变更浇口(进浇口增大);PC料流道必须抛光	严格烘料条件;增加注射压力;降低注射速度等
12	断差	发生于动定模块、滑块或斜顶等的接合处,表现为结合面的高度不齐等,原因是合模不当或是模具本身制造精度差	修正模具;重新合模	
13	其他如顶针顶黑、烧焦、流痕、银纹等缺陷			
14	尺寸超公差	模具本身制造精度差,或是成型条件调节不当造成成型收缩率波动或超差	提高注射压力、提高保压补缩作用可明显加大尺寸;降低模温亦可;加大进浇口或增加进浇口数量也可以提高塑件精度	

17.3.29 光盘注塑工艺中的不良缺陷成因与对策

在光盘生产中,经常会出现一些注塑不良的盘片,缺陷包括填充不良、收缩凹陷、熔接痕、流纹、光泽不好、气泡、黑点、飞边、翘曲变形、银纹、脱模不好、云彩、冲孔粗糙、马蹄形、中心孔小、中心孔大、基片太厚、基片太薄、双折射大、双折射小、基片破裂、流道断裂、径向条纹、唱片沟纹、光环、流线等。

造成以上缺陷的原因包括模具温度、冲孔刀、流道温度、注射速度、注射压力、保压压力、保压时间、转换点、锁模力、冷却时间、料筒温度、塑化时间、塑化速度、背压等选择不当。不良缺陷成因与解决办法见表 17-2。

表 17-2　光盘注塑工艺中的不良缺陷成因与解决办法

序号	缺陷名称	原因	解决办法
1	气泡	粒料的干燥程度不够而引起树脂降解	充分进行预干燥,注意料斗的保温管理
2	真空泡	(1)厚壁部的料流快速冻结,收缩受到阻止,充模不足,因而产生内部真空气泡; (2)模具温度不合适; (3)料筒温度不合适; (4)注射压力和保压压力不足	(1)避免设计不均匀壁厚结构,修正浇口位置使料流垂直注入厚壁部; (2)提高模具温度; (3)降低料筒温度; (4)增加注射压力和保压压力
3	熔接痕	(1)模具温度和料筒温度不合适; (2)注射压力不合适; (3)排气系统不充分	(1)提高模具温度和料筒温度; (2)增大注射压力; (3)改善型腔和流道的排气
4	收缩凹痕	(1)因冷却速度较慢的厚壁内部收缩而产生凹痕,主要是壁厚设计不合理,要避免壁厚的不均匀; (2)注射压力不够; (3)熔体注射量不够; (4)模具温度过高或注塑后的冷却不够; (5)保压不足; (6)浇口尺寸不合理	(1)改善塑件结构设计; (2)提高注射压力; (3)增大注射量; (4)如模具温度合理则需加长冷却时间; (5)增加保压时间; (6)加大浇口尺寸
5	糊斑(全部或部分变色)	(1)料筒温度设定不合理; (2)料筒内发生局部存料现象; (3)树脂侵入料筒和浇口套口的结合缝内(长期存料); (4)装有倒流阀或倒流环; (5)因干燥不够而引起的水解; (6)注塑机容量过大	(1)降低料筒温度; (2)避免死角结构; (3)设法消除喷嘴和浇口套结合处的缝隙; (4)避免使用倒流阀和倒流环; (5)按规定条件进行烘料; (6)选择适当容量的注塑机
6	银纹	(1)料筒温度不合适; (2)塑料在料筒内停留的时间过长; (3)注射速度不合适; (4)浇口尺寸不合理; (5)粒料的干燥度不够; (6)注射压力不合适	(1)降低料筒温度; (2)消除存料现象; (3)降低注射速度; (4)放大浇口尺寸; (5)按规定条件进行预干燥; (6)降低注射压力
7	浇口处呈现波纹(不透明)	(1)注射速度不合适; (2)保压时间不合适; (3)模具温度不合适; (4)浇口尺寸不合理	(1)提高注射速度; (2)缩短保压时间,使充模后不再有熔体注入; (3)提高模具温度; (4)加大浇口尺寸
8	漩纹及波流痕	(1)模具温度不合适; (2)注射压力不合适; (3)浇口尺寸不合理	(1)提高模具温度; (2)降低注射压力; (3)加大浇口尺寸
9	脱模故障	(1)型芯或型腔的脱模斜度不够; (2)注射周期不合适; (3)料筒温度不合适; (4)推杆的位置或数量不合理; (5)型芯与塑件之间形成了真空状态; (6)模具温度不合适; (7)注射压力过高,注射量过大	(1)保证适当的脱模斜度; (2)调整注射周期,控制好冷却时间; (3)将温度降低到适当的成型温度值; (4)设计合理的推杆位置及数量; (5)特别是型芯非常光滑时易出现此现象,可设法增加进气结构(比如在推杆上加工进气槽),或用推板代替推杆加大推力; (6)降低模具温度; (7)降低注射压力,减少原料计量

序号	缺陷名称	原因	解决办法
10	成型品的脆化	(1)干燥度不够; (2)模具温度过低,注射压力及保压压力过高; (3)壁厚不均匀、脱模不良所引起的内部应力; (4)缺口效应; (5)过热降解; (6)杂质的混入	(1)注意干燥机及料斗的管理; (2)选择各种合适的条件; (3)消除壁厚不均匀的结构,修正浇口位置; (4)消除尖锐转角; (5)降低料筒温度; (6)清扫料斗、料筒

17.4 热流道注射成型常见问题分析与对策

17.4.1 浇口处残留物突出或流延滴料及表面外观差

（1）主要原因　浇口结构选择不合理，温度控制不当，注射后流道内熔体存在较大残留压力。

（2）解决对策

① 浇口结构的改进　通常，浇口的长度过长，会在塑件表面留下较长的浇口料把，而浇口直径过大，则易导致流延滴料现象的发生。当出现上述故障时，可重点考虑改变浇口结构。

热流道常见的浇口形式有直接浇口、点浇口和针阀式浇口。

a. 直接浇口。特点是流道直径较粗大，故浇口处不易凝结，能保证深腔塑件的熔体顺利注射；不会快速冷凝，塑件残留应力最小，适宜成型一模多腔的深腔塑件。但这种浇口较易产生流延和拉丝现象，且浇口残痕较大，甚至留下柱形料把，故浇口处料温不可太高，且需严格控制。

b. 点浇口。特点是塑件残留应力较小，冷凝速度适中，流延、拉丝现象也不明显，可应用于大多数工程塑料。

c. 针阀式浇口。也是目前国内外热流道模使用较多的一类浇口形式，塑件质量较高，表面仅留有极小的痕迹；具有残痕小、残留应力低，并不会产生流延、拉丝现象，但阀口磨损较明显，在使用中随着配合间隙的增大，会出现流延现象，此时应及时更换阀心、阀口体。

浇口形式的选择与树脂性能密切相关。易发生流延的低黏度树脂，可选择针阀式浇口。结晶型树脂成型温度范围较窄，浇口处的温度应适当提高，如 POM、PPEX 等树脂可采用带加热探针的浇口形式。无定形树脂如 ABS、PS 等成型温度范围较宽，由于鱼雷嘴芯头部形成熔体绝缘层，浇口处没有加热元件接触，故可加快凝结。

② 温度的合理控制　若浇口区冷却水量不够，则会引起热量集中，造成流延、滴料和拉丝现象，因此出现上述现象时应加强该区域的冷却。

③ 树脂释压流延　流道内的残留压力过大，是造成流延的主要原因之一。在一般情况下，注塑机应采取缓冲回路或缓冲装置来防止流延。

17.4.2 材料变色、烧焦或降解

（1）主要原因　温度控制不当，流道或浇口尺寸过小引起较大剪切生热，流道内的死点导致滞留料受热时间过长。

（2）解决对策

① 温度的准确控制　为了能准确、迅速地测定温度波动，要使热电偶测温头可靠地接

触流道板或喷嘴壁，并使其位于每个独立温控区的中心位置，头部感温点与流道壁的距离以不大于 10mm 为宜，应尽量使加热元件在流道两侧均匀分布。温控可选用中央处理器操作下的智能模糊逻辑技术，其具备温度超限报警以及自动调节功能，能使熔体温度变化控制在要求的精度范围之内。

② 修正浇口尺寸　应尽量避免流道死点，在许可范围内适当增大浇口直径，防止过甚的剪切生热。内热式喷嘴的熔体在流道径向温差大，更易发生烧焦、降解现象，因此要注意流道径向尺寸设计不宜过大。

③ 如临时停止生产时（时间超过 20min），应调节热流道温度至保温状态。避免流道存料变焦、烧黑。

17.4.3　注射量短缺或无料射出或进料不平衡 (多腔)

（1）主要原因　流道内出现障碍物或死角，浇口堵塞，流道内出现较厚的冷凝层，浇口温度不一致。

（2）解决对策

① 流道设计和加工时，应保证熔体流向拐弯处壁面的圆弧过渡，使整个流道平滑而不存在流动死角。

② 在不影响塑件质量的情况下，适当提高料温，避免浇口过早凝结。

③ 适当增加热流道温度，以减小内热式喷嘴的冷凝层厚度，降低压力损失，从而有利于充满型腔。

④ 在一般情况下，各浇口实际温度与模具散热、发热丝配合，存在一定的差异，如无特殊要求，调节温度平衡即可。

17.4.4　漏胶严重

（1）主要原因　密封元件损坏；加热元件烧毁引起流道板膨胀不均匀；喷嘴与浇口套中心错位；或者止漏环决定的熔体绝缘层在喷嘴上的投影面积过大，导致喷嘴后退。

（2）解决对策

① 检查密封元件、加热元件有无损坏，若有损坏，在更换前仔细检查是元件质量问题、结构问题，还是正常使用寿命所导致的结果。

② 选择适当的止漏方式。根据喷嘴的绝热方式，防止漏料可采用止漏环或喷嘴接触两种结构。应注意使止漏接触部位保持可靠的接触状态。在强度允许范围内，要保证喷嘴和浇口套之间的熔体投影面积尽量小，以防止注射时产生过大的背压使喷嘴后退。采用止漏方式时，喷嘴和浇口套的直接接触面积，要保证由于热膨胀造成的两者中心错位时，也不会发生树脂泄漏。但接触面积也不能太大，以免造成热损失增大。

大部分的漏胶情况，并不是因为系统设计不良，而是由于未按照设计参数操作。漏料通常发生在热射嘴和分流道板间的密封处。根据一般热流道的设计规范，热射嘴处都有一个刚性边缘，确保热射嘴组件的高度小于热流道板上的实际槽深。设计这个尺寸差（通常称为冷间隙）的目的，在于当系统处于操作温度时，避免热膨胀导致部件损坏。

例如，一个 60mm 厚的分流道板和一个 40mm 的热射嘴组件（总高度为 100mm）由室温升至操作温度（230℃）后，会膨胀 0.26mm。如果没有冷间隙，热膨胀会造成热射嘴的边缘损坏。热流道漏料，就是发生在冷却条件下欠缺有效密封的情况。为了保障系统的密封（热射嘴和分流道板），必须将系统加热到操作温度，其产生的力（例如 20000lbf❶）足够抵

---

❶　1lbf＝4.44822N。

消注射压力，防止注射压力将两个部件顶开。

（3）预防漏胶的方法

① 保证热射嘴和分流道板的载荷非常重要，模具制造时，必须严格遵守热流道供应商提供的尺寸和公差才能有效防止系统漏胶。

② 在刚开机时，如果还没等到温度升至操作水平，甚至忘记打开加热系统，就开始注射，带有冷间隙的热流道因未能达到它的操作温度，注射压力便会使它产生漏胶。

③ 还可能在加热过度的情况下发生。由于带刚性边缘的热射嘴对热膨胀的适应性差，当系统过分加热后，再降低到操作温度时，基于刚性变形的影响，其产生的密封压力无法防止泄漏。在这种情况下，除了会造成漏胶外，还会因为压力过大，对热射嘴造成不可恢复的损坏，需要更换热射嘴。

（4）如何发现漏胶

① 塑料熔体注入，但未到达模具型腔，例如，如果熔道可包含 3 次注射量（每次注射量为熔道/模腔的容量），3 次注射后模腔内应该已经有塑料熔体。如果没有，则代表熔体很有可能已经泄漏到了分流道板槽。

② 部分模腔或塑件充料不完全。这是因为注射的部分熔料泄漏到分流道板槽中，造成了塑件注塑不充分。在注塑机的控制界面上，这种情况显示为工艺参数的突然变化。如果操作员怀疑有漏料的情况存在，则应该立即关闭注塑机等待系统冷却后进行检查。清理系统并查出漏料原因后，应仔细检查所有部件，因为过热的温度或清理过程都可能对部件产生损坏。

17.4.5　普通式浇口的堵塞

（1）主要原因

① 浇口处温度太低。降低浇口处的冷却速度，核对结晶型塑料热射嘴型号是否选择合适，及模具的隔热腔是否够大。

② 热射嘴的前端温度太低。减少热射嘴封胶口与模具的接触面积。在热射嘴的前端需有绝热间隙。

③ 浇口的热量不够。加大隔热腔的直径，缩短嘴尖的长度，核对嘴尖在浇口的同心度。

④ 热射嘴温度太低。增大加热圈的功率，核对热流道温控器的温度。

⑤ 异物堵塞。分离热流道系统，清除异物。

17.4.6　针阀式浇口的堵塞

① 阀针太短或变形。核对或更换。

② 浇口损坏。核对阀针长度是否太长。

③ 汽缸/油缸，漏气/漏油。核对汽缸接口处及查看汽缸密封圈。

④ 阀针与浇口处接触不合适，降低浇口处的模温，加长阀针。

⑤ 汽缸/油缸压力不合适。增加/减少压力。

⑥ 保压时间太长。缩短保压时间。

⑦ 有金属类异物混入再生材料中，导致浇口堵塞。

17.4.7　热流道不能正常升温或升温时间过长

（1）主要原因　导线通道间距不够，导致导线折断；装配模具时导线相交发生短路、漏电等现象。

（2）解决对策

① 选择正确的加工和安装工艺，保证能安放全部导线，并按规定使用高温绝缘材料。

② 定期检测导线破损情况。

17.4.8 换料或换色不干净

(1) 主要原因　换料或换色的方法不当；流道设计或加工不合理导致内部存在较多的滞留料。

(2) 解决对策

① 改进流道的结构设计和加工方式。设计流道时，应尽量避免流道死点，各转角处应力求圆弧过渡。在许可范围内，流道尺寸尽量小一些，这样流道内滞留料少、新料流速大，有利于快速清洗。加工流道时，不论流道多长，必须从一端进行加工，如果从两端同时加工，易造成孔中心的不重合，由此必然会形成滞留料部位。

② 选择正确的换料方法。热流道系统换料、换色过程一般由新料直接推出流道内的所有滞留料，再把流道壁面滞留料向前整体移动，因此清洗比较容易进行。相反，若新料黏度较低，就容易进入滞留料的中心，逐层分离滞留料，清洗起来就较为麻烦。倘若新旧两种料的黏度相近时，可通过加快新料注射速度来实现快速换料。若滞留料黏度对温度较为敏感，可适当提高料温来降低黏度，以加快换料过程。

17.5　气体辅助注射成型常见问题及对策

气体辅助注射成型工艺过程涉及高分子熔体和高压气体的气液两相流动及相互作用问题，因此使得气体辅助注射成型工艺实现过程的设计参数和控制参数大大增加。其主要的难点有以下几个方面。

① 确定塑料熔体和气体的最佳注射量、注射压力和填充时间。

② 确定注入熔体和氮气的切换时间。

③ 确定注入氮气的压力控制分布曲线。

④ 预测熔体在型腔内的流动及气体的穿透情况。

⑤ 防止困气、吹穿、气体进入薄壁。

⑥ 计算所需的锁模力和保压时间。

常见的气体辅助注塑制品缺陷包括表面缩陷、流痕、银纹、亮痕、迟滞痕；气体进入薄壁（手指效应），制品爆裂，困气，气体填充不均匀，气体吹破流动前锋；因气体注入时引起熔体流动前沿流动缓慢而造成制品表面不光滑、漏气、无法进气或无法排气等。由于影响气体辅助注射成型的因素比一般注射成型显著增多，因此必须针对各种缺陷具体分析其产生原因并找出相应的解决方法，才能确保气体辅助注射成型技术的成功应用。

(1) 气体贯穿　这种缺陷可通过提高预填充程度、加快注射速度、提高熔体温度、缩短气体延迟时间或选用流动性较高的塑料等方法来解决。

(2) 无腔室或腔室太小　可以通过降低预填充程度、提高熔体温度和气体压力、缩短气体延迟时间、延长气体保压和卸压时间、选用流动性较高的塑料、加大气体通道、使用侧腔方式等方法中的一种来解决。另外，可检查气针有无故障或堵塞，气体管路有无泄漏。

(3) 缩痕　消除缩痕可以参考的方法有降低预填充程度和熔体温度、提高熔体保压压力、缩短气体延迟时间、提高气体压力、延长气体卸压时间、降低模具温度，以及加大浇口直径、流道口和气道等。另外，可调整注气的压力曲线，检查管路和气针是否工作正常。

(4) 重量不够稳定　降低注射速度、提高背压、改进模具排气、改变浇口位置和加大浇口等方法都有利于克服这种缺陷。

（5）气道壁太薄　可以采取降低注射速度、降低料筒温度和气体压力、延长气体延迟时间及加大气道等方法来克服这种缺陷。

（6）手指效应　手指效应一般发生在大平面塑件中，它是指在气体保压过程中，塑件薄壁部分的体积收缩，产生的缺料依靠气道与薄壁之间的熔体来补缩，气体因此而进入薄壁区域，导致薄壁壁厚减小，壁厚不均匀，降低了塑件强度。薄壁壁厚越大，体积收缩也就越大，气道里的气体就越容易闯入薄壁部位，产生手指效应的危险性也就增加。手指效应如图17-1所示。出现这种现象时可以考虑提高填充程度、降低注射速度、降低料筒温度和气体压力、延长气体延迟时间、缩短气体卸压时间、重新设定注气的压力曲线、选用流动性较低的材料、降低模具温度和减小壁厚等方法。此外，浇口位置的改变和气道的加大也有助于改进这种缺陷。

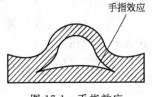

图 17-1　手指效应

（7）气体进入螺杆料筒　出现这种现象时可以考虑提高熔体保压压力和保压时间、降低射嘴温度和气体压力、缩短气体保压时间和卸压时间、重新设定注气的压力曲线、选用流动性较低的材料、减小浇口直径和改变浇口位置等方法。

（8）脱模后产生爆裂　出现这种现象时可以考虑降低气体压力、延长保压时间、重新设定注气的压力曲线、减小气量等，检查气针有无堵塞。

（9）在气体辅助注射成型工艺调试时需要注意的因素

① 对于气针式面板模具来讲，气针处压入放气时，最容易产生进气不平衡，造成调试更加困难。其主要现象为收缩。解决方法为放气时检查气体的流畅性。

② 塑料熔体的温度是影响生产正常进行的关键因素之一。气辅产品的质量对熔体温度更加敏感。喷嘴料温过高会造成产品表面银纹、烧焦等现象；料温过低会造成冷胶、冷嘴、封堵气针等现象。产品反映出的现象主要是缩痕和银纹。解决方法为检查塑料熔体的温度是否合理。

③ 手动状态下检查封针式射嘴回料时是否有溢料现象。如有此现象则说明气辅封针未能将喷嘴封住，注气时，高压气体会倒流入料管。产品反映出的主要现象为浇口处大面积烧焦和银纹，并且回料时间大幅度减少，打开封针时会有气体排出。主要解决方法为调整封针拉杆的长短。

④ 检查气辅感应开关是否灵敏，否则会造成不必要的损失。

⑤ 气辅产品是靠气体保压，产品收缩时可适当减胶。主要是降低产品内部的压力和空间，让气体更容易穿透到壁厚较大的地方来补压。

17.6　塑件的后处理

为什么要进行塑件的后处理？

在成型过程中塑料熔体在温度和压力作用下的变形流动行为非常复杂，再加上流动前塑化不均匀及充模后冷却速度不同，塑件内经常出现不均匀的结晶、取向和收缩，导致塑件内产生相应的结晶、取向和收缩应力，除引起脱模后时效变形外，还可使塑件的力学性能、光学性能及表观质量变坏，严重时还会开裂。为了解决这些问题，可对塑件进行一些适当的后处理。后处理方法为退火和调湿。

17.6.1　退火

退火是将塑件加热到 $\theta_g \sim \theta_f$（θ_m）间某一温度后，进行一定时间保温的热处理过程。其原理是利用退火时的热量，加速塑料中大分子松弛，消除或降低塑件成型后的残余应力。其作用包括：①对于结晶型塑料，利用退火对它们的结晶度大小进行调整，或加速二次结晶和后结晶的过程；②控制塑料分子取向，降低塑件硬度和提高韧度。

① 退火温度　塑件的退火温度在使用温度以上 10～20℃至热变形温度以下 10～20℃间选择和控制。

② 保温时间　与塑料品种和塑件厚度有关，如无数据资料，也可按每毫米厚度约需 30min 的原则估算。

③ 退火热源或加热保温介质　红外线灯、鼓风烘箱以及热水、热油、热空气和液体石蜡等。

注意：退火冷却时，冷却速度不宜过快，否则还有可能重新产生温度应力。

17.6.2　调湿处理

调湿是一种调整塑件含水量的后处理工序，主要用于吸湿性很强且又容易氧化的聚酰胺塑件，它除了能在加热和保温条件下消除残余应力之外，还能促使塑件在加热介质中达到吸湿平衡，以防它们在使用过程中发生尺寸变化。

调湿处理所用的加热介质为沸水或乙酸钾溶液（沸点为 121℃），加热温度为 100～120℃（热变形温度高时取上限，反之取下限），保湿时间与塑件厚度有关，通常取 2～9h。

应指出，并非所有塑件都要进行后处理，通常，只是尼龙塑件、带有金属嵌件、使用温度范围变化较大、尺寸精度要求高和壁厚大的塑件才有必要。

附　录

附录 1　塑料代号及中英文对照表

英文简称	英文全称	中文全称
ABS	acrylonitrile-butadiene-styrene	丙烯腈-丁二烯-苯乙烯共聚物
AS	acrylonitrile-styrene resin	丙烯腈-苯乙烯树脂
AMMA	acrylonitrile-methyl methacrylate	丙烯腈-甲基丙烯酸甲酯共聚物
ASA	acrylonitrile-styrene-acrylate	丙烯腈-苯乙烯-丙烯酸酯共聚物
CA	cellulose acetate	醋酸纤维素
CAB	cellulose acetate butyrate	醋酸丁酸纤维素
CAP	cellulose acetate propionate	醋酸丙酸纤维素
CE	cellulose plastics，general	通用纤维素塑料
CF	cresol-formaldehyde	甲酚-甲醛树脂
CMC	carboxymethyl cellulose	羧甲基纤维素
CN	cellulose nitrate	硝酸纤维素
CP	cellulose propionate	丙酸纤维素
CS	casein	酪蛋白
CTA	cellulose triacetate	三醋酸纤维素
EC	ethyl cellulose	乙烷纤维素
EP	epoxy，epoxide	环氧树脂
EPD	ethylene-propylene-diene	乙烯-丙烯-二烯三元共聚物
ETFE	ethylene-tetrafluoroethylene	乙烯-四氟乙烯共聚物
EVA	ethylene-vinyl acetate	乙烯-醋酸乙烯共聚物
EVAL	ethylene-vinyl alcohol	乙烯-乙烯醇共聚物
FEP	perfluoro(ethylene-propylene)	全氟(乙烯-丙烯)共聚物
HDPE	high-density polyethylene plastics	高密度聚乙烯
HIPS	high impact polystyrene	高抗冲聚苯乙烯
LDPE	low-density polyethylene plastics	低密度聚乙烯
MBS	methacrylate-butadiene-styrene	甲基丙烯酸-丁二烯-苯乙烯共聚物
MDPE	medium-density polyethylene	中密度聚乙烯
MF	melamine-formaldehyde resin	蜜胺-甲醛树脂
MPF	melamine-phenol-formaldehyde	蜜胺-酚醛树脂
PA	polyamide (nylon)	聚酰胺(尼龙)
PAA	poly(acrylic acid)	聚丙烯酸
PAN	polyacrylonitrile	聚丙烯腈
PB	polybutene-1	聚 1-丁烯
PBA	poly(butyl acrylate)	聚丙烯酸丁酯
PC	polycarbonate	聚碳酸酯
PCTFE	polychlorotrifluoroethylene	聚氯三氟乙烯

英文简称	英文全称	中文全称
PDAP	poly(diallyl phthalate)	聚对苯二甲酸二烯丙酯
PE	polyethylene	聚乙烯
PEO	poly(ethylene oxide)	聚环氧乙烷
PF	phenol-formaldehyde resin	酚醛树脂
PI	polyimide	聚酰亚胺
PMCA	poly(methyl-alpha-chloroacrylate)	聚 α-氯代丙烯酸甲酯
PMMA	poly(methyl methacrylate)	聚甲基丙烯酸甲酯
POM	polyoxymethylene, polyacetal	聚甲醛
PP	polypropylene	聚丙烯
PPO	poly(phenylene oxide) deprecated	聚苯醚
PPOX	poly(propylene oxide)	聚环氧(丙)烷
PPS	poly(phenylene sulfide)	聚苯硫醚
PPSU	poly(phenylene sulfone)	聚苯砜
PS	polystyrene	聚苯乙烯
PSU	polysulfone	聚砜
PTFE	polytetrafluoroethylene	聚四氟乙烯
PUR	polyurethane	聚氨酯
PVAC	poly(vinyl acetate)	聚醋酸乙烯
PVAL	poly(vinyl alcohol)	聚乙烯醇
PVB	poly(vinyl butyral)	聚乙烯醇缩丁醛
PVC	poly(vinyl chloride)	聚氯乙烯
PVCA	poly(vinyl chloride-acetate)	聚氯乙烯醋酸乙烯酯
PVDC	poly(vinylidene chloride)	聚偏二氯乙烯
PVDF	poly(vinylidene fluoride)	聚偏二氟乙烯
PVF	poly(vinyl fluoride)	聚氟乙烯
PVFM	poly(vinyl formal)	聚乙烯醇缩甲醛
PVK	polyvinylcarbazole	聚乙烯咔唑
PVP	polyvinylpyrrolidone	聚乙烯吡咯烷酮
SAN	styrene-acrylonitrile plastic	苯乙烯-丙烯腈塑料
TPEL	thermoplastic elastomer	热塑性弹性体
TPES	thermoplastic polyester	热塑性聚酯
TPUR	thermoplastic polyurethane	热塑性聚氨酯
UF	urea-formaldehyde resin	脲甲醛树脂
UP	unsaturated polyester	不饱和聚酯
UHMWPE	ultra-high molecular weight PE	超高分子量聚乙烯
VCE	vinyl chloride-ethylene resin	氯乙烯-乙烯树脂
VCMMA	vinyl chloride-methylmethacrylate	氯乙烯-甲基丙烯酸甲酯共聚物
VCVAC	vinyl chloride-vinyl acetate resin	氯乙烯-醋酸乙烯树脂
VCOA	vinyl chloride-octyl acrylate resin	氯乙烯-丙烯酸辛酯树脂
VCVDC	vinyl chloride-vinylidene chloride	氯乙烯-偏氯乙烯共聚物
VCMA	vinyl chloride-methyl acrylate	氯乙烯-丙烯酸甲酯共聚物
VCEV	vinyl chloride-ethylene-vinyl	氯乙烯-乙烯-醋酸乙烯共聚物

附录2 常用塑料及其特性

表1 国产常用塑料名称及特性

塑料名称		缩写代号	密度 /(g/cm³)	收缩率 /%	成型温度/℃	
					模具温度	料筒温度
丙烯腈-丁二烯-苯乙烯共聚物	高抗冲	ABS	1.01～1.04	0.4～0.7	40～90	210～240
	高耐热		1.05～1.08	0.4～0.7	40～90	220～250
	阻燃		1.16～1.21	0.4～0.8	40～90	210～240
	增强		1.28～1.36	0.1～0.2	40～90	210～240
	透明		1.07	0.6～0.8	40～90	210～240
丙烯腈-丙烯酸酯-苯乙烯共聚物		AAS	1.08～1.09	0.4～0.7	50～85	210～240
聚苯乙烯	耐热	PS	1.04～1.1	0.1～0.8	60～80	200 左右
	抗冲击		1.1	0.2～0.6	60～80	200 左右
	阻燃		1.08	0.2～0.6	60～80	200 左右
	增强		1.2～1.33	0.1～0.3	60～80	200 左右
丙烯腈-苯乙烯共聚物	无填料	AS (SAN)	1.075～1.1	0.2～0.7	65～75	180～270
	增强		1.2～1.46	0.1～0.2	65～75	180～270
丁二烯-苯乙烯共聚物		BS	1.04～1.05	0.4～0.5	65～75	180～270
聚乙烯	低密度	LDPE	0.91～0.925	1.5～5	50～70	180～250
	中密度	MDPE	0.926～0.94	1.5～5	50～70	180～250
	高密度	HDPE	0.941～0.965	2～5	35～65	180～240
	交联	PE	0.93～0.939	2～5	35～65	180～240
乙烯-丙烯酸乙酯共聚物		EEA	0.93	0.15～0.35	低于 60	205～315
乙烯-醋酸乙烯酯共聚物		EVA	0.943	0.7～1.2	24～40	120～180
聚丙烯	未改性	PP	0.902～0.91	1～2.5	40～60	240～280
	共聚		0.89～0.905	1～2.5	40～60	240～280
	惰性料		1.0～1.3	0.5～1.5	40～60	240～280
	玻璃纤维		1.05～1.24	0.2～0.8	40～60	240～280
	抗冲击		0.89～0.91	1～2.5	40～60	160～220
聚酰胺(尼龙)		PA66	1.13～1.15	0.8～1.5	21～94	315～371
		PA66G30	1.38	0.5	30～85	260～310
		PA6	1.12～1.14	0.8～1.5	21～94	250～305
		PA6G30	1.35～1.42	0.4～0.6	30～85	260～310
		PA66/PA6	1.08～1.14	0.6～1.5	35～80	250～305
		PA6/PA12	1.06～1.08	1.1	30～80	250～305
		PA6/PA12G30	1.31～1.38	0.3	30～85	260～310
		PA6/PA9	1.08～1.1	1～1.5	30～85	250～305
		PA6/PA10	1.07～1.09	1.2	30～85	250～305

塑料名称		缩写代号	密度 /(g/cm³)	收缩率 /%	成型温度/℃	
					模具温度	料筒温度
聚酰胺（尼龙）		PA6/PA10G30	1.31～1.38	0.4	30～85	260～310
		PA11	1.03～1.05	1.2	30～85	250～305
		PA11G30	1.26	0.3	30～85	260～310
		PA12	1.01～1.02	0.3～1.5	40	190～260
		PA12G30	1.23	0.3	40～50	200～260
		PA610	1.06～1.08	1.2～1.8	60～90	230～260
		PA610G30	1.25	0.4	60～80	230～280
		PA612	1.06～1.08	1.1	60～80	230～270
		PA613	1.04	1～1.3	60～80	230～270
		PA1313	1.01	1.5～2	20～80	250～300
		PA1010	1.05	1.1～1.5	50～60	190～210
		PA1010G30	1.25	0.4	50～60	200～270
丙烯腈-氯化聚乙烯-苯乙烯共聚物		ACS	1.07	0.5～0.6	50～60	低于200
甲基丙烯酸甲酯-丁二烯-苯乙烯共聚物		MBS	1.042	0.5～0.6	低于80	200～220
聚4-甲基-1-戊烯	透明	TPX	0.83	1.5～3	70	260～300
	不透明		1.09	1.5～3	70	260～300
聚降冰片烯		PM	1.07	0.4～0.5	60～80	250～270
聚氯乙烯	硬质	PVC	1.35～1.45	0.1～0.5	40～50	160～190
	软质		1.16～1.35	1～5	40～50	160～180
氯化聚氯乙烯		CPVC	1.35～1.5	0.1～0.5	90～100	200左右
聚甲基丙烯酸甲酯		PMMA	0.94	0.3～0.4	30～40	220～270
聚甲醛	均聚	POM	1.42	2～2.5	60～80	204～221
	均聚增强		1.5	1.3～2.8	60～80	210～230
	共聚		1.41	2	60～80	204～221
	共聚增强		1.5	0.2～0.6	60～80	210～230
聚碳酸酯	无填料	PC	1.2	0.5～0.7	80～110	250～340
	增强10%		1.25	0.2～0.5	90～120	250～320
	增强30%		1.24～1.52	0.1～0.2	120左右	240～320
	ABS/PS		1.1～1.2	0.5～0.9	90～120	250～320
聚苯醚	未增强	PPO	1.06～1.1	0.07～0.09	120～150	340左右
	增强30%		1.21～1.36	0.03～0.04	120～150	350左右
聚苯硫醚	未增强	PPS	1.34	0.06～0.08	120～150	340～350
	增强30%		1.64	0.02～0.04	120～150	340～350
聚砜		PSF	1.24	0.7	93～98	329～398
聚芳砜		PASF	1.36	0.8	232～260	316～413
聚醚砜		PES	1.14	0.4～0.7	80～110	230～330

塑料名称		缩写代号	密度/(g/cm³)	收缩率/%	成型温度/℃	
					模具温度	料筒温度
聚对苯二甲酸乙二醇酯		PETG30	1.67	0.2~0.9	85~100	265~300
聚对苯二甲酸丁二醇酯		PBT	1.2~1.3	0.6	60~80	250~270
		PBTG30	1.62	0.3	60~80	232~245
氯化聚醚		CPE	1.4	0.6	80~96	160~240
聚三氟氯乙烯		PCTFE	2.07~2.18	1~1.5	130~150	276~306
聚偏氯乙烯		PVDF	1.75~1.78	—	60~90	220~290
醋酸丙酸纤维素		CAP	—	0.3~0.6	40~70	190~225
醋酸丁酸纤维素		CAB	—	0.3~0.6	40~70	180~220
乙基纤维素		EC	1.14	—	50~70	210~240
聚苯砜		PPSU	1.3	0.3	80~120	320~380
聚醚醚酮	未增强	PEEK	1.26	0.2	160 左右	350~365
	增强 25%		1.40	0.2	160~180	370~390
聚芳酯	未增强	PAR	1.2	0.3	120 左右	280~350
	增强		1.4	0.3	120 左右	280~350
聚酚氧		—	1.18	0.3~0.4	50~60	150~220
全氟(乙烯-丙烯)共聚物		FEP	2.14~2.17	3~4	200~230	330~400
热塑性聚氨酯		TPU	1.2~1.25	—	38 左右	130~180
聚苯酯			1.4	0.5	100~160	370~380
酚醛注射料	H161Z	PE	1.5	0.6~1.1	165±5	65~95
	H163Z		1.5	0.6~1.1	165±5	65~95
	H1501Z		1.5	1.0~1.3	165±5	65~95
	6403Z		1.85	0.6~1.0	165±5	65~95
增强酚醛注射料	FX801	—	1.7~1.8	1.0	165~180	60~90
	FX802		1.7~1.8	1.0	165~180	60~90
	FBMZ7901		1.6~1.75	1.0	165~180	60~90
聚邻苯二甲酸二丙烯酯		DAP	1.27	0.5~0.8	140~150	90 左右
三聚氰胺-甲醛树脂		MF	1.8	0.3	165~170	70~95
醇酸树脂		ALK	1.8~2	0.6~1	150~185	40~100

表 2　进口常用塑料名称及特性

塑料名称		缩写代号	密度/(g/cm³)	收缩率/%	成型温度/℃	
					模具温度	料筒温度
低密度聚乙烯(日旭化成公司)	M6525	LDPE	0.915	4~6(参考)	<60	205~300
	M6545		0.916	4~6(参考)	<60	205~300
高密度聚乙烯	日 1300J	HDPE	0.965	2~5	50~70	160~250
	美 DMD7504		0.94~0.95	2~5	50~70	160~250
中密度聚乙烯(日三井公司)	45300	MDPE	0.944	3~5(参考)	工艺参数介于 LDPE 与 HDPE 之间	
	45150		0.944	3~5(参考)		
	4060J		0.944	3~5(参考)		

塑料名称		缩写代号	密度/(g/cm³)	收缩率/%	成型温度/℃	
					模具温度	料筒温度
聚丙烯(美菲利浦公司)	HGH-050-01	PP	0.905	1.2～2.5	40～60	200～280
	HGN-120-01		0.909	1.2～2.5	40～60	200～280
	HLN-120-01		0.909	1.2～2.5	40～60	200～280
	HGV-050-01		0.905	1.2～2.5	40～60	200～280
增强聚丙烯(日三井公司)	K-1700 10%	GFR-PP	0.95	0.6	50～60	180～250
	V-7100 20%		1.03	0.4	50～60	180～250
	E-7000 30%		1.12	0.3	50～60	180～250
阻燃聚丙烯(日恩乔伊公司)	E-185	PP	1.19	0.8～1.0	50	180～230
	E-187		1.19	0.8～1.0(参考)	50	180～230
聚 4-甲基-1-戊烯(日三井公司)	RT-18	TPX	0.835	1.5～3.0	20～80	270～330
	DX-810		0.830	1.5～3.0	20～80	270～330
	DX-836		0.845	1.5～3.0	20～80	270～330
苯乙烯-丙烯腈共聚物(日制铁公司)	AS-20	SAN	1.08	0.4	65～75	180～270
	AS-41		1.06	0.4	65～75	180～270
	AS-61		1.06	0.4	65～75	180～270
苯乙烯-丁二烯共聚物(美菲利浦公司)	KR-01	BS	1.01	0.4～0.5	38	204～232
	KR-03		1.04	0.5～1.0	38	204～232
丙烯腈-丁二烯-苯乙烯共聚物	美 240	ABS	1.07	0.4～0.6	40～80	100～250
	美 440		1.06	0.4～0.6	40～80	190～250
	美 740		1.04	0.4～0.6	40～80	190～250
	HR850		1.06	0.4～0.6	40～80	190～250
	日 S-10		1.05	0.4～0.6	40～80	190～250
	日 S-40		1.07	0.4～0.6	40～80	190～250
丙烯腈-丁二烯-苯乙烯共聚物增强 30%～40%	ABSAFILG-1200/20	GFR-ABS	1.23	0.1～0.3	40～80	175～260
	ABSAFILG-1200/40		1.36	0.1～0.2	40～80	175～260
	AF-1004(20%)		1.20	0.15	40～80	175～260
	AF-1006(30%)		1.28	0.1	40～80	175～260
聚酰胺(尼龙)		PA				
尼龙-6	德国巴斯夫公司 B3S		1.13	0.8～1.5	20～90	后部 240～300
	美国联合公司 2314		1.13～1.14	0.8～2.0	20～90	中部 230～290
	法阿托化学公司 P40CD		1.13		20～90	前部 210～260
	英帝国公司 B114		1.13		20～90	喷嘴 210～250
尼龙-66	美杜邦公司 101L		1.14	1.5	20～90	后部 240～310
	美杜邦公司 BK10A		1.15	1.5	20～90	中部 240～300
	英帝国公司 A100		1.14	1.6～2.3	20～90	前部 240～300
	英帝国公司 A150		1.14	1.4～2.2	20～90	喷嘴 230～280
	日旭化成公司 1300S		1.14	1.3～2.0	20～90	

塑料名称		缩写代号	密度 /(g/cm³)	收缩率 /%	成型温度/℃	
					模具温度	料筒温度
增强尼龙-6	美菲伯菲尔公司 G3/30	GFR-PA	1.4	0.3～0.5	成型温度比相应尼龙高 10～30℃	
	美菲伯菲尔公司 I-3/30		1.4	0.3～0.5		
	美菲伯菲尔公司 G-13/40		1.47	0.2～0.4		
增强尼龙-66	美杜邦公司 70G13L		1.22	0.5		
	美杜邦公司 70G43L		1.51	0.2		
	美杜邦公司 71G13L		1.18	0.6		
聚甲醛		POM				
共聚甲醛	美塞拉尼斯公司 M25A		1.59	0.4～1.8	75～90	155～185
	美塞拉尼斯公司 M50		1.41	5.0	75～90	155～185
	日三菱公司 F10-10		1.14		75～90	155～185
	美 LNP 公司 KFX-1002 (10%增强)		1.47	0.8	75～90	155～185
均聚甲醛	美杜邦公司 D-900		1.42	2.0	80	170～180
	美杜邦公司 D-500		1.42	2.0	80	170～180
	美塞摩菲尔公司 FG0100(30%增强)		1.63	0.5	80	170～180
	日旭化成公司 3010		1.42		80	170～180
聚对苯二甲酸丁二醇酯	日 TORAY 公司 1401	PBT	1.31	0.07～0.023	40	240～250
	1101-G30		1.53	0.02～0.08	40	240～250
	1400		1.48	0.017～0.023	40	240～250
	美塞拉尼斯公司 3300	GFR-PB	1.54		30～80	160～230
	美塞拉尼斯公司 3200		1.41		30～80	160～230
聚对苯二甲酸乙二醇酯(增强)	美杜邦公司 530	GFR-PET	1.56	0.2	120～140	250～280
	美杜邦公司 545		1.69	0.2	120～140	250～280
	RE5069		1.81	0.2	120～140	250～280
	日帝人公司 B1030		1.63		120～140	250～280
氟塑料		PTFE				
聚三氟氯乙烯	法吉乐吉内公司 300/302	PCTFE	2.1～2.2	<1	130～150	230～310
	美 3M 公司 F81		2.1～2.2	0.5～0.8	130～150	230～310
聚偏二氯乙烯	美索尔特克斯公司 1008	PVDF	1.78	3.0	60～90	料筒 220～290 喷嘴 180～260
	法吉乐吉内公司 1000		1.76～1.78	3.0～3.5	60～90	
	日吴羽公司 1100		1.76～1.78	2～3	60～90	
	美庞沃特公司		1.75～1.78	3.0	60～90	
全氟(乙烯-丙烯共聚物)	美杜邦公司 FEP-100	FEP	2.12～2.17	4～6	205～235	330～400
	美杜邦公司 FEP-160		2.12～2.17	4～6	205～235	330～400
聚芳砜	美 3M 公司 360	PAS	1.36	0.8	230～260	315～410
聚醚砜	英帝国公司 200P/300P	PES	1.37	0.6	110～130	300～360

塑料名称		缩写代号	密度 /(g/cm³)	收缩率 /%	成型温度/℃	
					模具温度	料筒温度
聚醚醚酮	英帝国公司	PEEK	1.32	1.1	160	350~365
聚芳酯	日尤尼奇卡公司 U-100	PAR	1.21	0.8	120~140	320~350
	日尤尼奇卡公司 U-1060		1.21	0.8	120~140	320~350
	德国 KL-1-9300		1.44		120	320~350
聚酚氧	美联合碳化物公司 8060/8030		1.18	0.004	50~60	水冷150~220
	8100		0.78	0.004	50~60	水冷150~220
聚苯醚(增强)	美 LNP 公司 1006D30%	GFR-PPO	1.28	0.1	80~100	240~300
	美 LNP 公司 1008D40%		1.38	0.1	80~100	240~300
酚醛注射料(日本 PM8000J 系列)	8700J	PF	1.4	1.1~1.3	165~175	水冷65~95
	8800J		1.41	1.1~1.3	165~175	水冷65~95
	8750J			1.0~1.2	165~175	水冷65~95
	8601J		1.4	1.3~1.5	165~175	水冷65~95
热塑性聚氨酯 (美 TEXIN)	192A	TPU	1.23	0.9(参考)	室温	160~190
	480A		1.20	0.9(参考)	室温	160~190
	591A		1.22	0.9(参考)	室温	160~190
	355A		1.23	0.9(参考)	室温	160~190
醇酸树脂(日东芝公司)	TPX100	AK	2.0~2.05	0.5~0.6	150~185	水冷40~100
	TPX300		1.9~2.0	0.5~0.6	150~185	水冷40~100
	MPX100		1.9~2.0	0.6~0.7	150~185	水冷40~100
	MPX300		1.8~1.9	0.6~0.7	150~185	水冷40~100
	AP301BE		1.9~2.0	0.4~0.5	150~185	水冷40~100
聚醚酰亚胺(美通用公司)	VILEM1000	PEI	1.27	0.5~0.7	50~120	330~430
	VILEM2100		1.34	0.4	50~120	330~430
	VILEM2200		1.42	0.2~0.3	50~120	330~430
	VILEM2300		1.51	0.2	50~120	330~430
聚苯酯(EKONOL) (美碳化硅公司)	2000		1.4	0.5	100~160	360~380
	200BL		1.69	0.56	100~160	360~380
聚甲基丙烯酸甲酯(美杜邦公司)	130K	PMMA	1.18	0.2~0.6	室温	160~290
	147K		1.19	0.3~0.7	室温	160~290
聚碳酸酯	美通用公司 191	PC	1.19	0.5~0.7	70~110	240~300
	美通用公司 940		1.21	0.5~0.7	70~110	240~300
	美通用公司 101		1.2	0.5~0.7	70~110	240~300
	日三菱公司 7022R		1.2	0.5~0.7	70~110	240~300
	日三菱公司 7025R		1.2	0.5~0.7	70~110	240~300
	日三菱公司 7025NB		1.24	0.5~0.7	70~110	240~300
增强聚碳酸酯 (日三菱公司)	7025G10	FRPC	1.25	0.2	90~100	260~310
	7025G30		1.43	0.2~0.3	90~100	260~310

附录 3 模塑件尺寸公差表

来自《中华人民共和国国家标准 GB/T 14486—2008》

单位：mm

标注公差的尺寸公差值

公差等级	公差种类	>0~3	>3~6	>6~10	>10~14	>14~18	>18~24	>24~30	>30~40	>40~50	>50~65	>65~80	>80~100	>100~120	>120~140	>140~160	>160~180	>180~200	>200~225	>225~250	>250~280	>280~315	>315~355	>355~400	>400~450	>450~500	>500~630	>630~800	>800~1000
MT1	a	0.07	0.08	0.09	0.10	0.11	0.12	0.14	0.16	0.18	0.20	0.23	0.26	0.29	0.32	0.36	0.40	0.44	0.48	0.52	0.56	0.60	0.64	0.70	0.78	0.86	0.97	1.16	1.39
MT1	b	0.14	0.16	0.18	0.20	0.21	0.22	0.24	0.26	0.28	0.30	0.33	0.36	0.39	0.42	0.46	0.50	0.54	0.58	0.62	0.66	0.70	0.74	0.80	0.88	0.96	1.07	1.26	1.49
MT2	a	0.10	0.12	0.14	0.16	0.18	0.20	0.22	0.24	0.26	0.30	0.34	0.38	0.42	0.46	0.50	0.54	0.60	0.66	0.72	0.76	0.84	0.92	1.00	1.10	1.20	1.40	1.70	2.10
MT2	b	0.20	0.22	0.24	0.26	0.28	0.30	0.32	0.34	0.36	0.40	0.44	0.48	0.52	0.56	0.60	0.64	0.70	0.76	0.82	0.86	0.94	1.02	1.10	1.20	1.30	1.50	1.80	2.20
MT3	a	0.12	0.14	0.16	0.18	0.20	0.22	0.26	0.30	0.34	0.40	0.46	0.52	0.58	0.64	0.70	0.78	0.86	0.92	1.00	1.10	1.20	1.30	1.44	1.60	1.74	2.00	2.40	3.00
MT3	b	0.32	0.34	0.36	0.38	0.40	0.42	0.46	0.50	0.54	0.60	0.66	0.72	0.78	0.84	0.90	0.98	1.06	1.12	1.20	1.30	1.40	1.50	1.64	1.80	1.94	2.20	2.60	3.20
MT4	a	0.16	0.18	0.20	0.24	0.28	0.32	0.36	0.42	0.48	0.56	0.64	0.72	0.82	0.92	1.02	1.12	1.24	1.36	1.48	1.62	1.80	2.00	2.20	2.40	2.60	3.10	3.80	4.60
MT4	b	0.36	0.38	0.40	0.44	0.48	0.52	0.56	0.62	0.68	0.76	0.84	0.92	1.02	1.12	1.22	1.32	1.44	1.56	1.68	1.82	2.00	2.20	2.40	2.60	2.80	3.30	4.00	4.80
MT5	a	0.20	0.24	0.28	0.32	0.38	0.44	0.50	0.56	0.64	0.74	0.86	1.00	1.14	1.28	1.44	1.60	1.76	1.92	2.10	2.30	2.50	2.80	3.10	3.50	3.90	4.50	5.60	6.90
MT5	b	0.40	0.44	0.48	0.52	0.58	0.64	0.70	0.76	0.84	0.94	1.06	1.20	1.34	1.48	1.64	1.80	1.96	2.12	2.30	2.50	2.70	3.00	3.30	3.70	4.10	4.70	5.80	7.10
MT6	a	0.26	0.32	0.38	0.46	0.52	0.60	0.70	0.80	0.94	1.10	1.28	1.48	1.72	1.92	2.20	2.40	2.60	2.90	3.20	3.50	3.90	4.30	4.80	5.30	5.90	6.90	8.50	10.60
MT6	b	0.46	0.52	0.58	0.66	0.72	0.80	0.90	1.00	1.14	1.30	1.48	1.68	1.92	2.20	2.40	2.60	2.80	3.10	3.40	3.70	4.10	4.50	5.00	5.50	6.10	7.10	8.70	10.80
MT7	a	0.38	0.46	0.56	0.66	0.76	0.86	0.98	1.12	1.32	1.54	1.80	2.10	2.40	2.70	3.00	3.30	3.70	4.10	4.50	4.90	5.40	6.00	6.70	7.40	8.20	9.60	11.90	14.80
MT7	b	0.58	0.66	0.76	0.86	0.96	1.06	1.18	1.32	1.52	1.74	2.00	2.30	2.60	2.90	3.20	3.50	3.90	4.30	4.70	5.10	5.60	6.20	6.90	7.60	8.40	9.80	12.10	15.00

未注公差的尺寸允许偏差

公差等级	公差种类	>0~3	>3~6	>6~10	>10~14	>14~18	>18~24	>24~30	>30~40	>40~50	>50~65	>65~80	>80~100	>100~120	>120~140	>140~160	>160~180	>180~200	>200~225	>225~250	>250~280	>280~315	>315~355	>355~400	>400~450	>450~500	>500~630	>630~800	>800~1000
MT5	a	±0.10	±0.12	±0.14	±0.16	±0.19	±0.22	±0.25	±0.28	±0.32	±0.37	±0.43	±0.50	±0.57	±0.64	±0.72	±0.80	±0.88	±0.96	±1.05	±1.15	±1.25	±1.40	±1.55	±1.75	±1.95	±2.25	±2.80	±3.45
MT5	b	±0.20	±0.22	±0.24	±0.26	±0.29	±0.32	±0.35	±0.38	±0.42	±0.47	±0.53	±0.60	±0.67	±0.74	±0.82	±0.90	±0.98	±1.06	±1.15	±1.25	±1.35	±1.50	±1.65	±1.85	±2.05	±2.35	±2.90	±3.55
MT6	a	±0.13	±0.16	±0.19	±0.23	±0.26	±0.30	±0.35	±0.40	±0.47	±0.55	±0.64	±0.74	±0.86	±1.00	±1.10	±1.20	±1.30	±1.45	±1.60	±1.75	±1.95	±2.15	±2.40	±2.65	±2.95	±3.45	±4.25	±5.30
MT6	b	±0.23	±0.26	±0.29	±0.33	±0.36	±0.40	±0.45	±0.50	±0.57	±0.65	±0.74	±0.84	±0.96	±1.10	±1.20	±1.30	±1.40	±1.55	±1.70	±1.85	±2.05	±2.25	±2.50	±2.75	±3.05	±3.55	±4.35	±5.40
MT7	a	±0.19	±0.23	±0.28	±0.33	±0.38	±0.43	±0.49	±0.56	±0.66	±0.77	±0.90	±1.05	±1.20	±1.35	±1.50	±1.65	±1.85	±2.05	±2.25	±2.45	±2.70	±3.00	±3.35	±3.70	±4.10	±4.80	±5.95	±7.40
MT7	b	±0.29	±0.33	±0.38	±0.43	±0.48	±0.53	±0.59	±0.66	±0.76	±0.87	±1.00	±1.15	±1.30	±1.45	±1.60	±1.75	±1.95	±2.15	±2.35	±2.55	±2.80	±3.10	±3.45	±3.80	±4.20	±4.90	±6.05	±7.50

注：1. a 为不受模具活动部分影响的尺寸公差值；b 为受模具活动部分影响的尺寸公差值。

2. MT1 级为精密级，采用严密的工艺控制措施和高精度的模具、设备、原料时才有可能选用。

附录4 常用材料模塑件公差等级和使用（GB/T 14486—2008）

材料代号	模塑材料		公差等级		
			标注公差尺寸		未注公差尺寸
			高精度	一般精度	
ABS	丙烯腈-丁二烯-苯乙烯共聚物		MT2	MT3	MT5
CA	醋酸纤维素		MT3	MT4	MT6
EP	环氧树脂		MT2	MT3	MT5
PA	聚酰胺	无填料填充	MT3	MT4	MT6
		30%玻璃纤维填充	MT2	MT3	MT5
PBT	聚对苯二甲酸丁二醇酯	无填料填充	MT3	MT4	MT6
		30%玻璃纤维填充	MT2	MT3	MT5
PC	聚碳酸酯		MT2	MT3	MT5
PDAP	聚邻苯二甲酸二烯丙酯		MT2	MT3	MT5
PEEK	聚醚醚酮		MT2	MT3	MT5
PE-HD	高密度聚乙烯		MT4	MT5	MT7
PE-LD	低密度聚乙烯		MT5	MT6	MT7
PESU	聚醚砜		MT2	MT3	MT5
PET	聚对苯二甲酸乙二醇酯	无填料填充	MT3	MT4	MT6
		30%玻璃纤维填充	MT2	MT3	MT5
PF	苯酚-甲醛树脂	无机填料填充	MT2	MT3	MT5
		有机填料填充	MT3	MT4	MT6
PMMA	聚甲基丙烯酸甲酯		MT2	MT3	MT5
POM	聚甲醛	≤150mm	MT3	MT4	MT6
		>150mm	MT4	MT5	MT7
PP	聚丙烯	无填料填充	MT4	MT5	MT7
		30%无机填料填充	MT2	MT3	MT5
PPE	聚苯醚;聚亚苯醚		MT2	MT3	MT5
PPS	聚苯硫醚		MT2	MT3	MT5
PS	聚苯乙烯		MT2	MT3	MT5
PSU	聚砜		MT2	MT3	MT5
PUR-P	热塑性聚氨酯		MT4	MT5	MT7
PVC-P	软质聚氯乙烯		MT5	MT6	MT7
PVC-U	未增塑聚氯乙烯		MT2	MT3	MT5
SAN	丙烯腈-苯乙烯共聚物		MT2	MT3	MT5
UF	脲甲醛树脂	无机填料填充	MT2	MT3	MT6
		有机填料填充	MT3	MT4	MT6
UP	不饱和聚酯	30%玻璃纤维填充	MT2	MT3	MT5

附录5 不同成型加工方法所能达到的表面粗糙度（GB/T 14234—1993）

加工方法	材料	R_a 参数值范围/μm										
		0.025	0.050	0.10	0.20	0.40	0.80	1.60	3.20	6.30	12.50	25
注射成型（热塑性塑料）	PMMA	●	●	●	●	●	●	●				
	ABS	●	●	●	●	●	●	●				
	AS	●	●	●	●	●	●	●				
	PC		●	●	●	●	●	●				
	PS		●	●	●	●	●	●	—●			
	PP			●	●	●	●	●				
	PA			●	●	●	●	●				
	PE			●	●	●	●	●	●	●		
	POM		●	●	●	●	●	●				
	PSF				●	●	●	●				
	PVC				●	●	●					
	PPO				●	●	●					
	CPE				●	●	●					
	PBT				●	●	●	●				
注射成型（热固性塑料）	氨基塑料				●	●	●	●				
	酚醛塑料				●	●	●	●				
	聚硅氧烷塑料				●	●	●	●				
压缩和传递成型	氨基塑料				●	●	●	●				
	蜜胺塑料			●	●	●	●					
	酚醛塑料				●	●	●	●				
	DAP					●	●	●	●			
	不饱和聚酯					●	●	●	●			
	环氧塑料				●	●						
机械加工	有机玻璃	●	●	●	●	●	●		●	●		
	尼龙								●	●	●	
	聚四氟乙烯						●		●	●	●	
	聚氯乙烯								●	●	●	
	增强塑料								●	●	●	●

注：模具型腔 R_a 数值应相应增大两级。

附录6 常用塑料制品壁厚推荐表

表1 常用热塑性塑料制品壁厚和最小壁厚推荐值　　单位：mm

塑料	最小壁厚	小型制品壁厚	中型制品壁厚	大型制品壁厚
尼龙	0.45	0.76	1.5	2.4~3.2
聚乙烯	0.6	1.25	1.6	2.4~3.2
聚苯乙烯	0.75	1.25	1.6	3.2~5.4
高抗冲聚苯乙烯	0.75	1.25	1.6	3.2~5.4
聚氯乙烯	1.2	1.6	1.8	3.2~5.8
有机玻璃	0.8	1.5	2.2	4.0~6.5
聚丙烯	0.85	1.45	1.75	2.4~3.2
氯化聚醚	0.9	1.35	1.8	2.5~3.4
聚碳酸酯	0.95	1.80	2.3	3~4.5
聚苯醚	1.2	1.75	2.5	3.5~6.4
醋酸纤维素	0.7	1.25	1.9	3.2~4.8
乙基纤维素	0.9	1.25	1.6	2.4~3.2
丙烯酸类	0.7	0.9	2.4	3.0~6.0
聚甲醛	0.8	1.40	1.6	3.2~5.4
聚砜	0.95	1.80	2.3	3~4.5

表2 常用热固性塑料制品壁厚推荐值　　单位：mm

塑料	最小壁厚	推荐壁厚	最大壁厚
醇酸树脂-玻璃纤维填充	1.0	3.0	12.7
醇酸树脂-矿物填充	1.0	4.7	9.5
邻苯二甲酸二烯丙酯(DAP)	1.0	4.7	9.5
环氧树脂-玻璃纤维填充	0.76	3.2	25.4
三聚氰胺-甲醛树脂-纤维素填充	0.9	2.5	4.7
氨基塑料-纤维填充	0.9	2.5	4.7
酚醛塑料(通用型)	1.3	3.0	25.4
酚醛-棉短纤维填充	1.3	3.0	25.4
酚醛-玻璃纤维填充	0.76	2.4	19.0
酚醛-织物填充	1.6	4.7	9.5
酚醛-矿物填充	3.0	4.7	25.4
聚硅氧烷-玻璃纤维填充	1.3	3.0	6.4
聚酯预混物	1.0	1.8	25.4

附录7 《塑料成型加工人员（注塑）》职业标准

1. 职业概况

1.1　职业名称

塑料成型加工人员（注塑）。

1.2　职业定义

操作注射成型生产设备，运用注射模塑的方法将高分子材料加工成各类塑料制品、制件的人员。

1.3　职业等级

该职业设立三个等级，分别为塑料成型加工人员（注塑）五级、塑料成型加工人员（注塑）四级、塑料成型加工人员（注塑）三级。

1.4　职业环境条件

室内、常温。

1.5 职业能力特征

（1）运用手、眼等身体部位，准确、协调地完成既定操作要求的能力。

（2）对工艺规程、技术参数的记忆、理解、辨识和执行能力。

（3）觉察物体或图形资料及有关细部的能力。

（4）灵活应变和独立处理问题的能力。

（5）学习、获取外界信息的能力。

1.6 基本文化程度

初中或初中以上文化程度。

1.7 鉴定要求

1.7.1 适用对象

从事或准备从事本职业人员。

1.7.2 申报条件

具有初中文化程度及以上学历的人员均可申报本塑料成型加工人员（注塑）五级职业资格鉴定。

持有塑料成型加工人员（注塑）五级职业资格证书一年及以上者，可申报塑料成型加工人员（注塑）四级职业资格鉴定。

持有塑料成型加工人员（注塑）四级及以上职业资格证书两年及以上者，可参加高一等级的职业资格鉴定和高一等级相关职业模块鉴定。

申报四级及以上等级职业资格鉴定，除符合上述条件外，还应持有高中或中职学历及以上证书。

无塑料成型加工人员（注塑）五级职业资格证书，但在本职业工作经历累计三年及以上并具有初中文化程度者，可持用工单位有效证明直接申报塑料成型加工人员（注塑）四级职业资格鉴定。

持有中等职业学校（含中专、职校、技校）相关专业毕业证书者，可直接申报塑料成型加工人员（注塑）四级职业资格鉴定，并可在取得毕业证书之日起的三年内，免考其理论知识部分。

持有高等学校（含大学、大专、高职）相关专业毕业证书者，可直接申报塑料成型加工人员（注塑）四级资格鉴定；在相关专业工作一年及以上者，可持用工单位有效证明直接申报塑料成型加工人员（注塑）三级职业资格鉴定，并可在取得毕业证书之日起的三年内，免考其理论知识部分。

持有中级专业技术职称的人员，可直接申报塑料成型加工人员（注塑）三级职业资格鉴定。

1.7.3 鉴定方式

塑料成型加工人员（注塑）五级、塑料成型加工人员（注塑）四级、塑料成型加工人员（注塑）三级采用非一体化鉴定模式，分为理论知识鉴定（根据题库组卷，闭卷笔试）和操作技能鉴定（根据鉴定项目，现场实际操作）。理论知识和操作技能的鉴定标准均实行百分制，满60分为合格。

1.7.4 鉴定场所、设备

理论知识鉴定场所为标准教室。

操作技能鉴定场所为具备能满足技能鉴定要求的场地以及实施考核所需的物料、设备及工具。

2. 工作要求

2.1 "职业功能"、"工作内容"一览表

职业功能	工作内容		
	塑料成型加工人员（注塑）五级	塑料成型加工人员（注塑）四级	塑料成型加工人员（注塑）三级
一、原材料的准备	（一）识别原材料	（一）鉴别原材料	（一）选用原材料
	（二）干燥原材料	（二）预处理原材料	（二）预处理新型原材料
二、注射成型设备的操作	（一）注塑机基本操作	（一）操作与调试注塑机	（一）操作与调试注塑机主、辅设备
	（二）保养注塑机	（二）维护保养注塑机	（二）维修保养注塑机主、辅设备
		（三）选择与保持生产工艺条件	（三）变动与调控生产工艺条件
三、注塑模具的使用	（一）应用模具	（一）安装与调试模具	（一）更换与校正复杂模具
	（二）保养模具	（二）维护保养模具	（二）诊断与排除模具常见故障
四、制品的后处理及质量检验	（一）处理制品外形	（一）制品后处理	（一）复杂制品后处理
	（二）检查制品表观质量	（二）检验制品质量	（二）评价与控制质量
五、生产技术管理			（一）改进技术
			（二）指导与培训

2.2　各等级工作要求

本工作要求对塑料成型加工人员（注塑）五级、塑料成型加工人员（注塑）四级、塑料成型加工人员（注塑）三级各等级的要求依次递进，高级别包括低级别的要求。

2.2.1　塑料成型加工人员（注塑）五级

职业功能	工作内容	技能要求	专业知识要求	比重
一、原材料的准备	（一）识别原材料	1. 能从原辅材料的包装标识，识别注塑原料、色母料的名称、型号； 2. 能从粒料外观识别所需原料的品种、性状	1. 塑料的组成、分类、性能和用途； 2. 本产品常用注塑原辅材料的名称、缩写代码、型号； 3. 常用注塑原料的识别特征	15%
	（二）干燥原料	1. 能了解常用热塑性塑料的干燥要求； 2. 能正确使用烘箱、料斗进行塑料原料干燥处理	1. 原料使用环境的要求； 2. 干燥的作用和工艺条件； 3. 常用干燥设备和干燥方法	10%
二、注射成型设备的操作	（一）注塑机基本操作	1. 能了解常用注塑机的形式、常设装置和功能； 2. 能了解注塑机的加工条件和加工步骤； 3. 能独立进行注塑机的基本操作，完成合格的成型制品； 4. 能正确执行注射成型的工艺要求	1. 注塑制品的加工要求； 2. 注射成型的生产工艺流程； 3. 注塑机的形式与种类； 4. 注塑机的工作原理与操作方式； 5. 本岗位的安全操作规程	15%
	（二）日常保养注塑机	1. 能了解注塑机的结构组成和常设装置的作用； 2. 能做好设备的清洁和机台的润滑	1. 注塑机的常设装置和功能； 2. 注塑机的常规维护保养	
三、注塑模具的使用	（一）应用模具	1. 能了解一般注塑模的结构部件和作用； 2. 能在生产操作中正确使用一般注塑模	1. 一般注塑模的基本结构； 2. 模具在注射成型中的作用和影响； 3. 一般模具的正确使用方法	10%
	（二）保养模具	1. 能够懂得注塑模的安全使用； 2. 能进行注塑模的日常养护	注塑模的常规维护与保养	10%

职业功能	工作内容	技能要求	专业知识要求	比重
四、制品的后处理及质量检验	(一)处理制品外形	1. 能熟悉注塑制品的加工要求; 2. 能完成脱模后制品的整修; 3. 能运用简单工具对制品进行模外定型	1. 注塑制品的外形处理及其作用; 2. 整修的要求与方法; 3. 模外定型的要求与方法	5%
	(二)检查制品表观质量	1. 能判别制品的表观缺陷; 2. 能正确使用计量器具检查制品的长度、重量	1. 注射成型制件的表观质量检查; 2. 注射成型制件的常见缺陷; 3. 常用计量器具的使用	10%
相关基础知识		1. 塑料及其应用; 2. 计量器具的使用与维护; 3. 注塑机生产操作规程和安全保障; 4. 职业道德		5%

2.2.2 塑料成型加工人员（注塑）四级

职业功能	工作内容	技能要求	专业知识要求	比重
一、原材料的准备	(一)鉴别原材料	1. 能正确掌握不同品种、不同型号的原料特性; 2. 能独立完成制品用原材料的取样与鉴别; 3. 了解常用塑料助剂的种类	1. 常用塑料原料的加工特性; 2. 塑料性能的一般鉴别方法; 3. 常用助剂的品种、性质和作用机理	10%
	(二)预处理原材料	1. 能正确进行塑料原料的着色共混; 2. 能根据制品的用途和性能要求正确添加助剂 3. 能完成嵌件的预热处理	1. 塑料原料的着色; 2. 常用助剂与树脂的相互影响和作用; 3. 制品制件的结构	15%
二、注射成型设备的操作	(一)操作与调试注塑机	1. 能正确进行机筒的清理,完成换色或换料; 2. 能熟练操作两种以上形式的注塑机组; 3. 能独立进行生产运行中的设备调试	1. 清理; 2. 注塑机规格、型号及表示; 3. 注塑机的机械系统、液压系统、电气系统的功能和操作要求; 4. 注塑机的整机要求和主要技术参数	15%
	(二)维护保养注塑机	1. 能阅读常用注塑机的技术说明书; 2. 能正确进行设备的日常维护和定期保养; 3. 能分析和判断常见的设备故障; 4. 能提出设备的检修项目、技术要求,并参与验收	1. 注塑机的通用装置; 2. 注塑机的专用装置; 3. 机械系统、液压系统、电气系统的保全; 4. 注塑机台及其主要部件的维护保养规程; 5. 常见的设备故障、产生原因和排除方法	15%
	(三)选择和保持塑料成型的工艺条件	1. 能按照加工要求正确设置注塑机的主要工艺参数; 2. 能正确选择和有效保持工艺条件; 3. 能诊断和处理常见的产品质量问题	1. 制品的成型机理; 2. 注射成型过程中温度、压力、时间及其相互关系; 3. 注射成型工艺的主要参数; 4. 工艺条件变动对产品质量的影响; 5. 产品缺陷的产生原因与解决办法	15%
三、注塑模具的使用	(一)安装调试模具	1. 能根据生产需要正确安装和调试注塑模具; 2. 能识读模具的总装图、部装图	1. 设计和注塑模具的结构部件、功能作用及工作条件要求; 2. 注塑机与模具间规格、型号及尺寸匹配; 3. 注塑模具的安装与试模要求	10%
	(二)维护保养模具	1. 能正确拆卸和存放模具; 2. 能对模具各部位、部件的状态进行检查和发现问题	1. 模具的使用和维护保养; 2. 注塑模具的损坏与修复	5%

职业功能	工作内容	技能要求	专业知识要求	比重
四、制品的后处理及质量检验	（一）制品后处理	1. 能进行制品的退火处理； 2. 能进行制品的调湿处理； 3. 能进行制品的其他后处理	1. 退火的目的和退火的方法； 2. 调湿的目的和调湿的方法	5%
	（二）检验制品质量	1. 掌握制品制件配合尺寸和精度的测量方法； 2. 能按照质量标准或技术要求进行现场实物性能检验； 3. 能分析制品缺陷的产生原因	1. 制品的质量标准或技术要求； 2. 实物性能的检测方法及指标的含义； 3. 注射成型制件常见缺陷的产生原因与解决办法	5%
相关基础知识		1. 塑料成型加工的工艺理论基础； 2. 微机处理基础； 3. 识图、制图和机械基础； 4. 电子电工基础； 5. 液压传动基础		5%

2.2.3 塑料成型加工人员（注塑）三级

职业功能	工作内容	技能要求	专业知识要求	比重
一、原材料的准备	（一）选用原材料	1. 能根据加工需要进行注塑原材料的优选； 2. 能根据产品的特殊性能要求实施塑料的改性； 3. 能了解新型材料、新工艺的发展动向	1. 注塑制品制件的选材要求； 2. 原材料规格质量对加工和使用的影响； 3. 塑料的改性； 4. 新材料、新工艺的研发与应用动态	10%
	（二）预处理新型原料	1. 能参与试验和制备新产品研发所需原材料； 2. 能正确进行新型原材料的预处理	1. 塑料配方设计原则和实施要求； 2. 新型原材料的预处理方法	5%
二、注射成型设备的操作	（一）操作与调试注塑机主、辅设备	1. 能正确选配注射成型设备的类型、规格； 2. 能完成主、辅设备的联动调试和正常运行； 3. 能实施复杂技术和专用（特种）设备的操作和新产品试制； 4. 能在确保质量的前提下，高效率地生产合格产品； 5. 能判断和排除常见的生产故障	1. 注射成型主、辅机台的配置； 2. 复杂机组的联动调试； 3. 注射成型和计算机一体化； 4. 注射成型的大型化和精密化； 5. 注射成型的故障与排除	15%
	（二）维修、保养注塑机主、辅设备	1. 能识读常用机组的总装图、部装图，能绘制零件图； 2. 能识读油路图、电路图； 3. 能熟悉注塑设备的程控和微机处理技术； 4. 能配合实施注塑设备的大修项目	1. 注射成型主、辅设备的构成及工作原理； 2. 程控和微机知识； 3. 液压控制和常见故障排除； 4. 电气控制和常见故障排除	15%
	（三）变动与调控	1. 能根据设备运行情况正确变动和调控工艺条件； 2. 能通过读取智能化工艺条件的关系注塑设备的显示码，改进工艺过程； 3. 能确定注射成型过程中的质量控制点	1. 塑料成型基础理论； 2. 注塑制品的原料、设备、产品设计与工艺条件； 3. 注射成型加工中的质量控制	15%
三、注塑模具的使用	（一）更换和校正较复杂模具	1. 能正确更换较复杂的模具； 2. 能正确校正较复杂的模具	较复杂模具的更换与校正	5%
	（二）诊断与排除常见模具故障	1. 了解模具设计与制造的要求； 2. 能在试模校模中发现模具的设计问题，提出改进建议； 3. 能正确诊断与处理模具使用过程中的常见故障	1. 模具设计与制造； 2. 模具使用过程中的常见故障及排除方法	10%

职业功能	工作内容	技能要求	专业知识要求	比重
四、制品的后处理及质量检验	(一)复杂制品后处理	1. 能完成大型制件、精密制件等有复杂要求的产品后处理； 2. 能正确选择制品后处理的设备、工艺条件并组织实施	1. 高分子聚合物的结晶效应； 2. 高分子聚合物的取向效应； 3. 注塑制品的内应力	5％
	(二)评价与控制质量	1. 能够掌握和正确执行注塑制品质量规范； 2. 能正确分析影响制品质量的诸种因素并予以控制	全面质量管理	5％
五、生产技术管理	(一)改进技术	1. 能协助部门领导实施现场管理； 2. 能进行新产品、新工艺的试验、试制； 3. 能对产品质量、工艺方案、成本控制等进行评估，提出改进建议	1. 生产管理； 2. 编制工艺、技术规程和成本核算的依据和要领	5％
	(二)指导与培训	1. 能应用、演示和推广本专业领域的新工艺、新技术； 2. 能指导和培训初中级注塑工	1. 本专业领域的新工艺、新技术； 2. 培训的组织与实施	5％
相关基础知识	1. 分子物理与化学基础； 2. 质量法相关内容、质量标准、质量管理规范； 3. 环境保护			5％

参 考 文 献

［1］ 张维合. 注塑模具设计实用教程. 北京：化学工业出版社，2007.
［2］ 张维合. 注塑模具复杂结构 100 例. 北京：化学工业出版社，2010.
［3］ 张维合. 注塑模具设计实用手册. 北京：化学工业出版社，2011.
［4］ 郭广思. 注塑成型技术. 北京：机械工业出版社，2009.
［5］ 池成忠. 注塑成型工艺与模具设计. 北京：化学工业出版社，2010.